黄河下游河道改造与滩区治理研究

李　勇　陈建国　安催花　钟德钰　张　敏　等著

黄河水利出版社
·郑州·

内 容 提 要

本书在分析预测未来黄河水沙变化趋势的基础上，立足于黄河下游防洪安全与滩区经济社会发展，研究黄河下游河道与滩区治理关键技术，提出有利于减少黄河下游滩区淹没损失和提高河道输沙能力的新的治理方案。主要内容包括：水沙情势变化及水沙过程设计、下游河道改造与滩区治理方案研究、研究方法、滩区防护堤方案黄河下游河道及河口冲淤与防洪形势研究、有利于提高河道输沙能力的非工程措施及效果、有利于提高河道输沙能力的工程措施及效果、黄河下游河道与滩区治理可行性综合分析等。

本书可供从事黄河治理的科研人员及管理工作者阅读参考。

图书在版编目(CIP)数据

黄河下游河道改造与滩区治理研究/李勇等著. —郑州：黄河水利出版社，2022. 3

ISBN 978-7-5509-1958-7

Ⅰ. ①黄　Ⅱ. ①李…　Ⅲ. ①黄河-下游-河道整治-研究　Ⅳ. ①TV882.1②TV85

中国版本图书馆 CIP 数据核字(2022)第 048621 号

组稿编辑：王路平　电话：0371-66022212　E-mail：hhslwlp@163.com

田丽萍　66025553　912810592@qq.com

出 版 社：黄河水利出版社　网址：www.yrcp.com

地址：河南省郑州市顺河路黄委会综合楼 14 层　邮政编码：450003

发行单位：黄河水利出版社

发行部电话：0371-66026940、66020550、66028024、66022620(传真)

E-mail：hhslcbs@126.com

承印单位：河南瑞之光印刷股份有限公司

开本：787 mm×1 092 mm　1/16

印张：17.25

字数：400 千字

版次：2022 年 3 月第 1 版　印次：2022 年 3 月第 1 次印刷

定价：150.00 元

前 言

黄河水少沙多、水沙关系不协调,是世界上最复杂难治的河流。人民治黄以来,对黄河下游河道进行了长期的治理。按照“上拦下排、两岸分滞”处理洪水,“拦、调、排、放、挖”处理和利用泥沙等综合措施,逐步兴建了以龙羊峡、刘家峡、三门峡、小浪底、陆浑、故县等干支流水库,下游标准化堤防与河道整治工程,北金堤、东平湖等分洪区为主体的防洪工程体系,与非工程措施联合运用,取得了连续70多年黄河下游伏秋大汛不决口的辉煌成就,保证了黄淮海平原的防洪安全、供水安全、生态安全和社会经济的稳定发展。其中,黄河下游标准化堤防和河道整治工程建设、小浪底水库运用等显著提高了黄河下游河道的防洪能力。

随着流域经济社会的快速发展,黄河治理开发和管理水平的不断提高,加之流域水沙条件、工情、河情的显著变化,对黄河治理开发的要求也不断提高。如何统筹治河与惠民、当前和长远的关系,在确保黄淮海平原防洪(标准化堤防)安全的前提下,更加注重民生,为滩区群众脱贫致富、滩区经济社会可持续发展提供必要的条件,引起了党和国家、各级政府以及流域管理机构的广泛关注。同时,小浪底水库投入运用显著增强了对洪水的调控能力,也为更好地处理洪水、泥沙问题提供了一定的有利条件。

针对上述对黄河下游河道和滩区治理的新要求,应全国政协原副主席钱正英院士提议,应黄河水利委员会邀请,2012年4月22~29日,由南水北调工程建设委员会专家委员会、中国水利水电科学研究院、清华大学、水利水电规划设计总院和淮河水利委员会等单位专家组成的考察组,对黄河下游河道与滩区治理进行了专题考察。通过实地考察、会议座谈和交流研讨,充分吸收各方观点,形成了《黄河下游河道与滩区治理考察报告》,提出了黄河下游“稳定主槽、改造河道、完建堤防、治理悬河、滩区分类”的新思路。为全面论证该治理思路在技术、经济和社会等方面的可行性,建议近期重点开展以下四方面的工作:

一是加强未来进入黄河下游水沙条件的研究。明确回答,近几十年来,入黄水沙量锐减是周期性的,还是呈趋势性的?未来黄土高原水土保持的一定水平年和终极减沙量是多少?远景进入黄河下游的沙量是多少?

二是开展黄河下游河道与滩区治理规划的研究。重点包括新修防洪堤的可行性,新修防洪堤的布局、堤距、建设标准,新修防洪堤的行洪规模,新修防洪堤后黄河下游河道的冲淤变化态势;分类治理滩区的可行性,合理的防洪标准和工程及非工程措施,新建蓄滞洪区的选址和建设方案,新修防洪堤与滞洪区的运行管理,新修滞洪区群众跨区搬迁安置、土地划分与利用等。在此基础上,尽快形成下游河道与滩区治理规划方案。

三是开展典型滩区分区运用试点工程。可在黄河下游河势变化相对稳定的高村至陶城铺河段选择1~2个面积50 km^2 左右的滩区,开展滩区分区运用试点工程。按照8 000~10 000 m^3/s 流量防洪标准修建防护堤,形成相对封闭、设有进退水建筑物的滞洪区,将滞洪区内的群众搬出,土地可以耕种,受淹国家补偿。当洪水流量大于 8 000～10 000 m^3/s 时,根据洪水量级进行分滞洪运用,探求滞洪区分滞洪运用的具体操作模式、调度运行办法,管理维护措施,为下游滩区分类治理积累经验。

四是加快水沙调控体系建设步伐,尽快立项开工建设古贤水利枢纽。

以上四个方面的工作都是近期黄河治理开发、保护与管理中所面临的前瞻性、基础性和关键性重大问题,需要分阶段、分层次开展。

本书是由水利部公益性行业科研专项《利于黄河下游滩区防护和河道输沙的治理技术》和水利前期项目《黄河下游河道改造与滩区治理研究》的研究成果提炼而成的。

本书共分 8 章。第 1 章水沙情势变化及水沙过程设计,由安催花等执笔;第 2 章下游河道改造与滩区治理方案研究,由刘生云等执笔;第 3 章研究方法,由杨明等执笔;第 4 章滩区防护堤方案黄河下游河道及河口冲淤与防洪形势研究,由陈建国等执笔;第 5 章有利于提高河道输沙能力的非工程措施及效果,由张俊华等执笔;第 6 章有利于提高河道输沙能力的工程技术措施及效果,由孙赞盈等执笔;第 7 章黄河下游河道与滩区治理可行性综合分析,由田勇等执笔;第 8 章主要认识与建议,由李勇等执笔。其他完成与本书相关研究工作的人员有,黄河水利科学研究院的张防修、王明、丰青、蒋思奇、杨明、张林忠、刘燕、岳瑜素、兰华林、侯志军、王卫红、郑艳爽、张晓华、尚红霞、韩巧兰、任智慧、张明武、赖瑞勋、田治宗、曹永涛、李小平、董其华、于守兵、孙一、许琳娟、申冠卿、田世民、彭红、张宝森等;中国水利水电科学研究院的郭庆超、王崇浩、吉祖稳、邓安军、董占地、王党伟、胡海华、郭传胜、陆琴、孙高虎、韩闪闪等;黄河勘测规划设计研究院有限公司的万占伟、崔萌、罗秋实、张瑞海、张建、李荣容、梁艳洁、崔振华、李保国、陈松伟、朱亚姬、鲁俊、韦诗涛、钱裕、钱胜、王鹏、陈雄波、刘娟、暴入超、张权、彭彦铭等;清华大学的王永强、贾宝真、王彦君、李肖男、韩铠御、吴保生、傅旭东、张磊、黄海、王乐、孟长青、刘磊、宋晓龙、凌虹霞、李学明、刘可晶等;河南黄河勘测设计研究院的李东阳、李骞、李永强等;山东黄河勘测设计研究院的王春艳、杨春林等;中原石油勘探局有限公司供水管理处的魏涛等。余欣副院长对本项工作进行了总体策化和全程指导。

本书在重点分析预测未来黄河水沙变化趋势的基础上,立足于黄河下游防洪安全与滩区经济社会发展,研究黄河下游河道与滩区治理关键技术,提出有利于黄河下游滩区防护和提高河道输沙能力的新治理方案是对下游河道治理方向研究的一次尝试,不当之处敬请批评指正。

编　者

2021 年 9 月

目　录

第 1 章　水沙情势变化及水沙过程设计

1.1　流域水沙特点

1.1.1　水少沙多，水沙关系不协调

黄河以泥沙多而闻名于世。在我国的大江大河中，黄河的流域面积仅次于长江而居第二位，但由于大部分地区处于半干旱和干旱地带，流域水资源量极为贫乏，与流域面积相比很不相称。黄河多年平均天然径流量 535 亿 m^3（1956～2000 年，利津站），天然来沙量 16 亿 t，多年平均含沙量达 35 kg/m^3（1919～1960 年，陕县站）。黄河的径流量不及长江的 1/20，而来沙量为长江的 3 倍，与世界多泥沙河流相比，孟加拉国的恒河年沙量 14.5 亿 t，与黄河相近，但水量达 3 710 亿 m^3，是黄河的 7 倍，而含沙量较小，只有 3.9 kg/m^3，远小于黄河；美国的科罗拉多河的含沙量为 27.5 kg/m^3，与黄河相近，而年沙量仅有 1.35 亿 t。由此可见，黄河沙量之多，含沙量之高，在世界大江大河中是绝无仅有的。水沙关系不协调主要体现在干支流含沙量高和来沙系数（含沙量和流量之比，下同）大上，头道拐至龙门区间（简称头龙间，下同）的来水含沙量高达 123 kg/m^3，来沙系数高达 0.69 $kg \cdot s/m^6$，黄河支流渭河华县的来水含沙量也达 50 kg/m^3，来沙系数也达到 0.22 $kg \cdot s/m^6$。

1.1.2　水沙异源

黄河流经不同的自然地理单元，流域地形、地貌和气候等条件差别很大，受其影响，黄河具有水沙异源的特点（见表 1-1）。黄河水量主要来自上游，中游是黄河泥沙的主要来源区。

上游头道拐以上流域面积为 38 万 km^2，占全流域面积的 51%，年水量占全河水量的 55.3%，而年沙量仅占 9.0%。上游径流又集中来源于流域面积仅占全河流域面积 18%的兰州以上，其天然径流量占全河的 75.2%，是黄河水量的主要来源区；兰州以上泥沙约占头道拐来沙的 68.1%。

头道拐至龙门区间（简称头龙间，下同）流域面积 11 万 km^2，占全流域面积的 15%，该区间有皇甫川、无定河、窟野河等众多支流汇入，年水量占全河水量的 13.6%，而年沙量却占 53.9%，是黄河泥沙的主要来源区；龙门至三门峡区间（简称龙三间，下同）流域面积 19 万 km^2，该区间有渭河、泾河、汾河等支流汇入，年水量占全河水量的 21.7%，年沙量占 35.4%，该区间部分地区也属于黄河泥沙的主要来源区。

三门峡以下的伊、洛河和沁河是黄河的清水来源区之一，年水量占全河水量的 9.4%，年沙量仅占 1.7%。

表 1-1 黄河主要站区水沙特征值统计(1919~2012 年)

站名	水量(亿 m^3)			沙量(亿 t)			含沙量(kg/m^3)		
	7~10月	11月至翌年6月	水文年	7~10月	11月至翌年6月	水文年	7~10月	11月至翌年6月	水文年
唐乃亥	117.91	78.28	196.19	0.09	0.03	0.12	0.76	0.40	0.62
兰州	168.39	141.68	310.07	0.64	0.14	0.78	3.82	0.97	2.52
下河沿	165.59	134.60	300.19	1.17	0.21	1.38	7.06	1.53	4.58
头道拐	128.10	99.94	228.04	0.90	0.25	1.15	7.04	2.45	5.03
龙门	158.02	126.07	284.09	7.01	1.00	8.01	44.36	7.95	28.20
头龙间	29.92	26.13	56.05	6.11	0.76	6.87	204.15	29.00	122.50
渭洛汾河	55.38	34.27	89.65	4.12	0.39	4.51	74.40	11.26	50.26
四站	213.40	160.33	373.73	11.13	1.39	12.52	52.15	8.66	33.50
潼关	184.41	153.82	338.23	8.32	1.72	10.04	45.11	11.18	29.68
三门峡	208.53	159.42	367.95	10.22	1.67	11.89	49.00	10.45	32.30
伊洛沁河	24.48	14.36	38.84	0.19	0.02	0.21	7.92	1.49	5.54
三黑武	233.00	173.77	406.77	10.41	1.69	12.10	44.69	9.71	29.75
花园口	233.72	177.35	411.07	9.05	1.75	10.80	38.73	9.87	26.28
利津	184.99	119.41	304.40	6.05	1.11	7.16	32.70	9.31	23.52

备注:1. 四站指龙门、华县、河津、洑头之和;
2. 利津站水沙为 1950 年 7 月至 2013 年 6 月年平均值。

1.1.3 水沙年际变化大

受大气环流和季风的影响,黄河水沙,特别是沙量年际变化大。以三门峡水文站为例,实测最大年径流量为 659.1 亿 m^3(1937 年),最小年径流量仅为 120.3 亿 m^3(2002 年),丰枯极值比为 5.7。三门峡水文站最大年输沙量为 37.26 亿 t(1933 年),最小为 1.11 亿 t(2008 年),丰枯极值比为 33.57。由于输沙量年际变化较大,黄河泥沙主要集中在几个大沙年份,20 世纪 80 年代以前各年代最大 3 年输沙量所占比例在 40%左右;1980

年以来黄河来沙进入一个长时期枯水时段,潼关站年最大沙量为14.44亿t,多年平均沙量为5.86亿t,但大沙年份所占比例依然较高,潼关站年来沙量大于10亿t的1981年、1988年、1994年和1996年四年沙量占1981~2012年32年总沙量的26.4%。

在1919~2012年实测径流系列中,出现了1922~1932年、1969~1974年和1986~2012年三个枯水时段,分别持续了11年、6年和27年,花园口断面三个枯水段水量分别相当于长系列的85%、78%和62%;1981~1985年为连续五年的丰水时段,该时段水量为长系列平均水量的1.24倍。

1.1.4 水沙年内分配不均匀

水沙在年内分配也不均匀,主要集中在汛期(7~10月)。黄河汛期水量占年水量的60%左右,汛期沙量占年沙量的80%以上,集中程度更甚于水量,且主要集中在暴雨洪水期,往往5~10 d的沙量可占年沙量的50%~90%,支流沙量的集中程度又甚于干流。如龙门站1961年最大5 d沙量占年沙量的33%;三门峡站1933年最大5 d沙量占年沙量的54%;支流窟野河1966年最大5 d沙量占年沙量的75%;岔巴沟1966年最大5 d沙量占年沙量的89%。

1.2 近期水沙变化及原因

1.2.1 近期水沙变化特性

1.2.1.1 年均径流量和输沙量大幅度减少

对黄河主要水文站实测径流量、输沙量资料的统计分析表明,由于气候降雨的影响以及人类活动的加剧,进入黄河的水沙量逐步减少,20世纪80年代中期以来发生显著变化,2000年以来水沙量减少幅度更大,见表1-2。

表1-2 黄河主要水文站实测径流量和输沙量不同时段对比

项目		1919~1949年	1950~1959年	1960~1969年	1970~1979年	1980~1989年	1990~1999年	2000~2012年	1919~1959年	1960~1986年	1987~1999年	1919~2012年
头道拐	水量(亿m³)	253.71	241.40	274.96	232.40	242.10	153.73	163.46	250.71	255.33	164.45	228.04
	沙量(亿t)	1.39	1.51	1.83	1.15	0.99	0.39	0.44	1.42	1.40	0.45	1.15
龙门	水量(亿m³)	328.78	315.10	340.87	283.12	278.69	194.08	184.10	325.44	307.31	205.41	284.09
	沙量(亿t)	10.20	11.85	11.38	8.67	4.69	5.06	1.57	10.60	8.48	5.31	8.01
四站	水量(亿m³)	429.08	422.84	465.93	356.47	373.54	247.34	243.70	427.56	406.68	265.58	373.73
	沙量(亿t)	15.72	17.74	17.12	13.47	7.98	8.78	2.96	16.21	13.22	8.98	12.52

续表 1-2

项目		1919~1949 年	1950~1959 年	1960~1969 年	1970~1979 年	1980~1989 年	1990~1999 年	2000~2012 年	1919~1959 年	1960~1986 年	1987~1999 年	1919~2012 年
潼关	水量（亿 m³）	427.18	422.93	456.56	353.88	374.35	241.54	231.23	426.14	402.78	260.62	369.59
	沙量（亿 t）	15.56	17.04	14.37	13.02	7.86	7.87	2.76	15.92	12.08	8.07	11.91
三门峡	水量（亿 m³）	427.18	426.11	460.00	354.74	376.16	233.05	218.73	426.92	404.60	255.03	367.94
	沙量（亿 t）	15.56	17.60	11.54	13.77	8.64	7.67	3.27	16.06	11.58	7.97	11.88
花园口	水量（亿 m³）	481.75	474.41	515.20	377.73	418.52	249.57	257.87	479.96	445.79	274.91	411.07
	沙量（亿 t）	15.03	15.56	11.31	12.19	7.79	6.79	1.01	15.16	10.68	7.11	10.80
利津	水量（亿 m³）		463.57	512.88	304.19	290.66	131.49	165.33	463.57	387.59	148.24	304.40
	沙量（亿 t）		13.15	11.00	8.88	6.46	3.79	1.40	13.15	9.17	4.15	7.16

黄河干流头道拐、龙门、四站、潼关、三门峡、花园口和利津等站 1919~1959 年多年平均实测径流量分别为 250.71 亿 m³、325.44 亿 m³、427.56 亿 m³、426.14 亿 m³、426.92 亿 m³、479.96 亿 m³ 和 463.57 亿 m³，1987~1999 年平均径流量分别为 164.45 亿 m³、205.41 亿 m³、265.58 亿 m³、260.62 亿 m³、255.03 亿 m³、274.91 亿 m³ 和 148.24 亿 m³，较 1919~1959 年多年平均值偏少了 34.41%、36.88%、37.88%、38.84%、40.26%、42.72% 和 68.02%，2000 年以来水量减少更多，以上各站 2000~2012 年平均径流量仅有 163.46 亿 m³、184.10 亿 m³、243.70 亿 m³、231.23 亿 m³、218.73 亿 m³、257.87 亿 m³ 和 165.33 亿 m³，与 1919~1959 年相比，分别减少了 34.8%、43.43%、43.0%、45.7%、48.8%、46.3%、64.3%。支流入黄水量同样变化很大，渭河华县站和汾河河津站 1987~1999 年入黄水量较 1919~1959 年多年平均值减少 39.6% 和 65.3%，2000 年以来较 1919~1959 年减少了 36.4% 和 74.3%。从历年实测径流量过程看，1990 年以来四站径流量均小于多年平均值，其中 2002 年仅 158.95 亿 m³，是 1919 年以来径流量最小的一年，见图 1-1。

与径流量变化趋势基本一致，实测输沙量也大幅度减少。头道拐、龙门、四站、潼关、三门峡、花园口和利津等站 1919~1959 年多年平均实测输沙量分别为 1.42 亿 t、10.60 亿 t、16.21 亿 t、15.92 亿 t、16.06 亿 t、15.16 亿 t 和 13.15 亿 t，1987~1999 年平均输沙量分别减至 0.45 亿 t、5.31 亿 t、8.98 亿 t、8.07 亿 t、7.97 亿 t、7.11 亿 t 和 4.15 亿 t，较 1919~1959 年偏少 68.2%、49.9%、44.6%、49.3%、50.4%、53.1% 和 68.5%，2000 年以来减幅更大，2000~2012 年头道拐、龙门、四站、潼关和三门峡等站年均沙量仅有 0.44 亿 t、1.57 亿 t、2.96 亿 t、2.76 亿 t 和 3.27 亿 t，与 1919~1959 年相比，分别减少 68.9%、85.2%、81.7%、82.6%、79.4%，为历史上实测最枯沙时段。小浪底水库投入运用以来，由于水库

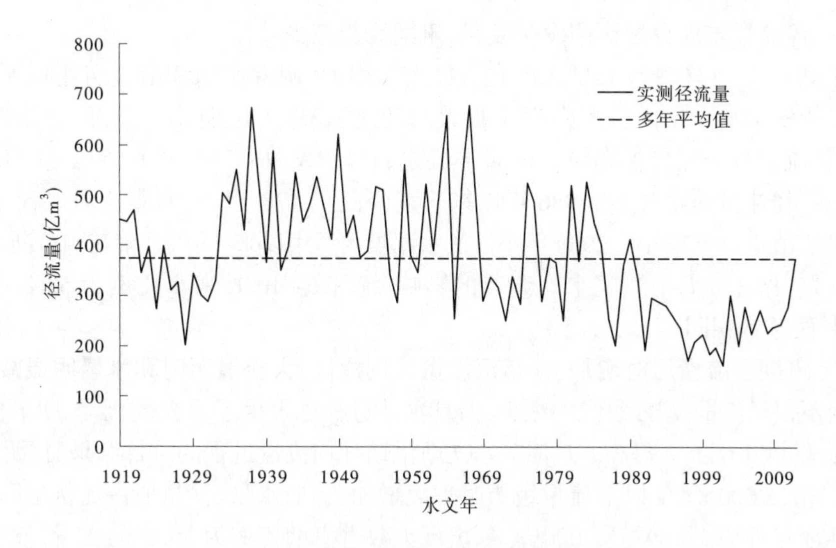

图 1-1　中游四站历年实测径流量过程

拦沙作用,进入下游的沙量大大减少,2000～2012 年花园口站和利津站年均沙量仅有 1.01 亿 t、1.40 亿 t。渭河、汾河和北洛河等支流入黄沙量也同步减少,2000～2012 年华县站、河津站、洑头站输沙量较 1919～1959 年多年均值偏少 71.5%以上。中游四站输沙量减少过程见图 1-2。

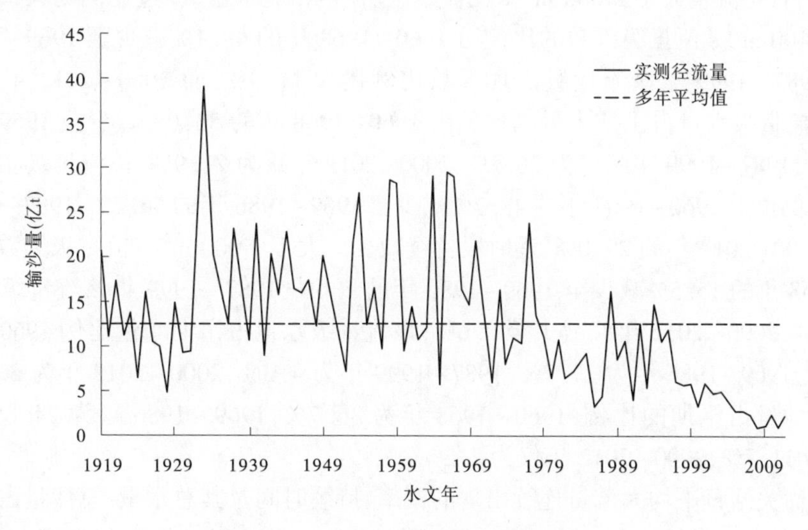

图 1-2　中游四站历年实测输沙量过程

随着水沙量的减少,表示水沙关系的来沙系数发生变化,龙华河洑四站 1919～1949 年、1950～1959 年、1960～1969 年、1970～1979 年、1980～1989 年、1990～1999 年、2000～2012 年多年平均来沙系数分别为 0.027 kg·s/m^6、0.031 kg·s/m^6、0.025 kg·s/m^6、0.033 kg·s/m^6、0.018 kg·s/m^6、0.045 kg·s/m^6、0.016 kg·s/m^6,20 世纪 90 年代来沙系数明显增加,2000 年以来多年平均来沙系数有所减小。

1.2.1.2　**径流量年内分配比例发生变化，汛期比重减少**

由于刘家峡、龙羊峡等大型水库先后投入运用，其调蓄作用和沿途引用黄河水，黄河干流河道内实际来水年内分配发生了很大的变化，表现为汛期比例下降，非汛期比例上升，年内径流量月分配趋于均匀。黄河干流花园口水文站以上，1986 年以前汛期径流量一般可占年径流量 60%左右，1986 年以来普遍降到了 47%以下，且最大月径流量与最小月径流量比值也逐步缩小。2000 年小浪底水库投入运用以来，进入下游花园口断面汛期来水比例仅为 38%，考虑小浪底水库调节的影响，统计 6～10 月来水比例为 53%，与 1987～1999 年时段基本相同。

1.2.1.3　**汛期小流量历时增加、挟带泥沙量比例提高，大流量历时和水量明显减少**

黄河不仅径流量、泥沙量大大减少，而且水沙过程也发生了很大变化，汛期平枯水流量历时增加，输沙比例大大提高。从潼关水文站汛期日均流量过程的统计结果看(见表 1-3)，1987 年以来，2 000 m^3/s 以下流量级历时大大增加、相应水量、沙量所占比例也明显提高。1960～1968 年日均流量小于 2 000 m^3/s 出现天数占汛期比例为 36.3%，水量、沙量占汛期的比例为 18.1%、14.6%；1969～1986 年出现天数比例为 61.5%，水量、沙量占汛期的比例分别为 36.7%、29.0%，与 1960～1968 年相比略有提高。而 1987～1999 年该流量级出现天数比例增加至 87.7%，水量、沙量占汛期的比例也分别增加至 69.5%、47.9%，2000～2012 年该流量级出现天数比例增为 91.2%，水量、沙量占汛期的比例增为 75.4%、68.8%。

相反，日均流量大于 2 000 m^3/s 的流量级历时、相应水量、沙量比例则大大减少。如 2 000～4 000 m^3/s 流量级天数的比例由 1960～1968 年的 48.1%减少至 1969～1986 年的 31.5%，1987～1999 年该流量级出现天数比例仅为 11.3%，而 2000～2012 年又减少至 8.2%；该流量级水量占汛期水量的比例由 1960～1968 年的 53.0%减少至 1969～1986 年的 45.6%，1987～1999 年减少为 26.3%，2000～2012 年减为 21.9%；该流量级相应沙量占汛期的比例也由 1960～1968 年的 48.7%减少至 1969～1986 年的 46.2%，1987～1999 年的 40.4%，2000～2012 年的 29.0%，逐时段持续减少。大于 4 000 m^3/s 流量级天数的比例由 1960～1968 年的 15.5%减少至 1969～1986 年的 7.0%，1987～1999 年该流量级天数比例仅为 1.0%，2000～2012 年又减少至 0.6%；该流量级水量占汛期水量比例 1960～1968 年为 29.0%，1969～1986 年为 17.7%，1987～1999 年为 4.3%，2000～2012 年为 2.6%，该流量级相应沙量占汛期的比例，1960～1968 年为 36.7%，1969～1986 年为 24.8%，1987～1999 年为 11.7%，2000～2012 年仅为 2.2%。

中游潼关站日平均大流量连续出现的概率、持续时间及其总水量、总沙量占汛期比例自 1986 年以来也降低很多。如 1960～1968 年、1969～1986 年、1987～1999 年、2000～2012 年四个时期，日平均流量连续 3 d 以上大于 3 000 m^3/s 出现的概率分别为 2.44 场/年、1.61 场/年、0.46 场/年、0.54 场/年，四个时期平均每场洪水持续时间分别为 16.7 d、12.2 d、4.7 d、5.7 d；相应占汛期水量和沙量的比例，1960～1968 年为 51.8%和 52.6%，1969～1986 年为 33.4%和 31.8%，1987～1999 年仅为 5.7%和 6.1%，2000～2012 年为 9.3%和 8.3%。

表 1-3　潼关站不同时期各流量级水沙特征值(7~10 月)

项目	时期	流量级(m^3/s)							
		<500	500~1 000	1 000~2 000	2 000~3 000	3 000~4 000	4 000~5 000	>5 000	合计
年均天数(d)	1960~1968 年	2.8	8.4	33.4	33.8	25.4	11.9	7.2	123.0
	1969~1986 年	5.8	24.3	45.5	24.9	13.8	6.2	2.5	123.0
	1987~1999 年	24.8	41.7	41.5	10.7	3.2	0.8	0.4	123.0
	2000~2012 年	30.5	43.9	37.8	7.4	2.7	0.5	0.2	123.0
占总天数(%)	1960~1968 年	2.3	6.9	27.2	27.5	20.7	9.7	5.9	100.0
	1969~1986 年	4.7	19.8	37.0	20.3	11.2	5.0	2.0	100.0
	1987~1999 年	20.1	33.9	33.7	8.7	2.6	0.7	0.3	100.0
	2000~2012 年	24.8	35.7	30.7	6.0	2.2	0.4	0.2	100.0
年均水量(亿 m^3)	1960~1968 年	0.74	5.80	44.14	73.04	75.55	45.48	35.79	280.55
	1969~1986 年	1.93	15.87	57.56	52.31	41.25	23.42	12.88	205.22
	1987~1999 年	6.78	25.89	50.27	22.36	9.03	3.22	1.87	119.42
	2000~2012 年	8.33	27.69	44.25	15.39	7.95	1.74	1.06	106.41
年均沙量(亿 t)	1960~1968 年	0.03	0.15	1.61	2.88	3.09	2.35	2.15	12.27
	1969~1986 年	0.04	0.47	2.11	2.34	1.85	1.13	1.12	9.06
	1987~1999 年	0.08	0.54	2.31	1.63	0.84	0.43	0.29	6.12
	2000~2012 年	0.15	0.50	0.79	0.45	0.16	0.03	0.01	2.09
含沙量(kg/m^3)	1960~1968	43.67	26.42	36.47	39.47	40.89	51.69	60.20	43.75
	1969~1986 年	19.56	29.80	36.72	44.69	44.75	48.09	87.02	44.13
	1987~1999 年	12.36	20.77	45.96	73.05	92.99	132.14	154.58	51.24
	2000~2012 年	17.64	18.06	17.85	29.03	20.03	18.99	11.64	19.63

1.2.1.4　中常洪水的洪峰流量减小,但仍有发生大洪水的可能

20 世纪 80 年代后期以来,黄河中下游中常洪水的洪峰流量减小,3 000 m^3/s 以上量级的洪水场次也明显减少。统计结果(见表 1-4)表明,黄河中游潼关站年均洪水发生的

场次,在1987年以前,3 000 m^3/s以上和6 000 m^3/s以上分别是5.5场/年和1.3场/年,1987~1999年分别减少至2.8场/年和0.3场/年,2000年以来洪水发生场次更少,3 000 m^3/s以上年均仅1.0场/年,且最大洪峰流量为5 800 m^3/s(2011年9月21日);下游花园口站1987年以前年均发生3 000 m^3/s以上和6 000 m^3/s以上的洪水分别为5.0场/年和1.4场/年,1987~1999年分别减少至2.6场/年和0.4场/年,2000年小浪底水库运用以来,进入下游3 000 m^3/s以上洪水年均1.3场/年,大部分为汛前调水调沙期间小浪底水库塑造的洪水,最大洪峰流量6 600 m^3/s,是2010年汛前调水调沙异重流排沙期间洪峰异常增值导致。

同时,分析黄河干流主要水文站逐年最大洪峰流量可以发现,1987年以后洪峰流量明显减小。潼关站和花园口站1987~2012年最大洪峰流量仅8 260 m^3/s和7 860 m^3/s("96·8"洪水)。

表1-4　中下游主要站不同时段洪水特征值统计

站名	时段	洪水发生场次(场/年)		最大洪峰	
		>3 000 m^3/s	>6 000 m^3/s	流量(m^3/s)	发生年份
潼关	1950~1986年	5.5	1.3	13 400	1954
	1987~1999年	2.8	0.3	8 260	1988
	2000~2012年	1.0	0	5 800	2011
花园口	1950~1986年	5.0	1.4	22300	1958
	1987~1999年	2.6	0.4	7 860	1996
	2000~2012年	1.3	0.1	6 600	2010

此外,黄河洪水主要来源于黄河中游的强降雨过程,由于中游总体治理程度还比较低,现有水利水保工程对于一般洪水过程的影响比较明显,但对于由强降雨过程所引起的大暴雨洪水的影响程度则十分微弱。因此,一旦遭遇中游的强降雨,仍有发生大洪水的可能。比如,龙门水文站在1986年后的1988年、1992年、1994年、1996年都发生了10 000 m^3/s以上的大洪水,2003年府谷水文站出现了12 800 m^3/s(7月30日)的洪水,2012年吴堡水文站出现了洪峰流量10 600 m^3/s(7月27日)的洪水。

1.2.2　近期沙量锐减原因分析

20世纪80年代以来入黄泥沙的大幅度减少,与多沙粗沙区降雨变化、水利水保措施减沙、黄土高原退耕还林还草、水资源开发利用、道路建设、流域煤矿开采以及河道采砂取土等诸多因素有关。

1.2.2.1　中游降雨变化

黄河中游产沙量与降雨量、降雨强度关系密切。由黄河流域主要产沙区头龙间不同时期降雨量的变化(见表1-5)可以看出,20世纪70年代以后,黄河中游头龙间年、连续最大3日和最大1日降雨量总体上均呈减少的趋势,2000年之后增加。

表 1-5　黄河中游头道拐至龙门区间不同时期降水量变化　（单位:mm）

时段	全年	主汛期(7~8 月)	连续最大 3 日	最大 1 日
1954~1959 年	483.9	242.6	72.9	50.7
1960~1969 年	465.8	218.1	74.2	52.6
1970~1979 年	426.5	219.6	71.8	53.1
1980~1989 年	407.5	184.9	66.5	47.9
1990~1999 年	395.9	202.2	64.2	47.5
2000~2006 年	448.9	193.1	72.5	56.2
1954~2006 年	432.3	208.6	70.0	51.1

统计头龙间、龙三间不同年代主雨日 25 mm 以上、50 mm 以上雨区内年均降雨总量(见表 1-6),可以看出,与多年均值(1952~2006 年)相比,20 世纪 50 年代、70 年代头龙间两等级雨区内降雨总量偏多 15%以上,80 年代、90 年代显著偏少,2000~2006 年又有所增加,主要集中在 50 mm 雨区范围内,增大 30%。龙三间两等级雨区内降雨总量 60 年代偏少 10.0%,80 年代偏多 20.7%~11.6%,90 年代又显著减少,2000~2006 年有所增加。

表 1-6　各区间不同年代主雨日各等级雨区内降雨总量均值对比　（单位:亿 m^3）

时段	头龙间		龙三间	
	25 mm 区域	50 mm 区域	25 mm 区域	50 mm 区域
1952~1959 年	79.0	28.9	83.8	41.4
1960~1969 年	67.6	33.7	73.9	33.6
1970~1979 年	77.5	35.2	80.4	39.2
1980~1989 年	56.7	20.9	99.7	41.6
1990~1999 年	54.1	20.2	75.4	30.2
2000~2006 年	72.9	37.7	82.8	39.1
1952~2006 年	67.3	29.0	82.5	37.3

从整体来看,近 10 年(2003~2012 年)来头龙间雨量、雨强、大雨和暴雨频次均有所增大,对产水产沙影响较大的汛期和主汛期雨量、高强度降雨的雨量和频次增大的程度更加显著。与 1966~2000 年相比,近 10 年头龙间年、汛期、主汛期降雨量较历史有所增大,年降雨量增大 14.2%、汛期增大 12.2%、主汛期增大 5.1%,主汛期增大幅度小于汛期,汛期的增幅小于非汛期;大于 10 mm/d(中雨)、25 mm/d(大雨)和 50 mm/d(暴雨)降雨量和降雨天数均有所增加,降雨量分别增大 10.8%、18.6%、29.3%,降雨天数分别增加 6.3%、16.4%、29.3%。头龙间不同时段降雨特征值统计见表 1-7。

表 1-7　头龙间不同时段降雨特征值统计

时段	降雨量(mm)			量级降雨面平均雨量(mm)			量级降雨面平均天数(d)		
	全年	汛期	主汛期	中雨	大雨	暴雨	中雨	大雨	暴雨
1966~1980 年①	417.4	313.0	210.3	249.0	123.3	37.1	11.0	3.1	0.5
1966~2000 年②	400.0	295.2	194.4	229.0	113.4	33.2	10.2	2.9	0.5
2003~2012 年③	456.7	331.3	204.0	253.8	134.5	42.9	10.8	3.3	0.6
1966~2012 年④	414.2	304.9	195.7	236.4	120.0	36.6	10.4	3.0	0.5
③较①大(%)	9.4	5.8	-2.8	1.9	9.1	15.7	-1.8	8.0	17.9
③较②大(%)	14.2	12.2	5.1	10.8	18.6	29.3	6.3	16.4	29.3
③较④大(%)	10.2	8.7	4.4	7.4	12.1	17.3	4.5	11.1	18.3

注:本表来自“十二五”国家科技支撑计划项目专题报告成果。

从局部来看,近 10 年(2003~2012 年)头龙间西北部的皇甫川、孤山川和窟野河 3 支流,年、汛期降雨量虽然有所增大,但是对产流产沙起主要作用的主汛期降雨量、高强度降雨的雨量和频次减小。头龙间西北部 3 支流不同时段降雨特征值统计见表 1-8。

与 1966~2000 年相比,近 10 年 3 支流年、汛期降雨量较历史有所增大,年降雨量增大 8.5%、汛期增大 1.6%,但主汛期减小 6.8%;量级降雨量均有所减小,大于 10 mm/d(中雨)、25 mm/d(大雨)和 50 mm/d(暴雨)降雨量分别减少 1.4%、9.6%、11.9%;大于 10 mm/d(中雨)降雨天数增加 1.9%,但大于 25 mm/d(大雨)和 50 mm/d(暴雨)降雨天数分别减少 8.4%、14.6%。

表 1-8　头龙间西北部 3 支流不同时段降雨特征值统计

时段	降雨量(mm)			量级降雨面平均雨量(mm)			量级降雨面平均天数(d)		
	全年	汛期	主汛期	中雨	大雨	暴雨	中雨	大雨	暴雨
1966~1980 年①	389.2	308.3	220.5	239.3	126.5	46.5	10.2	3.0	0.6
1966~2000 年②	368.4	287.0	201.9	212.9	109.9	39.5	9.2	2.6	0.6
2003~2012 年③	399.8	291.7	188.2	209.9	99.3	34.8	9.4	2.4	0.5
1966~2012 年④	375.2	287.6	196.9	211.4	107.2	38.5	9.2	2.6	0.5
③较①大(%)	2.7	-5.4	-14.7	-12.3	-21.5	-25.2	-8.0	-19.9	-25.7
③较②大(%)	8.5	1.6	-6.8	-1.4	-9.6	-11.9	1.9	-8.4	-14.6
③较④大(%)	6.6	1.4	-4.4	-0.7	-7.3	-9.8	2.0	-6.2	-11.9

注:本表来自“十二五”国家科技支撑计划项目专题报告成果。

水利部黄河水沙变化研究基金第二期项目与“十一五”国家科技支撑计划课题“黄河流域水沙变化情势评价研究”项目分别对 1996 年以前和 1997~2006 年人类活动与降雨对年均减沙量的影响关系作了深入研究,提出了不同时期头龙间人类活动减沙与降雨因素减沙量的关系,见表 1-9。20 世纪 80 年代以来黄河沙量的减少量,降雨因素占 50%~60%,水利水保措施作用占 40%~50%。

表1-9　各时段头龙间人类活动减沙及降雨因素减沙量对比

时段	实测年总量	人类活动减沙量			还原沙量	人类活动减沙量占还原沙量比值(%)	与20世纪60年代还原输沙比较					
		已控区	未控区	全流域			总减少量		降雨因素		人为因素	
							减少量	占还原量比例(%)	减少量	占总减沙量比例(%)	减少量	占总减沙量比例(%)
1960~1969年	9.53	0.57	0.25	0.82	10.35	7.9	0.82	7.9	0	0	0.82	100
1970~1979年	7.54	1.76	0.55	2.31	9.85	23.5	2.81	27.1	0.50	17.8	2.31	82.2
1980~1989年	3.71	1.69	0.51	2.20	5.91	37.2	6.64	64.2	4.44	66.9	2.20	39.1
1990~1996年	5.41	2.04	0.70	2.74	8.15	33.6	4.94	47.7	2.20	44.5	2.74	55.5
1997~2006年	2.17	3.41	0.33	3.74	5.91	63.3	8.18	79.0	4.44	54.3	3.74	45.7

注:1996年以前为第二期水沙基金成果,1997~2006年为“黄河流域水沙变化情势评价研究”成果。

1.2.2.2　水利水保措施减沙

中华人民共和国成立以来,黄土高原开展了大规模综合治理,特别近十多年来,国家加大了水土流失治理力度,先后在黄河流域实施了黄河上中游水土保持重点防治工程、国家水土保持重点治理工程、黄土高原淤地坝试点工程、农业综合开发水土保持项目等国家重点水土保持项目。在国家重点项目的带动下,黄河流域水土流失防治工作取得了显著成效。截至2007年底,累计初步治理水土流失面积22.56万km^2,多沙粗沙区初步治理水土流失面积3.17万km^2。

针对黄河上中游地区水利水保减水减沙作用,不少学者开展了大量的研究工作,取得了较多的研究成果。第二期水沙基金汇总时,一些学者从方法、指标、含沙量等多方面对各家成果进行了系统的分析比较,给出了中游各时期水利水保减沙情况(见表1-10),1960~1996年系列黄河中游5站(龙门、河津、张家山、洑头、咸阳)以上年均减沙4.511亿t。同时还指出,如果以20世纪50年代、60年代作为基准期,计算1970年以后的水利水保工程减沙量,1970~1996年5站以上年均减沙量3.075亿t。

表1-10　上中游各年代减沙量　　(单位:亿t)

项目	1950~1959年	1960~1969年	1970~1979年	1980~1989年	1990~1996年	1950~1969年	1960~1996年
总减沙量	0.965	2.466	4.283	5.696	6.06	1.716	4.511
水利工程	0.991	1.696	2.369	2.494	2.076	1.344	2.166
水保措施	0.109	1.145	2.519	3.676	4.055	0.627	2.754
河道冲淤+人为增沙	-0.135	-0.375	-0.605	-0.474	-0.071	-0.255	-0.409

"十一五"国家科技支撑计划课题"黄河流域水沙变化情势评价研究"在1950~1996年黄河水沙变化研究成果的基础上,分析了近期水沙变化特点,系统核查了近期(1997~2006年)黄河中游水土保持措施基本资料,利用水文法和水保法两种方法计算了近期人类活动对水沙变化的影响程度,结果(见表1-11)表明,1997~2006年黄河中游水利水保综合治理等人类活动年均减沙量为5.24亿~5.87亿t,由此可以看出,由于黄河中游地区水利水保等生态工程的持续建设,中游地区的生态环境得到了进一步改善,水利水保等人类活动的减沙作用较以前有所加强。

表1-11 黄河中游地区近期人类活动减水减沙量(1997~2006年)

河流(区间)	减水(亿 m^3)		减沙(亿t)	
	水文法	水保法	水文法	水保法
头龙间(包括未控区)	29.90	26.78	3.50	3.51
泾河	6.25	8.43	0.65	0.43
北洛河	1.11	2.18	0.32	0.12
渭河	31.02	32.11	1.04	0.82
汾河	17.50	17.60	0.36	0.36
合计	85.78	87.12	5.87	5.24

注:1.渭河流域研究成果为华县以上(但不包括泾河流域);

2.合计值包含未控区。

"十二五"科技支撑计划"黄河中游来沙锐减主要驱动力及人为调控效应研究"课题成果表明,中游五站(龙门、洑头、咸阳、张家山、河津)以上地区主要下垫面因素在2007~2014年的实际减沙量为15.6亿~17.3亿t,其中林草梯田等因素年均减沙12.54亿~14.11亿t,水库和淤地坝拦沙3.06亿t。

但是还应该看到,黄河中游水土保持综合治理改变了产流产沙的下垫面条件,在降雨较小时,与治理前相比相同降雨条件下产流产沙量减小,发挥了较大的减水减沙作用,但若遇大面积强暴雨,减水减沙作用将会降低,甚至还会增加产流产沙。如2002年7月头龙间支流清涧河发生大暴雨,子长站流量达5 500 m^3/s,是1953年建站以来实测第二大洪峰,清涧河年径流量和输沙量达2.39亿 m^3、1.08亿t,分别是水土保持治理后年均值的1.7倍和3.4倍。

1.2.2.3 黄土高原退耕还林还草减沙

1999年国家全面推行"退耕还林"和"封山禁牧"政策以来,黄土高原地区林草植被明显改善,对减少入黄泥沙发挥了重要的作用。据统计,陕西省植被覆盖度由2000年的56.9%上升至2010年的71.1%,年均增加1.4%,其中榆林市植被覆盖度由12%上升至33.2%;延安市植被覆盖度由45.4%上升至68.2%。植被覆盖率的显著提高,必然会降低坡面侵蚀产沙强度,进而减少河流输沙量。

同时,由于流域能源重化工基地建设和工业化、城镇化进程的加快,改变了地区的经济结构和生产方式,农村人口大量外迁和劳动力转移,对当地退耕还林、退牧还草、生态自我修复等起到了积极的作用,促进了植被恢复,减少了区域的来沙量。

1.2.2.4　水资源开发利用，在减少入黄水量的同时，也减少了入黄沙量

随着经济社会的快速发展，流域水资源利用量显著增加，这也是导致近期入黄水量和沙量大幅减少的重要原因之一。近年来，黄河中游的窟野河、皇甫川、孤山川、清水川等流域内建设了大量工业园区，需要引用大量生产生活用水，为保证引水，水库建设基本上把其上游水量全部用完，沙量也无法进入下游。另外，其取水方式除水库蓄水、河道引水外，还增加了河床内打井、截潜流、矿井水利用等进一步减少了进入下游的水量和沙量。据调查，2008 年和 2009 年，窟野河流域社会经济耗水量接近 2 亿 m^3，而在 20 世纪 70~90 年代初，用水量不足 2 000 万 m^3，据新的黄河水资源评价成果，该流域浅层地下水可开采量为零、煤矿开采目前主要在 100 m 以内的浅层，故其所有用水均可视为地表水。

河道径流的减少，特别是汛期径流的减少，不利于河道泥沙的输送，在大部分年份会减少进入黄河的泥沙，相当于增强了河道的临时滞沙功能，但遇大洪水时将可能一并冲刷进入黄河。

1.2.2.5　道路建设

我国交通基础设施建设的飞速发展在黄土高原也得到充分体现，高速公路、铁路和村村通等的通车里程已经达到 20 世纪 80 年代以前的几十倍至几千倍。随着环境保护和水土保持监督力度的增强，黄土高原的高速公路和铁路建设对弃土弃渣的处理总体上是规范的，由于道路两侧排水设施齐全，且绿化带很宽，投运后的高速公路和铁路实际上是减轻了水土流失。不过，就整个严重水土流失区看，高速公路、铁路以及城镇的占地面积只有总土地面积的 1%，所以其减沙量级不大。

但是，近年大规模兴建的“村村通”乡镇公路存在人为增加水土流失的可能。实地调查看到，由于投资限制，这些乡镇道路基本上不设排水设施，道路两侧的低洼处往往成为积水点和排水点。大暴雨后，损毁最多的就是这些乡镇道路，包括道路两侧被人工削整的陡峭山体、道路路基被淘空、道路被切割等。

1.2.2.6　煤矿开采影响区域水循环，导致入黄水沙量减少

黄河流域煤炭等矿产资源丰富，是我国重要的能源基地，黄河流域煤炭资源不仅储量丰富，而且煤类齐全、煤质优良、开采条件较好，区位优势明显。黄河流域已探明的煤产地 685 处，保有储量 4492 亿 t，占全国煤炭储量的 46.5%，预测煤炭资源总储量约 1.5 万亿 t。近年来，随着黄河流域经济的快速发展，煤炭的需求迅速加大，煤矿开采量迅速增加，2006 年流域相关省区共产原煤 13.5 亿 t，占全国的 71.4%。

根据对典型采煤区域的研究，由于采煤改变了水文地质条件，水资源的产、汇、补、径、排等发生变化，直接表现为河川径流减少，地下水存蓄量遭到破坏。如窟野河流域，据有关资料分析，该地区煤矿开采、洗选和周边绿化等基本上依靠矿井涌水，吨煤涌水量 0.3~0.5 m^3，2009 年流域原煤产量为 27 900 万 t，估计涌水量 1 亿~1.4 亿 m^3（不包括煤矿开采可能会破坏地下不透水层而导致的径流下渗量）。地表径流的减少，部分泥沙会淤积在河道中，也就减少了入黄泥沙量。

1.2.2.7　河道采砂取土导致洪水流量迅速衰减，挟沙能力降低

黄河砂石开采始于 20 世纪 70 年代，近年来，采砂、取土的规模和开采范围迅速扩大，部分河段非法采砂活动日益增多，非法采砂活动在给河势稳定、防洪安全、涉水工程设施

安全带来不利影响的同时,也给进入黄河的水沙带来影响。

由于采砂过程中无序开采、滥采乱挖,一些多沙支流河道内坑、洼、坎比比皆是,不少相对较宽河段没有明显主槽,即使洪水期发生高含沙洪水,由于填洼作用导致洪峰、洪量急剧衰减,挟沙能力大幅度降低,部分泥沙淤积在河道中。这也是近些年支流进入黄河水沙减少的原因之一。

1.3 黄土高原侵蚀背景研究

1.3.1 环境背景演变

黄土高原是我国四大高原之一,亦为世界著名的大面积黄土覆盖的高原,是中华民族古代文明的发祥地之一。高原横跨青、甘、宁、蒙、陕、晋、豫7省(区)大部分或一部分,面积约64万 km^2,大部分为厚层黄土覆盖。经流水长期强烈侵蚀,逐渐形成千沟万壑、地形支离破碎的特殊自然景观,水土流失严重,为世所罕见。

从有文字记载时起,黄土高原就属于森林草原地区,森林和草原交错分布构成了黄土高原自然景观,期间点缀着一些人类群落。森林主要集中在黄土高原东南部的山地以及山前黄土丘陵地区,山地之间的旷野上主要是草原,但也有高大的乔木,呈现出一派森林草原景观。据史书记载和考古资料,黄土高原地区山地森林面积曾经占到黄土高原面积的将近1/4,长城一线以南典型黄土高原面积的大约50%。黄土高原东部的山西高原森林覆盖率在夏时期可以达到70%。

史念海认为,西周时期黄土高原的森林面积大约3 200万 hm^2,覆盖率约为53%,以后随着气候趋向寒冷和人类活动的加剧,植被发生了较大变化,森林面积逐渐减小。明清时期是黄河中游地区森林受到摧残破坏的年代,黄土高原的森林草原无可挽回的消失了,森林只零星的残存于晋西北吕梁山、陕甘边六盘山以及子午岭、黄龙山等深山里。

桑广书认为黄土高原西周以前及西周战国时期植被保持着天然状态,黄土高原地区呈现森林和草原相互交错的状况;秦汉时期黄土高原天然植被仍占较大比重,人类活动尚没有改变黄土高原的植被面貌;唐宋时期关中平原、汾涑河流域已无天然森林,黄土丘陵、山地植被遭到破坏,黄土高原北部沙漠开始扩张,自然环境恶化;黄土高原植被的毁灭性破坏主要在明清时期。造成黄土高原植被变化的原因有自然因素,但更主要的则是人为开垦土地、采伐森林和过度放牧。根据历史时期黄土高原森林分布图推算(马正林,1990年),春秋战国时期黄河中游森林覆盖率为53%,秦汉时期下降为42%,唐宋时期下降至32%,明清时期降至4%。

中华人民共和国成立以来,黄土高原的水土保持生态建设取得了很大成效,尤其是1999年以来国家全面推行的"退耕还林"和"封山禁牧"政策,上中游多沙区的侵蚀产沙环境发生了重大变化,表现为林草植被规模增加和质量的明显改善、水平梯田大规模建成、大量骨干坝和中小淤地坝投入运用等。如准格尔旗植被改善非常明显,其林草植被覆盖率由20世纪70年代末的15%提高到2010年的39%和2013年的近40%。在黄河上中游的多沙区,林草植被改善最突出的地区是:延安市地处严重水土流失区的北部六县区,鄂尔多斯市地处严重水土流失区的东部各县区，榆林市北部的神木县、榆阳区和府谷县，晋西头龙间的柳林、离石、偏关、保德和大宁县，以及庆阳的华池、庆城、合水、正宁和宁县。不同时期黄河主要来沙区林草植被覆盖率变化见图 1-3。

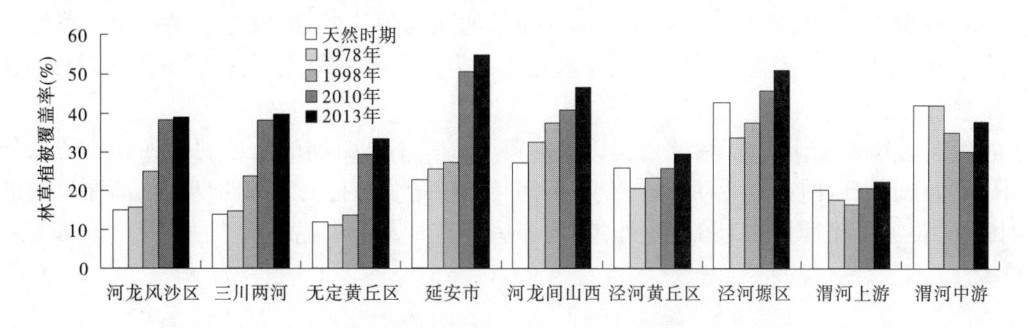

图 1-3　不同时期黄河主要来沙区林草植被覆盖率

1.3.2　侵蚀背景值

现有研究成果表明，对黄土高原侵蚀背景值研究认识存在一定差异。

景可、陈永宗等根据叶青超提出的黄河冲积扇形成模式，利用下游河道淤积特性、河口地区泥沙沉积比等资料，估算黄土高原全新世中期（距今 6 000~3 000 年）黄土高原自然侵蚀量约为 9.75 亿 t。同时预测 21 世纪中叶黄河中游的侵蚀量为 12.286 亿 t。

吴祥定认为，先秦至西汉时期（距今 2 000 年左右）自然环境受人类干扰甚小，可用来作为推估黄河中游土壤侵蚀背景值的年代，论述了估算自然侵蚀背景值的两种途径。一是由黄河冲积扇的堆积量推算，提出中游土壤侵蚀自然背景值为 10 亿 t 左右；二是由古黄河口泥沙淤积量推算，李元芳依据史书记载、淤积物特性、^{14}C 测年值等，估算流域产沙量为 6.5 亿 t 左右。

任美锷认为 15 万年以来黄土高原土地利用和植被的变化对黄河输沙有决定性的影响，根据黄土高原不同时期的土地利用和人口情况，分析了每个时期的输沙量，认为在北宋以前人类活动对输沙量影响较小，黄河年输沙量为 2 亿 t，北宋时期黄土高原植被遭到严重破坏，黄河年输沙量约为 6 亿 t。

朱照宇、周厚云等将全新世以来黄土高原划分出 5 个侵蚀阶段，其起始年距今分别为 11 000 年、7 000 年、700 年、300 年、150 年。根据高原现代河流沉积物的粒度组成、河流输沙量、径流量和年降水量等数据建立了各指标的回归方程。根据各方程和全新世以来不同时期阶地沉积物的实测数据，计算了各个阶段的平均古侵蚀强度和流域输沙量。提出在环境稳定时期（距今 4 000~2 000 年）自然侵蚀量为 8.6 亿~11.1 亿 t。

师长兴等基于华北平原上 93 个钻孔中淤积物分析数据，结合 182 组放射性同位素 ^{14}C 测年和埋深数据，参考前人对黄河下游河道历史变迁及其他相关研究成果，通过建立黄河下游有无堤防和决溢频率与泥沙输移比的关系，估算了 2 600 年来 5 个时期黄河上中游年来沙量，提出距今 2 000 余年人类活动影响较小时期黄河上中游年来沙量 6.2 亿 t。

《黄河流域综合规划(2012~2030年)》提出黄河流域多年平均天然来沙量16亿t,现状水利水保措施年平均减沙量4亿t左右。规划实施后,到2030年适宜治理的水土流失区将得到初步治理,流域生态环境明显改善,多沙粗沙区拦沙工程及其他水利水保措施年平均可减少入黄泥沙6.0亿~6.5亿t。在正常的降雨条件下,2030年水平年均入黄沙量为9.5亿~10亿t。考虑远景黄土高原水土流失得到有效治理,进入黄河下游的泥沙量8亿t左右。

综合分析以上研究成果,除任美锷根据黄土高原不同时期的土地利用和人口情况分析,认为在北宋以前人类活动影响较小,黄河年输沙量为2亿t,北宋时期黄土高原植被遭到破坏,黄河年输沙量约为6亿t外;其他各家研究成果,黄土高原侵蚀背景值在6亿~11亿t。

1.4　未来水沙变化趋势

黄河未来水沙量变化既受气候、降水等自然因素的影响,又与流域及相关地区治理开发情况密切相关,由于目前对黄河流域近期水沙变化原因及各因素的影响程度的认识尚有分歧,加之受认识和技术水平的限制,对黄河未来可能水沙变化的认识差别也较大。本书以已有成果为基础,经综合分析,推荐采用的未来水沙量变化定量成果,为进入下游水沙过程设计提供依据。

1.4.1　径流泥沙变化趋势

1.4.1.1　未来黄河沙量预测

黄土高原历史侵蚀背景值研究成果,除任美锷认为在北宋以前黄河年输沙量为2亿t外,其他各家研究成果认为,在远古时期流域植被较好的情况下,黄土高原侵蚀背景值在6亿~11亿t。

黄河有实测资料以来,出现了1922~1932年连续枯水枯沙段,该时段来沙量与近年来沙量对比见表1-12。1922~1932年连续枯沙段,三门峡(陕县,相当于天然)站多年平均沙量10.7亿t,与正常降雨年份沙量相差5.3亿t。

表1-12　黄河三门峡(陕县)水文站枯沙段实测沙量对比

时段	水量(亿 m^3)			沙量(亿t)			最小沙量(亿t)
	7~10月	11月至翌年6月	全年	7~10月	11月至翌年6月	全年	
1922年7月至1932年6月	183.63	128.89	312.53	8.78	1.89	10.67	4.83
1990年7月至2013年6月	103.19	121.77	224.96	4.85	0.33	5.18	1.11
2000年7月至2012年6月	101.64	117.08	218.72	3.02	0.25	3.27	1.11

受气候变化及人类活动的影响,近期黄河来沙量明显减少,1997~2011 年黄河三门峡站输沙量仅为 3.6 亿 t。从黄土高原水土保持各项措施减沙机制看,林草措施是通过改善土壤植被减沙,具有长效性,而水库和淤地坝拦沙主要依靠库容,当泥沙淤积量达到可淤积库容的最大值后,即失去拦沙能力,具有时效性。根据"十一五"国家科技支撑计划课题"黄河流域水沙变化情势评价研究"和"十二五"研究成果,1997~2014 年黄河潼关以上水库和淤地坝年均拦沙量约 2.4 亿 t,考虑该时期水库及淤地坝拦沙量,可以估算,近期沙量大幅度减少的 1997~2014 年,黄河的来沙量有 6 亿 t 左右。

水利部黄河水利委员会、中国水利水电科学研究院联合完成的《黄河水沙变化研究》综合考虑黄河水沙问题的复杂性、未来主要因素对黄河水沙变化影响的发展趋势以及一些不确定性因素,预估在黄河古贤水库投入运用后,未来 30~50 年黄河潼关水文站年均径流量 210 亿~220 亿 m^3,年均输沙量 3 亿~5 亿 t;考虑到规划的淤地坝实施进度有可能滞后于预期,淤地坝在未来 50~60 年仍可能会发挥少部分拦沙作用,预估未来 50~100 年潼关水文站年均径流量 200 亿~210 亿 m^3,年均输沙量 5 亿~7 亿 t。

据实测资料统计,黄河三门峡水文站 2000 年以来(2000~2012 年)、近 20 年(1993~2012 年)、近 30 年(1983~2012 年)、近 40 年(1973~2012 年)、近 50 年(1963~2012 年)输沙量分别为 3.27 亿 t、4.79 亿 t、5.95 亿 t、7.52 亿 t、8.92 亿 t,见表 1-13。

表 1-13　黄河四站、三门峡不同时段实测水量、沙量统计

水文站	时段	水量(亿 m^3)			沙量(亿 t)		
		7~10 月	11 月至翌年 6 月	全年	7~10 月	11 月至翌年 6 月	全年
四站	2000~2012 年	113.21	130.49	243.70	2.54	0.42	2.96
	近 10 年	125.37	137.25	262.62	2.18	0.29	2.47
	近 20 年	112.51	128.83	241.34	4.28	0.67	4.95
	近 30 年	133.21	141.60	274.81	5.13	0.96	6.09
	近 40 年	154.99	145.92	300.91	6.52	0.98	7.50
	近 50 年	172.96	153.90	326.86	8.42	1.13	9.55
三门峡	2000~2012 年	101.64	117.08	218.72	3.02	0.25	3.27
	近 10 年	114.99	126.32	241.31	2.96	0.23	3.19
	近 20 年	102.38	116.72	219.10	4.58	0.21	4.79
	近 30 年	126.98	133.57	260.55	5.60	0.35	5.95
	近 40 年	149.48	140.02	289.50	7.19	0.33	7.52
	近 50 年	166.79	149.96	316.75	7.97	0.95	8.92

综合以上分析,考虑黄土高原侵蚀背景值成果、黄河实测沙量变化、近期研究成果以及专家对未来沙量变化的预估,本次研究未来沙量按三种情景方案设计,即黄河未来沙量分别考虑为 3 亿 t 、6 亿 t、8 亿 t 情况。

1.4.1.2　未来黄河水量预测

黄河未来径流量变化，受流域降雨、下垫面条件以及水资源开发利用等多种因素影响。

1. 未来降雨变化对径流量影响

影响黄河流域降雨变化的原因涉及地形、地势、气温、蒸发等多方面因素。黄河流域地形、地势相对稳定，在数十年乃至数百年的较短地质时期内，不会发生明显变化。气温升高、蒸发加大等气候条件变化与全球气候变暖是一致的，这个变化趋势是极其平缓的，是否会导致黄河流域年降水、汛期降水、暴雨强度及频次发生明显变化，未来长时期黄河流域的降水（暴雨）是增大、减小或者持平，其对水沙变化有多大影响，尚无明确结论。半个多世纪以来的实测资料表明，黄河流域降水总体上变化趋势不大，基本上呈周期性的变化。

2. 水土保持减水作用分析

第二期黄河水沙变化基金研究提出，20 世纪七八十年代以及 1990~1996 年头龙间水利水保措施年均减水量分别为 8.23 亿 m^3、14.89 亿 m^3、12.68 亿 m^3，年均减沙量分别为 2.26 亿 t、3.96 亿 t、3.16 亿 t，可见看出，水利水保措施减水量随着减沙作用的增加而增加，水利水保措施每减沙 1 亿 t，相应减水量为 3.6 亿~4.0 亿 m^3。

"十一五"国家科技支撑计划课题"黄河流域水沙变化情势评价研究"，在黄河水沙变化基金成果基础上，研究提出头龙间控制区及泾洛渭汾河 1997~2006 年水土保持措施（不包括水利措施）年均减水量为 26.37 亿 m^3，年均减沙量为 3.99 亿 t，由此可以推算水土保持措施减沙 1 亿 t，相应减水量为 6.6 亿 m^3。

《黄河流域综合规划》在考虑黄河中游水土保持生态环境用水对流域水资源的影响中提出未来水利水保措施减沙 5 亿 t、6 亿 t、8 亿 t 情况下，相应径流量减少量分别为 15 亿 m^3、20 亿 m^3、30 亿 m^3，水土保持措施减沙 1 亿 t，相应减水量为 5 亿 m^3，与上述研究成果基本一致。本研究在分析不同情境方案径流量变化时，按水土保持措施减沙 1 亿 t，相应减水量为 5 亿 m^3 考虑。

3. 水资源开发利用量预估

黄河流域属于资源性缺水河流，水资源供需矛盾突出，随着经济社会的快速发展，国民经济用水量持续增加，现状地表水开发利用率达到近 70%，已超出黄河水资源承载能力。

1999 年国家实施了黄河水量统一调度，依据国务院颁布的"87 分水方案"，按照总量控制、丰增枯减的原则，确定了各省区地表水耗水年度分配指标。《黄河流域水资源综合规划》根据黄河流域水资源条件变化和现有黄河可供水量分配方案的实际，统筹考虑维持黄河健康生命和以水资源的可持续利用支撑经济社会可持续发展的综合需求，合理提出了黄河水资源配置方案。规划提出，现状至南水北调工程生效前，配置河道外各省区可利用水量为 341.16 亿 m^3。南水北调东中线生效后至南水北调西线一期工程生效前，配置河道外各省区可利用水量 332.79 亿 m^3。南水北调西线等调水工程生效后，考虑南水北调西线一期工程等跨流域调水工程生效后，配置河道外各省区可利用水量 401.05 亿 m^3，入海水量 211.37 亿 m^3。按照这一配置方案，南水北调西线工程生效前，黄河头道拐以上,年需要耗用河川径流量 123.44 亿 m^3;头龙间需耗用河川径流量 17.35 亿 m^3。

4. 未来水量变化趋势

对于未来黄河水量的变化,大部分研究成果以气候要素为基础,利用数学模型进行预测,定性给出黄河径流变化趋势,但由于考虑未来情景模式不同,对未来水量变化的预测成果大不相同,甚至出现相反的结论。

进入 21 世纪以来,黄河流域下垫面条件发生了明显的变化,黄河水沙量也随之发生变化,2000~2012 年黄河龙门、华县、河津、洑头四站年均来沙量 2.96 亿 t、来水量 244 亿 m^3,该时段黄河来水来沙过程体现了近一段时期人类活动及下垫面的影响,可以将该时段实测来水量作为黄河来沙量 3 亿 t 情景方案的设计水量。在此基础上,考虑不同情景方案水利水保措施减沙作用对减水的影响,黄河来沙量 6 亿 t、8 亿 t 的情景方案,未来四站来水量分别考虑为 259 亿 m^3、269 亿 m^3。

根据黄河未来水量、沙量的分析预测,本研究拟定不同情景方案水沙量成果见表 1-14。

表 1-14　不同情景方案黄河水沙量(四站)设计成果

方案	水量(亿 m^3)	沙量(亿 t)	含沙量(kg/m^3)
方案 1	244	3	12.3
方案 2	259	6	23.2
方案 3	269	8	29.7

1.4.2　暴雨洪水形势

1.4.2.1　近期暴雨变化特点

1. 暴雨一般特性

黄河流域的暴雨均是大气环流运动,冷暖气团相遇所致。西太平洋副热带系统的进退和强度变化直接影响黄河中游暴雨带的走向、位置、范围和强度。黄河中游大暴雨的成因,从环流形势来说分为径向型和纬向型。在径向环流形势下,西太平洋副热带高压中心位于日本海,青藏高压也较强,二者之间是一南北向低槽区,这是形成三门峡至花园口区间(简称三花间,下同)大暴雨的环流形势。西太平洋副热带高压呈东西向带状分布时,其脊线在 25°N~30°N 或更北,西伸脊点在 105°E~115°E 时,对形成中游的东西向与西南—东北向大面积暴雨是有利的。

黄河中下游是主要暴雨中心地带。中游头道拐至三门峡区间,大暴雨多发生在 8 月;三花间较大暴雨多发生在 7、8 两月,其中特大暴雨多发生在 7 月中旬至 8 月中旬。黄河下游的暴雨以 7 月出现的机会最多,8 月次之。

2. 近期变化特点

近年来黄河中下游暴雨发生量级及次数有所减少。20 世纪 90 年代以来,头龙间、龙三间、三花间次降雨过程 3 日 25 mm 雨区内降雨总量累计值较中华人民共和国成立初期分别减少了 22.8%、7.3%、21.3%。黄河中游区各量级降雨日数,尤其是大雨和暴雨日数基本呈减少趋势。七八十年代减少幅度为6%~20%,90年代以后减少幅度为6%~25%。

黄河中游地区20世纪90年代以来,降水量减少、暴雨次数减少、暴雨时空分布不利于产流等因素,是影响90年代以来洪水量级偏小、洪水发生频次减少的主要原因。

1.4.2.2 近期洪水变化特性

1. 洪水一般特性

黄河洪水主要由暴雨形成,洪水发生的时间与暴雨发生时间相一致。由于黄河流域面积大、河道长,各河段大洪水发生的时间有所不同,上游河段为7~9月;头道拐至三门峡区间为7~8月并多集中在8月;三花间为7~8月,特大洪水的发生时间一般为7月中旬至8月中旬;下游洪水的发生时间一般为7~10月。

黄河中游洪水过程为高瘦型,洪水历时较短,洪峰较高,洪量相对较小。一次洪水的主峰历时,支流一般为3~5 d,干流一般为8~15 d。支流连续洪水一般为10~15 d,干流三门峡、小浪底、花园口等站的连续洪水历时可达30~40 d,最长达45 d。黄河中游头道拐至花园口区间洪水主要来自头龙间、龙三间和三花间三个地区。其中,头龙间是黄河粗泥沙的主要来源区,常形成尖瘦的高含沙洪水过程。区间发生的较大洪水洪峰流量可达11 000~15 000 m^3/s。龙三间洪水多为矮胖型,洪峰流量一般为7 000~10 000 m^3/s。本区间除马莲河外,为黄河细泥沙的主要来源区。三花间易形成峰高量大、含沙量小的洪水。当伊洛河、沁河与三花间干流洪水遭遇时,可形成花园口的大洪水或特大洪水。汶河属山溪性河流,源短流急,洪水暴涨暴落,洪峰流量年际变差大。一次洪水总历时一般在5~6 d。

花园口断面控制了黄河上中游的全部洪水,花园口以下增加洪水不多。黄河上游(头道拐以上)的洪水由于源远流长(主要来自兰州以上),加之河道的调蓄作用和宁夏、内蒙古灌区耗水,洪水传播至下游,只能组成黄河下游洪水的基流,并随洪水统计时段的加长,上游来水所占比重相应增大。黄河中游(头道拐至花园口)地区沟壑纵横、支流众多,有利于产汇流,是黄河下游洪水的主要来源区。一般将三门峡以上的头道拐至三门峡区间来水为主洪水称为“上大洪水”,该类型洪水洪峰高、洪量大、含沙量也大,对黄河下游防洪威胁严重;三门峡以下的三花间来水为主,称为“下大洪水”,该类型洪水涨势猛、峰值高、含沙量小、预见期短,对黄河下游防洪威胁严重;三门峡以上的龙三间和三门峡以下的三花间共同来水形成的洪水称为“上下较大洪水”,该类型洪峰较低,历时长,含沙量较小,对下游防洪也有相当威胁。

从实测资料和历史文献资料可知,形成黄河中下游特大洪水主要有西南东北向切变线和南北向切变线两种天气系统。西南东北向切变线天气系统形成三门峡以上的头龙间和龙三间大暴雨或特大暴雨,常遭遇形成黄河中下游的大洪水或特大洪水,如1933年8月洪水和1843年(道光二十三年)8月洪水。南北向切变线天气系统形成三门峡以下的三花间大暴雨或特大暴雨,造成黄河中下游大洪水或特大洪水,如1958年7月洪水和1761年(乾隆二十六年)8月洪水。来源于三门峡以上中游地区的大洪水与三门峡以下中游地区的大洪水一般是不遭遇的。黄河干流的大洪水与汶河大洪水是不相遭遇的,黄河的大洪水可以和汶河的较大洪水相遭遇,黄河的较大洪水也可以和汶河的大洪水相遭遇。

2. 近期变化特点

20 世纪 70 年代以来,受气候降雨变化的影响以及人类活动的加剧,特别是刘家峡、龙羊峡、小浪底等大型水库先后投入运用,其调蓄作用和沿途引用黄河水,使近期黄河中下游洪水特性发生了较大变化。

1) 长历时洪水次数明显减少

表 1-15 是潼关站、花园口站不同时期不同历时洪水的出现次数统计表。从表中看出,1950~1989 年各时期洪水历时的变化并不明显,1990 年以后变化较大,长历时洪水的次数急剧减少,各站 1990 年以后极少出现过历时大于 30 d 的洪水。潼关站 20 世纪 90 年代只有一场历时大于 30 d 的洪水,2000 年后有 4 场;花园口站 90 年代后没有出现历时大于 30 d 的洪水。

表 1-15　各站不同时期洪水历时统计

站名	时期	不同历时(d)洪水场次数(次)					
		≤3	3~5	5~12	12~20	20~30	>30
潼关	1950~1959 年		9	21	19	7	2
	1960~1969 年	4	6	16	10	3	12
	1970~1979 年	1	8	18	7	4	4
	1980~1989 年	1	8	14	12	2	7
	1990~1999 年	1	3	15	6		1
	2000~2012 年			5	2	3	4
花园口	1950~1959 年	1	13	30	12	6	3
	1960~1969 年	4	7	25	10	6	5
	1970~1979 年	3	7	25	10	2	4
	1980~1989 年	3	11	24	10	3	4
	1990~1999 年	1	6	16	7	3	
	2000~2012 年	2	2	7	8	7	

2) 较大量级洪水发生频次减少

对黄河干支流防洪作用明显的大型水库进行还原,统计各站不同时期洪水发生频次。表 1-16 为潼关站、花园口站不同时期不同量级洪水发生频次统计表,从表中看出,潼关站 1950~1989 年 6 000 m^3/s 以下洪水的频次变化不大,6 000 m^3/s 以上的洪水频次呈减小趋势,尤其 1990 年以后减小更为明显。花园口站 1950~1989 年各级洪水的频次变化不大,1990 年以后洪水频次明显减小,洪水量级也明显偏小,多为 8 000 m^3/s 以下洪水,8 000 m^3/s 以上洪水仅发生 1 次,没有发生 10 000 m^3/s 以上大洪水。

表 1-16 中游各站不同时期各级洪水频次统计

站名	时期	各级洪峰流量(m^3/s)的洪水频次(次/年)									
		>3 000	>4 000	>6 000	>8 000	>10 000	>15 000	3 000~4 000	4 000~6 000	6 000~10 000	10 000~150 000
潼关	1950~1959 年	5.6	4.4	2	1.3	0.8		1.2	2.4	1.5	0.5
	1960~1969 年	5.1	4	1.6	0.4	0.1		1.1	2.4	1.5	0.1
	1970~1979 年	4.2	2.9	1.5	0.8	0.5	0.2	1.3	1.4	1	0.3
	1980~1989 年	4.4	3.3	0.8	0.2			1.1	2.5	0.8	
	1990~1999 年	2.5	1.9	0.4	0.1			0.7	1.5	0.4	
	2000~2010 年	1.3	0.5					0.7	0.5		
	1950~2010 年	3.8	2.8	1.1	0.8	0.6	0.04	1.0	1.7	0.9	0.2
花园口	1950~1959 年	6.5	4.8	2.4	1.0	0.7	0.2	1.7	2.4	1.7	0.5
	1960~1969 年	5.7	4.2	1.9	0.5	0.2		1.5	2.3	1.7	0.2
	1970~1979 年	5.1	2.8	1.1	0.5	0.3		2.3	1.7	0.8	0.3
	1980~1989 年	5.5	3.7	1.2	0.5	0.2	0.1	1.8	2.5	1	0.1
	1990~1999 年	3.3	1.4	0.3	0.1			1.9	1.1	0.3	
	2000~2010 年	1.9	1.0	0.4				0.9	0.7	0.4	
	1950~2010 年	4.6	2.9	1.1	0.9	0.8	0.05	1.7	1.8	0.9	0.2

3)潼关、花园口断面以上各分区来水比例无明显变化

表 1-17、表 1-18 是潼关站及花园口站不同时期各时段洪量组成统计表。从表中看出,随着洪水时段加长,潼关站头道拐以上来水比例增加,由 1 日洪量的 41%增加到 12 日洪量的 60%。随时段增长,花园口站潼关以上来水比例增加,由 1 日洪量的 71%增加到 12 日洪量的 82%。潼关站、花园口站不同年代之间各分区来水比例没有明显规律性,近年各分区来水比例与 1950 年以来长时段均值接近,无明显变化。

表 1-17　潼关站不同时期年均各时段洪水组成比例(%)

时期	1 日洪量		3 日洪量		5 日洪量		12 日洪量	
	头道拐	河三间	头道拐	河三间	头道拐	河三间	头道拐	河三间
1950~1959 年	31	69	37	63	42	58	47	53
1960~1969 年	41	59	48	52	52	48	60	40
1970~1979 年	41	59	49	51	54	46	73	27
1980~1989 年	50	50	56	44	61	39	69	31
1990~1999 年	37	63	45	55	51	49	62	38
2000~2012 年	50	50	53	47	55	45	62	38
1950~2012 年	41	59	48	52	52	48	60	40

表 1-18　花园口站不同时期年均各时段洪水组成比例(%)

时期	1 日洪量		3 日洪量		5 日洪量		12 日洪量	
	头道拐	河三间	头道拐	河三间	头道拐	河三间	头道拐	河三间
1950~1959 年	71	29	78	22	79	21	79	21
1960~1969 年	72	28	80	20	82	18	84	16
1970~1979 年	72	28	84	16	86	14	89	11
1980~1989 年	73	27	79	21	81	19	84	16
1990~1999 年	75	25	84	16	86	14	86	14
2000~2012 年	67	33	70	30	72	28	72	28
1950~2012 年	71	29	78	22	80	20	82	18

1.5　水沙过程设计

1.5.1　水沙代表系列过程

水沙代表系列设计是根据水沙变化趋势和一定时期人类活动影响分析预测代表一定时期某一水平的水沙过程,是研究黄河下游不同治理方案下游河道及河口冲淤及防洪形势的重要基础条件。本研究是针对黄河下游治理方向的宏观战略研究,应立足于未来较长时期的变化,考虑古贤等骨干水库进入正常运用期,水沙代表系列长度考虑为 50 年。根据未来黄河水沙量三个情景设计方案,进行水平年水沙条件设计,并选取水沙代表系列。

1.5.1.1　黄河来沙量 3 亿 t 方案

对于黄河来沙量 3 亿 t 方案(情景方案 1),由于该沙量为黄河近一时期来沙量,为黄河有实测资料以来最枯沙时段,因此可直接选用2000~2012年实测13年系列连续循环3次+2001~2011年组成50年系列作为该情景方案的水沙代表系列。

该系列龙门站年平均水量、沙量分别为182.43亿m^3、1.56亿t,其中汛期水量为74.11亿m^3,占全年总水量的40.6%;汛期沙量为1.23亿t,占全年总沙量的79.1%,汛期、全年含沙量分别为16.6 kg/m^3和8.5 kg/m^3。四站年均水量为242.32亿m^3、沙量为2.97亿t,其中汛期水量111.66亿m^3、沙量为2.54亿t,分别占全年水量的46.1%、沙量的85.5%,汛期、全年含沙量分别为22.8 kg/m^3和12.3 kg/m^3。该系列四站最大年水量为372.33亿m^3(2012年),最小年水量为158.95亿m^3(2002年);最大年沙量为5.95亿t(2001年),最小年沙量为0.97亿t(2011年)。黄河来沙3亿t方案选取的50年水沙代表系列水沙特征值见表1-19。

表1-19 水沙代表系列不同时期龙门及四站水沙量(水沙情景方案1,黄河来沙量3亿t)

水文站	时段	水量(亿m^3)		沙量(亿t)		含沙量(kg/m^3)	
		汛期	年	汛期	年	汛期	年
龙门	前20年	71.45	177.21	1.41	1.77	19.8	10.0
	后30年	75.88	185.91	1.11	1.42	14.7	7.6
	50年	74.11	182.43	1.23	1.56	16.6	8.5
四站	前20年	108.14	235.25	2.85	3.34	26.4	14.2
	后30年	114.01	247.04	2.33	2.73	20.4	11.0
	50年	111.66	242.32	2.54	2.97	22.8	12.3

1.5.1.2 黄河来沙量6亿t方案和8亿t方案

对于黄河来沙量6亿t、8亿t情景方案(情景方案2、情景方案3),设计水沙代表系列从相应情景水平年1956~2000年水沙条件中选取。

设计水平年头道拐、龙门、河津、华县、洑头、黑石关、小董等站的月水量,采用黄河流域水资源综合规划提出的1956~2000年天然径流系列成果,考虑设计水平年的工农业用水、水库调节、水利水保措施减水作用进行计算。设计水平年头道拐、河津、华县、洑头、黑石关、小董等站的月沙量,采用反映现状水库工程作用和水土保持措施影响的实测资料(1970年以后)建立的水沙关系,按设计水量计算沙量,并考虑不同情景方案沙量缩小求得。

设计水平年四站日流量过程,根据设计水平年各年各月水量与实测各年各月水量的比值,对各年各月实测日流量进行同倍比缩小求得。设计水平年各年龙门、华县、河津、洑头、黑石关、小董日输沙率过程,根据设计水平年各年各月输沙率与实测各年各月输沙率的比值,对各年各月实测日输沙率进行同倍比缩小求得。

水沙代表系列选取以情景方案的未来入黄径流量和泥沙量为基础,按照系列应由尽量少的自然连续系列组成和反映丰、平、枯水沙情况的原则，分别在不同情景方案水平年1956~2000年设计水沙系列中选取1956~1999年+1977~1982年50年系列作为黄河来沙6亿t、黄河来沙8亿t情景方案水沙代表系列。

1. 黄河来沙6亿t方案

该代表系列（见表1-20）龙门站年均水量为196.07亿m^3，沙量为4.07亿t，其中汛期水量为88.11亿m^3，占全年总水量的44.9%；汛期沙量为3.50亿t，占全年总沙量的85.9%。其中前20年水量为197.67亿m^3，沙量为5.14亿t，沙量相对偏丰。整个50年系列龙门站最大年水量为353.49亿m^3，最小年水量为116.56亿m^3，二者比值为3.03；最大年沙量为13.05亿t，最小年沙量为1.40亿t，二者比值为9.43。

表1-20　水沙代表系列不同时期龙门及四站水沙量（水沙情景方案2，黄河来沙量6亿t）

水文站	时段	水量（亿m^3）		沙量（亿t）		含沙量（kg/m^3）	
		汛期	年	汛期	年	汛期	年
龙门	前20年	88.01	197.67	4.52	5.14	51.3	26.0
	后30年	88.18	195.00	2.82	3.36	31.9	17.2
	50年	88.11	196.07	3.50	4.07	39.7	20.8
四站	前20年	127.79	264.06	6.37	7.17	49.9	27.1
	后30年	121.49	248.34	4.60	5.27	37.9	21.2
	50年	124.01	254.63	5.31	6.03	42.8	23.7

该系列四站年均水量为254.63亿m^3，沙量为6.03亿t，其中汛期水量为124.01亿m^3，占全年总水量的48.7%；汛期沙量为5.31亿t，占全年总沙量的88.0%，其中前20年水量为264.06亿m^3，沙量为7.17亿t。该50年系列四站最大年水量为434.39亿m^3，最小年水量为140.82亿m^3，二者比值为3.08。最大年沙量为14.78亿t，最小年沙量为1.88亿t，二者比值7.85。

2. 黄河来沙8亿t方案

该代表系列（见表1-21）龙门站年均水量为203.82亿m^3，沙量为5.30亿t，其中汛期水量为93.95亿m^3，占全年总水量的46.1%；汛期沙量为4.60亿t，占全年总沙量的86.8%。其中前20年水量为205.44亿m^3，沙量为6.79亿t，沙量相对偏丰。整个50年系列龙门站最大年水量为371.09亿m^3，最小年水量为120.02亿m^3，二者比值为3.1；最大年沙量为16.85亿t，最小年沙量为1.68亿t，二者比值10.1。

表 1-21　水沙代表系列不同时期龙门及四站水沙量表(水沙情景方案 3,黄河来沙量 8 亿 t)

水文站	时段	水量(亿 m^3)		沙量(亿 t)		含沙量(kg/m^3)	
		汛期	年	汛期	年	汛期	年
龙门	前 20 年	93.84	205.44	6.03	6.79	64.2	33.0
	后 30 年	94.02	202.74	3.65	4.31	38.8	21.3
	50 年	93.95	203.82	4.60	5.30	49.0	26.0
四站	前 20 年	135.56	274.44	8.61	9.62	63.5	35.1
	后 30 年	128.95	258.20	6.13	6.97	47.5	27.0
	50 年	131.59	264.70	7.12	8.03	54.1	30.3

该系列四站年均水量为 264.70 亿 m^3,沙量为 8.03 亿 t,其中汛期水量为 131.59 亿 m^3,占全年总水量的 49.7%;汛期沙量为 7.12 亿 t,占全年总沙量的 88.7%,其中前 20 年水量为 274.44 亿 m^3,沙量为 9.62 亿 t。该 50 年系列四站最大年水量为 455.17 亿 m^3,最小年水量为 145.14 亿 m^3,二者比值为 3.1。最大年沙量为 19.27 亿 t,最小年沙量为 2.54 亿 t,二者比值 7.6。

1.5.2　设计洪水泥沙过程

1.5.2.1　天然设计洪水复核

在前期研究成果基础上,将龙门、三门峡、花园口、三花间各站及区间洪水系列延长至 2010 年,采用 P-Ⅲ曲线进行适线,复核各站及区间设计洪水。复核后的设计洪水成果较原审定成果略有减小,但总体变化不大。考虑到与 2013 年国务院批复的《黄河流域综合规划》、2010 年通过水利水电规划设计总院审查的《黄河下游滩区综合治理规划》等成果衔接,本次研究仍采用《黄河流域综合规划》中的设计洪水成果。各有关站及区间的天然设计洪水成果见表 1-22。

表 1-22　龙门、花园口、三门峡、三花间等站区天然设计洪水成果

站名	集水面积(km^2)	项目	统计参数			不同重现期(年)设计值						
			均值	C_v	C_s/C_v	5	10	20	30	100	1 000	10 000
龙门	497 552	洪峰流量(m^3/s)	9 110	0.58	3	12 600	16 100	19 600	21 600	27 400	38 500	49 400
		5 日洪量(亿 m^3)	15.68	0.39	3	20.2	23.9	27.3	29.3	34.8	44.9	54.5
		12 日洪量(亿 m^3)	31.91	0.38	3	40.9	48.2	55.0	58.9	69.6	89.3	108
		45 日洪量(亿 m^3)	93.82	0.34	3	117.9	136.6	153.8	163.7	190.7	239.3	285.3

续表 1-22

站名	集水面积（km^2）	项目	统计参数			不同重现期(年)设计值						
			均值	C_v	C_s/C_v	5	10	20	30	100	1 000	10 000
三门峡	688 421	洪峰流量（m^3/s）	8 880	0.56	4	11 700	15 200	18 900	21 100	27 500	40 000	52 300
		5 日洪量（亿 m^3）	21.6	0.50	3.5	28.6	35.9	43.0	47.2	59.1	81.5	104
		12 日洪量（亿 m^3）	43.5	0.43	3	57.0	68.6	79.5	85.8	104	136	168
		45 日洪量（亿 m^3）	126	0.35	2	161.3	185	207	218	251	308	360
花园口	730 036	洪峰流量（m^3/s）	9 770	0.54	4	12 800	16 600	20 400	22 600	29 200	42 300	55 000
		5 日洪量（亿 m^3）	26.5	0.49	3.5	35.0	43.7	52.1	57	71.3	98.4	125
		12 日洪量（亿 m^3）	53.5	0.42	3	69.8	83.6	96.6	104	125	164	201
		45 日洪量（亿 m^3）	153	0.33	2	193	220	245	258	294	358	417
三花间	41 615	洪峰流量（m^3/s）	5 100	0.92	2.5	7710	11 100	14 500	16 600	22 700	34 600	45 000
		5 日洪量（亿 m^3）	9.80	0.90	2.5	14.8	21.1	27.5	31.3	42.8	64.7	87
		12 日洪量（亿 m^3）	15.03	0.84	2.5	22.5	31.4	40.3	45.6	61.0	91.0	122
小花间	35 881	洪峰流量（m^3/s）	4 230	0.86	2.5	6 350	8 920	11 500	13 100	17 600	26 500	35 300
		5 日洪量（亿 m^3）	8.65	0.84	2.5	13.0	18.1	23.2	26.2	35.2	52.5	70
		12 日洪量（亿 m^3）	13.2	0.80	2.5	19.6	26.9	34.1	38.4	51.0	75.4	99.5
小陆故花间	27 019	洪峰流量（m^3/s）	2 910	0.88	3.0	4 170	6 070	8 060	9 260	12 900	20 100	27 500
		5 日洪量（亿 m^3）	5.06	1.04	2.5	7.7	11.6	15.7	18.1	25.5	40.2	55.1
		12 日洪量（亿 m^3）	7.14	0.96	2.5	10.8	15.8	20.9	24	33.2	51.2	69.4

1.5.2.2　洪水泥沙过程设计

为反映不同典型洪水下游滩区的滞洪沉沙作用和洪水演进特性，选用 1 000 年一遇（“58·7”型洪水）、100 年一遇（“58·7”型洪水）、10 年一遇（“73·8”型洪水）和“96·8”实测洪水的洪水泥沙过程进行黄河下游河道二维数学模型计算。

分析了流量含沙量相关法,洪水同倍比放大法以及频率法等洪水沙量设计方法,综合分析认为频率法反映不了黄河流域不同洪水来源区来沙量的特点,本次主要以流量含沙量相关法、洪水同倍比放大法进行洪水沙量设计。

两种方法计算的洪水沙量成果见表1-23,由表可以看出,两种方法计算的洪水沙量有一定差别,但是从产洪产沙机制以及水沙运动规律来看,流量含沙量关系更能反映水沙关系的实际情况,本次采用流量含沙量关系成果作为频率洪水沙量设计依据。

表1-23 不同方法计算潼关站洪水沙量成果统计

洪水典型	方法	潼关站			小花间		
		水量(亿 m^3)	沙量(亿 t)	平均含沙量(kg/m^3)	水量(亿 m^3)	沙量(亿 t)	平均含沙量(kg/m^3)
0.1% “58·7”	流量含沙量关系	77.91	8.58	110.1	63.97	2.74	42.8
	同倍比放大法	77.91	9.90	127.1	63.97	1.59	24.8
	采用值	77.91	8.58	110.1	63.97	2.74	42.8
1% “58·7”	流量含沙量关系	68.38	6.41	93.7	47.61	1.55	32.5
	同倍比放大法	68.38	8.69	127.1	47.61	1.18	24.8
	采用值	68.38	6.41	93.7	47.61	1.55	32.5
10% “73·8”	流量含沙量关系	187.37	27.21	145.2	34.43	0.46	13.3
	同倍比放大法	187.37	19.38	103.4	34.43	0.16	4.6
	采用值	187.37	27.21	145.2	34.43	0.46	13.3

1.6 进入下游河道的水沙条件

1.6.1 进入下游的水沙代表系列过程

按照1.5选取的情景方案(黄河来沙量3亿t、6亿t、8亿t)50年设计水沙代表系列,经中游水库群的水沙联合调节、沿程引水及四站至潼关河段输沙计算,得到进入下游的水沙过程。中游水库群考虑待建的古贤水利枢纽工程,中游水库群的水沙联合调节均不考虑水库的拦沙作用(水库处于正常运用期)。

1.6.1.1 计算边界条件

1. 库区及河床边界条件

四站至三门峡库区泥沙冲淤计算起始河床边界条件采用2012年汛前地形;古贤、小浪底水库冲淤计算起始条件采用水库设计的正常运用期地形。

2. 水库调节运用方式

中游水库群联合运用方式采用《黄河古贤水利枢纽项目建议书》推荐的古贤、三门峡和小浪底水库联合运用方式。

3. 计算采用的数学模型

四站至潼关河段输沙计算采用黄河勘测规划设计有限公司的水文水动力学泥沙数学模型,古贤、三门峡库区泥沙冲淤计算采用黄河勘测规划设计有限公司的水文水动力学泥沙数学模型,小浪底库区泥沙冲淤计算采用黄河勘测规划设计有限公司水库水动力学数学模型。上述模型均经过实测资料的验证,在众多规划及科学研究中得到应用。

1.6.1.2　水库及河道泥沙冲淤

按照不同情景方案选取的设计水沙代表系列,利用水沙数学模型计算的不同情景方案水库及河道泥沙冲淤计算成果见表 1-24。

表 1-24　不同方案水库及河段年均冲淤量计算成果

方案	时段	龙潼河段淤积量(亿 t)	水库淤积量(亿 m^3)		
			古贤水库	三门峡水库	小浪底水库
来沙 3 亿 t(情景方案 1)	前 20 年	-0.124	-0.156	-0.039	0.181
	后 30 年	-0.245	0.051	-0.008	-0.089
	50 年	-0.196	-0.032	-0.020	0.019
来沙 6 亿 t(情景方案 2)	前 20 年	0.316	-0.070	-0.053	0.126
	后 30 年	-0.029	0.027	-0.007	-0.026
	50 年	0.109	-0.012	-0.025	0.035
来沙 8 亿 t(情景方案 3)	前 20 年	0.741	-0.104	-0.062	0.111
	后 30 年	0.199	0.092	0.001	-0.029
	50 年	0.416	0.014	-0.024	0.027

黄河来沙 3 亿 t 方案(水沙情景方案 1),由于黄河来沙量偏少,水流含沙量较低,龙潼河段总体上表现为冲刷,计算的 50 年系列龙潼河段年均冲刷 0.196 亿 t,其中前 20 年冲刷量较小,年均冲刷 0.124 亿 t,后 30 年冲刷量较大,年均冲刷 0.245 亿 t。古贤、三门峡、小浪底水库均处于冲淤平衡状态。

黄河来沙 6 亿 t 方案(水沙情景方案 2),龙潼河段总体上表现为淤积,计算的 50 年系列龙潼河段年均淤积 0.109 亿 t,其中前 20 年发生淤积,年均淤积 0.316 亿 t,后 30 年发生微冲,年均冲刷 0.029 亿 t。古贤、三门峡、小浪底水库均处于冲淤平衡状态。

黄河来沙 8 亿 t 方案(情景方案 3),龙潼河段表现为淤积,50 年系列龙潼河段年均淤积量为 0.416 亿 t,其中前 20 年平均淤积 0.741 亿 t,后 30 年年均淤积较少,为 0.199 亿 t。古贤、三门峡、小浪底水库处于冲淤平衡状态。

1.6.1.3　主要控制断面水沙量

经过水库调节、河道泥沙冲淤调整,不同情景方案中游潼关、三门峡、小浪底断面及进入下游(小浪底+黑石关+武陟)水沙量计算成果见表 1-25~表 1-27。

表 1-25　中下游主要断面水沙量计算成果(水沙情景方案 1,黄河来沙 3 亿 t)

断面	时段	径流量(亿 m³)		输沙量(亿 t)	
		汛期	全年	汛期	全年
潼关	前 20 年	103.35	215.80	2.98	3.64
	后 30 年	109.36	227.27	2.32	2.90
	50 年	106.96	222.68	2.58	3.19
三门峡	前 20 年	103.21	215.66	3.61	3.69
	后 30 年	109.22	227.13	2.84	2.91
	50 年	106.82	222.54	3.15	3.22
小浪底	前 20 年	88.29	215.80	3.45	3.46
	后 30 年	96.54	226.95	3.01	3.02
	50 年	93.24	222.49	3.19	3.20
进入下游	前 20 年	103.44	241.36	3.46	3.47
	后 30 年	111.44	252.48	3.02	3.03
	50 年	108.24	248.03	3.20	3.21

表 1-26　中下游主要断面水沙量计算成果(水沙情景方案 2,黄河来沙 6 亿 t)

断面	时段	径流量(亿 m³)		输沙量(亿 t)	
		汛期	全年	汛期	全年
潼关	前 20 年	118.43	244.11	6.08	6.90
	后 30 年	113.32	228.60	4.54	5.30
	50 年	115.36	234.80	5.16	5.94
三门峡	前 20 年	118.27	243.95	6.86	6.97
	后 30 年	113.31	228.59	5.22	5.31
	50 年	115.29	234.73	5.88	5.98
小浪底	前 20 年	106.05	243.85	6.79	6.81
	后 30 年	105.66	228.67	5.32	5.34
	50 年	105.82	234.74	5.91	5.93
进入下游	前 20 年	129.14	278.84	6.97	7.00
	后 30 年	121.67	252.17	5.41	5.44
	50 年	124.66	262.84	6.03	6.06

表 1-27　中下游主要断面水沙量计算成果(水沙情景方案 3,黄河来沙 8 亿 t)

断面	时段	径流量(亿 m^3)		输沙量(亿 t)	
		汛期	全年	汛期	全年
潼关	前 20 年	124.55	254.37	8.01	8.92
	后 30 年	119.68	238.37	5.84	6.68
	50 年	121.62	244.77	6.71	7.57
三门峡	前 20 年	124.37	254.20	8.87	9.00
	后 30 年	119.65	238.35	6.57	6.68
	50 年	121.54	244.69	7.49	7.61
小浪底	前 20 年	112.24	254.09	8.84	8.85
	后 30 年	111.06	238.40	6.69	6.71
	50 年	111.53	244.68	7.55	7.57
进入下游	前 20 年	135.32	289.08	9.01	9.05
	后 30 年	127.07	261.91	6.77	6.80
	50 年	130.37	272.78	7.67	7.70

1. 黄河来沙 3 亿 t 方案(水沙情景方案 1)

设计的 50 年水沙代表系列潼关断面年均水量为 222.68 亿 m^3,沙量为 3.19 亿 t,平均含沙量为 14.3 kg/m^3,其中汛期水量为 106.96 亿 m^3,占全年总水量的 48.0%;汛期沙量为 2.58 亿 t,占全年总沙量的 80.8%。系列前 20 年水量为 215.80 亿 m^3,沙量为 3.64 亿 t;后 30 年水量为 227.27 亿 m^3、沙量为 2.90 亿 t。

由于三门峡水库、小浪底水库处于冲淤平衡状态,因此三门峡、小浪底站年均水沙量与潼关站基本相同。

经过中游古贤、三门峡、小浪底水库联合调节,进入下游 50 年系列平均水量、沙量分别为 248.03 亿 m^3 和 3.21 亿 t,平均含沙量为 12.9 kg/m^3,汛期水量、沙量占全年的比例分别为 43.6%和 99.7%。其中,前 20 年平均水量、沙量分别为 241.36 亿 m^3 和 3.47 亿 t;后 30 年平均水量、沙量分别为 252.48 亿 m^3 和 3.03 亿 t。

从进入下游历年水沙过程看,该系列最大年水量为 368.02 亿 m^3,最小年水量为 159.05 亿 m^3,二者比值为 2.3;最大年沙量为 10.39 亿 t,最小年沙量为 0.91 亿 t,二者比值 11.5,水沙年际变化较大。该情景方案进入下游河道水沙过程见图 1-4。

2. 黄河来沙 6 亿 t 方案(水沙情景方案 2)

设计的 50 年水沙代表系列潼关断面年均水量为 234.80 亿 m^3,沙量为 5.94 亿 t,平均含沙量为 25.3 kg/m^3,其中汛期水量为 115.36 亿 m^3,占全年总水量的 49.1%;汛期沙量为 5.16 亿 t,占全年总沙量的 86.8%。系列前 20 年水量为 244.11 亿 m^3,沙量为 6.90 亿 t;后 30 年水量为 228.60 亿 m^3,沙量为 5.30 亿 t。

由于三门峡水库、小浪底水库处于冲淤平衡状态,因此三门峡站、小浪底站年均水沙

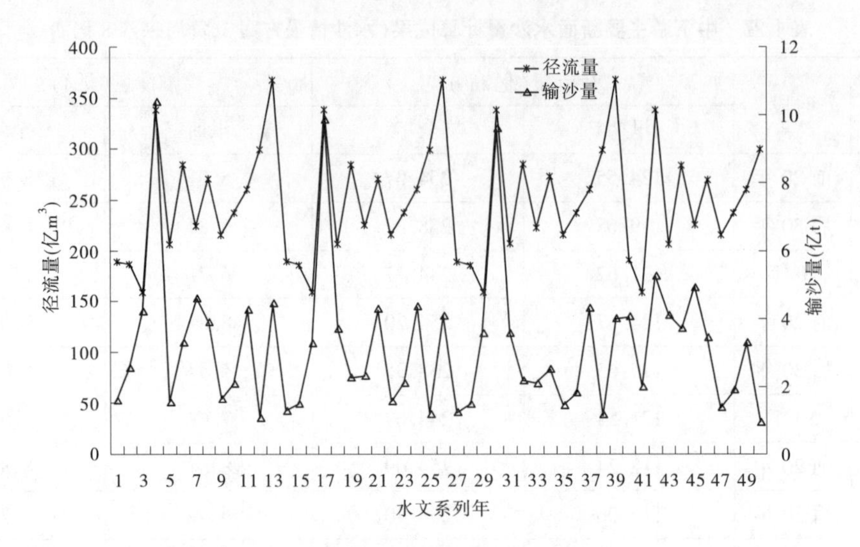

图 1-4 进入下游河道历年径流量、输沙量过程(水沙情景方案 1,黄河来沙 3 亿 t)

量与潼关站基本相同。

经过中游古贤、三门峡、小浪底水库联合调节,进入下游 50 年系列平均水量、沙量分别为 262.84 亿 m^3 和 6.06 亿 t,平均含沙量为 23.1 kg/m^3,汛期水量、沙量占全年的比例分别为 47.4%和 99.5%。其中,前 20 年平均水量、沙量分别为 278.84 亿 m^3 和 7.00 亿 t;后 30 年平均水量、沙量分别为 252.17 亿 m^3 和 5.44 亿 t。

从进入下游历年水沙过程看,该系列最大年水量为 491.94 亿 m^3,最小年水量为 138.38 亿 m^3,二者比值为 3.6;最大年沙量为 19.67 亿 t,最小年沙量为 0.71 亿 t,二者比值为 27.8,水沙年际变化较大。该情景方案进入下游河道水沙过程见图 1-5。

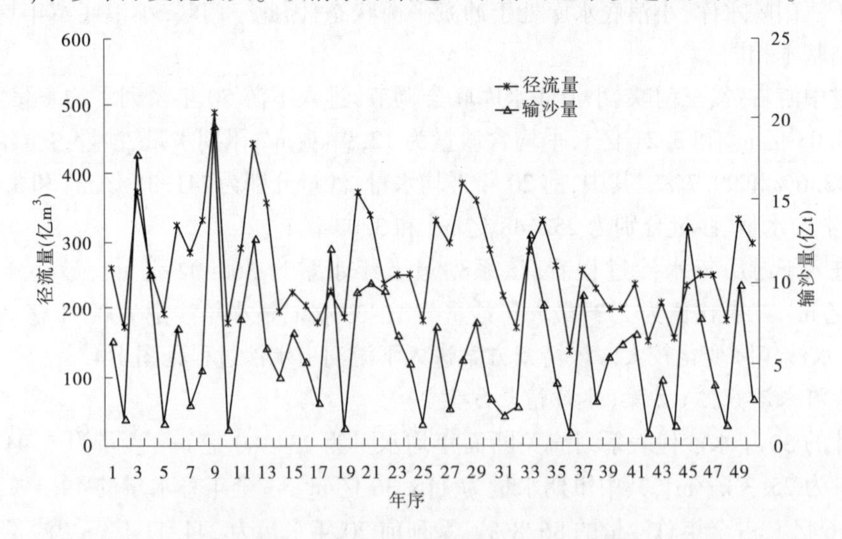

图 1-5 进入下游河道历年径流量、输沙量过程(水沙情景方案 2,黄河来沙 6 亿 t)

3. 黄河来沙 8 亿 t 方案(水沙情景方案 3)

设计的 50 年水沙代表系列潼关断面年均水量为 244.77 亿 m^3,沙量为 7.57 亿 t,平均含沙量为 30.9 kg/m^3,其中汛期水量为 121.62 亿 m^3,占全年总水量的 49.7%;汛期沙量为 6.71 亿 t,占全年总沙量的 88.6%。系列前 20 年水量为 254.37 亿 m^3,沙量为 8.92 亿 t,沙量相对偏丰;后 30 年水量为 238.37 亿 m^3、沙量为 6.68 亿 t,沙量相对偏枯。

由于三门峡水库、小浪底水库处于冲淤平衡状态,因此三门峡站、小浪底站年均水沙量与潼关站基本相同。

经过中游古贤、三门峡、小浪底水库联合调节,进入下游 50 年系列平均水量、沙量分别为 272.78 亿 m^3 和 7.70 亿 t,平均含沙量为 28.2 kg/m^3,汛期水量、沙量占全年的比例分别为 47.8%和 99.6%。其中,前 20 年平均水量、沙量分别为 289.08 亿 m^3 和 9.05 亿 t;后 30 年平均水量、沙量分别为 261.91 亿 m^3 和 6.80 亿 t。

从进入下游历年水沙过程看,该系列最大年水量为 510.58 亿 m^3,最小年水量为 142.51 亿 m^3,二者比值为 3.6;最大年沙量为 21.35 亿 t,最小年沙量为 0.57 亿 t,二者比值 37.5,水沙年际变化仍较大。该情景方案进入下游河道水沙过程见图 1-6。

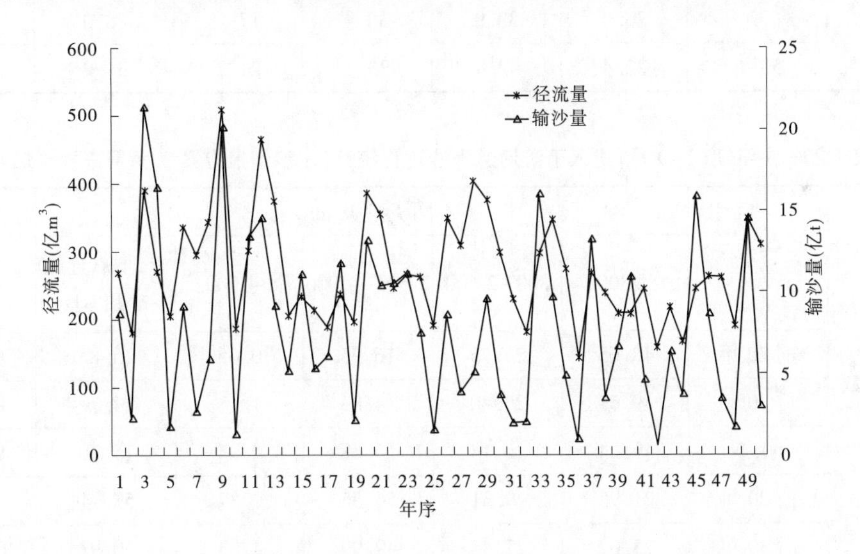

图 1-6 进入下游河道历年径流量、输沙量过程(水沙情景方案 3,黄河来沙 8 亿 t)

1.6.1.4 进入下游水沙系列过程

根据中游水库调节的进入下游河道水沙过程,统计不同情景方案主汛期(7~9 月)进入下游的不同流量级洪水的天数及相应的水沙量,见表 1-28~表 1-30。

表 1-28　主汛期(7~9 月)进入下游河道水沙过程统计(水沙情景方案 1,黄河来沙 3 亿 t)

项目	方案	不同流量级(m^3/s)					主汛期合计
		≤800	800~2 600	2 600~4 000	>4 000	≥2 600 连续 4 d 以上	
出现天数(d)	前 20 年	49.95	32.45	9.25	0.35	7.90	92.00
	后 30 年	45.83	34.70	10.80	0.67	9.43	92.00
	50 年	47.48	33.80	10.18	0.54	8.82	92.00
年均水量(亿 m^3)	前 20 年	22.00	33.60	30.75	1.27	26.63	87.63
	后 30 年	21.10	35.18	36.10	2.85	32.52	95.24
	50 年	21.46	34.55	33.96	2.22	30.16	92.19
年均沙量(亿 t)	前 20 年	0.57	1.61	1.16	0.04	1.04	3.38
	后 30 年	0.42	1.37	1.10	0.05	0.91	2.94
	50 年	0.48	1.46	1.12	0.05	0.96	3.11
含沙量(kg/m^3)	前 20 年	25.8	47.8	37.8	35.0	39.0	38.6
	后 30 年	20.0	38.9	30.4	17.1	28.0	30.8
	50 年	22.4	42.4	33.1	21.2	31.9	33.8

表 1-29　主汛期(7~9 月)进入下游河道水沙过程统计(水沙情景方案 2,黄河来沙 6 亿 t)

项目	方案	不同流量级(m^3/s)					主汛期合计
		≤800	800~2 600	2 600~4 000	>4 000	≥2 600 连续 4 d 以上	
出现天数(d)	前 20 年	48.65	25.75	16.95	0.65	15.85	92.00
	后 30 年	49.63	26.40	14.83	1.13	14.77	92.00
	50 年	49.24	26.14	15.68	0.94	15.20	92.00
年均水量(亿 m^3)	前 20 年	21.98	29.31	56.35	2.87	53.71	110.51
	后 30 年	23.02	27.47	49.99	4.83	50.93	105.31
	50 年	22.60	28.21	52.54	4.04	52.04	107.39
年均沙量(亿 t)	前 20 年	0.54	1.59	4.30	0.31	3.80	6.74
	后 30 年	0.46	1.31	3.07	0.39	2.74	5.23
	50 年	0.49	1.42	3.56	0.36	3.16	5.83
含沙量(kg/m^3)	前 20 年	24.5	54.1	76.3	108.0	70.7	61.0
	后 30 年	20.1	47.6	61.4	81.7	53.8	49.7
	50 年	21.8	50.3	67.8	89.1	60.8	54.3

表 1-30　主汛期(7~9 月)进入下游河道水沙过程统计(水沙情景方案 3,黄河来沙 8 亿 t)

项目	方案	不同流量级(m^3/s)					主汛期合计
		≤800	800~2 600	2 600~4 000	>4 000	≥2 600 连续 4 d 以上	
出现天数(d)	前 20 年	43.45	29.35	18.60	0.60	16.00	92.00
	后 30 年	46.80	28.23	16.00	0.97	15.03	92.00
	50 年	45.46	28.68	17.04	0.82	15.42	92.00
年均水量(亿 m^3)	前 20 年	19.48	33.49	61.57	2.67	54.54	117.20
	后 30 年	21.78	30.91	53.60	4.29	51.91	110.58
	50 年	20.86	31.94	56.78	3.64	52.96	113.23
年均沙量(亿 t)	前 20 年	0.64	2.45	5.35	0.34	4.48	8.79
	后 30 年	0.52	2.36	3.27	0.43	2.89	6.58
	50 年	0.57	2.39	4.11	0.39	3.53	7.46
含沙量(kg/m^3)	前 20 年	33.0	73.1	87.0	127.8	82.1	75.0
	后 30 年	23.7	76.3	61.1	100.2	55.7	59.5
	50 年	27.2	75.0	72.3	108.3	66.6	65.9

1. 黄河来沙 3 亿 t 方案(水沙情景方案 1)

系列前 20 年,主汛期(7~9 月)进入下游的年均水量为 87.63 亿 m^3,年均沙量 3.38 亿 t,平均含沙量 38.6 kg/m^3;2 600~4 000 m^3/s 流量级年均出现天数为 9.25 d,相应水量、沙量分别为 30.75 亿 m^3、1.16 亿 t,4 000 m^3/s 以上流量级年均出现天数为 0.35 d,相应水量、沙量分别为 1.27 亿 m^3、0.04 亿 t,其中有利于下游河道输沙的连续 4 d 以上大于等于 2 600 m^3/s 流量年均出现天数为 7.90 d,相应该流量级水量为 26.63 亿 m^3,挟带泥沙 1.04 亿 t。

系列后 30 年,主汛期(7~9 月)进入下游的年均水量为 95.24 亿 m^3,年均沙量 2.94 亿 t;2 600~4 000 m^3/s 流量级年均出现天数为 10.80 d,相应水量、沙量分别为 36.10 亿 m^3、1.10 亿 t,4 000 m^3/s 以上流量级年均出现天数为 0.67 d,相应水量、沙量分别为 2.85 亿 m^3、0.05 亿 t,其中有利于下游河道输沙的连续 4 d 以上大于等于 2 600 m^3/s 流量年均出现天数为 9.43 d,相应该流量级水量为 32.52 亿 m^3、沙量 0.91 亿 t。

整个 50 年系列,主汛期(7~9 月)进入下游的年均水量为 92.19 亿 m^3,年均沙量 3.11 亿 t,平均含沙量 33.8 kg/m^3;2 600~4 000 m^3/s 流量级年均出现天数为 10.18 d,相应水量、沙量分别为 33.96 亿 m^3、1.12 亿 t,4 000 m^3/s 以上流量级年均出现天数为 0.54 d,相应水量、沙量分别为 2.22 亿 m^3、0.05 亿 t,其中有利于下游河道输沙的连续 4 d 以上大于等于 2 600 m^3/s 流量年均出现天数为 8.82 d,相应该流量级水量为 30.16 亿 m^3,沙量为 0.96 亿 t。情景方案 1 主汛期进入下游的不同流量级洪水的天数及相应的水沙量见表 1-28。

2. 黄河来沙 6 亿 t 方案(水沙情景方案 2)

系列前 20 年,主汛期(7~9 月)进入下游的年均水量为 110.51 亿 m^3,年均沙量 6.74 亿

t,平均含沙量 61.0 kg/m^3;2 600~4 000 m^3/s 流量级年均出现天数为 16.95 d,相应水量、沙量分别为 56.35 亿 m^3、4.30 亿 t,4 000 m^3/s 以上流量级年均出现天数为 0.65 d,相应水量、沙量分别为 2.87 亿 m^3、0.31 亿 t,其中有利于下游河道输沙的连续 4 d 以上大于等于 2 600 m^3/s 流量年均出现天数为 15.85 d,相应该流量级水量为 53.71 亿 m^3,挟带泥沙 3.80 亿 t。

系列后 30 年,主汛期(7~9 月)进入下游的年均水量为 105.31 亿 m^3,年均沙量 5.23 亿 t;2 600~4 000 m^3/s 流量级年均出现天数为 14.83 d,相应水量、沙量分别为 49.99 亿 m^3、3.07 亿 t,4 000 m^3/s 以上流量级年均出现天数为 1.13 d,相应水量、沙量分别为 4.83 亿 m^3、0.39 亿 t,其中有利于下游河道输沙的连续 4 d 以上大于等于 2 600 m^3/s 流量年均出现天数为 14.77 d,相应该流量级水量为 50.93 亿 m^3、沙量 2.74 亿 t。

整个 50 年系列,主汛期(7~9 月)进入下游的年均水量为 107.39 亿 m^3,年均沙量 5.83 亿 t,平均含沙量 54.3 kg/m^3;2 600~4 000 m^3/s 流量级年均出现天数为 15.68 d,相应水量、沙量分别为 52.54 亿 m^3、3.56 亿 t,4 000 m^3/s 以上流量级年均出现天数为 0.94 d,相应水量、沙量分别为 4.04 亿 m^3、0.36 亿 t,其中有利于下游河道输沙的连续 4 d 以上大于等于 2 600 m^3/s 流量年均出现天数为 15.20 d,相应该流量级水量为 52.04 亿 m^3,沙量为 3.16 亿 t。情景方案 2 主汛期进入下游的不同流量级洪水的天数及相应的水沙量见表 1-29。

3. 黄河来沙 8 亿 t 方案(水沙情景方案 3)

系列前 20 年,主汛期(7~9 月)进入下游的年均水量为 117.20 亿 m^3,年均沙量 8.79 亿 t,平均含沙量 75.0 kg/m^3;2 600~4 000 m^3/s 流量级年均出现天数为 18.60 d,相应水量、沙量分别为 61.57 亿 m^3、5.35 亿 t,4 000 m^3/s 以上流量级年均出现天数为 0.60 d,相应水量、沙量分别为 2.67 亿 m^3、0.34 亿 t,其中有利于下游河道输沙的连续 4 d 以上大于等于 2 600 m^3/s 流量年均出现天数为 16.00 d,相应该流量级水量为 54.54 亿 m^3,挟带泥沙 4.48 亿 t。

系列后 30 年,主汛期(7~9 月)进入下游的年均水量为 110.58 亿 m^3,年均沙量 6.58 亿 t;2 600~4 000 m^3/s 流量级年均出现天数为 16.00 d,相应水量、沙量分别为 53.60 亿 m^3、3.27 亿 t,4 000 m^3/s 以上流量级年均出现天数为 0.97 d,相应水量、沙量分别为 4.29 亿 m^3、0.43 亿 t,其中有利于下游河道输沙的连续 4 d 以上大于等于 2 600 m^3/s 流量年均出现天数为 15.03 d,相应该流量级水量为 51.91 亿 m^3、沙量 2.89 亿 t。

整个 50 年系列,主汛期(7~9 月)进入下游的年均水量为 113.23 亿 m^3,年均沙量 7.46 亿 t,平均含沙量 65.9 kg/m^3;2 600~4 000 m^3/s 流量级年均出现天数为 17.04 d,相应水量、沙量分别为 56.78 亿 m^3、4.11 亿 t,4 000 m^3/s 以上流量级年均出现天数为 0.82 d,相应水量、沙量分别为 3.64 亿 m^3、0.39 亿 t,其中有利于下游河道输沙的连续 4 d 以上大于等于 2 600 m^3/s 流量年均出现天数为 15.42 d,相应该流量级水量为 52.96 亿 m^3,沙量为 3.53 亿 t。情景方案 3 主汛期进入下游的不同流量级洪水的天数及相应的水沙量见表 1-30。

1.6.2　进入下游的洪水泥沙过程

1.6.2.1　计算条件

1. 防洪工程体系

目前黄河中下游已初步形成了以中游干支流水库、下游堤防、河道整治、分滞洪工程为主体的“上拦下排,两岸分滞”防洪工程体系。

上拦工程包括三门峡、小浪底、陆浑、故县、河口村等水库。

下排工程为黄河河防工程。黄河下游沿程各主要站设防流量分别为:花园口 22 000 m^3/s、夹河滩 21 500 m^3/s、高村 20 000 m^3/s、孙口 17 500 m^3/s,经东平湖滞洪区分洪后,并考虑南岸区间支流加水,艾山以下 11 000 m^3/s,河口段 10 000 m^3/s。

两岸分滞洪工程包括东平湖滞洪区和北金堤滞洪区。根据2008 年国务院批复的《黄河流域防洪规划》,东平湖是重要蓄滞洪区,北金堤是保留蓄滞洪区。东平湖滞洪区位于宽河道与窄河道相接处的右岸,承担分滞黄河洪水和调蓄汶河洪水的双重任务,控制艾山下泄流量不超过 10 000 m^3/s。北金堤滞洪区位于黄河下游高村至陶城铺宽河段转为窄河段过渡段的左岸,小浪底水库建成运用后,其分洪运用概率很小。

2. 水库防洪运用方式

本项目研究按小浪底水库拦沙库容淤满后正常运用期考虑,三门峡、小浪底、陆浑、故县等水库联合防洪运用方式按小浪底水库正常运用期考虑,即采用小浪底水库初步设计阶段拟定的防洪运用方式,河口村水库运用方式采用《沁河河口村水利枢纽初步设计报告》研究成果。

1.6.2.2　黄河下游的洪水形势

通过不同类型、不同量级洪水的调洪计算,进行水库防洪运用后黄河下游洪水情况分析,可以得出各级洪水黄河下游洪水形势如下:

(1)中游三门峡、小浪底、陆浑、故县和河口村水库作用后,可控制 5 年一遇洪水花园口站流量不超过 8 000 m^3/s;10 年一遇洪水花园口站流量不超过 10 000 m^3/s。

(2)对“上大洪水”,三门峡水库、小浪底水库控制能力较强,100 年一遇及其以下洪水经水库调节后,不需要东平湖滞洪区分洪。100 年一遇以上洪水孙口站洪峰流量超过 10 000 m^3/s,需相机使用东平湖滞洪区分洪。1 000 年一遇洪水花园口站洪峰流量 16 200 m^3/s,孙口站洪峰流量 14 600 m^3/s,孙口站超万洪量 14.78 亿 m^3,可不使用北金堤滞洪区。

(3)对“下大洪水”,三门峡水库、小浪底水库可以有效控制小浪底以上洪水;陆浑、故县等水库库容较小,对削减花园口站洪峰流量及超万洪量作用有限;由于小花间无控制区洪水较大,黄河下游的洪水形势仍不容乐观。其中:

①30 年一遇洪水花园口站最大洪峰流量为 12 900 m^3/s,超万洪量为 2.41 亿 m^3;孙口站最大洪峰流量为 10 300 m^3/s,超万洪量 0.59 亿 m^3。东平湖的最大分洪流量为 300 m^3/s,分洪量 0.59 亿 m^3。有可能不使用东平湖滞洪区,30 年一遇以上洪水孙口站洪峰流量超过 10 000 m^3/s,需相机使用东平湖滞洪区分洪。

②100 年一遇洪水:花园口站最大洪峰流量 14 800 m^3/s,超万洪量 6.16 亿 m^3;孙口站最大洪峰流量为 12 200 m^3/s,超万洪量 2.58 亿 m^3。由于艾山以下河段过洪能力较小,需使用东平湖滞洪区分蓄洪水。东平湖的最大分洪流量为 2 200 m^3/s,分洪量 2.58 亿 m^3。

③1 000 年一遇洪水:北金堤分洪前,花园口、高村、孙口站最大洪峰流量依次为 22 600 m^3/s、19 900 m^3/s、17 900 m^3/s,孙口站超万洪量为 12.51 亿 m^3。孙口站及其以上河段沿程洪峰流量略大于大堤设防流量,艾山以下河段过洪能力又较小,需使用北金堤、

东平湖滞洪区分蓄洪水。北金堤最大分洪流量为 55 m^3/s，分洪量为 0.05 亿 m^3；东平湖最大分洪流量为 7 500 m^3/s，分洪量 12.38 亿 m^3；两个滞洪区分洪后艾山站的洪峰流量为 10 000 m^3/s。

总体而言，水库作用后的黄河下游洪水主要受“下大洪水”控制。各级洪水经水库调蓄后下游沿程洪峰流量、超万洪量、超 8 000 m^3/s 以上洪量、超 4 000 m^3/s 以上洪量结果见表 1-31～表 1-33。从表中看出：

表 1-31　工程运用后黄河下游各水文站洪峰流量统计　（单位：m^3/s）

重现期	花园口	柳园口	夹河滩	石头庄	高村	苏泗庄	邢庙	孙口	艾山	泺口	利津
5 年	8 000	8 000	8 000	8 000	8 000	8 000	8 000	8 000	8 000	8 000	8 000
10 年	10 000	10 000	10 000	10 000	10 000	10 000	10 000	9 920	9 900	9 900	9 900
20 年	12 200	11 000	10 700	10 600	10 400	10 400	10 300	10 000	10 000	10 000	10 000
30 年	12 900	11 500	11 200	11 100	10 900	10 700	10 500	10 300	10 000	10 000	10 000
100 年	14 800	14 300	13 700	13 200	13 000	12 800	12 500	12 200	10 000	10 000	10 000
200 年	17 700	17 100	16 500	16 100	15 500	15 200	14 600	14 100	10 000	10 000	10 000
1 000 年	22 600	21 900	20 900	20 600	19 900	19 400	18 500	17 500	10 000	10 000	10 000

注：孙口、艾山站为北金堤、东平湖分洪后结果。

表 1-32　工程运用后黄河下游各水文站超 10 000 m^3/s 以上洪量统计　（单位：亿 m^3）

重现期	花园口	柳园口	夹河滩	石头庄	高村	苏泗庄	邢庙	孙口	艾山	泺　口	利　津
5 年	0	0	0	0	0	0	0	0	0	0	0
10 年	0	0	0	0	0	0	0	0	0	0	0
20 年	1.26	0.75	0.53	0.50	0.48	0.48	0.36	0	0	0	0
30 年	2.41	1.56	1.16	1.10	0.97	0.88	0.72	0.59	0	0	0
100 年	6.16	5.53	5.04	4.76	4.48	3.89	3.11	2.58	0	0	0
200 年	8.60	7.67	7.38	7.28	7.20	6.84	6.44	6.19	0	0	0
1 000 年	15.87	15.29	15.24	15.19	15.13	15.13	14.94	14.78	0	0	0

注：孙口站、艾山站为北金堤、东平湖分洪后结果。

表 1-33　工程运用后黄河下游各水文站超 8 000 m^3/s 以上洪量统计　（单位：亿 m^3）

重现期	花园口	柳园口	夹河滩	石头庄	高村	苏泗庄	邢庙	孙口	艾山	泺　口	利　津
5 年	0	0	0	0	0	0	0	0	0	0	0
10 年	9.53	9.05	8.84	8.77	8.70	8.39	8.14	7.82	6.59	6.59	6.59
20 年	16.47	15.74	14.97	14.56	14.26	13.85	13.31	12.74	12.74	12.74	12.74
30 年	18.48	17.93	17.67	17.65	17.70	17.70	17.47	17.27	16.69	16.69	16.69
100 年	32.88	32.60	32.34	32.34	32.42	32.42	32.16	31.91	22.70	22.70	22.70

注：孙口站、艾山站为北金堤、东平湖分洪后结果。

(1)黄河下游主要断面 5 年一遇洪峰流量均不超过 8 000 m³/s;花园口站超 4 000 m³/s 以上洪量为 46.35 亿 m³。

(2)黄河下游主要断面 10 年一遇洪峰流量均不超过 10 000 m³/s;花园口站超 8 000 m³/s、超 4 000 m³/s 以上洪量分别是 9.53 亿 m³、70.82 亿 m³。

(3)黄河下游主要断面 20 年一遇洪峰流量沿程为:花园口站 12 200 m³/s,夹河滩站 10 700 m³/s,高村站 10 400 m³/s,孙口站以下 10 000 m³/s。花园口站超 10 000 m³/s、超 8 000 m³/s、超 4 000 m³/s 以上洪量分别是 1.26 亿 m³、16.47 亿 m³、94.32 亿 m³。

1.6.2.3　进入下游的洪水泥沙过程

根据设计的不同频率洪水泥沙过程,按照三门峡水库、小浪底水库联合防洪运用方式,经过水库冲淤计算后,即得到进入下游的洪水泥沙过程,1996 年进入下游的洪水泥沙过程直接采用花园口站实测洪水,见表 1-34,图 1-7~图 1-10。

表 1-34　不同洪水典型进入下游水沙量

洪水典型	设计水量(亿 m³)	设计沙量(亿 t)	含沙量(kg/m³)
0.1%"58·7"	114.72	6.27	54.7
1%"58·7"	108.29	5.54	51.2
10%"73·8"	222.55	20.09	90.3
实测"96·8"	50.88	4.61	90.6

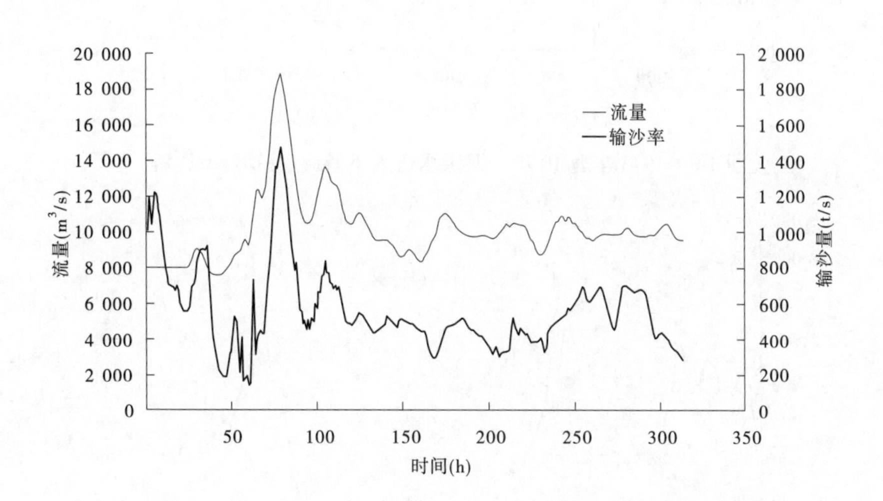

图 1-7　1958 年型 1 000 年一遇洪水进入下游流量、输沙率过程

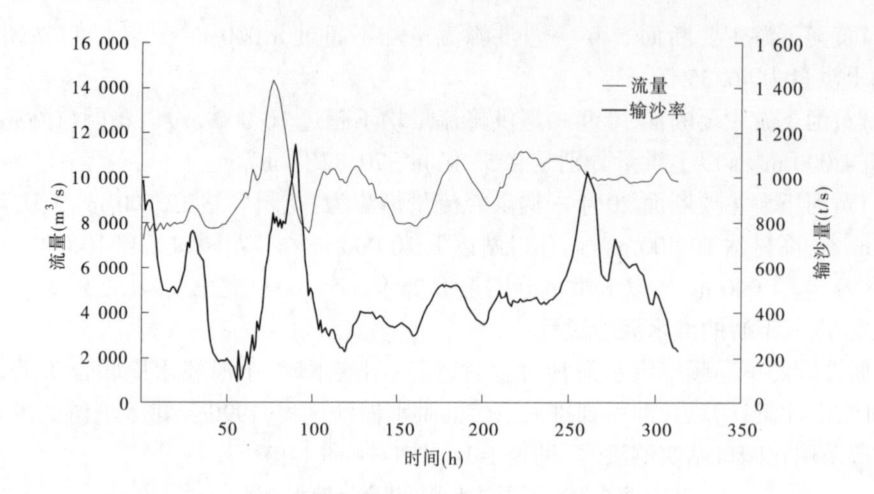

图 1-8　1958 年型 100 年一遇洪水进入下游流量、输沙率过程

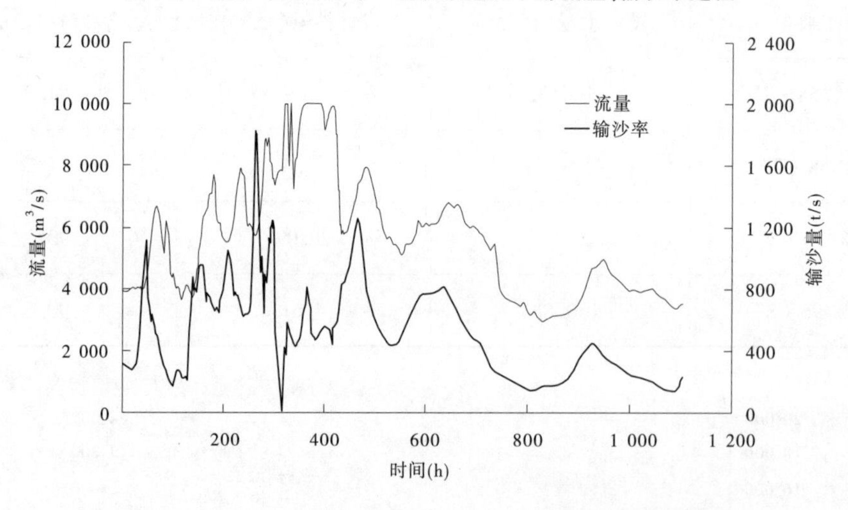

图 1-9　1973 年型 10 年一遇洪水进入下游流量、输沙率过程

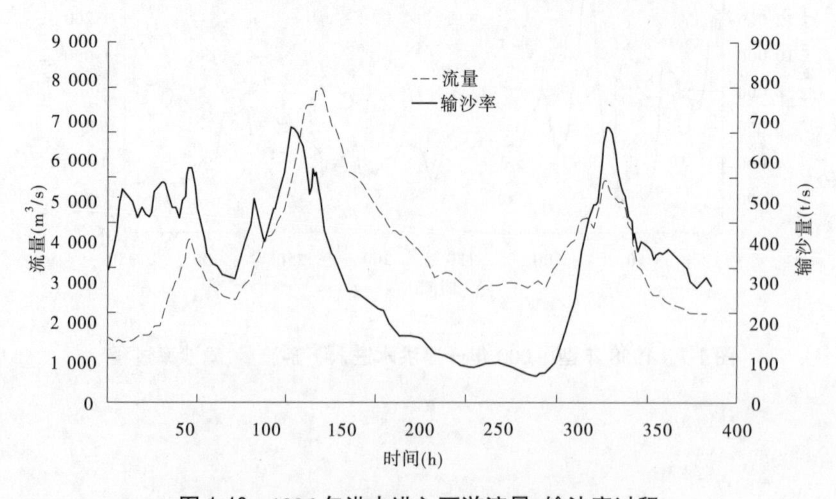

图 1-10　1996 年洪水进入下游流量、输沙率过程

1.7 小结

(1)近期黄河水沙变化呈现以下特性:

一是年均径流量和输沙量大幅度减少。据实测资料统计,潼关站2000~2012年的水量、沙量分别为243.70亿m^3和2.76亿t,与1919~1959年均值相比分别减少了45.7%和81.7%。

二是径流量年内分配比例发生变化,汛期比重减小,具体表现为汛期比例下降,非汛期比例上升,年内径流量月分配趋于均匀。进入下游的花园口水文站,考虑小浪底水库调节的影响,统计6~10月来水比例为53%,与1987~1999年时段基本相同。

三是汛期小流量历时增加,有利于输沙的大流量历时和水量明显减少。从潼关水文站日均流量过程的统计结果看,1987年以来,随着黄河径流量的减少,2 000 m^3/s以上流量级历时、相应水量、沙量所占比例明显下降。

四是中常洪水的洪峰流量减小,但仍有发生大洪水的可能。如2003年府谷水文站出现了12 800 m^3/s的洪水,2012年吴堡水文站出现了洪峰流量10 600 m^3/s的洪水。

(2)20世纪80年代以来入黄泥沙的大幅度减少,与多沙粗沙区降雨变化、水利水保措施减沙、黄土高原退耕还林还草、水资源开发利用、道路建设、流域煤矿开采以及河道采砂取土等诸多因素有关。

20世纪70年代以后,黄河流域主要产沙区头龙区间年、主汛期、连续最大3日和最大1日降雨量总体上均呈减少的趋势,2000年之后稍有增加。近10年(2003~2012年),从整体来看头龙区间雨量、雨强、大雨和暴雨频次均有所增大,对产水产沙影响较大的汛期和主汛期雨量、高强度降雨的雨量和频次增大的程度更加显著,但是皇甫川、孤山川和窟野河3条支流主汛期降雨量、高强度降雨的雨量和频次有所减小。水利部黄河水沙变化研究基金与"十一五"国家科技支撑计划课题"黄河流域水沙变化情势评价研究"项目提出1990~2006年黄河沙量的减少量,降雨因素占50%~60%,水利水保措施作用占40%~50%。

针对水土保持措施减沙,第二期黄河水沙基金成果提出1970~1996年龙门、河津、张家山、洑头、咸阳5站以上年均减沙量3.075亿t,"十一五"国家科技支撑计划课题"黄河流域水沙变化情势评价研究"提出1997~2006年黄河中游水利水土保持综合治理等人类活动年均减沙量为5.24亿~5.87亿t。

"十二五"科技支撑计划"黄河中游来沙锐减主要驱动力及人为调控效应研究"阶段成果,2007~2011年头道拐至潼关之间干支流水库累计拦沙量4.38亿m^3,头龙区间及北洛河上游、泾河上游、渭河上游等主要水文站控制区2007~2011年骨干坝和中小型淤地坝的实际拦沙量为4亿t左右,潼关以上水库和淤地坝拦沙量每年约2.4亿t。

(3)研究了黄土高原自然特性和环境背景演变特性,通过对已有黄土高原侵蚀背景值研究成果的整理分析,研究者对黄土高原自然侵蚀背景值认识存在一定差异,除任美锷认为北宋以前黄河年输沙量较小外,其他研究成果,黄土高原侵蚀背景值在6亿~11亿t。

(4)通过不同时期龙门站场次暴雨洪水洪量与输沙量的关系分析,各时期洪水的洪量与输沙量关系未发生明显变化,2000 年以来洪量及相应输沙量量级有所减少。结合王光谦、徐建华、史辅成、张胜利等专家对未来水沙变化的研究成果,提出黄土高原地区开展水利水保措施建设对减少流域产洪产沙具有一定的作用,但是当遭受较大强度降雨时黄河仍会出现大沙年份和高含沙量洪水,黄河规划设计中需考虑大水大沙年份的情况。

(5)黄河未来水沙量变化既受气候、降水等自然因素的影响,又与流域及相关地区治理开发情况密切相关。

对于未来黄河径流变化,本次研究在黄河流域水资源综合规划成果的基础上,考虑未来水土保持的减水减沙作用以及近一时期黄河实测来水来沙量,黄河来沙量 3 亿 t、6 亿 t、8 亿 t、10 亿 t 的情景方案,未来四站来水量分别考虑为 244 亿 m^3、259 亿 m^3、269 亿 m^3 左右。

(6)20 世纪 70 年代以来,受气候降雨变化的影响以及大型水库调蓄、沿途引水等人类活动的加剧,近期长历时洪水次数明显减少、较大量级洪水发生频次减少。结合以往研究成果,以潼关站为控制点对洪水进行分类,按洪水来源区分为"上大洪水""下大洪水"、上下较大洪水;按洪水含沙量分为高含沙量洪水、一般含沙量洪水。以花园口站为控制点对洪水进行分级,其中花园口站洪峰流量 4 000~10 000 m^3/s,为黄河中下游中小洪水。

通过对黄河中游龙门、三门峡、花园口、三花间、小花间等站及区间年最大设计洪水的复核可以看出,复核后的设计洪水成果较原审定成果略有减小,但总体变化不大。设计洪峰流量减小在 15%以内,洪量减少 3%~10%。本次研究采用《黄河流域综合规划》中的设计洪水成果。

选用 1 000 年一遇("58 · 7"型洪水)、100 年一遇("58 · 7"型洪水)、10 年一遇("73 · 8"型洪水)、"96 · 8" 型实测洪水 4 场典型洪水泥沙过程用于黄河下游二维水沙数学模型计算。

对 1 000 年一遇("58 · 7"型洪水)、100 年一遇("58 · 7"型洪水)、10 年一遇("73 · 8"型洪水)洪水过程泥沙量进行了分析计算。研究分析了流量含沙量相关法,洪水同倍比放大法以及频率法等洪水泥沙设计方法,进行洪水沙量设计,推荐流量含沙量相关法成果。1 000 年一遇"58 · 7"型洪水、100 年一遇"58 · 7"型洪水、10 年一遇"73 · 8"型洪水潼关站设计水量分别为 77. 91 亿 m^3、68. 38 亿 m^3、187. 37 亿 m^3,设计沙量分别为 8. 58 亿 t、6. 41 亿 t、27. 21 亿 t,相应小花间设计水量分别为 63. 97 亿 m^3、47. 61 亿 m^3、34. 43 亿 m^3,设计沙量分别为 2. 74 亿 t、1. 55 亿 t、0. 46 亿 t。

(7)水沙代表系列长度定为 50 年。黄河来沙量 3 亿 t 方案(情景方案 1),直接选用 2000~2012 年实测 13 年系列连续循环 3 次+2001~2011 年组成的 50 年系列。该系列四站年均水量为 242. 32 亿 m^3、全年沙量为 2. 97 亿 t,其中汛期水量 111. 66 亿 m^3、沙量为 2. 54 亿 t,分别占全年水量的 46. 1%、全年沙量的 85. 5%。黄河来沙量 6 亿 t、8 亿 t 方案(情景方案 2、情景方案 3),设计水沙代表系列从 1956~2000 水平年水沙条件中选取 1956~1999 年+1977~1982 年组成的 50 年系列。情景方案 2 水沙代表系列四站年均水量为 254. 63 亿 m^3,沙量为 6. 03 亿 t,其中汛期水量为 124. 01 亿 m^3,占全年总水量的 48. 7%;汛期沙量为 5. 31 亿 t,占全年总沙量的 88. 0%;情景方案 3 水沙代表系列四站年均水量为 264. 70 亿 m^3,沙量为 8. 03 亿 t,其中汛期水量为 131. 59 亿 m^3,占全年总水量的

49.7%;汛期沙量为 7.12 亿 t,占全年总沙量的 88.7%。

(8)黄河中游洪水经三门峡、小浪底、陆浑、故县、河口村等水库联合作用后,可控制黄河下游主要断面 5 年一遇洪水洪峰流量均不超过 8 000 m^3/s;10 年一遇洪水洪峰流量均不超过 10 000 m^3/s。20 年一遇洪水经水库调蓄后,花园口站洪峰流量 12 200 m^3/s,超万洪量 1.26 亿 m^3。近 30 年一遇洪水需使用东平湖滞洪区分洪;1 000 年一遇洪水需使用北金堤、东平湖滞洪区分蓄洪水。总体而言,中游水库对“上大洪水”的调控能力较强;对“下大洪水”,由于小花间无控制区洪水较大,黄河下游的洪水形势仍不容乐观。

经中游三门峡、小浪底水库防洪冲淤计算,1 000 年一遇(“58·7”型洪水)、100 年一遇(“58·7”型洪水)、10 年一遇(“73·8”型洪水)以及“96·8”型实测洪水进入下游的洪水水量分别为 114.7 亿 m^3、108.3 亿 m^3、222.6 亿 m^3、50.9 亿 m^3,沙量分别为 6.27 亿 t、5.54 亿 t、20.09 亿 t、4.61 亿 t。

(9)经中游水库群(不考虑古贤、小浪底水库的拦沙作用)的水沙联合调节及四站至潼关河段输沙计算,考虑伊洛沁河水沙加入。情景方案 1 进入下游的平均水量、沙量分别为 248.03 亿 m^3 和 3.21 亿 t;情景方案 2 进入下游的平均水量、沙量分别为 262.84 亿 m^3 和 6.06 亿 t;情景方案 3 进入下游的平均水量、沙量分别为 272.78 亿 m^3 和 7.70 亿 t。

第2章　下游河道改造与滩区治理方案研究

2.1　滩区防护堤堤线布置及工程防护

2.1.1　堤线布置原则

综合考虑排洪输沙、河道整治、滩区面积和滩区人口分布等情况,防护堤堤线布置原则拟定如下:

(1)坚持有利于输沙的原则,堤线布置应力求平顺,不采用折线或急弯。

(2)保持上下游河宽渐变,避免相邻断面堤距忽宽忽窄。

(3)充分利用控导工程,同时有利于工程抢险和管理。

(4)堤线应布置在占压耕地少、搬迁人口少的地带,尽可能与现状生产堤结合。

(5)堤线距黄河大堤原则上不小于1.0 km。

(6)堤线布置应兼顾两岸利益。

2.1.2　堤距分析

对高村以上游荡性河段拟定了两种堤线布置方案:方案一,考虑河势变化对防护堤安全影响等因素进行堤线布置;方案二,按满足排洪河槽要求,以控导工程连线布置堤线控导工程的连线。两方案京广铁路桥以上伊洛河口至官庄峪断面平均堤距为4 900 m;陶城铺以下河段长平滩区堤距均为2 100 m;京广铁路桥至高村河段,方案一充分考虑了2000年以来河势演变情况,堤距选取时适当留有余地;方案二按照排洪河槽宽度,防护堤基本与现状控导工程首尾连接,对个别控导工程目前已无法控制现状河势的,为保持河道平顺,防护堤布设时不再利用。另外,对于个别狭长小滩,为保持河道平顺考虑修建了防护堤。

两方案各河段堤距详见表2-1。

表2-1　不同方案各河段防护堤平均堤距

序号	河段	现状堤距/河宽(m)	堤距方案一(m)	堤距方案二(m)
1	京广铁路桥以上	8 600	4 900	4 900
2	京广铁路桥—东坝头	9 300	4 400	3 100
3	东坝头—高村	11 600	4 200	3 170
4	高村—陶城铺	5 400	2 500	2 300
5	陶城铺—北店子		2 100	2 100

2.1.3　堤线布置

按照拟定的堤线布置原则,两种方案堤线布置如下:

2.1.3.1　方案一

京广铁路桥以上的伊洛河口至官庄峪断面河段,主流靠右岸邙山岭,右岸不再布置防护堤;左岸自温孟滩移民围堤末端依次连接张王庄控导工程、驾部控导工程,至官庄峪断面后平顺左转,终点止于花坡堤工程40号坝。

1. 京广铁路桥—东坝头河段

左岸:自共产主义渠首闸下部黄河大堤(桩号78+250)起修建防护堤,连接老田庵、北裹头、双井、武庄、朱庵、越石、黑石、陡门、徐庄至东古城黄河大堤(桩号167+000),沿大堤至曹岗险工,修防护堤至常堤、贯台至西大坝末端。新建防护堤61.01 km,加高加固现状生产堤14.31 km,加高加固控导工程联坝长24.79 km,利用黄河大堤长34.91 km。

右岸:自郑州黄河铁路桥下端生产围堤,修堤至保合寨生产堤上首,沿生产堤至东风渠渠首闸处(大堤桩号5+960)。沿大堤至九堡、韦城、黑岗口险工,沿黄河大堤至柳园口,修堤连接王庵、府君寺、欧坦、夹河滩、东坝头,修堤过东坝头大断面至王里集村。右岸新建防护堤49.29 km,加高加固现状生产堤9.96 km,加高加固控导工程联坝长10.80 km,利用黄河大堤长67.93 km。

2. 东坝头—高村河段

左岸:自西大坝连禅房、大留寺、周营、于林工程上端,沿旧城引水渠经南何店、三合村至天然文岩渠入黄口,在渠村闸上首建排水闸与大堤连接。新建防护堤10.73 km,加高加固现状生产堤33.76 km,加高加固控导工程联坝长13.46 km,利用黄河大堤长2.83 km。

右岸:自东坝头险工末端王小庄修堤与靳庄生产堤连接后,沿生产堤下行至单寨、马厂、马王寨、王高寨、辛店集、老君堂控导工程,经谢寨引水渠堤至黄河大堤(大堤桩号181+740),下行至堡城险工至高村险工(大堤桩号205+000)。新建防护堤21.49 km,加高加固现状生产堤12.57 km,加高加固控导工程联坝长14.37 km,利用黄河大堤长16.61 km。

3. 高村—陶城铺河段

左岸:自渠村闸后黄河大堤(桩号49+000)处修堤,过刘海、司马集两村南至郎中坝头集大堤处,沿大堤至南小堤险工,修堤经郑庄户、胡寨、连庄、连集、侯寨、薛楼,接生产堤至连山寺引水闸,修堤连龙长治、马张庄、吉庄险工、彭楼与李桥控导工程连接,沿黄河大堤至125+000桩号,修堤于东吴老家北侧转折,至旧城引水闸处(大堤桩号140+000)。沿黄河大堤至范县、台前界,修堤穿小王庄,过岳楼、三义村、杨天张至京九铁路桥下,连黄河大堤,沿大堤至170+500,修堤连大田楼、后店子险工,沿大堤至186+000处,修堤经沈屯、东赵桥之间,过刘庄折向张庄至张庄闸上游黄河大堤。左岸新建防护堤95.94 km,加高加固现状生产堤11.55 km,加高加固控导工程联坝长10.21 km,利用黄河大堤长25.02 km。

右岸:于冷寨末端修堤,过郭庄村至刘庄险工与大堤相接,沿大堤至彭楼断面(桩号254+500),修堤过西周庄至黄河大堤,沿大堤至桩号269+000处,修堤连郭集生产堤至郭集控导工程，再沿生产堤至黄河大堤(桩号 320+000)，修堤至蔡楼工程提水站后，经后菜楼、刘剡东村至路那里险工，再沿黄河大堤至十里堡。于十里堡险工处修堤，经杨庄村至站屯工程、肖庄工程、徐巴士工程，于徐巴士工程中部修堤连郑铁堤。该段新建防护堤 51.73 km，加高加固现状生产堤 10.69 km，加高加固控导工程联坝长 7.22 km，利用黄河大堤长 71.61 km。

4. 陶城铺以下河段

自郑铁堤末端修堤连阴柳科工程、庞口闸，止于黄庄工程处东线南水北调济平干渠渠堤。沿干渠渠堤至亭山头，修堤至西豆山山嘴、望口山山嘴至姚河门处干渠渠堤，沿渠堤下行至娄集断面，修堤过褚家集、南五村，于西兴隆工程后部转折至张村断面干渠渠堤，沿渠堤下行，于潘庄工程后部修堤连北店子工程上端。新建防护堤 52.23 km，加高现有控导工程 1.48 km，加高加固南水北调济平干渠渠堤 33.84 km。

2.1.3.2　方案二堤线布置

白鹤至京广铁路桥以及陶城铺以下两河段，堤线布置同方案一，其余各段堤线布置如下。

1. 京广铁路桥—东坝头河段

左岸：自共产主义渠穿堤涵闸处修堤，连老田庵、马庄、双井、武庄、张毛庵至三官庙工程，避开黑石工程、徐庄工程，直接与大张庄工程连接。自大张庄工程末端修堤连接顺河街、大宫，于古城修堤至黄河大堤(桩号 180+000)。沿黄河大堤至曹岗险工末端修堤，避开常堤工程，直接与贯台工程连接。新建防护堤 85.89 km，加高加固控导工程联坝长 25.33 km，利用黄河大堤长 9.30 km。

右岸：自邙山提水站沉砂池围堤筑堤连接保合寨工程，于该工程末端修堤至黄河大堤(桩号 8+500)，自花园口险工末端修堤至申庄险工，沿黄河大堤至马渡险工，于其末端修堤至万滩险工 52#坝，沿大堤至九堡下延工程末端，修堤与黑岗口险工 3#坝(大堤桩号 20+000)连接，沿大堤至柳园口险工末端，修堤连接王庵、府君寺工程、欧坦、夹河滩工程，沿大堤至东坝头险工末端。新建防护堤 70.85 km，加高加固现状生产堤 2.08 km，加高加固控导工程联坝长 13.38 km，利用黄河大堤长 42.86 km。

2. 东坝头—高村河段

左岸：于夹河滩工程末端修堤连禅房、大留寺、周营上延、于林，过河南、山东省界，沿生产堤至天然文岩渠大桥下与黄河大堤相接。在该桥处修建泄洪(挡水)闸，经该闸连接左岸大堤(渠村闸上首)，沿大堤至桩号 49+700 处，修堤经高村断面至大堤 63+000 桩号处。新建防护堤 36.57 km，加高加固现状生产堤 7.02 km，加高加固控导工程联坝长 14.53 km，利用黄河大堤长 2.83 km。

右岸：自东坝头险工末端修堤经新庄生产堤至蔡集、王夹堤，在王夹堤工程末端修堤与王高寨、辛店集、老君堂、霍寨险工 8#坝，沿大堤至徐炉村后，修堤至霍寨渠堤，沿渠堤至尚庄转折至高村险工 9#坝。新建防护堤 39.71 km，加高加固现状生产堤 1.51 km，加高加固控导工程联坝长 11.74 km，利用黄河大堤长 9.00 km。

3. 高村—陶城铺河段

左岸：于左岸大堤 63+000 桩号处修堤，至南小堤险工末端，修堤经郑庄户和胡寨之间至薛楼生产堤,沿生产堤至连山寺引水闸,其下堤线同方案一。新建防护堤 96.01 km,加高加固现状生产堤 11.56 km,加高加固控导工程联坝长 10.21 km,利用黄河大堤长 26.17 km。

右岸:自高村险工末端(冷寨村北)修堤,过东明黄河大桥,经双合岭、曹楼、杜桥村,至刘庄险工上游大堤桩号 220+000 处,其下堤线同方案一。新建防护堤 52.49 km,加高加固现状生产堤 10.68 km,加高加固控导工程联坝长 7.22 km,利用黄河大堤长 95.28 km。

两方案防护堤工程规模汇总见表 2-2。

表 2-2　不同方案防护堤工程规模

河段	河段长(km)	方案	防护堤长度(km)			
			新建防护堤	加高加固控导工程	加高加固生产堤	总长
白鹤—京广铁路桥	98		25.43	5.43	4.26	35.12
京广铁路桥—东坝头	131	方案一	110.30	35.60	24.27	170.17
		方案二	156.74	38.71	2.08	197.52
东坝头—高村	70	方案一	32.22	27.82	46.34	106.38
		方案二	76.28	26.26	8.53	111.07
高村—陶城铺	165	方案一	147.67	17.43	22.24	187.34
		方案二	148.51	17.43	22.24	188.18
陶城铺—北店子	102		52.23	1.48	33.84	87.56
合计	566	方案一	367.85	87.76	130.95	586.57
		方案二	459.19	89.32	70.95	619.45

2.1.4　方案比较及推荐

两堤距方案的优劣,应根据河道冲淤变化、防护堤工程安全因素、工程规模、护滩效益等方面综合比较。河道冲淤为不同治理方案比选时考虑的重点内容,此处就影响防护堤工程安全等方面进行初步比较。

从河道形态考虑,堤距越窄河道相对弯曲,堤距大时河道相对平顺,方案一堤距较大,相对平顺,相对较优。

从对防护堤工程安全的影响考虑,由于下游游荡性河段目前仍河势多变,可能造成工程时常出险,即使在河势得到初步控制或基本控制的河段,局部河势上提下挫造成的工程出险现象也时有发生,“有滩则堤存,无滩则堤溃”,河势变化对工程安全影响较大,堤距选择时适当留有余地,采用方案一较优。

从防护堤工程规模考虑,方案一堤线布置时利用黄河大堤长度更长,新修防护堤长度比方案二少 91.34 km。同一标准下,方案一工程规模和工程量相对较小。

从护滩效益考虑,京广铁路桥至高村河段方案二比方案一缩窄宽度平均 1.15 km,黄河大堤与防护堤之间有耕地 18.1 万亩。方案二可以减免设防标准以下洪水淹没损失，相对较优。

针对下游河道治理，水利部近年来陆续安排开展了多项研究工作，2005 年完成的《黄河下游滩区治理模式和安全建设研究》，提出下游窄河的堤距，桃花峪—夹河滩为 9 km 左右，夹河滩—高村堤距 4~2 km；2007 年完成的《黄河下游滩槽划分方案研究》，提出高村以上河段槽宽为 7~2.5 km ；2009 年完成的《黄河下游河道治理战略研究》，提出陶城铺以上宽河段的平均堤距在 4 km 左右，与方案一堤距基本接近。近年来，国内专家对下游河道治理亦提出不少有益的意见，钱正英院士于 2006 年 6 月考察黄河下游时，针对下游窄河治理，建议窄河的堤距为 3~6 km。2012 年 6 月原国务院南水北调工程建设委员会专家委员会宁远副主任率队对黄河下游调研时，提出对下游河道进行改造，建设的两道新防洪堤堤距为 3~5 km。

通过以上综合分析比较，采用方案一作为本次研究的基本方案。

2.2　滩区防护堤标准研究

2.2.1　各滩区防洪标准

2.2.1.1　京广铁路桥以上河段

京广铁路桥以上防护堤保护范围是左岸温孟滩防护堤以下至沁河入黄口以上河段滩区，为乡村保护区，共涉及农村人口 1.64 万人，耕地 13.8 万亩。根据《防洪标准》(GB 50201—2014)，乡村保护区的等级为Ⅳ等，设计防洪标准采用 10 年一遇。

2.2.1.2　京广铁路桥—陶城铺

京广铁路桥—陶城铺河段滩区无县城分布，防护堤保护范围全部为乡村。该河段滩区被防护堤分割为 23 处，左岸 10 处，右岸 13 处。其中，左岸长垣滩面积最大，居住人口为 20.39 万人，耕地面积为 30.96 万亩；其他滩区人口均小于 10 万人，耕地小于 5 万亩。根据《防洪标准》(GB 50201—2014)，长垣滩采用 20 年一遇，其他滩区采用 10 年一遇。

2.2.1.3　陶城铺以下

该河段滩区主要分布在右岸，相对集中连片的主要是济南市长清滩、平阴滩，俗称长平滩，分布有长清、平阴两县城，涉及人口分别为 16.64 万人、15.57 万人，耕地面积分别为 21.62 万亩、10.21 万亩；其中长清非农业人口接近 10 万人，平阴县城非农业人口近 5 万人。根据《防洪标准》(GB 50201—2014)，长清、平阴县城防洪标准均采用 30 年一遇，其他滩区全部为乡村保护区，防洪标准采用 10 年一遇。

2.2.2　影响防护堤标准的主要因素

2.2.2.1　不同量级洪水滩区淹没特点

统计分析 1958 年、1976 年、1982 年和 1996 年洪水滩区受灾人口、淹没耕地及淹没损失(见图 2-1~图 2-2)，结果表明，8 000 m^3/s 下受灾人口、淹没耕地及淹没损失较 6 000 m^3/s 下增长幅度较大；10 000 m^3/s 下受灾人口、淹没耕地及淹没损失分别较 8 000 m^3/s

下增长了 9%、14%、30%，增长幅度变缓；大于 10 000 m^3/s 较上一级洪水各指标基本无增长。因此，从边际效益增加的角度，防护堤标准按照 10 000 m^3/s 考虑较为经济。

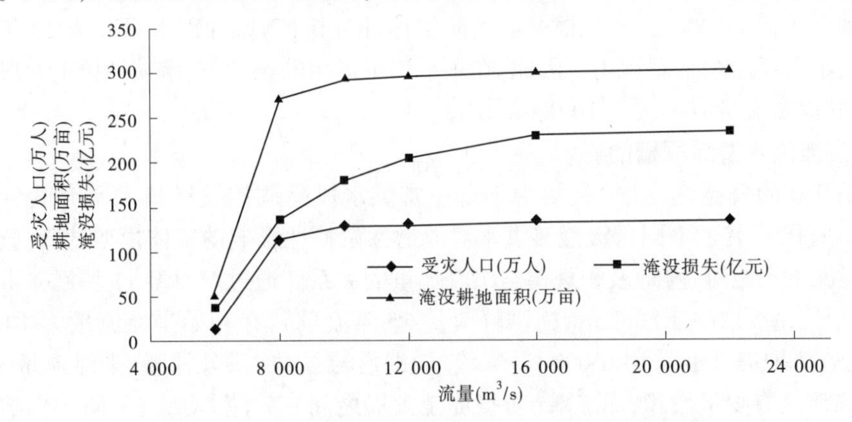

图 2-1　不同量级洪水受灾人口及淹没损失示意图

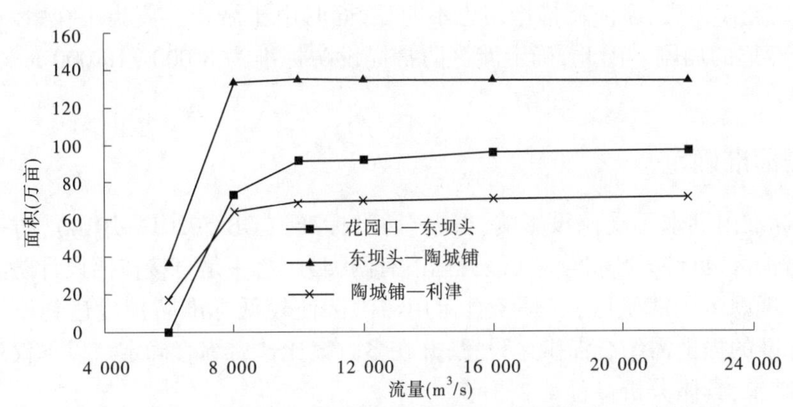

图 2-2　各河段不同量级洪水淹没耕地面积示意图

2.2.2.2　平滩流量影响

黄河下游河道断面多呈复式，滩槽不同部位的排洪能力存在很大差异，主槽是排洪的主要通道，一般主槽流量占全断面的 60%~80%，因此平滩流量的变化相当程度上反映了河道的排洪能力。

小浪底建库以前，随着上游龙羊峡水库的投入运用以及沿程工农业用水的不断增加，下游河道主河槽发生严重淤积，平滩流量逐年减小。

小浪底水库于 1999 年 10 月投入运用，经过水库拦沙和调水调沙运用，黄河下游河道普遍发生冲刷，黄河下游各水文站的同流量水位都明显下降，伴随着下游河道的持续冲刷，各河段平滩流量不断增大，至 2016 年汛初，最小平滩流量已恢复至 4 100 m^3/s。

水利部审查通过的《黄河水沙调控体系建设规划》成果，采用 150 年系列计算了黄河下游各时段平滩流量，古贤水库、碛口水库正常运用后，黄河下游平均平滩流量 4 876~3 621 m^3/s，最大达 5 874 m^3/s，从对不同河段平滩流量预测结果看，防护堤设防流量至少应大于 6 000 m^3/s。

2.2.2.3 东平湖以下河段设防标准

根据《黄河流域防洪规划》，东平湖分洪后，其下游黄河大堤的设防流量考虑长清、平阴山区支流加水后为 11 000 m^3/s。根据前述防洪标准分析，陶城铺以上最高为 20 年一遇，该条件下，不需考虑东平湖运用。因此，在东平湖不运用的条件下，陶城铺以上河段修建防护堤后，其设防流量应不大于 10 000 m^3/s。

2.2.2.4 对漫滩洪水淤滩刷槽的影响

根据前期开展的公益性专项"黄河中下游中常洪水风险调控关键技术研究"，针对"82·8"洪水条件，开展了不同量级漫滩洪水对滩槽冲淤特性影响的实体模型试验，分析了不同量级漫滩洪水嫩滩、滩地淤积规律与洪峰流量的关系。通过对原型 11 场漫滩洪水分析，滩地淤积比主要取决于漫滩系数（洪峰流量/平滩流量），在初始平滩流量为 4 000 m^3/s 条件下，若防护堤标准采用 6 000 m^3/s 流量，即漫滩系数（洪峰流量/平滩流量）为 1.5 情况下，嫩滩仅有少量淤积，而二滩（防护堤至大堤之间）基本没有淤积，防护标准太低；若防护堤标准采用 10 000 m^3/s 流量、漫滩系数为 2.5 以上，对滩槽交换影响较大，标准太高。通过试验提出了"尽量避免 8 000 m^3/s 以下中常洪水漫滩"的建议，因为这种洪水既造成了较大的淹没损失，淤滩刷槽作用也不明显，同时由于淤积主要集中在嫩滩上，还导致了"二级悬河"的加剧。因此，确定滩区防护堤设防标准为 8 000～10 000 m^3/s 较合适。

2.2.3 防护堤标准确定

为保护滩区标准内洪水不受淹没影响，根据《防洪标准》（GB 50201—2014），防护堤修建后，需达到防护区设计防洪标准。在该目标下有两类方案，一是直接按照设计防洪标准修建防护堤，不考虑运用滞洪区；二是结合运用滞洪区使较低标准防护堤达到设计标准；因此防护堤标准的提出需结合滞洪区设置，并在多方案比选后综合确定。以下仅列出防护堤标准分析结果，具体分析过程见 2.3 节。

2.2.3.1 京广铁路桥以上

京广铁路桥以上布设防护堤河段位于伊洛河口以下、沁河入黄口以上。小浪底出库 10 年一遇洪峰为 9 400 m^3/s（"上大洪水"），小花间为 600 m^3/s，其中伊洛河、沁水来水较小；花园口断面 10 年一遇设计洪水流量为 10 000 m^3/s，考虑该频率下伊洛河、沁河来水较小，京广铁路桥以上河段位于花园口断面以上，因此其防护堤设防流量按照花园口断面 10 年一遇设计洪水流量 10 000 m^3/s，与温孟滩围堤设防标准一致。

2.2.3.2 京广铁路桥—陶城铺河段

根据对不设置滞洪区及防护堤和滞洪区联合运用的四个方案进行方案布设及方案比较分析，确定在长垣滩修建 12 200 m^3/s（20 年一遇）标准防护堤，其他河段均修建 10 000 m^3/s 标准防护堤。

2.2.3.3 陶城铺以下河段

陶城铺以下河段防护堤可直接按照设计防洪标准修建，艾山断面 30 年一遇设计洪水洪峰为 10 000 m^3/s，10 年一遇设计洪水洪峰为 9 900 m^3/s，考虑到流量差别不大，陶城铺以下河段防护堤全部按照 10 000 m^3/s 修建。

2.3　新建滩区蓄滞洪区研究

2.3.1　设计洪水及洪水位

黄河下游防洪工程体系的上拦工程有三门峡、小浪底、陆浑、故县、河口村五座水库；下排工程为两岸大堤，设防标准为花园口站洪峰流量为 22 000 m^3/s 洪水；两岸分滞工程为东平湖滞洪水库和北金堤滞洪区，进入黄河下游的洪水须经过防洪工程体系的联合调度。黄河下游防洪工程体系联合调控后，可控制5年一遇洪水花园口站流量不超过8 000 m^3/s；10年一遇洪水花园口站流量不超过10 000 m^3/s。黄河下游各站不同频率洪水超4 000 m^3/s、8 000 m^3/s、10 000 m^3/s 的洪量见表2-3。对不同频率洪水超不同流量级的洪量采用“上大洪水”和“下大洪水”的外包线。

表2-3　五库运用黄河下游各水文站洪量（“上大洪水、下大洪水”外包值）（单位：亿 m^3）

流量(m^3/s)	重现期	花园口	柳园口	夹河滩	石头庄	高村	苏泗庄	邢庙	孙口	艾山	泺口	利津
>4 000	5年	46.35	46.30	46.18	46.10	45.99	45.99	46.30	46.59	46.59	46.59	46.59
	10年	70.82	70.65	70.46	70.40	70.30	70.32	70.53	70.63	70.61	70.61	70.61
	20年	94.32	93.67	93.31	93.20	93.11	93.11	93.35	92.90	92.90	92.90	92.90
	30年	102.85	102.30	101.89	101.76	101.66	101.66	101.84	101.63	101.05	101.05	101.05
	100年	140.14	139.76	139.20	138.97	138.81	138.81	138.71	138.24	119.45	119.45	119.45
>8 000	5年	0	0	0	0	0	0	0	0	0	0	0
	10年	9.53	9.05	8.84	8.77	8.70	8.39	8.14	7.82	6.59	6.59	6.59
	20年	16.47	15.74	14.97	14.56	14.26	13.85	13.31	12.74	12.74	12.74	12.74
	30年	18.48	17.93	17.67	17.65	17.70	17.70	17.47	17.27	16.69	16.69	16.69
	100年	32.88	32.60	32.34	32.34	32.42	32.42	32.16	31.91	22.70	22.70	22.70
>10 000	5年	0	0	0	0	0	0	0	0	0	0	0
	10年	0	0	0	0	0	0	0	0	0	0	0
	20年	1.26	0.75	0.53	0.50	0.48	0.48	0.36	0	0	0	0
	30年	2.41	1.56	1.16	1.10	0.97	0.88	0.72	0.59	0	0	0
	100年	6.16	5.53	5.04	4.76	4.48	3.89	3.11	2.58	0	0	0
	200年	8.60	7.67	7.38	7.28	7.20	6.84	6.44	6.19	0	0	0
	1 000年	15.87	15.29	15.24	15.19	15.13	15.13	14.94	14.78	0	0	0

采用2000年当年边界条件,计算了8 000 m^3/s、10 000 m^3/s和12 000 m^3/s流量下防护堤修建前后水位。现状河道水位为2000年防办发布的黄河下游主要控制站水位,防护堤修建后设计水位在宽河基础上考虑河道缩窄后影响,各河段以及主要水文站水位变化分别见表2-4、表2-5。经分析,8 000 m^3/s、10 000 m^3/s和12 000 m^3/s下设计水位较现状水位平均壅高分别为0.36 m、0.51 m和0.58 m。

表2-4 防护堤修建后各河段水位变化

河段	水位升高(m)		
	8 000(m^3/s)	10 000(m^3/s)	12 000(m^3/s)
伊洛河口—花园口	0.19	0.25	0.28
花园口—夹河滩	0.27	0.34	0.39
夹河滩—高村	0.40	0.48	0.54
高村—孙口	0.48	0.62	0.72
孙口—陶城铺	0.38	0.97	1.07
全部平均	0.36	0.51	0.58

注:以12 000 m^3/s代表20年一遇洪水,下同。

表2-5 2000年当年边界条件水位 (单位:m,黄海)

断面	距铁谢里程(km)	现状水位(A)			防护堤布设后设计水位(B)			(B)-(A)		
		8 000(m^3/s)	10 000(m^3/s)	12 000(m^3/s)	8 000(m^3/s)	10 000(m^3/s)	12 000(m^3/s)	8 000(m^3/s)	10 000(m^3/s)	12 000(m^3/s)
铁谢	0	117.69	118.16	118.16	117.69	118.16	118.16	0	0	0
裴峪	33.42	110.15	110.37	110.37	110.15	110.37	110.37	0	0	0
官庄峪	77.82	100.30	100.51	100.68	100.48	100.74	100.95	0.17	0.23	0.27
花园口	109.87	93.49	93.68	93.82	93.90	94.20	94.43	0.41	0.52	0.61
柳园口	176.59	81.33	81.56	81.76	81.44	81.68	81.89	0.11	0.13	0.14
夹河滩	200.05	77.15	77.40	77.58	77.39	77.68	77.89	0.24	0.28	0.31
石头庄	254.96	68.33	68.53	68.69	68.69	68.93	69.12	0.36	0.40	0.43
高村	290.03	63.14	63.39	63.60	63.41	63.71	63.96	0.27	0.32	0.36
苏泗庄	320.74	59.27	59.53	59.75	59.61	59.96	60.26	0.33	0.43	0.51
孙口	413.46	48.36	48.85	49.27	48.55	49.38	49.94	0.19	0.53	0.67

2.3.2 滞洪区设置

2.3.2.1 各滞洪区可能最大分洪量

防护堤修建后,京广铁路桥以上主要涉及温县部分滩区及武陟滩,面积123.1 km^2。京广铁路桥至陶城铺河段分布有自然滩23处,其中面积在30 km^2以上的有10处,总面积 1 315.28 km²,其中原阳滩、原阳封丘滩、开封滩、长垣滩、兰考东明滩和濮阳习城滩等滩区面积较大,均超过 100 km²,详见表 2-6;面积在 30 km² 以下的有 13 处,总面积 205.9 km²。

表 2-6　京广铁路桥—陶城铺河段面积大于 30 km² 的自然滩统计表

河段	岸别	滩区名称	涉及县(市)	面积(km²)
京广铁路桥至东坝头	左岸	原阳滩	武陟、原阳	265.85
		原阳封丘滩	原阳、封丘	106.33
	右岸	中牟滩	中牟、开封市	81.28
		开封滩	开封市、开封县、兰考	128.34
东坝头至高村	左岸	长垣滩	长垣、濮阳	302.60
	右岸	兰考东明滩	兰考、东明	179.41
高村至陶城铺	左岸	习城滩	濮阳	109.68
		陆集滩	范县	40.99
		清河滩	台前	62.31
	右岸	左营滩	鄄城、郓城	38.48
合计				1 315.28

由于黄河下游滩区存在一定的纵比降,为取得较大的库容,需修建隔堤对滞洪区进行分区;同时又考虑蓄水后围堤工程的安全以及对滩区群众就地就近安置修建的大村台的影响,以滞洪区内各分区末端河道内水位作为滞洪区分洪控制水位。结合防护堤堤线布设及滩区地形条件,对原阳滩、原阳封丘滩、长垣滩、开封滩等 10 个可能的滞洪区分别修建隔堤,据此计算各区最大可分洪量详见表 2-7。

表 2-7　黄河下游滩区各滞洪区最大分洪量　（单位:亿 m³）

河段	河道长(km)	岸别	序号	滞洪区名称	修建隔堤后分区数(个)	最大可分洪量		
						8 000 m³/s	10 000 m³/s	12 000 m³/s
京广铁路桥至东坝头	131	左岸	1	原阳滩	9	3.12	3.80	4.36
			2	原阳封丘滩	8	1.71	2.08	2.41
		右岸	3	中牟滩	5	1.29	1.54	1.76
			4	开封滩	8	1.60	1.86	2.07
		小计				7.72	9.29	10.60
东坝头至高村	70	左岸	5	长垣滩	11	10.24	11.18	11.92
		右岸	6	兰考东明滩	6	6.06	6.61	7.04
		小计				16.30	17.78	18.96

续表 2-7

河段	河道长（km）	岸别	序号	滞洪区名称	修建隔堤后分区数（个）	最大可分洪量		
						8 000 m^3/s	10 000 m^3/s	12 000 m^3/s
高村至陶城铺	165	左岸	7	习城滩	6	3.70	4.17	4.57
			8	陆集滩	4	1.29	1.46	1.62
			9	清河滩	5	2.78	3.19	3.55
		右岸	10	左营滩	5	2.43	2.79	3.11
		小计				10.20	11.61	12.84
小计	366	合计				34.22	38.68	42.40

2.3.2.2 滞洪区设置

根据黄河下游不同频率洪水超标准洪量与各滞洪区最大滩区分洪量的关系，滞洪区处理超标准洪水洪量是基本可行的。主要考虑以下因素：选择河段上游滩区设置滞洪区，当发生超过防护堤标准洪水时，通过滞洪区分洪，可使下游滩区安全得到保障，从而达到防护堤保滩的目的；地势较高的滩区设置滞洪区可分洪量较小；应选择地势相对较低的滩区设置滞洪区，以获得相对较大的分洪容积；结合滩区安全建设，考虑今后社会经济发展，选择的滩区尽可能居住人口少，一旦分洪可最大程度降低社会风险；考虑泥沙淤积造成分洪容积减小的影响，滞洪区分洪需要交替使用。

据此原则，京广铁路桥至陶城铺河段共选择原阳滩、原阳封丘滩、长垣滩、中牟滩、开封滩、兰考东明滩等 6 个滩区设置为滞洪区。京广铁路桥以上河段，由于地势相对较高，分洪量有限，不再考虑设置滞洪区；京广铁路桥至陶城铺河段，面积小于 30 km^2 的较小滩区不再设置为滞洪区，对面积大于 30 km^2 的自然滩，可通过修筑围堤形为滞洪区；陶城铺以下河段，考虑到滞洪区自上而下启用，该河段通过陶城铺以上滞洪区运用（或结合东平湖）可处理洪水，不再设置滞洪区。

2.3.3 滞洪区运用方案

2.3.3.1 运用方案

根据 2.2.1 节防洪标准分析，防护堤修建后，结合滞洪区运用，长垣滩应达到 20 年一遇防洪标准，长平滩长清区、平阴县城段应达到 30 年一遇防洪标准，其他滩区应达到 10 年一遇防洪标准。实现该目标有两种途径，一是直接按照设计防洪标准修建防护堤，不设置滞洪区；二是通过修建较低标准防护堤结合滞洪区运用达到设计标准，防护堤标准需结合滞洪区设置进行方案比选后综合确定。根据以上分析提出以下两类方案，第一类方案为不设置滞洪区方案，由此提出方案一；第二类方案为设置滞洪区方案，由此提出方案二至方案四。

方案一（不设滞洪区方案）：长垣滩按照 12 200 m^3/s（20 年一遇标准）设置防护堤，其他滩区按照 10 年一遇标准设置防护堤。遇超防护堤设防标准洪水时通过防护堤预设置的口门进行分洪，滩区与河槽共同行洪运用。该方案不设置滞洪区。

方案二(全线防御 8 000 m^3/s 流量洪水方案):花园口以下至陶城铺河段,防护堤按防御 8 000 m^3/s 洪水设防。花园口站 10 年一遇、20 年一遇洪水超 8 000 m^3/s 的洪量分别为 9.5 亿 m^3 和 16.5 亿 m^3。长垣滩要达到 20 年一遇防洪标准,需通过启用滞洪区分滞超标准洪量 16.5 亿 m^3。此时京广铁路桥至东坝头河段的所有滞洪区(原阳滩、原封滩、中牟滩、开封滩)分洪 7.72 亿 m^3 后,还需启用长垣滩(11 个分区,最大分洪量 10.24 亿 m^3)的 9~10 个区;或在启用兰东滩(最大分洪量 6.06 亿 m^3)的基础上再考虑其他滞洪区。

方案三(防御 10 000 m^3/s 流量洪水方案):花园口以下至陶城铺河段,防护堤按防御 10 000 m^3/s 洪水设防。花园口站 20 年一遇超万洪量为 1.26 亿 m^3。由于原阳滩位于最上端,因此利用原阳滩上部的分区即可处理超万洪量。通过运用原阳滩滞洪区(最大分洪量 3.8 亿 m^3)的 3~4 个分区,分滞超万洪量 1.26 亿 m^3,将原阳滩第 4 分区以下河段洪峰流量削减至 10 000 m^3/s,相当于其下防护堤全部提高到花园口站 20 年一遇洪水标准,其他滩区实际防洪标准已达到或超过设计防洪标准。

方案四(组合方案(简称"中牟滩分洪方案")):20 年一遇超万洪量为 1.26 亿 m^3。与原阳滩比较,中牟滩内人口相对较少,为减轻分洪造成的社会影响,当发生 10 年一遇洪水时,可以首先考虑采用中牟滩分洪,此情况下右岸邙金滩、左岸原阳滩自然分洪。利用中牟滩分洪 1.26 亿 m^3(10 000 m^3/s 下,最大可分洪量 1.54 亿 m^3),中牟滩以下防护堤标准提高到 20 年一遇。

根据 2.4.2 节工程设置,不同方案下的工程主要包括防护堤、围隔堤、分洪退水工程及引水涵闸改建新建等。按照工程布置,匡算各项工程主要工程量。

2.3.3.2　方案比较

从对下游河道淤滩刷槽效果比较:根据前期开展的公益性专项"黄河中下游中常洪水风险调控关键技术研究"中的研究结论,当漫滩系数(洪峰流量/平滩流量)为 1.5 时,嫩滩仅有少量淤积,而二滩(生产堤至大堤之间)基本没有淤积,防护标准太低;当漫滩系数为 2.5 以上时,对滩槽交换影响较大,标准太高。据此,方案二(8 000 m^3/s 防护堤方案)和方案三(10 000 m^3/s 方案)较优,方案一(长垣滩防护堤防御 12 200 m^3/s、其他滩区防护堤防御 10 000 m^3/s)、方案四(原阳滩防护堤防御 12 200 m^3/s、其他滩区防护堤防御 10 000 m^3/s)部分河段防护堤标准为 12 200 m^3/s,漫滩系数过大,标准过高。

从对河道冲淤影响比较:相关研究成果对"96 · 8"洪水、"82 · 8"洪水不修建滞洪区无围堤以及修建滞洪区有围堤嫩滩、滩地、河槽淤积情况分别进行了分析,"82 · 8"洪水时修建滞洪区有围堤时,嫩滩、滩地平均淤高分别为 0.41 m 和 0.33 m;不修建滞洪区无围堤时,嫩滩和滩地的平均淤高分别为 0.23 m 和 0.44 m。滞洪区修建分区运用后,嫩滩淤积比例增大,滩槽高差减小,滩面横比降加大,"二级悬河"加剧,"横河""斜河""顺堤行洪"形成的可能性增加,堤防工程受到的威胁加大。因此,在给定的水沙条件下,夹河滩至陶城铺整个试验河段总体表现为沿程淤积,且修建滞洪区有围堤时中水河槽淤积量大于不修建滞洪区无围堤时淤积量。因此,从对河道冲淤影响看,修建滞洪区后分沙效果差,分洪口门前嫩滩泥沙淤积比例增大,滩地的沉沙作用大大降低,采用方案一(不设滞洪区方案)较优。

从防护堤保滩效果比较：四个方案通过防护堤或结合滞洪区运用整体上均可处理设计标准洪水，但各方案达到设计防洪标准时的保护对象指标是有差别的。结合目前滩区现状人口、耕地分布情况，两道防护堤修建后，河槽内有 12.8 万人、44.8 万亩耕地，无论采用何种方案，都面临洪水威胁。但方案一（不设滞洪区方案）下防护堤内防护对象可全部达到设计防洪标准；方案二至方案四中，结合滞洪区分洪运用，除滞洪区外的所有滩区可达到设计防洪标准，启用的滞洪区内防护对象全部达不到设计防洪标准。从各方案达到设计防洪标准的程度来看，不设滞洪区方案最优，中牟滩分洪方案次之，其次是原阳滩分洪方案和 8 000 m^3/s 防护堤方案。

从技术经济指标角度比较：不设滞洪区方案由于无滞洪区，其总工程量及投资最小；方案二由于使用滞洪区个数较多，总工程量及投资最大。从各方案减免的淹没损失带来的效益看，修建防护堤工程后，四个方案发生超标准洪水时，防护堤内滩区均需运用，淹没损失差别不大；主要差别在花园口至陶城铺河段各滩区达到设计防洪标准前，经分析各方案多年平均保滩效益分别为 2.44 亿元、1.93 亿元、2.65 亿元、2.66 亿元。以方案一为零方案，计算其他方案较零方案增加的工程量和投资来进行边际费用效益分析，方案四较优。各方案主体工程量见表 2-8，各方案技术经济比较指标见表 2-9。

表 2-8　推荐堤距方案下不同标准防护堤方案工程量及投资汇总

项目		单位	方案一 不设滞洪区	方案二 8 000 m^3/s 防护堤	方案三 原阳滩 分洪	方案四 中牟滩 分洪
工程规模	防护堤长度	km	586.57	586.57	586.57	586.57
	围隔堤长度	km	6.25	143.50	17.10	17.90
	堤防总长度	km	592.82	730.07	603.67	604.47
	水闸改建新建	个	13	23	15	15
	改建新建水闸过闸流量	m^3/s	1 097.4	7 577.4	1 997.4	1 997.4
总投资		亿元	106.0	118.8	107.7	107.8

表 2-9　各方案技术经济比较指标

方案	差额投资（亿元）	效益（亿元）		差额投资净效益内部收益率（%）	备注
		多年平均保滩效益	差额效益		
方案一 不设滞洪区方案	0	2.44			
方案二 8 000 m^3/s 防护堤方案	12.78	1.93	-0.51		方案二与方案一差值，否定方案二
方案三 原阳滩分洪方案	1.74	2.65	0.21	8.34	方案三与方案一差值，否定方案一
方案四 中牟滩分洪方案	0.07	2.66	0.01	9.14	方案四与方案三差值，否定方案三

从对滩区安全建设设施的影响上看：防护堤修建后，河道缩窄、水位抬升，8 000 m^3/s 防护堤修建后设计洪水位普遍低于现状安全建设20年一遇水位，10 000 m^3/s、12 000 m^3/s 防护堤修建后设计洪水与现状安全建设20年一遇水位基本相当，即分洪运用后基本不影响村台安全。不设滞洪区方案中仅原阳滩、长垣滩达到了安全建设标准，10年一遇标准防护堤内滩区以及河道内共88.5万人仍需进行安全建设安置。方案二至方案四通过滞洪区的运用，使滞洪区以下河段均达到了安全建设标准，方案二、方案三、方案四需进行安全建设人口规模分别为73.3万人、19.8万人、15.9万人。从该角度看，方案四最优。

综上，从对下游河道淤滩刷槽影响效果来看，方案二、方案三漫滩系数为2~2.5，方案一、方案四部分河段防护堤标准为12 200 m^3/s，漫滩系数接近3，对滩槽交换影响较大，标准太高。从对河道冲淤影响看，设置滞洪区加重主槽淤积，而且分沙效果较差。从保滩效果看，四个方案通过防护堤或结合滞洪区运用整体上均可处理设计标准洪水，但不设滞洪区方案最优，中牟滩设置滞洪区分洪方案次之，原阳滩设置滞洪区分洪方案第三，防御8 000 m^3/s 洪水方案最差。从技术经济指标分析，通过计算各方案差额投资、多年平均保滩效益及差额投资内部收益率，方案三较优。从对滩区安全建设实施的影响来看，各方案分洪运用后对已实施滩区安全建设村台的安全性影响不大，可不作为影响因素；但从方案设置后对下一步安全建设设施的影响看，不设滞洪区方案中防护堤标准为10年一遇滩区88.5万人仍需进行安全建设安置、方案二至方案四中运用的滞洪区内人口需进行安全建设，从该角度看，方案四最优。从对防洪调度运用及社会影响上看，设置滞洪区对大洪水漫滩行洪影响较大，调度运用产生的社会影响大。综合分析，不设滞洪区方案相对较优，作为本次研究推荐采用的方案。

2.3.4　防护堤标准与滞洪区标准结论

根据以上分析，得到初步结论如下：

(1)白鹤至京广铁路桥以上河段，涉及温孟滩部分滩区及武陟滩区，设计防洪标准为10年一遇；已有温孟滩防护堤设防流量10 000 m^3/s，由于地势相对较高，分洪量有限，不再考虑设置滞洪区；布设防护堤河段位于伊洛河口以下、沁河入黄口以上，按照设计防洪标准10年一遇流量(采用花园口断面10年一遇洪峰10 000 m^3/s)布设防护堤。

(2)京广铁路桥至陶城铺河段，长垣滩防洪标准采用20年一遇，其他滩区采用10年一遇；根据不同量级洪水超标准洪量和滞洪区最大可分洪量的关系，设置了四个方案进行比较，推荐长垣滩修建12 200 m^3/s(20年一遇)标准防护堤，其他河段均修建10 000 m^3/s 标准防护堤，不考虑修建滩区滞洪区。

(3)陶城铺以下河段，主要涉及长平滩区，设计防洪标准为长清平阴县城段30年一遇、其他滩区10年一遇；考虑到该河段位于末端，通过陶城铺以上宽河段运用可处理洪水，因此该河段不再设置滞洪区；可直接按照设计防洪标准修建，艾山断面30年一遇设计洪水洪峰为10 000 m^3/s，10年一遇设计洪水洪峰为9 900 m^3/s，考虑到流量差别不大，陶城铺以下河段防护堤全部按照10 000 m^3/s 修建。

2.4 治理方案设置格局及工程布置

2.4.1 防护堤与滞洪区设置格局

根据以上对防护堤堤距、标准及新建滩区滞洪区的研究分析,初步提出新建滩区防护堤和滩区滞洪区的总体设置格局如下:

高村以上游荡型河段现状大堤平均堤距 9.9 km,防护堤修建后平均堤距为 4.4 km;高村至陶城铺过渡性河段现状大堤平均堤距 5.4 km,防护堤修建后平均堤距为 2.5 km;陶城铺以下河段,陶城铺至北店子河段修建防护堤,防护堤平均堤距 2.1 km,北店子以下维持现状黄河大堤堤距,不再修建防护堤。长垣滩修建 20 年一遇标准防护堤,长平滩长清区平阴县城段修建 30 年一遇防护堤;其他滩区修建 10 年一遇标准防护堤。

防护堤修建后,两道防护堤之内为河槽,防护堤与黄河大堤之间仍为滩区。发生标准以下洪水时,充分利用河槽行洪输沙。滩区是泄洪通道的一部分,在河槽泄洪能力不足时用于扩大泄洪断面,增加泄洪能力。不同河段滩区根据防护堤设计标准运用概率有所不同:发生 10 年一遇以下洪水时,河槽过洪,利用防护堤保障标准以下洪水滩区防洪安全。发生 10~20 年一遇洪水时,陶城铺以上长垣滩以及陶城铺以下的长清区平阴县城段利用防护堤保障滩区防洪安全,其余滩区全部行洪。发生 20~30 年一遇洪水时,陶城铺以下的长清区、平阴县城段利用防护堤保障滩区防洪安全,其余滩区全部行洪。发生 30 年一遇以上洪水时,下游滩区全部行洪运用。当发生超过防护堤标准以上洪水时,通过在防护堤上布设的分洪口门向滩区分洪。

防护堤修建后,将河槽内人口全部搬迁至黄河大堤外或就近迁入防护堤之外的滩区,保障发生 10 000 m^3/s 流量以下洪水时滩区人民生命财产安全;对滩区内人口根据洪水风险实施安全建设,大大减轻洪水淹没概率和淹没损失。

2.4.2 工程布置

根据提出的黄河下游河道改造方案格局,工程布置由以下几部分组成:新建的滩区防护堤及围堤、滩区防护堤上预留的分洪退水口门以及改建的涵闸渠道。因河道改造方案可能引起的险情所对应的安全防护措施见 2.4.3 节。

2.4.2.1 滩区防护堤及围堤

防护堤总长 586.57 km,其中新修防护堤长 367.85 km,加高加固现状生产堤 130.95 km,加高加固控导工程联坝长 87.76 km;同时利用黄河大堤长 218.91 km。高村以上游荡性河段防护堤修建后平均堤距为 4.4 km;高村至陶城铺过渡性河段防护堤修建后平均堤距为 2.5 km;陶城铺至北店子河段修建防护堤后平均堤距 2.1 km,北店子以下维持现状黄河大堤堤距,不再修建防护堤。

按照《堤防工程设计规范》(GB 50286—2013)等相关规范的要求进行设计。长清平阴滩防护堤防洪标准为 30 年一遇(11 000 m^3/s),参照 3 级堤防设计;长垣滩防护堤防洪标准为 20 年一遇(12 200 m^3/s),参照 4 级堤防设计;其余滩区防护堤防洪标准为 10 年一遇(10 000 m^3/s),参照 5 级堤防设计。对于基于现状工程加高加固的防护堤,标准断面同新建防护堤,还要根据现状工程实际情况详细设计。滩区防护堤堤顶超高统一采用 1.5 m。3 级堤防顶宽取 6 m,内外边坡取 1∶3;4 级堤防顶宽取 6 m,内外边坡取 1∶2.5;5 级堤防顶宽取 5 m,内外边坡取 1∶2.5。

滩区防护堤布置在黄河下游滩区上,地基多为粉砂等透水地基或多层堤基,需对堤基进行处理。防护堤临河堤坡应进行石护坡防护,拟采用水平方向 1 m 厚的块石护坡进行防护,护坡顶部高程比堤顶高程低 1 m;临河坡脚应设计有护脚,拟采用铅丝笼石进行保护,铅丝笼石顶宽 2 m,顶部高程平滩面,深度为设计冲刷深度,临水坡度与背水内坡坡度均同堤防临水坡度。当发生超过防护堤标准洪水时,需要进行分洪,防护堤双侧均靠水,考虑分洪概率防护堤背河堤坡采用草皮护坡,背河堤脚结合控渗措施进行护脚加固,背河护脚拟采用铅丝笼石保护,断面同临水堤脚护脚。工程规划设计实施阶段需进行细化设计。

长垣滩,需在滩区上游侧修筑滩区围堤,当发生 10~20 年一遇级别洪水时,上下游滩区过洪运用时保护长垣滩。基于此运用条件,应该使长垣滩形成封闭滩区,故在上游侧修筑滩区围堤,长 6.25 km。

2.4.2.2　分洪口门

滩区防护堤修建后,将黄河下游河道滩区分为大小不等的几十个封闭滩区,合理地在防洪堤上提前预留设置分洪口门是发生超标准洪水时滩区行洪分得进、退得出的重要保证。进洪口门应选择在水流进流顺畅的位置以便于进洪,应避免离现状黄河大堤过近,背河侧地形能形成较通畅的流路;退洪口门设置于封闭滩区的末端,应较滩区其他位置低,以利于滩区洪水归槽;封闭滩区都应设置进洪口门和退洪口门,如滩区较大,可设置多个进洪口门和退洪口门。根据以上原则,初步确定每个滩区的进退洪口门位置。

分别选用花园口断面、高村断面和阴河断面作为京广铁桥至高村、高村至陶城铺、陶城铺至北店子三个河段代表进行分洪口门宽度计算,采用两种工况进行计算分析,分别是“溃坝起始工况”和“侧堰过流工况”。各河段口门宽度分别为 2 000 m、1 200 m、100 m。

分洪口门是采用修建裹头临时爆破扒口的分洪控制工程。口门形状宜呈喇叭形,布设在滩区防护堤上。分水扒口前顶部高程同防护堤顶部高程,其填筑及断面结构都同防护堤,口门底部高程同滩面高程,采用抛石裹护并预埋炸药。对口门两侧防护堤进行裹护,为节省投资,采用抛石裹护。

2.4.2.3　涵闸改建

滩区防护堤修建后,对现状影响较大的就是引黄涵闸。为恢复引黄涵闸的功能,需对现状涵闸进行改建。对于防护堤穿过涵闸后续渠道的,应进行穿堤建筑物改建,既使防护堤防洪能力得到保证,又能使涵闸渠道引水正常。经统计,滩区防护堤修建后,需进行改建的涵闸共计 48 座。其中,过闸流量大于 100 m^3/s 的涵闸有 8 座,如张菜园闸过闸流量为 100 m^3/s,红旗闸过闸流量为 210 m^3/s;小于 100 m^3/s 的涵闸有 40 座,如马庄渠首闸过闸流量为 25 m^3/s,黑岗口闸过闸流量为 10 m^3/s。

2.4.3　安全防护措施

2.4.3.1　滩区防护堤险情分析

根据滩区防护堤堤线布置推荐方案(方案一),充分考虑河势演变的影响,对河道整治工程和滩区防护堤可能出现的险情进行了分析。

白鹤至京广铁桥河段:该河段左岸有温孟滩移民围堤,右岸是邙山岭,仅在伊洛河口至官庄峪断面河段左岸布设防护堤。滩区防护堤与工程的连接位置易出险;驾部控导工程河势在工程位置的上提下挫比较明显,工程上首和下首存在险情;张王庄至驾部控导工程之间的滩区防护堤横跨南水北调中线总干渠,交叉位置存在险情。

京广铁桥至柳园口河段:右岸中牟滩河段河势变化较大,由于畸形河湾的影响,此段防护堤可能存在较大险情。左岸双井工程上首与防护堤相连,河势上提时主流直冲工程上首和防护堤的连接位置,可能存在险情;黑石工程位置防护堤与工程相交,2010 年、2011 年和 2012 年主流线接近黑石工程,可能存在较大险情。

柳园口至东坝头险工河段:王庵工程上首易发生畸形河势,此段滩区防护堤可能存在险情。欧坦控导工程位置河势最近几年逐渐上提(见图 2-3),至 2013 年汛前河势上提至工程 12#坝(见图 2-4),经过 2003 年汛前调水调沙,工程上首 12#坝以上河段逐步靠河,上首滩区防护堤已处于河道主流冲刷范围内,可能存在较大险情。

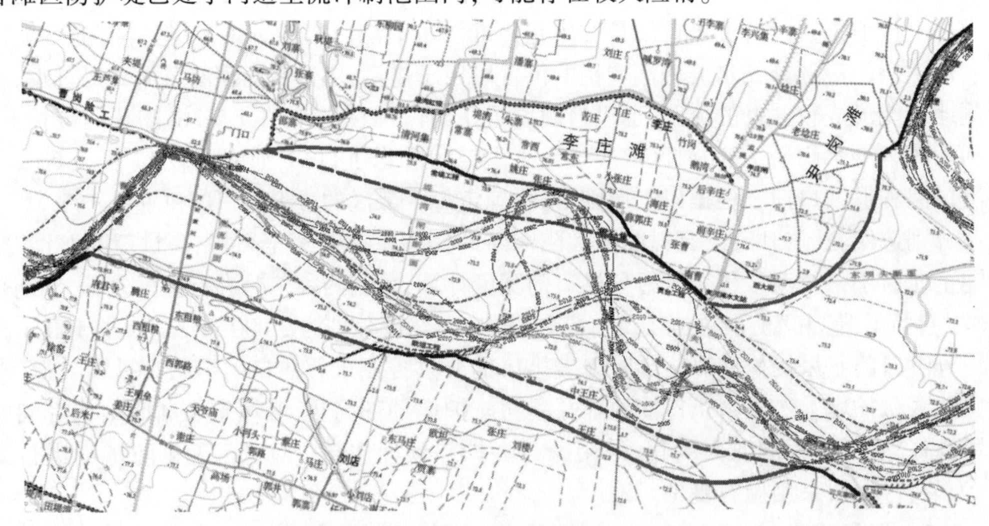

图 2-3　2000~2012 年欧坦工程前河势主流线

东坝头至高村险工河段:大留寺工程上首防护堤位于工程前部,防护堤的修建废弃了工程上首的藏头段,河势上提时主流将直接冲刷防护堤,可能存在较大险情。三合村工程同防护堤平顺连接,防护堤缺乏工程的保护,防护堤存在主流冲刷的危险。

高村至陶城铺险工河段:连山寺工程上首防护堤距离河道整治规划治导线很近,河势摆动时存在主流直接冲刷防护堤的风险,应适当后移,并加强防护;马张庄工程位置防护堤横跨工程,河势上提时主流直接冲刷防护堤,应平顺连接龙长治和马张庄工程,并加强防护。

陶城铺险工以下河段:此河段堤距较小,新修防护堤抗冲能力较弱,一旦遇到大洪水,

图2-4　2013年汛前欧坦工程前河势

防护堤的防护难度较大,防护堤偎水后易出险。

2.4.3.2　滩区防护堤安全防护措施

根据可能险情分析成果,对存在险情的河道整治工程和滩区防护堤需采取适当的安全防护措施,以保证河道整治工程及滩区防护堤的安全,保护滩区群众生命财产安全。根据各堤段的实际情况,滩区防护堤安全防护措施按以下四种情况分析。

1.滩区防护堤利用现有河道整治工程的堤段对工程加高加固

现有河道整治工程的标准是4 000 m^3/s流量水位加1 m超高,新修滩区防护堤的防洪标准是10 000 m^3/s,堤顶高程为10 000 m^3/s流量水位加1.5 m超高,河道整治工程坝顶高程按防护堤堤顶高程减1.0 m控制。根据方案一堤线布置情况,下游利用控导工程联坝长度87.75 km,需对该部分控导工程进行加高加固处理。

2.部分滩区防护堤与河道整治工程连接的堤段需对工程上延下续

为了保护新修的滩区防护堤,控导工程需上延下续或对连接部位的防护堤进行安全防护。综合温孟滩滩区防护堤的经验,防护堤位于工程上首时,需对防护堤进行裹护修建防护垛,防护堤位于工程下首时,需对工程下续,以保护防护堤的安全。根据堤线布置情况,需对部分河道整治工程进行下续或对工程上首部分堤段进行裹护,工程上首防护堤裹护总长度8 300 m,工程下续长度3 200 m。具体见表2-10。

表2-10　河道整治工程下续和防护堤裹护长度统计　(单位:m)

工程名称	驾部	双井	毛庵	徐庄	常堤	贯台	禅房	夹河滩	辛店集	三合村	连山寺	龙长治	彭楼	李桥	郭集	枣包楼
堤段裹护	700	500	600	800	500	200	600	800	0	700	800	500	0	700	600	300
工程下续	0	0	0	500	500	0	0	0	500	0	0	500	600	0	400	200

3.部分滩区防护堤与河道整治工程交叉的堤段需改建控导工程

根据堤线布置方案,堤线同黑石工程、欧坦工程、大留寺工程、马张庄工程出现了交叉现象,工程的一部分位于新修滩区防护堤以外,在河势演变过程中主流会直接冲刷防护堤,可能出现较大险情。根据分析,共需改建工程 4 处,分别为:黑石工程,工程布置沿堤线方向,工程长度约 2 000 m;欧坦工程上首,防护长度约 3 000 m;大留寺工程上首防护堤进行防护,防护长度约 2 000 m;马张庄工程改建加固,长度约 1 000 m。

4. 滩区防护堤距离河槽较近的堤段应加强防护

在微弯型整治思想的指导下,黄河下游游荡性河段的河道整治取得了显著成效,但其游荡特性仍没有发生根本改变,部分河段的游荡范围仍然很大。如九堡至黑岗口河段,畸形河湾变化较为剧烈,河势游荡摆动幅度较大,因此在堤线布置过程中应充分考虑该河段河势的演变趋势,在防护堤临河侧修建坝垛,提高防护堤的抗冲能力,防止主流直冲防护堤时出现决堤险情。

2. 4. 4　工程量

根据滩区防护坝的布置,本方案共修建滩区防护堤及围堤 592. 82 km,其中围堤长 6. 25 km,防护堤长 586. 87 km,防护堤包括新建防护堤 367. 85 km,利用控导工程加高加固 87. 76 km。利用现状生产堤加高加固 130. 95 km。为防汛抢险需要,修建堤顶道路需进行硬化,共计 592. 82 km。另外,需修建防汛路 177. 83 km。

根据分洪口门工程布置,共预留 44 个分洪退水口门。口门宽度 100~2 000 m 不等。需进行改建的涵闸共计 48 座。其中,过闸流量大于 100 m^3/s 的涵闸有 8 座,小于 100 m^3/s 的涵闸有 40 座。

根据滩区防护堤修建后的险情进行分析,提出安全防护措施,主要是利用控导工程堤段丁坝加高加固、结合部控导工程上延下续、交叉处控导工程改建、靠水处安全防护。其中利用控导工程堤段丁坝加高加固共计 87. 76 km,结合部控导工程上延 11. 5 km,交叉处控导工程改建 4 处共计 8 km。

黄河下游河道改造与滩区治理方案涉及的工程量由土方填筑、土方开挖、清基土方、石方裹护、铅丝笼石等组成。按照各类工程规模,估算主要工程量为填筑土方 5 712. 60 万 m^3,土方开挖 835. 29 万 m^3,清基土方 724. 44 万 m^3,石方裹护 611. 66 万 m^3,铅丝笼石 1 275. 17 万 m^3。各类工程工程量如表 2-11 所示。

表 2-11　黄河下游河道改造与滩区治理工程量

工程类别	规模	单位	工程量				
			填筑土方(万 m^3)	土方开挖(万 m^3)	清基土方(万 m^3)	石方裹护(万 m^3)	铅丝笼石(万 m^3)
滩区防护堤	586. 57	km	4 331. 96	802. 62	698. 16	247. 01	1 203. 92
滩区围堤	6. 25	km	55. 42	10. 06	9. 31	3. 10	15. 09
分洪口门	44	个				191. 55	
涵闸改建	48	座					
安全防护工程	107. 26	km	1 325. 22	22. 62	16. 97	169. 99	56. 16
总计			5 712. 60	835. 29	724. 44	611. 66	1 275. 17

2.5　滩区安全建设及移民安置优化方案研究

2.5.1　滩区安全建设方案

国务院于 2008 年 7 月和 2013 年 3 月分别批复了《黄河流域防洪规划》和《黄河流域综合规划(2012~2030 年)》,针对滩区安全建设,规划提出按照民生优先、统筹兼顾、人水和谐、因地制宜、区别对待的原则,结合新农村建设,总体上采用迁留并重、鼓励外迁的安全建设方案,合理引导滩区群众逐渐外迁。综合考虑滩区人口分布特点及淹没水深、距离堤防远近等情况,以及滩区群众的安全建设意愿等因素,安全建设采取外迁、就地就近建设大村台(简称"大村台")、临时撤离三种安置方式。现有滩区人口中,已有 28.2 万人达到或接近安全标准,规划不再安排措施,需安置的人口为 161.3 万人。其中,外迁安置人口 35.0 万人,大村台安置人口 84.1 万人,采用临时撤离措施的人口 42.2 万人。

2.5.1.1　外迁

外迁主要针对距离大堤 1 km 以内的村庄和一些房屋或土地被黄河主流冲塌、失去基本生活条件的"落河村"。规划按就近集中移民建镇模式,外迁安置 35.0 万人,陶城铺以下窄河段全部安排,陶城铺以上河段主要安排淹没水深大于 1 m 的村庄。安置标准按人均村庄面积 80~100 m^2/人,见表 2-12。

表 2-12　黄河下游滩区安全建设总体安排

河段	现状		已达到安全标准		外迁安置		大村台安置		临时撤离安置	
	村庄(个)	人口(万人)	村庄(个)	人口(万人)	村庄(个)	人口(万人)	村庄(个)	人口(万人)	村庄(个)	人口(万人)
合计	1 928	189.5	279	28.2	420	35.0	916	84.1	313	42.2
河南	1 146	124.7	141	15.3	261	26.0	542	57.0	202	26.4
山东	782	64.9	138	13.0	159	9.0	374	27.1	111	15.8
铁谢至京广铁桥	73	9.1	68	8.2	4	0.8	1	0.0		
京广铁桥至东坝头	361	45.4	49	5.3	131	16.0	181	24.2		
东坝头至陶城铺(豫)	712	70.1	24	1.8	126	9.2	360	32.8	202	26.4
东坝头至陶城铺(鲁)	280	23.2	30	2.5	42	3.4	203	16.8	5	0.5
陶城铺以下	502	41.6	108	10.4	117	5.6	171	10.3	106	15.3

2.5.1.2　大村台安置

按照移民建镇模式,修筑大村台集中安置。安置人口共 84.1 万人。同时,为满足超标准洪水时的撤离以及各村台间的交通、生产需求,修建应急撤离道路 289.3 km。避水连台顶部面积按人均 80 m^2 标准,村台顶高程为花园口 20 年一遇洪水流量 12 370 m^3/s 相应设计水位加 1.0 m 的超高。

2.5.1.3　临时撤离

对居住在低风险的封丘倒灌区以及长平滩区靠近山坡及国道等区域的群众,规划采取临时撤离措施安置 42.2 万人,修建临时撤退道路 190.9 km。

2.5.2　滩区移民安置优化方案

按照《黄河流域综合规划》提出的安全建设方案,结合《河南省黄河滩区群众脱贫工程总体方案》以及近两年河南、山东两省滩区安全建设实施情况,对两道防护堤内人口全部采用外迁措施;对防护堤标准达到 20 年一遇的长垣滩以及防护堤标准达到 30 年一遇的长清区、平阴县城的居民,通过外迁或修建撤退道路临时撤离;对其他滩区群众通过采用外迁、就地就近大村台和临时撤离三种措施,各措施安置规模原则上不再变化。

2.5.2.1　防护堤内人口(以“A”代表)

根据堤线布置及河道内村庄分布情况,经统计,防护堤内共 221 个村庄、16.93 万人。其中铁谢至京广铁桥河段 5 个村庄、0.88 万人,京广铁桥至东坝头河段 14 个村庄、1.29 万人,东坝头至陶城铺(豫)河段 48 个村庄、3.85 万人,东坝头至陶城铺(鲁)河段 54 个村庄、4.11 万人,陶城铺以下河段 100 个村庄、6.8 万人。

防护堤内 16.93 万人中,《黄河流域综合规划》中布设措施外迁、大村台安置、临时撤离措施分别为 4.95 万人、9.01 万人、0.56 万人,不考虑安排的人口 2.4 万人。防护堤修建后,发生标准以下及标准以上洪水时,均需利用河槽行洪输沙,因此防护堤内所有人口属于落河村,需全部安排外迁到大堤以外。本次优化后除原规划中安排的 4.95 万人外迁,将其他措施安置的及不考虑安排的人口,全部调整为外迁安置,共 11.98 万人。

2.5.2.2　长垣滩内人口(以“B”代表)

防护堤修建后,长垣滩人口由原来的 22.46 万人减少到 20.33 万人,减少的 2.13 万人,一部分是由于防护堤的修建划入防护堤内的河槽中,已全部调整为外迁措施;另一部分是近年来已安排实施的人口。目前的 20.33 万人中,根据《黄河流域综合规划》,布设措施外迁、就地就近大村台安置、临时撤离措施分别为 1.78 万人、12.56 万人、5.04 万人,规划不考虑安排人口 0.95 万人。

根据防护堤标准分析,长垣滩防护堤标准为 20 年一遇,可保证防护堤内群众在 20 年一遇及以下洪水的防洪安全。当发生 20 年一遇以上洪水时,通过防护堤上布设的分洪口门向滩区分洪。

根据《黄河流域综合规划》,黄河下游滩区安全建设标准为 20 年一遇, 防护堤修建后,长垣滩内群众可达到设计防洪标准,不需采取安全建设措施。但发生超标准洪水情况前,由于滩区的防御标准只有20年一遇,滩区群众仍有洪灾风险。在当前国家更加关注民生问题的大环境下,将滩内人口全部迁出是较为彻底的途径。因此,对长垣滩内人口可以考虑全部外迁、部分外迁及全部临时撤离三种方案。

对于全部外迁方案,即除原安排的外迁1.78万人外,就地就近大村台安置的12.56万人、临时撤离措施的5.04万人,共17.6万人全部调整为外迁;原规划不考虑安置的0.95万人仍不安排措施。

对于部分外迁方案,原安排的外迁规模1.78万人不变,大村台安置措施12.56万人调整为临时撤离安置,其他不变。

对于全部临时撤离方案,除原规划不考虑安置的0.95万人外,其他由于防护堤的修建达到20年一遇安全建设标准,共19.38万人均安排为临时撤离措施,其中17.6万人由其他措施调整为临时撤离安置。

2.5.2.3 长平滩内人口(以"C"代表)

长平滩位于陶城铺以下至济南右岸河段,涉及长清区和东平、平阴两县,现状人口36.16万人,扣除防护堤内6.77万人后,还有29.4万人。《黄河流域综合规划》中布设措施外迁、就地就近大村台安置、临时撤离措施分别为0.16万人、6.32万人、14.75万人,规划不考虑安排人口8.17万人。

根据防护堤标准分析,长平滩防护堤标准为30年一遇,可保证防护堤内群众在30年一遇及以下洪水的防洪安全。当发生30年一遇以上洪水时,通过防护堤上布设的分洪口门向滩区分洪。根据《黄河流域综合规划》,黄河下游滩区安全建设标准为20年一遇,防护堤修建后,长平滩内群众可达到设计防洪标准,不需采取安全建设措施。

但发生超标准洪水时,滩区群众仍有洪灾风险,因此对长平滩内人口,与长垣滩类似,考虑全部外迁、部分外迁及全部临时撤离三种方案。

对于全部外迁方案,即除原安排的外迁0.16万人外,就地就近大村台安置的6.32万人、临时撤离措施的14.75万人共21.07万人全部调整为外迁;原规划不考虑安置的8.17万人仍不安排措施。

对于部分外迁方案,原安排的外迁规模0.16万人不变,就地就近大村台安置规模6.32万人调整为临时撤离安置,其他不变。

对于全部临时撤离方案,除原规划不考虑安置的0.95万人外,其他由于防护堤的修建达到20年一遇安全建设标准,均安排为临时撤离措施。

2.5.2.4 优化方案

根据以上对防护堤内人口及长垣滩内人口安全建设优化方案的考虑,共设置三种方案,分别是方案一[A+B+C,全部外迁]、方案二[A全部外迁,(B+C)原外迁规模不变,其他临时撤离]、方案三[A全部外迁,(B+C)全部临时撤离],三个方案的外迁规模分别为81.85万人、43.19万人、41.25万人,较《黄河流域综合规划》安全建设方案中外迁安置规模(扣除已实施规模后的调整基准方案)增加了50.64万人、11.98万人、10.04万人。安全建设优化各方案规模汇总表见表2-13。

表 2-13　安全建设方案优化后安置规模汇总

方案		现状		外迁安置		就地就近安置		临时撤离安置		本次研究不考虑安置	
		村庄(个)	人口(万人)	村庄(个)	人口(万人)	村庄(个)	人口(万人)	村庄(个)	人口(万人)	村庄(个)	人口(万人)
原规划方案		1 928	189.52	420	35	916	84.09	313	42.18	279	28.24
扣除已实施规模后(调整基准方案)		1 861	182.85	382	31.21	887	81.22	313	42.18	279	28.24
防护堤内人口(A)		221	16.93	51	4.95	138	9.01	6	0.56	26	2.40
长垣滩内人口(B)		156	20.33	18	1.78	97	12.56	33	5.04	8	0.95
长平滩(C)		287	29.39	1	0.16	101	6.32	100	14.75	85	8.17
方案一[A+B+C,全部外迁]	方案	1 861	182.85	883	81.85	551	53.33	174	21.83	253	25.84
	调整值			501	50.64	-336	-27.89	-139	-20.35	-26	-2.40
方案二[A全部外迁,(B+C)原外迁规模不变,其他临时撤离]	方案	1 861	182.85	552	43.19	551	53.33	505	60.50	253	25.84
	调整值			170	11.98	-336	-27.89	192	18.32	-26	-2.40
方案三[A全部外迁,(B+C)全部临时撤离]	方案	1 861	182.85	533	41.25	551	53.33	524	62.43	253	25.84
	调整值			151	10.04	-336	-27.89	211	20.25	-26	-2.40

注:调整值为方案与调整基准方案的差值。

近年来河南、山东两省结合扶贫加大了滩区安全建设力度,如河南省出台了《河南省黄河滩区搬迁扶贫和发展指导意见》《河南省黄河滩区扶贫和发展规划纲要》《河南省黄河滩区群众脱贫工程总体方案》《濮阳市建设中原经济区濮范台扶贫开发综合试验区总体方案》等,《河南省黄河滩区群众脱贫工程总体方案》中搬迁安置 82 万人,通过中央、省、市、县级四级财政资金,以及省直各部门各渠道、迁建群众自筹及其他资金等渠道,投资 420 亿元,实施滩区群众搬迁。考虑到滩区人口多,全部搬迁受投资影响难度太大,因此本次研究以已批复的《黄河流域综合规划》为技术依据,结合防护堤布设以及省内推进安全建设措施力度,在原迁留并重小方案分析的基础上,适当增加外迁规模,选取方案二[A 全部外迁,(B+C)原外迁规模不变,其他临时撤离]作为推荐优化方案。

推荐的安全建设及移民安置优化方案,扣除已安排实施安全建设规模后,黄河下游滩区总人口 182.85 万人,外迁、就地就近大村台及临时撤离安置规模分别为 43.19 万人、53.33 万人、60.50 万人,不考虑安排措施的人口规模为 25.84 万人。各河段及各市县具体规模见表 2-14。

表2-14　推荐安全建设优化方案细表

河段	现状（扣除已实施）		外迁安置		就地就近安置		临时撤离安置		不需安置	
（行政区）	村庄（个）	人口（万人）	村庄（个）	人口（万人）	村庄（个）	人口（万人）	村庄（个）	人口（万人）	村庄（个）	人口（万人）
合计	1 861	182.85	552	43.19	551	53.33	505	60.50	253	25.84
河南	1 079	117.96	262	25.13	379	38.71	299	38.92	139	15.19
山东	782	64.89	290	18.05	172	14.62	206	21.58	114	10.64
铁谢至京广铁桥	73	9.10	5	0.88		0			68	8.22
京广铁桥至东坝头	361	45.42	131	15.96	181	24.22			49	5.24
东坝头至陶城铺(豫)	645	63.44	126	8.30	198	14.49	299	38.92	22	1.73
东坝头至陶城铺(鲁)	280	23.26	74	5.65	172	14.62	5	0.51	29	2.48
陶城铺以下	502	41.63	216	12.40			201	21.07	85	8.17

2.6　滩区防护堤和蓄滞洪区运行管理研究

2.6.1　工程管理

新修防护堤方案实施后，需新建防护堤367.85 km，加高加固生产堤130.95 km，加高加固控导工程87.76 km。初步分析认为新堤防建成后可有三种管理方式：方案一：沿续目前的管理方式，由黄委统一管理，新修防护堤按属地原则分别纳入河南、山东两省局的管辖范围；方案二：成立堤防管理局，作为水利厅的二级单位，直属于省水利厅，既管理基层堤防工程管理单位的业务和经费，也管理人事。如湖北省汉江河道管理局、广东省北江大堤管理局，还有荆州市长江河道管理局。方案三：成立县级的堤防工程管理单位，作为县水利局所属的一个事业单位，其上级单位可有省河道局、市河道处，负责业务管理，而人事（包括编制和部分人员经费）则由地方管理，这种方式在全国比较普遍，地方水利工程管理单位多是此类型。从组织机构、管理体制类型以及考虑防洪安全、工程管理和水行政管理的实际要求出发进行对比分析，建议采纳方案一。

拟建防护堤工程的运行管理人员以及每年所需的基本支出、维修养护经费应按《水利工程管理单位定岗标准（试点）》和《水利工程维修养护定额标准（试点）》（水办〔2004〕307号）进行测算，由于上述标准适用于1~4级堤防工程，因此本次拟建防护堤中长垣滩防护堤（106.37 km）按上述标准测算维修养护经费和管理岗位定员，其余5级防护堤工程的人员、经费暂参照上述标准中4级堤防要求进行测算。管理岗位定员及基本支出：初步匡算需运行观测人员约2 km/人，其中长垣防护堤需增加57人，其余防护堤增加256人，共增加313人。按黄委所属水管单位经费支出标准，需801.28万元/年。维修养护经费按《水利工程维修养护定额标准(试点)》(水办〔2004〕307 号)的规定匡算,拟建防护堤共需维修养护经费 908.39 万元/年。

为保证堤防工程的安全运行,工程设计时应划定工程管理范围和安全保护范围。工程管理范围包括防护堤工程及设施的占压土地与护堤地(一般为临河 30 m,背河 10 m),工程安全保护范围是与工程管护范围相连、依据有关法规划定的区域。依据《黄河堤防工程管理设计规定》和《黄河防洪工程标志标牌建设标准》,新建防护堤还应完善备防石料、上堤辅道、标志标牌、工程观测设计等配套管理设施。

拟建防护堤工程管理应实行“管养分离”的运行管理模式。

2.6.2 防汛管理

按照黄河水利委员会主要职责机构设置和人员编制规定(水利部水人事〔2009〕643 号)以及黄河防汛抗旱总指挥部办公室职责,新防护堤建成后,其防汛责任应纳入黄河防总。黄委应对新建防护堤实施防汛管理,黄委的防汛职责应增加相应的内容和工作量,如对新建防护堤防洪、调度预案的编制和监督实施,掌握防护堤工程的工情、险情;新建防护堤的防洪抗洪工作实行人民政府行政首长负责制。

防护堤建成后,现有的黄河下游防洪方(预)案、黄河防洪指挥调度规程以及洪水调度责任制、滩区蓄滞洪运用方案等都应做相应的修订。如《黄河下游滩区蓄滞洪运用预案》以及河南、山东两省滩区蓄滞洪运用预案等,先前预案中黄河下游滩区的启用条件是:“黄河下游河槽流量超过下游滩区平滩流量时,下游滩区就具备了启用条件”,而防护堤的设防标准为 10 000 m^3/s。因此,防护堤建成后,防汛管理的相关方(预)案及一些规章制度都应做相应的修订完善。

同时,根据防护堤建设情况和抢险经验,提出以下险情抢护总体方案:①加强汛期对已建防护堤工程的日常观测与巡查,发现险情,及时采取抛石加固、导渗、堵漏等应急处理,防止险情扩大。②加强河势分析及本年度险情预估,尤其是要加强对游荡性河段、河势、畸形河势监测。③充分掌握防护堤工程的基本情况及运行状况。④重点针对防护堤,各类险情应采取不同的抢险方案。⑤抢险组织。险情发生后应及时成立临时抢险指挥部,临时指挥部组织专业抢险队、亦工亦农抢险队、群众抢险队伍进行抢护。⑥进一步修改完善迁安救护方案,包括迁安时机,转移措施、转移方式、撤退方案以及调度程序等。⑦增加防汛物资储备,制订新修防护堤防汛料物储备方案。

拟建防护堤工程建成后,增加了防汛业务的工作(工程)量,且新堤多偎水,出险概率大,这都会造成黄河防汛经费的增加。对防汛料物储备增加情况做初步匡算,拟建防护堤建成后需储备主要防汛料物共计 31 354.38 万元。

2.6.3 水行政管理

新建防护堤建成后,水行政管理主要变化:

(1)黄河下游水行政管理的范围和要求没有改变。对于流域机构直管河段,流域管理机构是责任主体,实施全方位的河道管理,负责《中华人民共和国水法》等有关法律法规的实施和监督检查,直接实施水行政执法、水政监察,具体查处水事违法行为等水行政管理职能。地方政府配合流域机构管理的职责,履行配合责任。流域管理机构与地方水行政主管部门的关系是责任主体与配合责任的关系。

(2)滩区土地利用力度会有所加大。防护堤建成后,黄河下游滩区的淹没概率由3~5年一遇提高到10~20年一遇,滩区安全得到了进一步保障。同时,黄河下游滩区内的开发利用活动也会日益频繁,由此引发的水事违法行为可能会快速增长,一些未经审批擅自违章建设、围垦河道、设置行洪障碍等违法行为很可能屡禁不止。如果防洪安全、水法规安全宣传不到位,滩区群众会认为防洪安全完全有了保障,水行政执法工作的难度会更大。

(3)由于滩区的性质和功能没有改变,黄河下游水行政许可、河道管理办法等法律法规和规章制度仍然适用。

2.7 投资匡算

主要参照水利部水总〔2002〕116号文颁发的《水利建筑工程概算定额》和《水利工程设计概(估)算编制规定》,根据估算的工程量,用扩大指标法计算投资,并参考已经完成的《黄河下游"十三五"防洪工程建设可行性研究》等工程单价进行校核。征地造成的移民补偿主要参照国务院471号令——《大中型水利水电工程建设征地补偿和移民安置条例》。价格水平采用2014年第一季度价格。

综合考虑工程主体及安全防护工程总投资为107.96亿元,其中滩区防护堤及围堤77.23亿元,分洪口门工程投资为9.39亿元,涵闸改建工程投资为3.58亿元,安全防护工程投资为17.76亿元。永久占地指滩区防护堤等工程所占用的土地等,临时征地指施工过程中取料场、临时工区等所占用的土地。经匡算,永久占地投资11.1亿元,临时征地投资19.7亿元,移民占压投资共计30.8亿元。

黄河下游河道改造与滩区治理方案总投资为138.80亿元,其中工程投资107.96亿元,移民占压投资30.84亿元(滩区安全建设及移民安置方案投资未计入)。

2.8 小　结

(1)分别以河势演变对防护堤安全影响为主要考虑因素和以满足河槽排洪要求为主要考虑因素,提出两种堤距布设方案。堤距方案一白鹤至高村游荡性河段堤距2.8~5.5 km,平均4.4 km;高村至陶城铺过渡型河段堤距1.5~3.5 km,平均2.5 km;陶城铺以下弯曲型河段堤距0.6~3.5 km,平均2.1 km;堤线长586.57 km。堤距方案二白鹤至高村游荡性河段堤距2.8~5.5 km,平均3.4 km;高村至陶城铺过渡性河段堤距1.5~2.8 km,平均2.3 km;陶城铺以下同堤距方案一;堤线长619.45 km。考虑对防护堤安全的影响、河道形态、工程规模及保滩效益等因素,推荐采用方案一。

推荐堤距方案堤线布置主要范围为白鹤到济南以上河段,河段长594 km。共修建防护堤总长586.57 km,其中新建防护堤367.85 km,加高加固生产堤130.95 km,加高加固控导工程87.76 km;另外部分河段可直接以黄河大堤作为堤线,长218.91 km。

(2)根据布设完成的防护堤堤线,统计防护堤保护区内人口、耕地等社会经济指标,分析设计防洪标准。京广铁路桥以上人口主要分布在左岸温孟滩防护堤以下至沁河入黄口以上河段左岸,无县城分布,设计防洪标准采用10年一遇。京广铁路桥至陶城铺河段全部为乡村,长垣滩防洪标准采用20年一遇,其他滩区采用10年一遇防洪标准。陶城铺以下河段分布有长清区、平阴县城,其余全部为乡村,长清区、平阴县城段设计防洪标准采用30年一遇,其他河段采用10年一遇。

(3)对不同量级洪水滩区淹没特点、平滩流量影响、东平湖以下河段设防标准等进行分析,参考滩区防护堤对漫滩洪水淤滩刷槽的影响成果等,提出影响防护堤标准设置的影响因素。

(4)分析提出黄河下游三门峡、小浪底、陆浑、故县、河口村五库联调后不同频率设计洪水、不同量级洪水超标准洪量,花园口20年一遇设计洪峰为12 200 m^3/s,超8 000 m^3/s、超10 000 m^3/s 洪量分别为16.47亿 m^3、1.26亿 m^3。提出防护堤布设后8 000 m^3/s、10 000 m^3/s、12 000 m^3/s 流量对应的设计水位,8 000 m^3/s、10 000 m^3/s 和 12 000 m^3/s 下设计水位较现状水位平均壅高0.36 m、0.51 m和0.58 m。

(5)分析防护堤布设后滞洪区分布及不同标准下最大可能滞洪量,京广铁路桥至陶城铺河段10个大滩8 000 m^3/s、10 000 m^3/s、12 000 m^3/s 下最大分洪量分别为34.2亿 m^3、38.7亿 m^3、42.4亿 m^3。

(6)结合设计防洪标准、防护堤标准及滞洪区设置,提出不同组合方案,并从淤滩刷槽作用、河道冲淤影响、保滩效果、调度运行以及技术经济比较等多方面进行分析,提出:

白鹤至京广铁路桥以上河段,涉及温孟滩部分滩区及武陟滩区,设计防洪标准为10年一遇,布设防护堤河段位于伊洛河口以下、沁河入黄口以上,按照10年一遇防洪标准流量(采用花园口断面10年一遇洪峰10 000 m^3/s)布设防护堤。京广铁路桥至陶城铺河段,长垣滩修建12 200 m^3/s(20年一遇)标准防护堤,其他河段均修建10 000 m^3/s 标准防护堤。陶城铺以下河段,主要涉及长平滩区,全部按照10 000 m^3/s 布设防护堤。所有河段不再设置滞洪区。

(7)初步提出黄河下游河道改造与滩区治理格局。防护堤修建后高村以上游荡性河段平均堤距为4.4 km;高村至陶城铺过渡性河段平均堤距为2.5 km;陶城铺至北店子河段防护堤平均堤距2.1 km,北店子以下维持现状黄河大堤堤距,不再修建防护堤。长垣滩修建20年一遇标准防护堤,长平滩长清平阴县城段修建30年一遇防护堤;其他滩区修建10年一遇标准防护堤。防护堤修建后,两道防护堤之内为河槽,防护堤与黄河大堤之间仍为滩区。发生标准以下洪水时,充分利用河槽行洪输沙。滩区是泄洪通道的一部分,在河槽泄洪能力不足时用于扩大泄洪断面,增加泄洪能力,不同河段滩区根据防护堤设计标准运用概率有所不同。

(8)针对黄河下游河道改造与滩区治理格局,优化思路为:按照《黄河流域综合规划》提出的安全建设方案,在此基础上扣除近年来已实施安全建设的人口;根据防护堤布设情况,对两道防护堤内人口全部采用外迁措施;对防护堤标准达到20年一遇的长垣滩以及防护堤标准达到30年一遇的长平滩的居民,原规划安排的外迁规模不变,原安排的就地就近村台措施调整为临时撤离措施;其他滩区群众仍采用《黄河流域综合规划》成果,通过采用外迁、就地建设村台和临时撤离三种措施,解决滩区群众的防洪安全。通过分析及方案比较,推荐的安全建设及移民安置优化方案,扣除已安排实施安全建设规模后,黄河下游滩区总人口 182.85 万人,外迁、就地就近及临时撤离安置规模分别为 43.19 万人、53.33 万人、60.5 万人,不考虑安排措施的人口规模为 25.84 万人。

(9)工程规模及投资。提出的黄河下游河道改造与滩区治理方案工程规模为:修建滩区防护堤及滩区围堤 592.78 km,预留 44 个 100~2 000 m 宽度不等的分洪退水口门,改建因修建滩区防护堤而受影响的涵闸 48 座,根据河势变化与险情分析需修建安全防护工程 107.26 km。主体工程量为:填筑土方 5 712.60 万 m^3,土方开挖 835.29 万 m^3,清基土方 724.44 万 m^3,石方裹护 611.66 万 m^3,铅丝笼石 1 275.17 万 m^3。总体投资为 138.80 亿元,其中工程投资 107.96 亿元,移民占压投资 30.84 亿元(滩区安全建设及移民安置方案投资未计入)。

第3章 研究方法

本章在分析预测未来黄河水沙、洪水变化趋势的基础上,立足于黄河下游防洪安全与滩区经济社会发展,提出适应未来水沙变化的黄河下游河道改造与滩区治理方案,并预测未来50年(小浪底水库已转入正常运用)黄河下游河道冲淤效果。主要采用的研究方法为数学模型、实体模型和水文学模型这三种方法。

3.1 黄河下游河道一、二维水沙动力学模型简介与验证

3.1.1 一维水沙动力学模型

3.1.1.1 数学模型简介

中国水利水电科学研究院、黄河水利科学研究院、黄河勘测规划设计有限公司、清华大学等四家单位,采用一维水沙动力学模型同步开展计算分析。其基本原理都是基于水力学和非均匀悬移质不平衡输沙理论。各模型在一些具体问题的处理上有所不同,比如挟沙能力公式、悬移质级配计算、断面变形修正等,但各模型均经过黄河下游实测资料反复检验,能够反映黄河下游水沙运动和河床演变特点。由于各家单位的数学模型在以前的相关研究报告都有较详细介绍,此处不再赘述。

3.1.1.2 数学模型率定与验证

利用黄河下游河道1976~2010年水文泥沙及河道冲淤实测资料,各家对各自数学模型进行率定和验证,其结果如图3-1~图3-3所示。从率定和验证结果来看,总体上讲各家数学模型计算的黄河下游河道泥沙冲淤过程和历年冲淤幅度与实测值符合较好,可以用于黄河下游未来河道冲淤演变趋势研究。

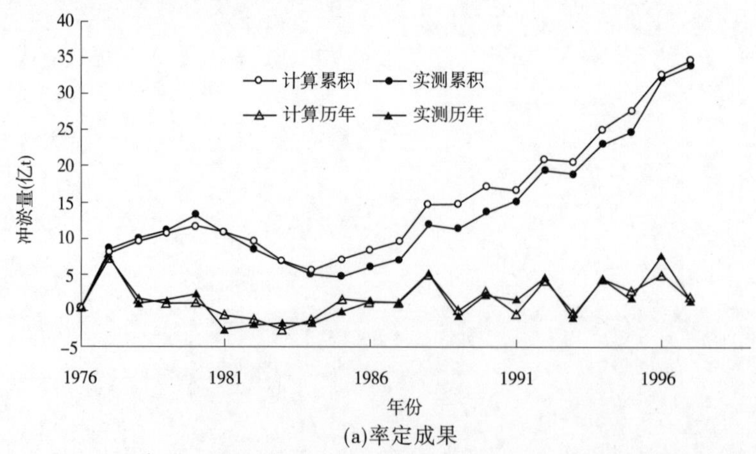

(a)率定成果

图3-1 黄河下游河道(铁谢至利津)冲淤研究成果(中国水利水电科学研究院)

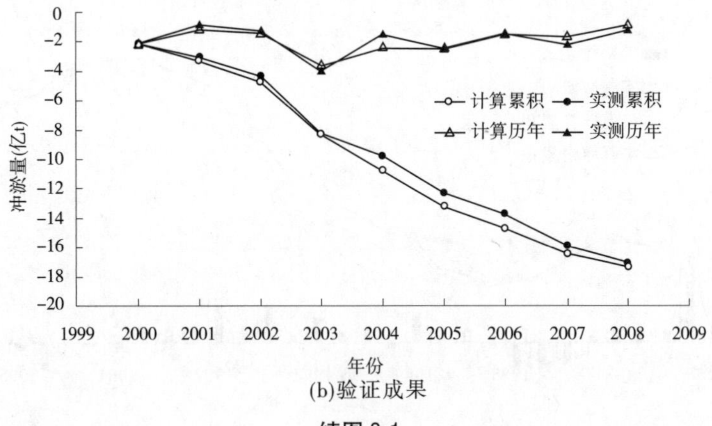

(b)验证成果

续图 3-1

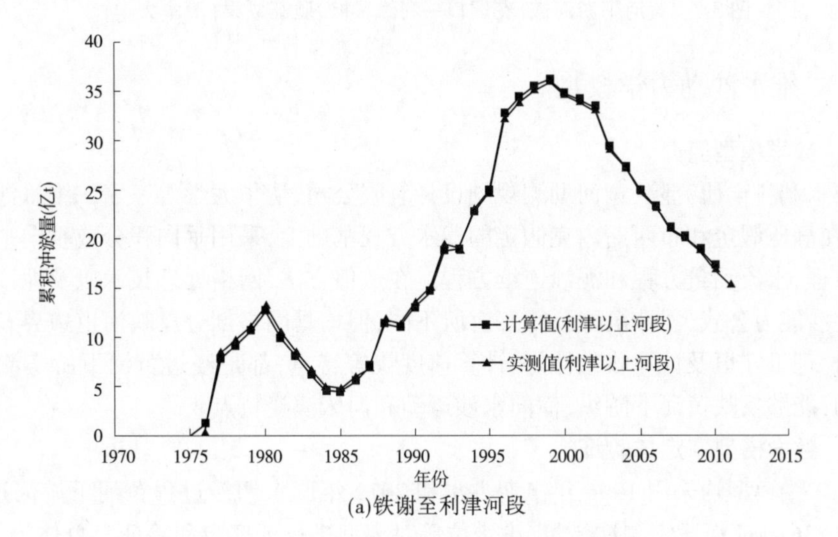

(a)铁谢至利津河段

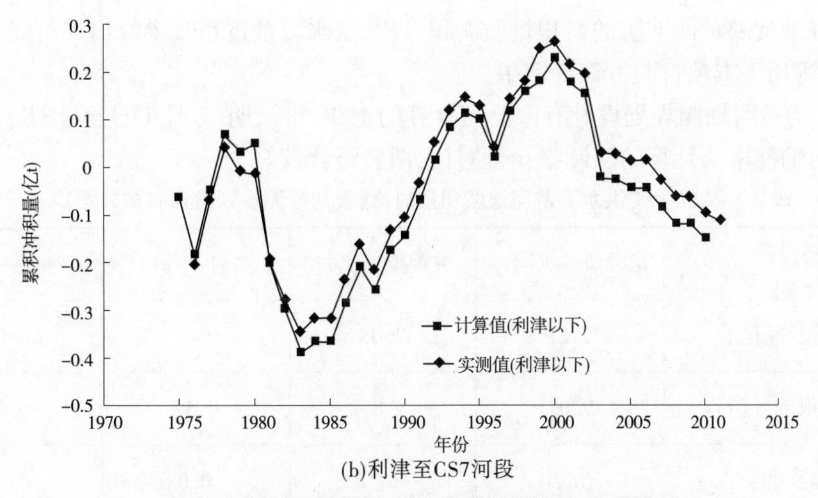

(b)利津至CS7河段

图 3-2 冲淤验证成果(黄河勘测规划设计有限公司)

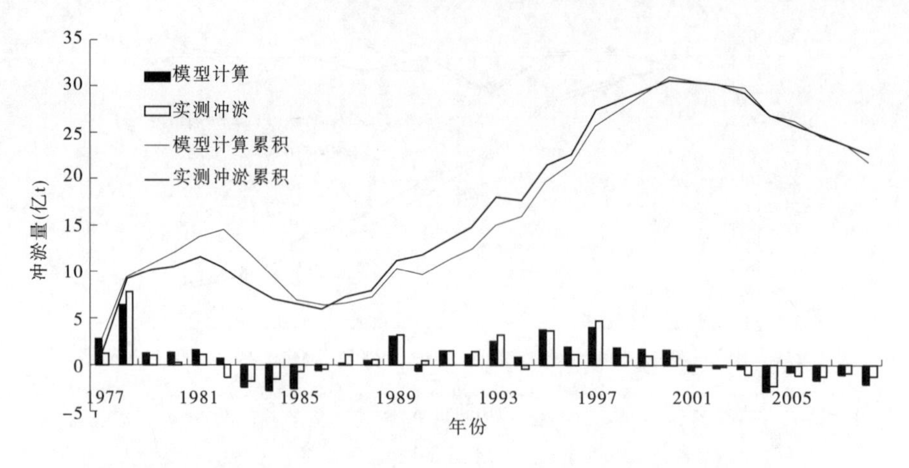

图 3-3　黄河下游河道(花园口—利津)冲淤验证成果(清华大学)

3.1.2　二维水沙动力学模型

3.1.2.1　数学模型简介

黄河水利科学研究院、黄河勘测规划设计有限公司、清华大学等三家二维水沙动力学模型,均在静压假定和布西斯内克假定的浅水方程基础上,采用垂向积分或垂向平均的水流连续方程、水流动量方程和泥沙连续方程。在数值方法、网格处理技术以及泥沙计算中选择的挟沙能力公式、泥沙沉降公式等有所不同,但均具网格剖分反映河道边界及治理工程、模型物理量守恒及计算收敛性好、计算速度快等特点,都是经过黄河下游实测资料反复检验的,能够反映黄河下游纵、横向水沙运动和河床演变特点。

3.1.2.2　数学模型率定与验证

三家二维模型均采用 1996 年汛期洪水和 2012 年调水调沙过程黄河下游河道(花园口至艾山)361 km 河段实测冲淤量、洪水位等对模型进行了率定和验证。总体上,各家模型均能较好地反映黄河下游的淤积量及淤积过程、洪水流量过程及洪峰出现时间、滩区淹没范围等,可用于本项目的方案计算中。

表 3-1 为黄河勘测规划设计有限公司计算的 1996 年汛期(7 月 1 日至 9 月 31 日)累计淤积量与输沙率法计算的实际淤积量对比,两者符合较好。

表 3-1　"96 · 8"洪水下游河道淤积量对比(黄河勘测规划设计有限公司)

河段	花园口—夹河滩	夹河滩—高村	高村—孙口	孙口—艾山
实测淤积量(亿 t)	2.21	2.05	0.45	0.01
计算淤积量(亿 t)	2.01	1.89	0.37	0.01
计算值-实测值(亿 t)	-0.20	-0.16	-0.08	0

表 3-2 为黄河勘测规划设计有限公司计算的"96 · 8"洪水发生过程下游典型断面最

高洪水位及出现时间与实测值比较,最高洪水位计算误差有 3 站值小于 0.10 m、艾山站为-0.17 m;高村及以上断面计算最高水位出现时间滞后于实测值 2~4 h,孙口断面两者无差别。总体上说明该模型能模拟黄河下游河道的洪水演进过程。

表 3-2　"96·8"洪水下游河道最高洪水位对比(黄河勘测规划设计有限公司)

项目		花园口	夹河滩	高村	孙口
实测值	最高洪水位(m)	95.33	76.24	63.87	49.66
	出现时间	9 月 5 日 12:00	9 月 6 日 17:30	9 月 10 日 8:00	9 月 15 日 0:00
计算值	最高洪水位(m)	95.42	76.18	63.97	49.49
	出现时间	9 月 5 日 16:00	9 月 6 日 22:00	9 月 10 日 10:00	9 月 15 日 0:00
计算值与实测值最高水位差(m)		0.09	-0.06	0.10	-0.17
计算值与实测值洪峰时间差(h)		+4	+4.5	+2	0

从洪峰时刻滩区淹没范围来看,图 3-4 和图 3-5 进一步给出了 1996 年汛期洪峰时刻花园口至夹河滩、高村至孙口河段淹没范围。洪水期间,洪峰流量涨到 3 200 m^3/s 左右时水流开始漫滩,当洪水涨到 5 000 m^3/s 时滩区开始大范围进水,洪峰时除开封公路桥南和府君寺局部范围地势较高未上水外,花园口至夹河滩、高村至孙口河段大堤范围内基本都上了水。洪水淹没范围和已有文献资料中的描述基本一致。

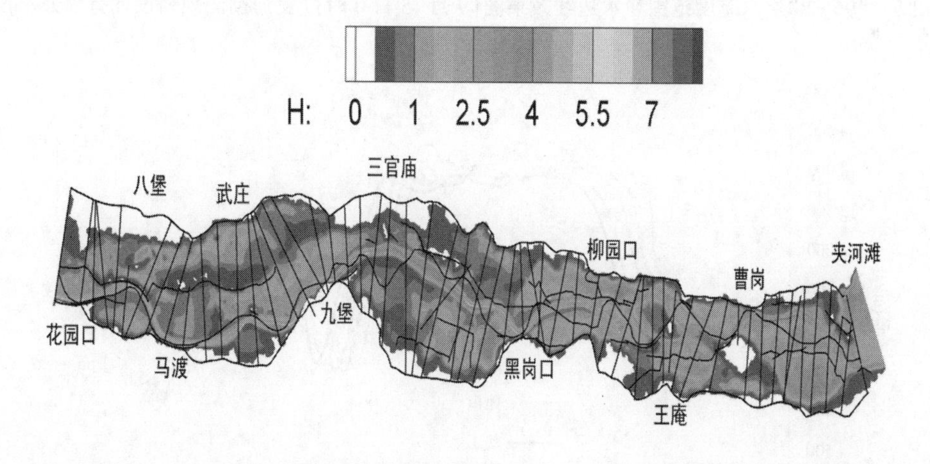

图 3-4　"96·8"洪水黄河下游滩区淹没验证(9 月 6 日 8 时)(黄河勘测规划设计有限公司)

2012 年调水调沙期间,花园口至艾山河段冲刷 1 692 万 t,黄河勘测规划设计有限公司模型计算结果为 1 838 万 t,冲淤总量计算值和实测值之间的误差为 146 万 t,误差不超过实测值的 8.6%。图 3-6 为黄河勘测规划设计有限公司计算得到的 2012 年调水调沙过程下游各断面流量过程线,总体上也基本与实际过程相一致。表 3-3 为计算洪峰水位验证成果,图 3-6 和图 3-7 分别为 2012 年调水调沙期间的下游各断面计算流量和含沙量过程,与实测过程基本相符。

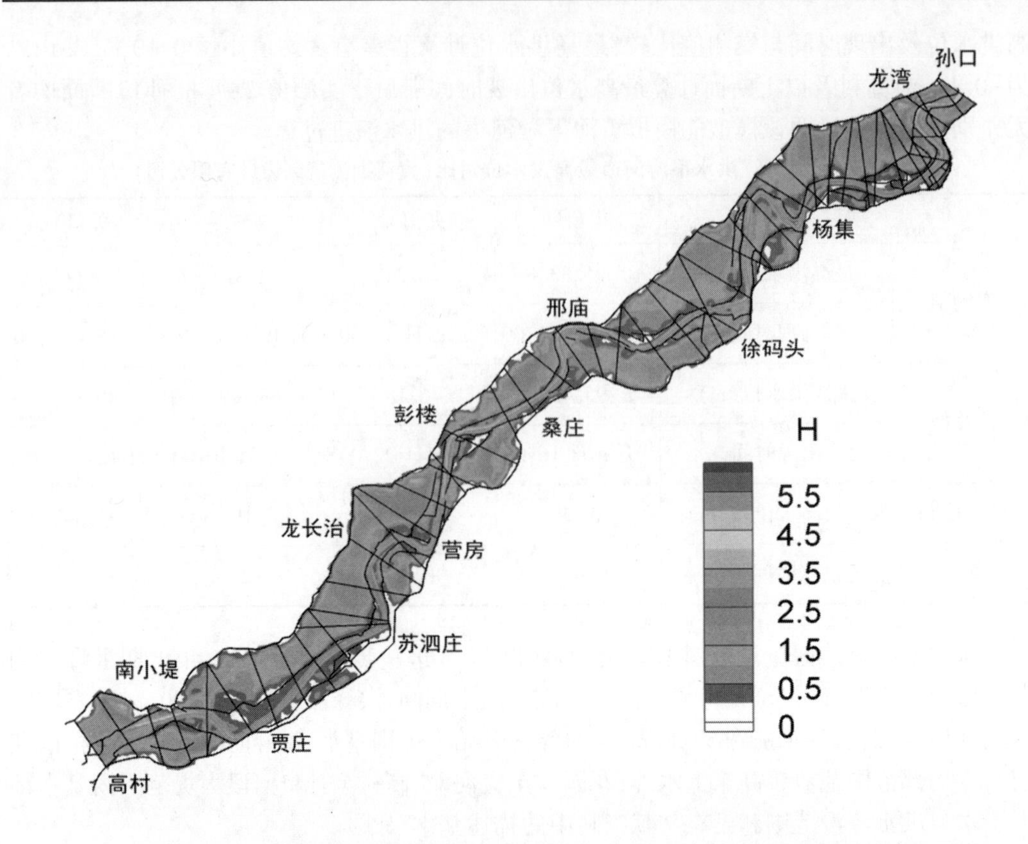

图 3-5　“96·8”洪水淹没范围和水边线效果图(9 月 15 日 0 时)(黄河勘测规划设计有限公司)

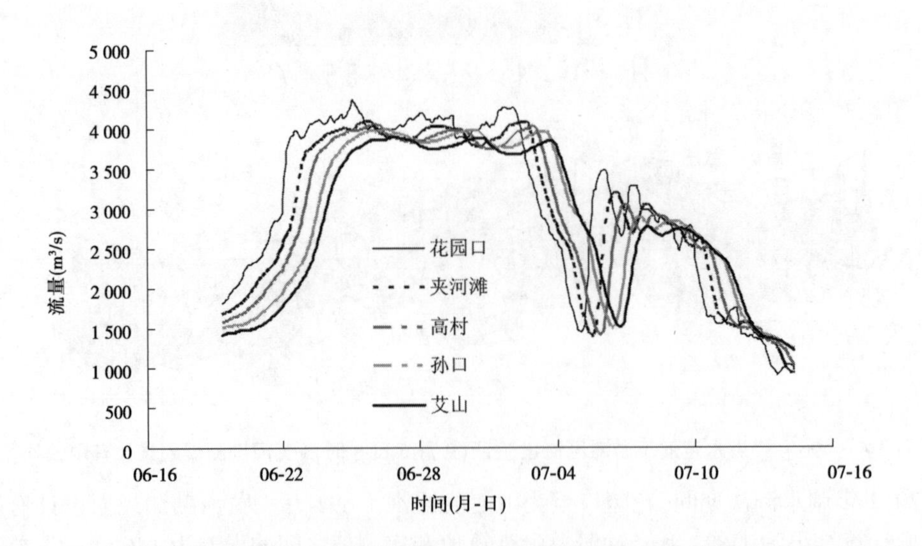

图 3-6　2012 年调水调沙计算流量过程(黄河勘测规划设计有限公司)

表 3-3　2012 年调水调沙过程各控制测站洪峰水位比较(黄河勘测规划设计有限公司)

站名	花园口	夹河滩	高村	孙口	艾山
实测值(m)	92.82	73.39	61.84	48.21	41.22
计算值(m)	92.95	73.57	62.02	48.36	41.22
绝对误差(m)	0.13	0.18	0.18	0.15	0
相对误差(%)	0.14	0.25	0.29	0.32	0

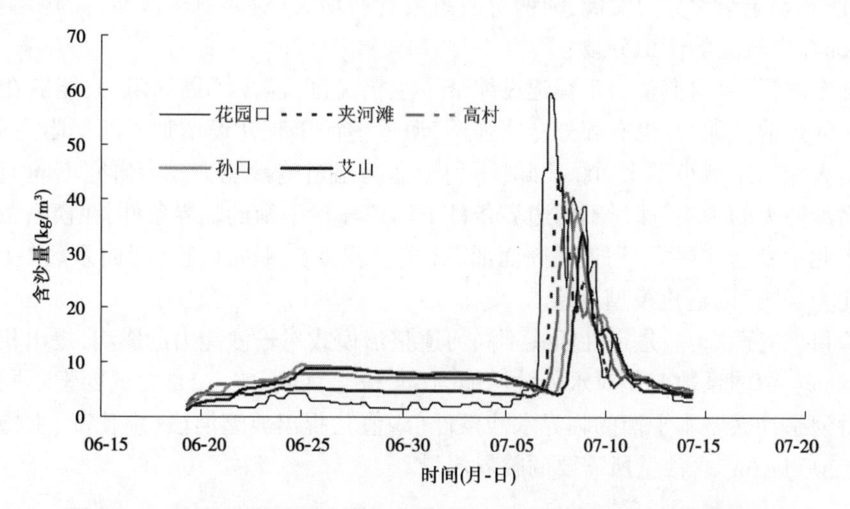

图 3-7　2012 年调水调沙计算含沙量过程(黄河勘测规划设计有限公司)

基于“96·8”洪水的原始地形,首先以“96·8”洪水花园口站实测的来水来沙资料作为输入条件,清华大学也对模型的适用性进行了验证,图 3-8 为夹河滩、高村、孙口和艾山各断面模型计算和实测流量过程的对比结果,可见各断面模型计算结果与实测数据吻合较好,模型的准确性和精度较高。

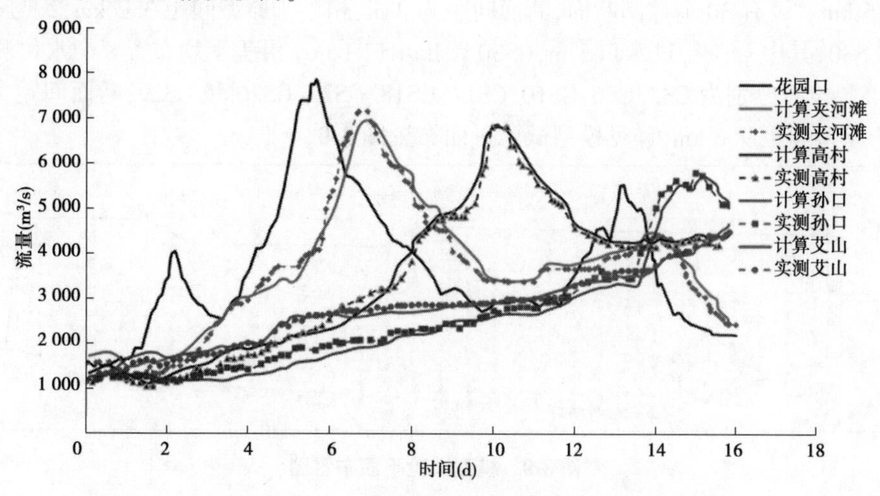

图 3-8　“96·8”洪水模型验证结果(清华大学)

3.2　实体模型试验

3.2.1　模型试验目的

游荡性河段河道整治工程建设减少了主流摆动幅度、归顺了河槽平面形态，有效减少了堤防发生冲决的可能性。但河道整治工程建设在一定程度上缩窄了中水河槽和主槽宽度、断面形态趋于窄深方向发展，河槽弯曲系数有所增大，对河道输沙能力的影响以及影响程度，却存在较大的认识分歧。

部分专家强调，河道整治工程建设缩窄了主槽宽度，减少了周界阻力，能够在一定程度上提高河道输沙能力；也有部分专家强调，河道整治工程建设增加了河岸阻力，同时弯曲系数增大相当于减小了水面纵比降，不利于提高河道输沙能力。为研究不同河道整治模式对输沙能力的影响，探讨不同边界条件下河道输沙平衡的临界条件，在模型黄河基地一号厅东北角专门开展了“河道横断面形态（主槽宽度）、平面形态（弯曲系数）变化对河道输沙能力影响”的概化模型试验。

试验目的有两个：一是定性回答不同河道整治模式对输沙能力的影响，提出相同比降条件下，河宽、弯曲系数变化对水流输沙能力（淤积比）的影响；二是尝试探索不同边界条件下下游河道冲淤基本平衡的临界水沙条件（阈值），提出典型河段（纵比降、主槽宽度不同）输送 200 kg/m^3 含沙量所需要的临界流量。

3.2.2　模型试验布设

按照试验目的要求，结合现有场地条件，概化模型试验在模型黄河一号试验厅西北角基础研究试验场地上进行。在最大限度地利用现有模型资源的基础上，对现有模型场地进行规划：试验场地长宽范围分别为 70 m 和 10 m，其中试验段长度约 60 m，模拟河道长度约 96 km。设有 30 个控制断面，断面间距为 2 m，相当于原型间距 3.2 km，编号分别为 CS1～CS30，其中 CS1 距进水口 1 m，CS30 距出水口 1 m。沿程平均布置 8 个水位测针，编号 1#～8#，位置分别为 CS2、CS6、CS10、CS14、CS18、CS22、CS26 和 CS29，断面间距为 6 m，相当于原型间距 9.6 km，详见模型试验平面布置图 3-9。

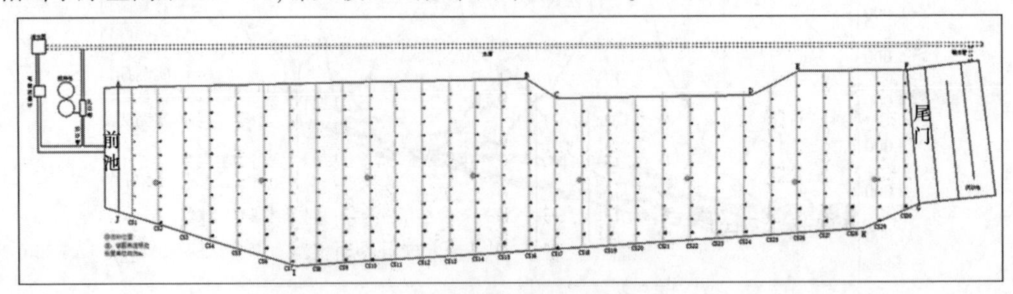

图 3-9　模型试验平面布置图

3.2.3　模型试验相似条件

根据以下相似条件确定模型比尺：

水流重力相似条件

$$\lambda_v = \sqrt{\lambda_H} \tag{3-1}$$

水流阻力相似

$$\lambda_n = \frac{\lambda_H^{2/3}}{\lambda_v}\lambda_J^{1/2} \tag{3-2}$$

水流运动相似

$$\lambda_{t_1} = \lambda_L/\lambda_v \tag{3-3}$$

泥沙起动及扬动相似

$$\lambda_{v_c} = \lambda_{vf} = \lambda_v \tag{3-4}$$

悬移质悬移相似

$$\lambda_\omega = \lambda_v\left(\frac{\lambda_H}{\lambda_L}\right)^{0.75} \tag{3-5}$$

水流挟沙相似

$$\lambda_S = \lambda_{S_*} \tag{3-6}$$

河床冲淤变形相似

$$\lambda_{t_2} = \lambda_{\gamma_0}\lambda_L/(\lambda_{S_*}\lambda_v) = \frac{\lambda_{\gamma_0}}{\lambda_S}\lambda_{t_1} \tag{3-7}$$

河型相似条件

$$\left\{\frac{[D_{50}H(\gamma_s-\gamma)/\gamma]^{1/3}}{iB^{2/3}}\right\}_p \approx \left\{\frac{[D_{50}H(\gamma_S-\gamma)/\gamma]^{1/3}}{iB^{2/3}}\right\}_m \tag{3-8}$$

原型及模型悬沙较细，一般满足 G. G. Stokes 定律，由此可得

$$\lambda_D = \left(\frac{\lambda_\omega\lambda_v}{\lambda_{\gamma_s-\gamma}}\right)^{0.5} \tag{3-9}$$

以上各式中 λ_v 为流速比尺；λ_L 及 λ_H 分别为模型的平面比尺和垂直比尺；λ_n 为糙率比尺；λ_J 为比降比尺；λ_{t_1} 及 λ_{t_2} 分别为水流运动时间比尺和河床冲淤变形时间比尺；λ_S 及 λ_{v_f} 分别为泥沙起动流速比尺和扬动流速比尺；λ_ω 为悬沙沉速比尺；λ_S 及 λ_{S_*} 水流含沙量比尺及水流挟沙力比尺；λ_{γ_0} 为泥沙干容重比尺；λ_{v_c} 为泥沙起动流速比尺；λ_D 为床沙粒径比尺。

式(3-1)~式(3-3)为水流相似比尺，是保证式(3-4)~式(3-7)泥沙运动相似的前提。

要达到模型与原型的水流流态相似，还需满足如下两个限制条件：

(1)为保证模型水流为充分紊动流，应满足流态限制条件，要求模型水流雷诺数

$$Re_{*m} > 4\ 000 \tag{3-10}$$

(2)为保证模型水流不受表面张力的干扰，模型水深应满足表面张力限制条件

$$h_m > 1.5\ \text{cm} \tag{3-11}$$

根据上述相似条件,得出比尺汇总,见表3-4。

表3-4　模型主要比尺汇总

项目	比尺名称	比尺数值	依据	备注
几何相似	水平比尺 λ_L	1 600	根据试验要求及场地条件	
	垂直比尺 λ_H	80	根据试验需要	满足起动要求
	流速比尺 λ_v	8.94	$\lambda_v = \sqrt{\lambda_H}$	
水流运动相似	流量比尺 λ_Q	1 144 320	$\lambda_Q = \lambda_L \lambda_H \lambda_v$	水流连续方程
	水流运动时间比尺 λ_{t_1}	179	$\lambda_{t_1} = \lambda_L / \lambda_v$	
	糙率比尺 λ_n	0.46	$\lambda_n = \frac{\lambda_H^{2/3}}{\lambda_v} \lambda_J^{1/2}$	阻力相似
悬移值及床沙运动相似	悬沙粒径比尺 λ_d	0.9	$\lambda_D = (\frac{\lambda_\omega \lambda_v}{\lambda_{\gamma_S - \gamma}})^{0.5}$	G. G. Stokes 定律
	床沙粒径比尺 λ_D	2.6	$\lambda_D = \frac{\lambda_H^2}{\lambda_L \lambda_{\frac{\gamma_s - \gamma}{\gamma}}}$	河型相似
	沉速比尺 λ_ω	0.95	$\lambda_\omega = \lambda_v (\frac{\lambda_H}{\lambda_L})^{0.75}$	
	干容重差比尺 $\lambda_{\gamma_s - \gamma}$	1.5	模型沙为郑州热电厂煤灰	$\gamma_{Sm} = 2.1\ t/m^3$
	起动流速比尺 λ_{V_c}	8.94	基本满足式 $\lambda_v = \sqrt{\lambda_H}$	$\lambda_{V_c} \approx \lambda_v =$ 8.94
	扬动流速比尺 λ_{V_f}	8.94	$\lambda_S = \lambda_{S_*}$	$\lambda_{V_f} \approx \lambda_{V_c}$
	干容重比尺 λ_{γ_0}	1.86~2.07	$\lambda_{\gamma_0} = \gamma_{0p} / \gamma_{0m}$	γ_0 为干容重
	含沙量比尺 λ_S	2.0	$S_* = 2.5 \left[\frac{(0.002\,2 + S_v) V^3}{\kappa \frac{\gamma_s - \gamma_m}{\gamma_m} g h \omega_s} \ln \left(\frac{h}{6 D_{50}} \right) \right]^{0.62}$	参考以往计算
	河床变形时间比尺 λ_{t_2}	179	$\lambda_{t_2} = \lambda_{\gamma_0} \lambda_L / (\lambda_{S_*} \lambda_v) = \frac{\lambda_{\gamma_0}}{\lambda_S} \lambda_{t_1}$	$\lambda_{\gamma_0} = 2.0$

3.2.4　模型沙选配

根据以往动床河工模型试验经验,模型沙采用郑州热电厂粉煤灰,其干容重为2.1

t/m^3。粉煤灰的物理化学性能较为稳定,试验过程中固结或板结不明显,试验采用的河床质和悬移质颗粒级配曲线如图 3-10 所示。

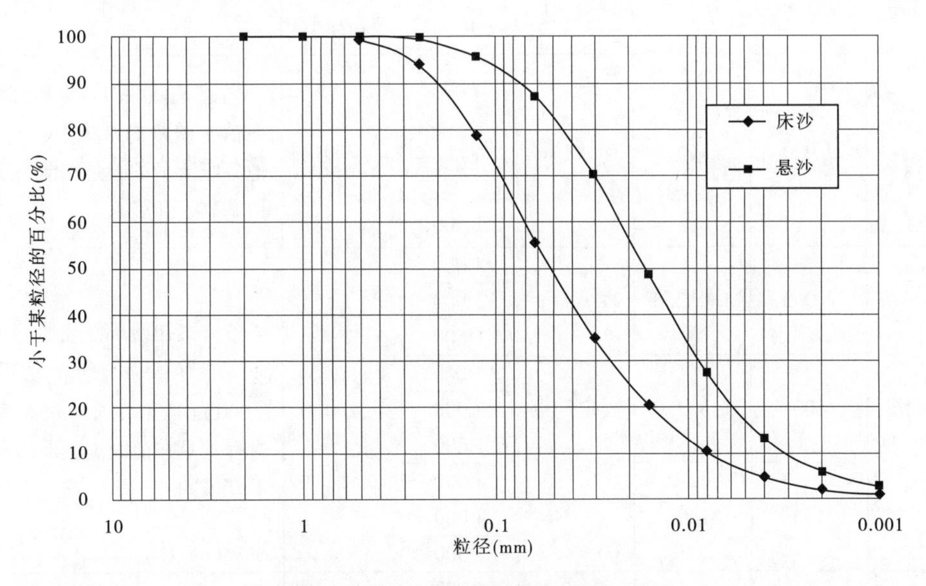

图 3-10 悬沙和床沙粒径级配曲线

床沙和悬沙采用不同的级配组成,其中悬沙中值粒径 0. 015 mm(模型 0. 017 mm),床沙中值粒径 0. 13 mm(模型 0. 052 mm)。

3. 2. 5 模型试验组次及水沙条件

3. 2. 5. 1 试验组次

为减少试验工作量,以极端方案代替正常整治方案,开展了 4 种边界条件下河道输沙模型试验工作。首先选取"宽约 1 000 m 的自然河道(弯曲系数约 1. 25)"和"宽约 600 m 的直河槽"作为两个极端代表,之后又先后选取"宽约 600 m 的弯曲渠道(弯曲系数 1. 25)""宽约 600 m 的对口丁坝整治(弯曲系数 1. 25)"分别作为两岸强制约束和河道整治的代表方案(见表 3-5)。

结合黄河的生产实际,寻求"不同边界条件下下游河道冲淤基本平衡的临界水沙条件(阈值)":花园口附近、高村附近、艾山—利津河段的主槽宽度分别选取为 1 000 m、600 m、400 m,纵比降分别选取为 2. 0‰、1. 5‰、1. 0‰(见表 3-5)。

弯曲渠槽和对口丁坝的弯曲系数选取,参照黑岗口—夹河滩河段 2015 年汛前主流线情况,确定为 1. 25(见图 3-11)。

对口丁坝模型中一岸为类似现有控导工程,另一岸为对口丁坝控制的河段长度段占整个河长的 64. 7%,类似现有控导工程平均长度约 4 km,弯顶以上、弯顶以下分别长约 1. 52 km、2. 44 km;两岸同时为对口丁坝控制的河段(类似现有直河段)长度占 35. 3%,平均长约 2. 16 km。

表 3-5 “不同河道整治模式对输沙能力的影响”试验工况

<table>
<tr><th>工况</th><th>河宽(m)</th><th>初始比降(‰)</th><th>边界条件</th><th>流量(m^3/s)</th><th>含沙量(kg/m^3)</th><th>备注</th></tr>
<tr><td rowspan="3">自然河道</td><td rowspan="3">1 000</td><td rowspan="3">1.5</td><td rowspan="3">无约束</td><td>4 000</td><td rowspan="3">200</td><td rowspan="3">初始 4 000 m^3/s 洪水试验是在清水塑槽的基础上进行,其他各级流量试验是在前一次地形基础上开展</td></tr>
<tr><td>3 000</td></tr>
<tr><td>1 500</td></tr>
<tr><td rowspan="9">直河槽</td><td rowspan="3">1 000</td><td rowspan="3">1.0、2.0</td><td rowspan="9">固定约束</td><td>4 000</td><td rowspan="9">200</td><td rowspan="9">各方案初始条件地形(4 000 m^3/s)为新做地形,之后的 3 000 m^3/s 和 1 500 m^3/s 洪水过程均是在前次试验地形基础上开展的</td></tr>
<tr><td>3 000</td></tr>
<tr><td>1 500</td></tr>
<tr><td rowspan="3">600</td><td rowspan="3">1.5、2.0</td><td>4 000</td></tr>
<tr><td>3 000</td></tr>
<tr><td>1 500</td></tr>
<tr><td rowspan="3">400</td><td rowspan="3">1.0</td><td>4 000</td></tr>
<tr><td>3 000</td></tr>
<tr><td>1 500</td></tr>
<tr><td rowspan="3">弯曲渠槽</td><td rowspan="3">600</td><td rowspan="3">1.5、2.0</td><td rowspan="3">平顺河岸</td><td>4 000</td><td rowspan="3">200</td><td rowspan="3">同直河槽</td></tr>
<tr><td>3 000</td></tr>
<tr><td>1 500</td></tr>
<tr><td rowspan="3">对口丁坝</td><td rowspan="3">600</td><td rowspan="3">1.5、2.0</td><td rowspan="3">对口丁坝</td><td>4 000</td><td rowspan="3">200</td><td rowspan="3">同直河槽</td></tr>
<tr><td>3 000</td></tr>
<tr><td>1 500</td></tr>
</table>

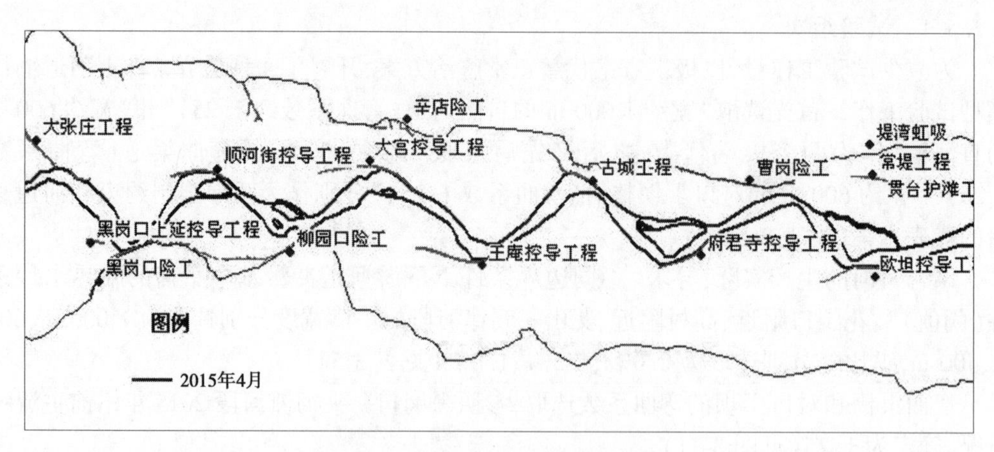

图 3-11 黑岗口—夹河滩河势图

3.2.5.2 水沙条件

为反映较为真实的涨落水过程,各组试验水沙过程见图 3-12~图 3-14,来水量和输沙量见表 3-6。

为减少干扰,选取非漫滩恒定水沙过程开展概化模型试验研究。其中流量选择了 4 000 m^3/s、3 000 m^3/s 和 1 500 m^3/s 等 3 个量级;洪水含沙量选择“输沙最为不利的 200

kg/m^3";洪水历时均为15 d,各组试验水沙过程见图3-12~图3-14,相应进口沙量分别为10.3亿t、7.7亿t、3.9亿t(见表3-6)。试验过程中,河道出口尾水位按"沿程水面高程连续一致"的原则进行动态控制。

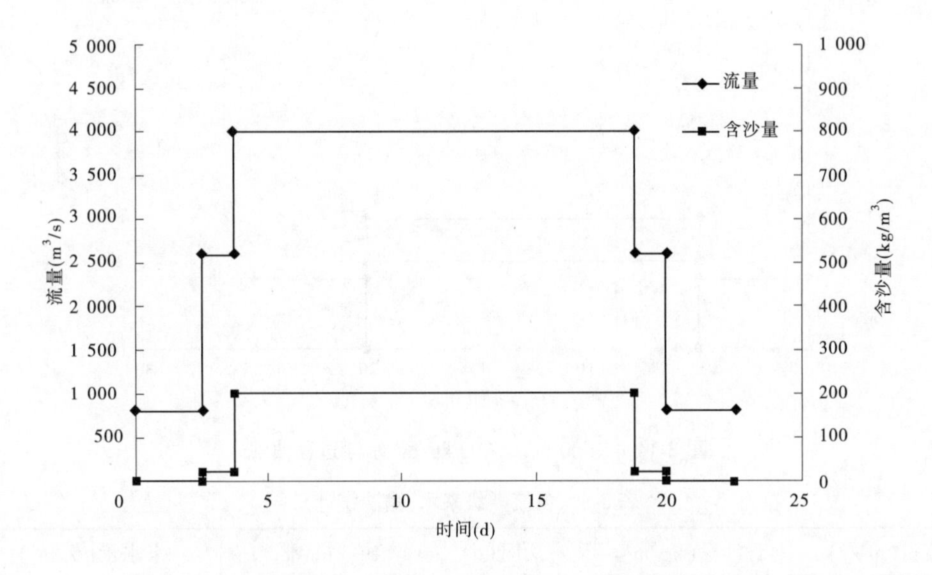

图3-12 4 000 m^3/s、200 kg/m^3 水沙过程曲线

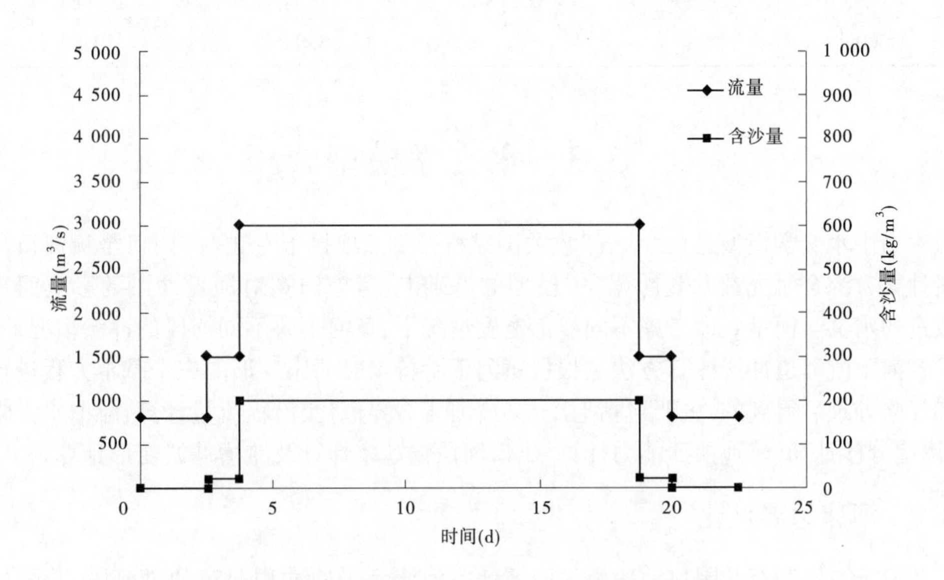

图3-13 3 000 m^3/s、200 kg/m^3 水沙过程曲线

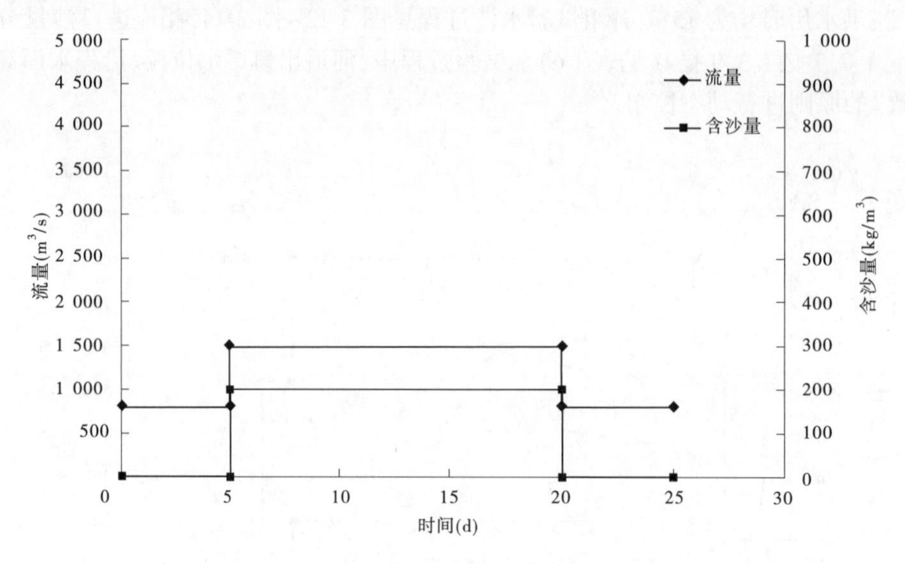

图 3-14　1 500 m^3/s、200 kg/m^3 水沙过程曲线

表 3-6　各流量级来水、输沙统计

流量(m^3/s)	含沙量(kg/m^3)	历时(d)	输沙量(亿 t)	来水量(亿 m^3)
4 000			10.3	51.52
3 000	200	15	7.7	38.64
1 500			3.9	19.32

3.3　水文学模型

本书中水文学模型是在“八五”攻关国家科技重点项目子专题“禹门口至黄河口泥沙冲淤计算方综合研究及方案计算”中模型的基础上，考虑河宽对河道冲淤的影响而进一步改进的水文学模型。即考虑不同整治宽度情况下，黄河下游不同河段的冲淤情况。

黄河下游河道冲淤计算方法是根据黄河下游特点对河床变形的三个基本方程进行简化和经验处理后得到的，主要包括七个部分：河床边界概化、沿程流量计算、滩槽水力学计算、滩槽分沙计算、滩地挟沙能力计算、出口河段输沙率计算及滩槽冲淤变形计算。

3.3.1　河床边界概化

黄河下游铁谢至花园口河段为由山区峡谷河流到平原冲积河流的过渡段，花园口至高村为游荡型河道，高村至艾山河段滩地较宽，滩槽由上而下收缩，主槽较高村以上窄深稳定，艾山至利津河段主槽又较艾山以上窄深稳定。据此，可将黄河下游河道分为铁谢至花园口、花园口至高村、高村至孙口、孙口至艾山、艾山至泺口和泺口至利津等 6 个河段，并根据黄河下游的断面形态特征对河道横断面进行概化，概化后的河床计算断面见图 3-15。

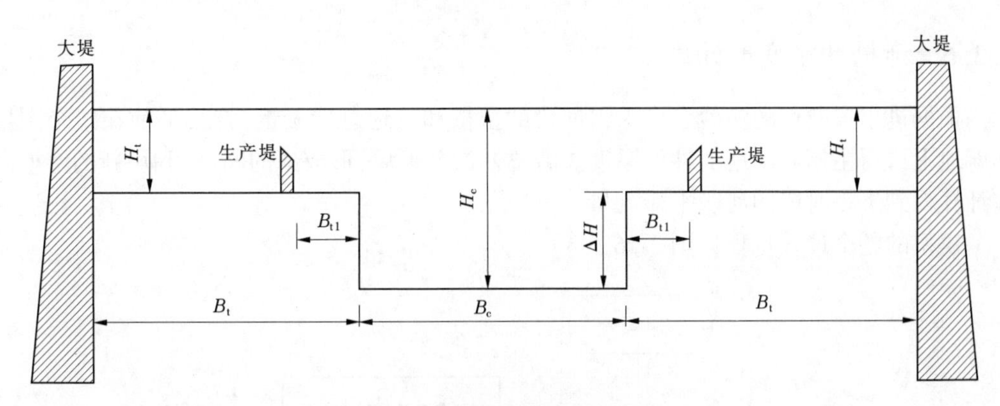

图 3-15 河道计算断面概化图

图中，H_t 表示滩地水深，H_c 表示主槽水深，B_t 表示滩地宽度，B_{t1} 表示生产堤内滩地宽度，ΔH 表示滩槽高差。

3.3.2 沿程流量计算

当来水流量小于河段平滩流量时，出口断面流量等于进口断面流量扣除沿程引水，当来水流量大于平滩流量时，根据水流连续性方程，利用马斯京根法进行出口断面流量计算。

3.3.3 滩槽水力学计算

根据流量是否漫滩决定是否利用马斯京根法进行洪水演进。滩槽分流计算通过假设滩地水深，采用曼宁公式进行滩槽流量计算，然后与总流量进行对比，期间不断调整滩地水深，直到滩槽流量之和与总流量接近。黄河下游河道具有藕节状的外形，收缩段与扩散段相间分布，水流在节点出口扩散入滩，在下一个收缩段归槽，一般滩槽交换一次河长在 20 km 左右。采用漫滩洪水实测资料分析各河段主槽含沙量与入滩水流含沙量之比，以确定滩槽输沙分配。

3.3.4 滩地挟沙能力计算

经过漫滩淤积后，由滩地返回主槽的水流含沙量直接采用黄河干支流挟沙力公式 $S = 0.22(\frac{v^2}{gH_t\omega})^{0.76}$ 计算。v 为滩地流速，H_t 为滩地水深，ω 为滩地泥沙平均沉速。由此求得滩地返回主槽的输沙率。

3.3.5 出口断面输沙率

根据黄河下游历年实测资料，得到本站主槽输沙率和本站流量、上站含沙量、小于 0.05 mm 颗粒泥沙含量百分比以及河宽之间的关系式，据此可求得出口断面的主槽输沙率与全断面输沙率。

3.3.6　滩槽冲淤变形计算

根据进出口断面的输沙率可求得河段的主槽和滩地总冲淤量，将其平铺在整个主槽和滩地上可得主槽和滩地的冲淤厚度。滩槽冲淤变形后，形成新的断面，利用新的滩槽高差计算得到下一时段的河段平滩流量。

模型的整个计算过程见图 3-16。

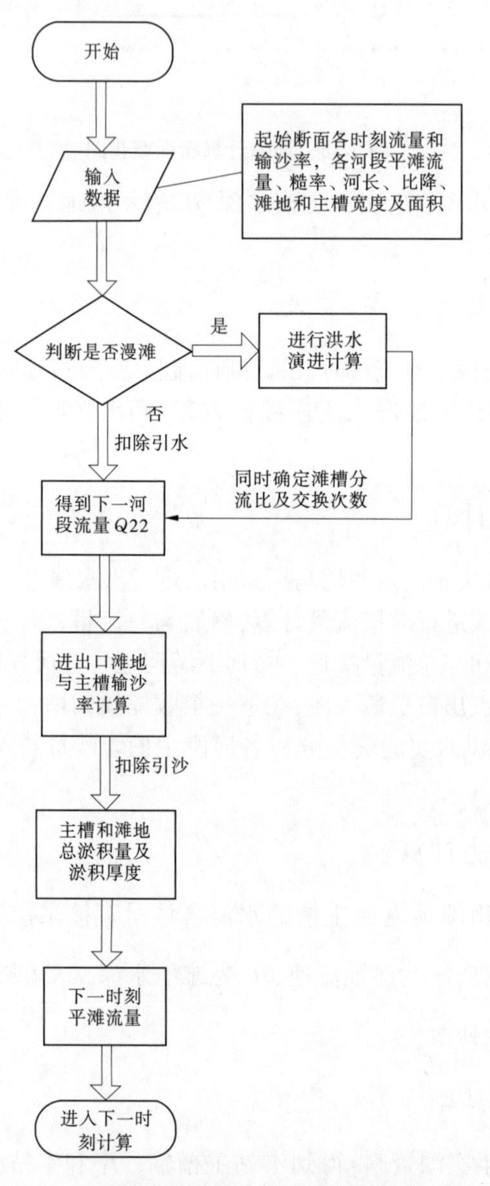

图 3-16　黄河下游河道冲淤计算模型计算过程

3.3.7　模型验证

因此本次分析将河宽作为一个影响因子，进行了全面分析。以汛期为单位，分析了各典型水文站输沙率 Q_s 与流量 Q、含沙量 S 和前期河宽 B 之间的关系，得到如表3-7中成果，不同水文站的输沙率存在如表3-7中关系式，即与前期河宽成负相关关系，大部分水文站相关系数为0.94~0.99。基于1965~1999年以来实测资料对模型进行验证。1965~1999年共35年，总水量约12 765亿 m^3，总沙量约176.6亿t，年均水量364.71亿 m^3，年均沙量5.05亿t。

表3-7　黄河下游各水文站输沙率关系式

项目	水文站	公式	相关系数
汛期	花园口	$Q_s=0.002\,898Q^{1.050\,286}S^{0.803\,17}B^{-0.031\,0}P^{-0.228\,96}$	$R^2=0.99$
	高村	$Q_s=0.001\,358\,7Q^{1.185\,2}S^{0.791\,6}B^{-0.124\,07}$	$R^2=0.96$
	孙口	$Q_s=0.002\,783Q^{1.031\,16}S^{0.940\,97}B^{-0.155\,22}$	$R^2=0.98$
	艾山	$Q_s=0.002\,189Q^{1.045}S^{0.950\,6}B^{-0.135\,78}$	$R^2=0.98$
	泺口	$Q_s=0.002\,596Q^{1.052\,7}S^{0.944\,7}B^{-0.170\,9}$	$R^2=0.99$
	利津	$Q_s=0.004\,432Q^{0.802\,48}S^{1.005\,141}$	$R^2=0.98$
非汛期	花园口	$Q_s=0.030\,77Q^{0.929\,3}e^{0.830\,86}S^{0.258\,27}B^{-0.096\,43}$	$R^2=0.88$
	高村	$Q_s=0.001\,438Q^{1.266\,82}S^{0.618\,3}B^{-0.297\,8}$	$R^2=0.94$
	孙口	$Q_s=0.001\,619Q^{1.137\,75}S^{0.911\,99}B^{-0.180\,8}$	$R^2=0.98$
	艾山	$Q_s=0.005\,920Q^{1.028\,26}S^{1.003\,4}B^{-0.287\,9}$	$R^2=0.98$
	泺口	$Q_s=0.000\,314\,6Q^{1.078\,11}S^{1.099}B^{-0.019\,2}$	$R^2=0.97$
	利津	$Q_s=0.000\,219Q^{1.159\,7}S^{1.573\,5}$	$R^2=0.96$

1964~1999年实际流量与模型计算结果如图3-17所示。模型计算的流量过程基本接近实际流量过程，除利津断面验证较差外，其他各站的误差大部分在10%以下。

输沙率的验证见表3-8和图3-17，可以看出1964~1999年实测淤积量为94.47亿t（计算过程中均考虑引水引沙），模型计算值为103.65亿t，整个时期模型计算的误差为9.7%，计算值与实测值较为接近。各河段的误差分别为3.7%、14.4%、30.9%、18.9%。除高村到艾山河段误差较大外，其他站点误差值均在10%左右。因在已有的冲淤规律分析中，孙口至艾山河段利用输沙率法和同流量水位法计算的定性都存在差异，加之该河段的冲淤量偏小，因此该河段虽然误差较大，但绝对差值较小，仅1.13亿t。因此，从年均总量来说，模型的计算值与实测值接近，说明模型验证的效果较好。

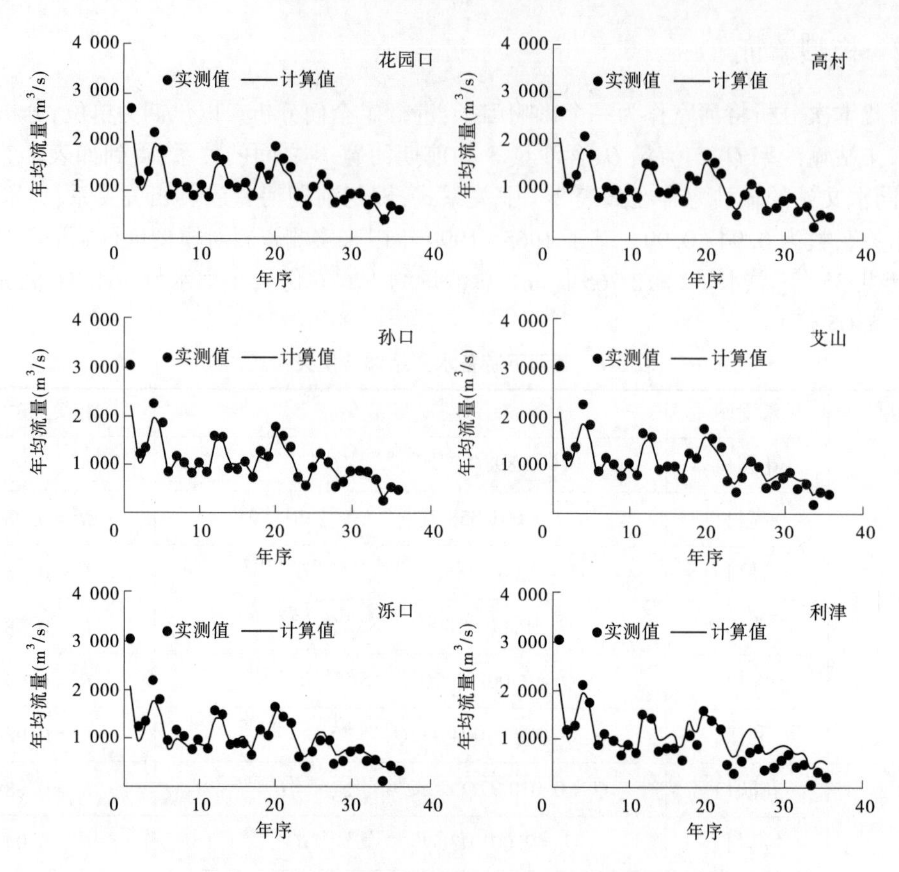

图 3-17　年均流量过程模型计算与实测资料对比

表 3-8　1965～1999 年黄河下游河段冲淤实测和计算值对比　　（单位：亿 t）

时段	河段	小浪底至花园口	花园口至高村	高村至艾山	艾山至利津	总冲淤
1965～1999 年	实测值	33.98	38.57	3.65	18.27	94.47
	计算值	35.26	44.13	2.52	21.74	103.65

第 4 章　滩区防护堤方案黄河下游河道及河口冲淤与防洪形势研究

4.1　下游河道及河口冲淤演变计算成果

采用一维(准二维)水沙动力学数学模型,在三个水沙情景方案条件下,分别对现状治理模式(废除生产堤)和防护堤治理模式情形下的黄河下游河道未来演变趋势进行了计算,给出了三个水沙条件和两种河道治理模式条件下的未来 50 年河道冲淤发展过程、平滩流量变化和洪水位变化等,对今后下游河道和滩区治理有直接指导意义。

4.1.1　河道冲淤

四家单位计算得到的未来 50 年黄河下游河道累计冲淤情况如表 4-1 所示。总体上看,对于水沙情景方案 1,四家单位计算结果表明黄河下游河道未来 50 年基本处于冲淤平衡或略有冲刷状态,且防护堤治理模式下黄河下游均处于冲刷状态,说明防护堤的建设总体上可以提高河道输沙能力,增加河道冲刷;对于水沙情景方案 2 和方案 3,四家单位计算结果均表明黄河下游河道处于累积性淤积状态,未来 50 年现状治理模式下黄河下游河道累积淤积分别为 40 亿~54 亿 t 和 79 亿~84 亿 t,防护堤治理模式下累积淤积量分别介于 37 亿~46 亿 t 和 69 亿~77 亿 t,防护堤的建设具有减淤作用。

图 4-1 和图 4-2 分别给出了水沙情景方案 1 的现状治理和防护堤治理下的黄河下游河道未来 50 年沿程累积冲淤情况。由图可见,不同河段有冲有淤,四家单位计算结果存在一定差异,但计算的冲淤幅度都不大,可以认为现状治理模式下整个下游河道基本处于冲淤平衡状态,50 年冲淤量介于-13.5 亿~2.7 亿 t,而防护堤治理模式下总体上处于冲刷状态,50 年冲淤量介于-16.3 亿~-0.5 亿 t。四家单位计算结果均表明,与现状治理模式相比,防护堤治理模式可使黄河下游河道未来 50 年少淤积或多冲刷 0.37 亿~4.51 亿 t,防护堤的建设有利于河道输沙。

图 4-3~图 4-6 分别给出了水沙情景方案 2 和方案 3 的现状治理和防护堤治理下的黄河下游河道未来 50 年沿程累积冲淤情况。由图可见,方案 2 和方案 3 下游河道不同河段均处于淤积状态,四家单位计算结果比较接近,现状治理模式下整个下游河道 50 年累积淤积介于 40 亿~54 亿 t 和 79 亿~84 亿 t,防护堤治理模式下 50 年累积淤积介于 37 亿~46 亿 t 和 69 亿~77 亿 t,防护堤的建设有利于河道输沙,减淤约 13%和 11%。此外,与现状治理模式相比,防护堤治理模式下艾山河段的淤积比例有增加趋势,高村至利津河段淤积占全下游的比例由现状的 36.7%和 35.6%提高到 38.1%和 37.0%,这主要是因为防护堤的建设可以将更多泥沙输送到艾山以下窄河段的缘故。

表 4-1 四家单位计算的黄河下游河道冲淤比较

（单位：亿 t）

水沙系列	研究单位	横向分布	现状治理模式					防护堤治理模式					防护堤-现状				
			小花	花高	高艾	艾利	利津以上	小花	花高	高艾	艾利	利津以上	小花	花高	高艾	艾利	利津以上
水沙情景方案1	中国水利水电科学研究院	全断面	-3.31	-4.44	-2.66	-3.13	-13.53	-3.78	-5.70	-3.54	-3.32	-16.35	-0.48	-1.26	-0.88	-0.20	-2.82
		主槽	-4.06	-4.82	-2.66	-3.29	-14.83	-4.54	-5.94	-3.51	-3.52	-17.52	-0.48	-1.12	-0.85	-0.23	-2.68
		滩地	0.76	0.39	0	0.16	1.31	0.76	0.25	-0.03	0.20	1.17	0	-0.14	-0.03	0.03	-0.14
	黄河水利科学研究院	全断面	-1.74	-0.66	2.01	0.13	-0.26	-1.74	-0.73	1.81	0.03	-0.63	0	-0.07	-0.20	-0.10	-0.37
		主槽	-1.74	-0.70	1.42	-0.09	-1.10	-1.74	-0.75	1.33	-0.14	-1.31	0	-0.06	-0.09	-0.05	-0.20
		滩地	0	0.03	0.59	0.22	0.84	0	2	0.48	0.17	0.67	0	-0.01	-0.11	-0.04	-0.17
	黄河勘测规划设计有限公司	全断面	-4.37	2.34	1.62	1.10	0.69	-4.49	1.63	1.45	0.92	-0.49	-0.12	-0.71	-0.18	-0.18	-1.18
		主槽	-4.41	1.54	0.45	0.68	-1.73	-4.50	1.44	0.43	0.66	-1.96	-0.09	-0.10	-0.02	-0.02	-0.23
		滩地	0.04	0.80	1.17	0.42	2.42	0.01	0.19	1.01	0.26	1.47	-0.03	-0.61	-0.16	-0.16	-0.95
	清华大学	全断面	-1.19	-0.43	3.6	0.68	2.66	-1.98	-0.7	1.27	-0.44	-1.85	-0.79	-0.27	-2.33	-1.12	-4.51
		主槽	-1.27	-0.92	1.84	0.44	0.1	-2.48	-0.95	1.01	-0.87	-3.3	-1.21	-0.03	-0.83	-1.31	-3.4
		滩地	0.08	0.49	1.76	0.24	2.57	0.5	0.25	0.27	0.43	1.45	0.42	-0.24	-1.49	0.19	-1.12
水沙情景方案2	中国水利水电科学研究院	全断面	12.49	15.01	6.25	6.33	40.07	11.80	13.76	5.18	6.36	37.10	-0.69	-1.25	-1.07	0.03	-2.97
		主槽	6.28	8.19	3.92	4.82	23.20	6.11	7.61	3.32	4.87	21.91	-0.17	-0.58	-0.60	0.06	-1.29
		滩地	6.21	6.81	2.33	1.51	16.87	5.69	6.15	1.87	1.49	15.19	-0.53	-0.66	-0.47	-0.02	-1.68
	黄河水利科学研究院	全断面	8.01	23.12	13.52	7.89	52.54	7.83	17.91	10.35	8.14	44.25	-0.18	-5.20	-3.16	0.25	-8.29
		主槽	4.81	16.88	9.72	6.29	37.69	4.86	13.85	7.81	6.50	33.02	0.06	-3.02	-1.91	0.21	-4.67
		滩地	3.21	6.24	3.80	1.60	14.85	2.97	4.06	2.55	1.64	11.22	-0.24	-2.18	-1.25	0.04	-3.63
	黄河勘测规划设计有限公司	全断面	3.81	24.92	11.87	9.19	49.79	3.32	21.73	10.62	8.03	43.71	-0.49	-3.18	-1.24	-1.16	-6.08
		主槽	2.90	17.65	6.31	6.33	33.19	2.68	17.16	6.14	6.19	32.17	-0.22	-0.49	-0.16	-0.14	-1.02
		滩地	0.92	7.26	5.56	2.86	16.60	0.64	4.57	4.48	1.84	11.53	-0.27	-2.69	-1.08	-1.02	-5.06
	清华大学	全断面	7.66	28.92	11.51	5.2	53.29	5.04	24.4	12.95	3.46	45.85	-2.62	-4.52	1.44	-1.74	-7.44
		主槽	3.57	19.38	8.13	3.5	34.58	3.15	13.96	8.83	2.67	28.6	-0.42	-5.42	0.7	-0.83	-5.98
		滩地	4.1	9.54	3.38	1.69	18.71	1.89	10.44	4.12	0.79	17.25	-2.21	0.9	0.74	-0.9	-1.46

续表 4-1

水沙系列	研究单位	横向分布	现状治理模式					防护堤治理模式					防护堤-现状				
			小花	花高	高艾	艾利	利津以上	小花	花高	高艾	艾利	利津以上	小花	花高	高艾	艾利	利津以上
水沙情景方案3	中国水利水电科学研究院	全断面	24.09	30.58	12.31	12.47	79.44	23.16	29.41	11.36	12.57	76.49	-0.93	-1.17	-0.95	0.10	-2.95
		主槽	13.81	19.06	8.46	10.07	51.41	13.75	18.89	8.04	10.29	50.97	-0.06	-0.18	-0.42	0.22	-0.44
		滩地	10.28	11.52	3.85	2.41	28.04	9.41	10.52	3.32	2.28	25.53	-0.87	-1.00	-0.53	-0.13	-2.52
	黄河水利科学研究院	全断面	13.04	35.43	22.52	12.82	83.80	10.64	28.05	17.60	13.46	69.74	-2.39	-7.38	-4.92	0.64	-14.06
		主槽	7.29	25.08	14.75	10.24	57.36	6.59	20.82	12.36	10.71	50.48	-0.70	-4.25	-2.40	0.47	-6.88
		滩地	5.75	10.35	7.76	2.58	26.44	4.05	7.22	5.24	2.75	19.26	-1.70	-3.13	-2.52	0.17	-7.18
	黄河勘测规划设计有限公司	全断面	17.15	37.30	14.86	11.59	80.91	15.54	33.94	13.68	10.54	73.69	-1.61	-3.37	-1.18	-1.06	-7.22
		主槽	13.33	27.68	8.61	8.23	57.85	13.08	27.28	8.47	8.06	56.89	-0.25	-0.40	-0.14	-0.17	-0.96
		滩地	3.82	9.62	6.25	3.37	23.06	2.46	6.65	5.22	2.48	16.80	-1.36	-2.96	-1.04	-0.89	-6.26
	清华大学	全断面	16.05	37.19	21.54	8.1	82.88	12.7	31.41	24.76	5.01	73.88	-3.35	-5.78	3.22	-3.09	-9
		主槽	6.35	25.49	17.22	5.53	54.59	8.2	19.41	15.59	2.74	45.94	1.85	-6.08	-1.63	-2.79	-8.65
		滩地	9.7	11.7	4.32	2.57	28.29	4.5	12	9.17	2.27	27.94	-5.2	0.3	4.85	-0.3	-0.35

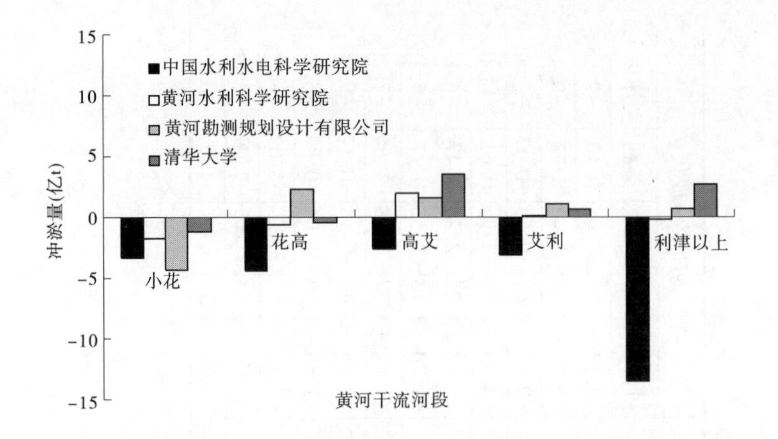

图 4-1　水沙情景方案 1 及现状治理模式下黄河下游河道冲淤沿程分布

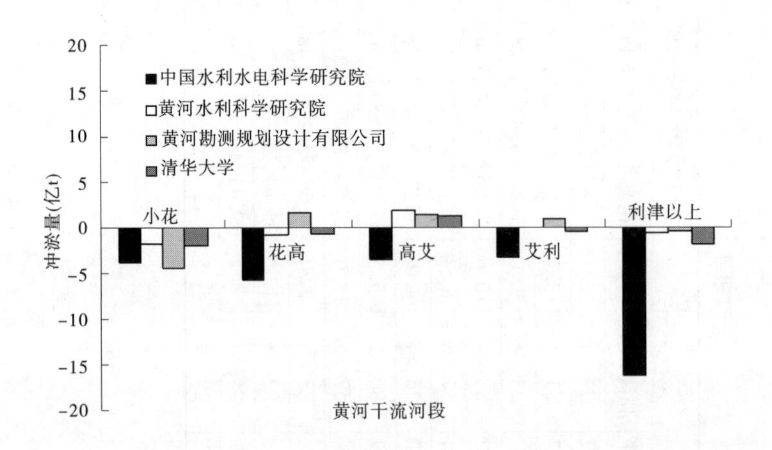

图 4-2　水沙情景方案 1 及防护堤治理模式下黄河下游河道冲淤沿程分布

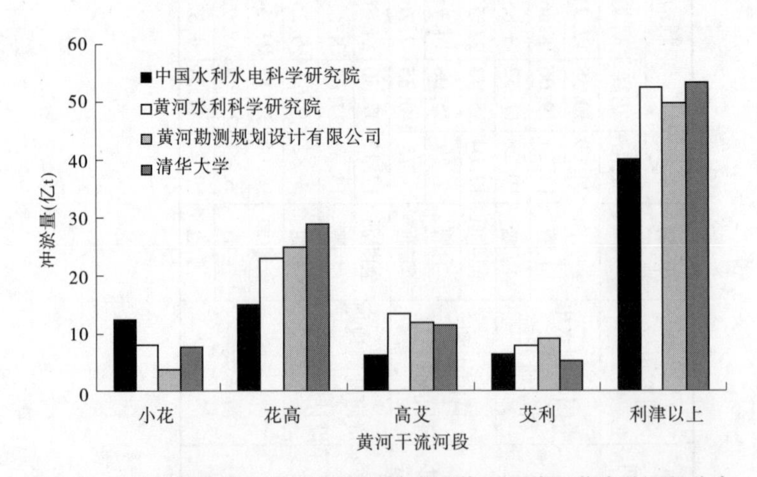

图 4-3　水沙情景方案 2 及现状治理模式下黄河下游河道冲淤沿程分布

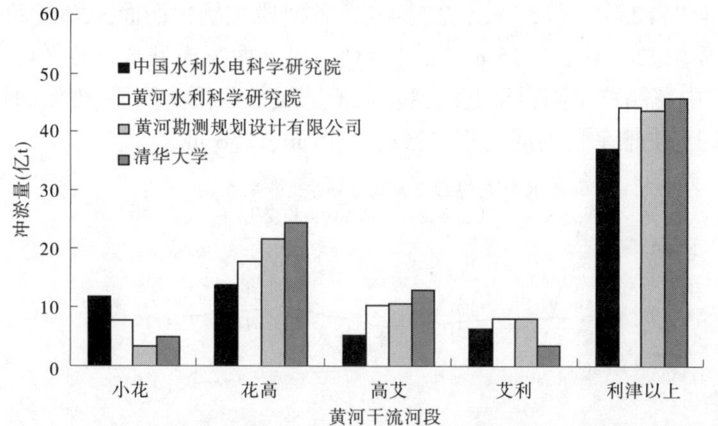

图 4-4　水沙情景方案 2 及防护堤治理模式下黄河下游河道冲淤沿程分布

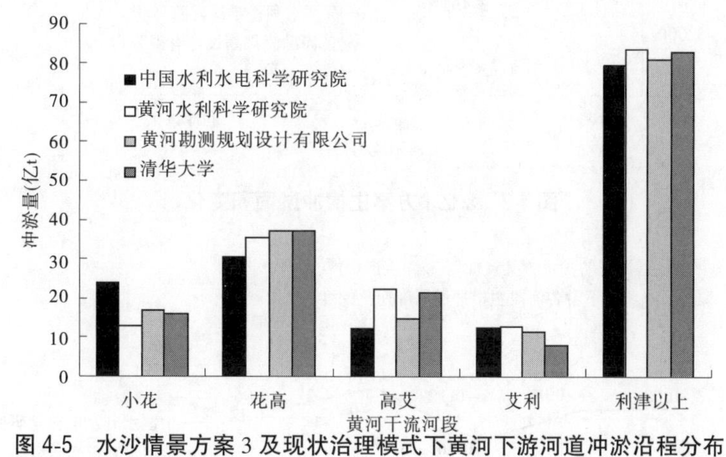

图 4-5　水沙情景方案 3 及现状治理模式下黄河下游河道冲淤沿程分布

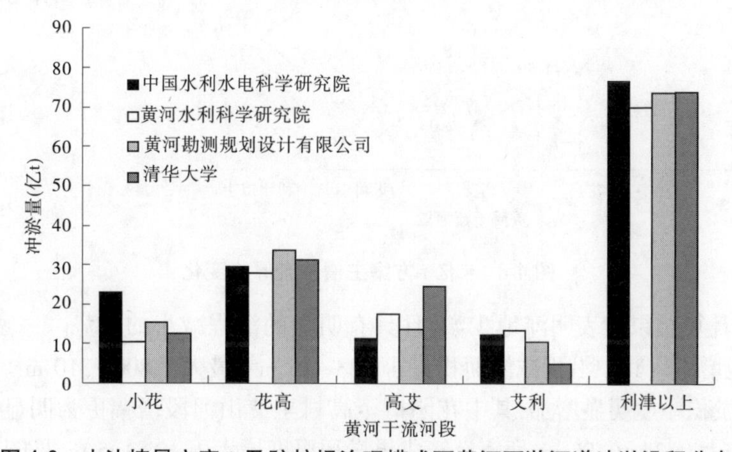

图 4-6　水沙情景方案 3 及防护堤治理模式下黄河下游河道冲淤沿程分布

进一步分析 8 亿 t 水沙情景下游河道减淤的滩槽与河段分布表明：与现状规划（废除生产堤）方案相比，滩区防护堤方案、下游各河段滩槽均少淤积，具体冲淤面积如下所示：

（1）四家计算结果均表明主槽少淤，但量值与沿程分布上差异较大：两家模型全下游平均主槽少淤面积 125 m^2 和 27 m^2(见图 4-7),各河段主槽少淤面积均在 230 m^2 以下;主槽平均河底高程少淤高不足 0.15 m(见图 4-8)。另外两家模型全下游平均主槽少淤面积约 1 000 m^2,其中花园口至高村至艾山河段主槽减淤效果更为明显、少淤面积在 3 500 m^2 和 1 200 m^2 以上,主槽平均河底高程少淤高 2.15 m、1.38 m。

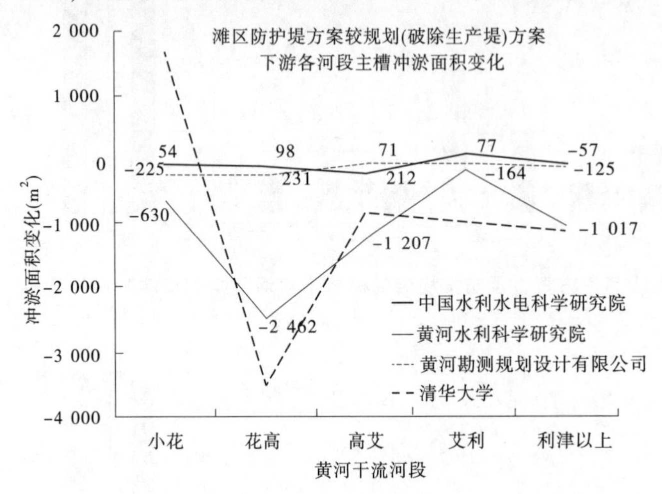

图 4-7　8 亿 t 方案主槽冲淤面积变化

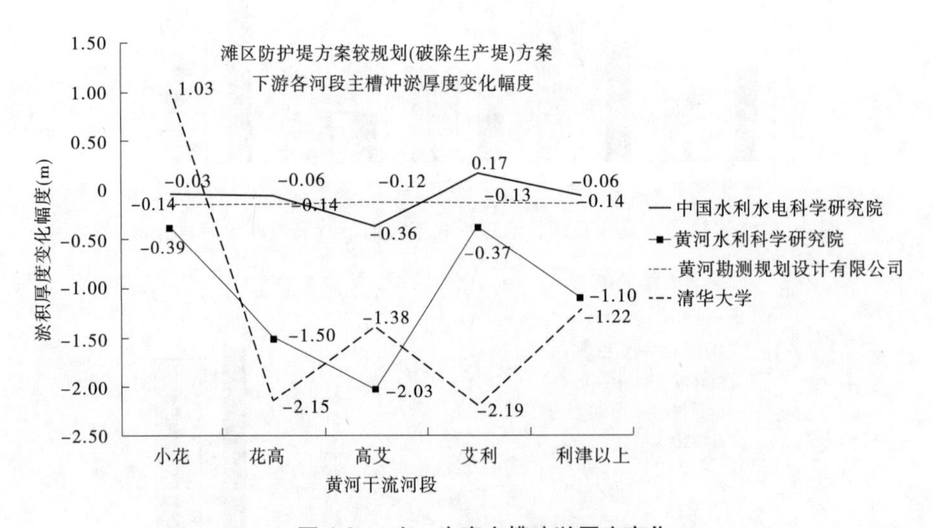

图 4-8　8 亿 t 方案主槽冲淤厚度变化

(2)三家计算结果均表明滩地少淤,且具有明显的沿程减小的趋势。一家模型表现为部分河段滩地增淤。其中沿程减淤面积最小 783~45 m^2、最大 1 800~310 m^2。由于滩地宽度显著缩窄、淤积厚度明显增加,其中花园口至高村至艾山河段增幅更为明显,两家计算成果淤积厚度增大 0.34~0.55 m,两家计算成果淤积厚度增大 1.12~1.5 m,见图 4-9、图 4-10。

(3)四家计算结果均表明,全断面少淤量总体具有沿程减小的趋势(一家模型表现为个别河段增淤),沿程减淤面积最小 35~840 m^2、最大 360~2 100 m^2,见图 4-11。

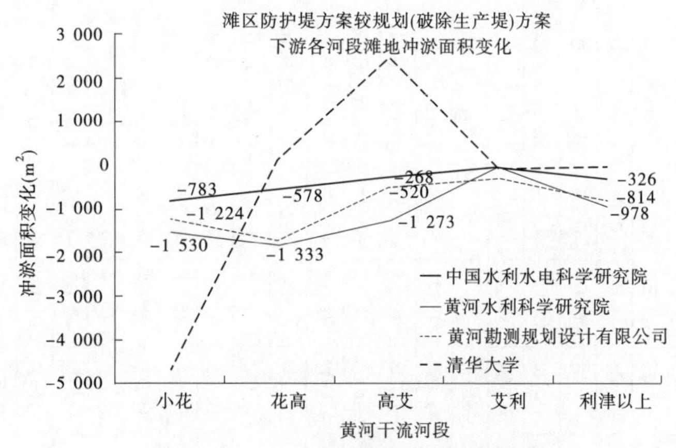

图 4-9　8 亿 t 方案滩地冲淤面积变化

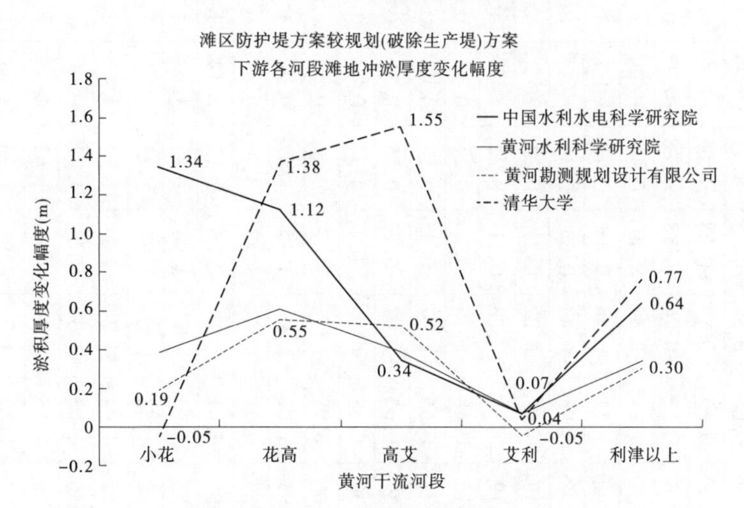

图 4-10　8 亿 t 方案滩地冲淤厚度变化

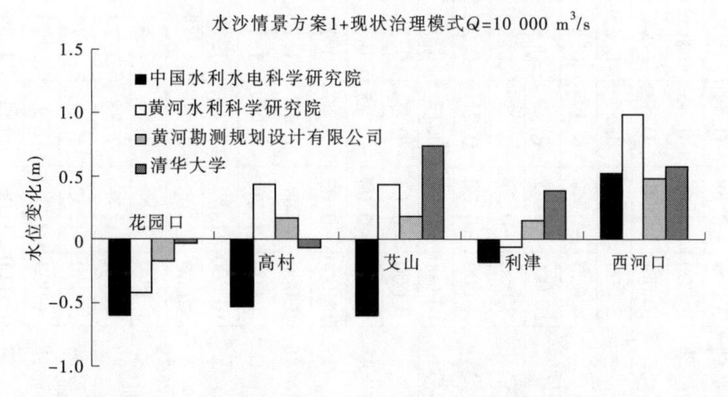

图 4-11　水沙情景方案 1 及现状模式 50 年后黄河下游流量 10 000 m^3/s 水位变化值

4.1.2　同流量水位

四家单位计算得到的 50 年后黄河下游河道典型断面同流量水位变化值如表 4-2 所示。

表 4-2　四家单位计算的 50 年后黄河下游典型断面同流量水位变化值比较

水沙系列	研究单位	流量级(m^3/s)	现状治理模式					防护堤治理模式					防护堤-现状				
			花园口	高村	艾山	利津	西河口	花园口	高村	艾山	利津	西河口	花园口	高村	艾山	利津	西河口
水沙情景方案 1	中国水利水电科学研究院	3 000	-0.68	-0.54	-0.85	-0.36	0.66	-0.87	-0.85	-1.11	-0.43	0.67	-0.2	-0.31	-0.26	-0.07	0.01
		4 000	-0.65	-0.45	-0.62	-0.33	0.69	-0.89	-0.68	-0.85	-0.4	0.7	-0.24	-0.33	-0.37	-0.07	0.01
		10 000	-0.6	-0.53	-0.6	-0.18	0.53	-0.76	-0.78	-0.88	-0.22	0.53	-0.17	-0.22	-0.18	-0.04	0
	黄河水利科学研究院	3 000	-0.53	0.55	0.55	-0.07	1.17	-0.54	0.49	0.49	-0.11	1.16	-0.01	-0.06	-0.06	-0.04	0
		4 000	-0.47	0.49	0.49	-0.06	1.11	-0.48	0.44	0.44	-0.1	1.11	-0.01	-0.05	-0.05	-0.04	0
		10 000	-0.42	0.44	0.44	-0.06	0.98	-0.43	0.39	0.39	-0.09	0.98	0.18	0.37	0.26	-0.03	0
	黄河勘测规划设计有限公司	3 000	-0.22	0.22	0.22	0.19	0.6	-0.22	0.21	0.22	0.2	0.6	-0.01	0	0	0.01	0
		4 000	-0.22	0.21	0.22	0.19	0.6	-0.23	0.21	0.22	0.2	0.6	-0.01	0	0	0.01	0
		10 000	-0.17	0.17	0.18	0.15	0.48	-0.27	0.2	0.21	0.17	0.49	0.02	0.34	0.26	0.01	0
	清华大学	3 000	-0.04	-0.22	0.71	0.5	0.65	-0.07	-0.35	0.58	0.43	0.66	-0.03	-0.13	-0.13	-0.07	0.01
		4 000	-0.04	-0.15	0.7	0.39	0.63	-0.07	-0.22	0.55	0.33	0.65	-0.03	-0.07	-0.15	-0.06	0.02
		10 000	-0.03	-0.07	0.74	0.39	0.58	-0.05	-0.1	0.54	0.33	0.6	-0.02	-0.03	-0.2	-0.06	0.02
水沙情景方案 2	中国水利水电科学研究院	3 000	1.89	1.42	1.26	1.06	0.98	2	1.47	1.8	0.98	1	0.11	0.05	0.53	-0.08	0.02
		4 000	1.79	1.07	1.15	0.98	1.01	1.88	1.15	1.69	0.91	1.03	0.09	-0.02	0.4	-0.07	0.02
		10 000	1.87	1.44	1.23	0.53	0.78	1.99	1.47	1.8	0.49	0.79	0.12	0.06	0.67	-0.04	0.01
	黄河水利科学研究院	3 000	2.05	2.98	2.77	1.95	1.81	2.08	2.26	2.12	2.12	1.91	0.03	-0.71	-0.65	0.17	0.1
		4 000	1.85	2.58	2.44	1.73	1.72	1.87	1.94	1.86	1.88	1.82	0.02	-0.64	-0.59	0.15	0.1
		10 000	1.75	2.38	2.28	1.62	1.52	1.77	1.77	1.73	1.76	1.62	0.21	-0.19	-0.24	0.14	0.1
	黄河勘测规划设计有限公司	3 000	1.32	1.91	1.73	1.57	1.04	1.3	1.9	1.72	1.62	1.05	-0.02	-0.02	-0.01	0.04	0.01
		4 000	1.31	1.9	1.72	1.56	1.03	1.3	1.9	1.72	1.6	1.04	-0.01	0.01	0	0.05	0.01
		10 000	1.06	1.53	1.39	1.26	0.83	1.3	1.96	1.62	1.35	0.87	0.35	0.74	0.47	0.09	0.03
	清华大学	3 000	1.39	2.39	1.79	1.72	0.89	1.3	1.91	1.96	1.63	1	-0.09	-0.49	0.17	-0.09	0.11
		4 000	1.45	2.22	1.71	1.72	1.42	1.36	1.8	1.93	1.63	1.47	-0.09	-0.42	0.22	-0.09	0.05
		10 000	2.56	2.21	2	1.72	0.9	2.48	1.9	2.13	1.63	0.95	0.03	-0.19	0.22	-0.09	0.05

续表 4-2

水沙系列	研究单位	流量级(m³/s)	现状治理模式					防护堤治理模式					防护堤-现状				
			花园口	高村	艾山	利津	西河口	花园口	高村	艾山	利津	西河口	花园口	高村	艾山	利津	西河口
水沙情景方案3	中国水利水电科学研究院	3 000	3.78	3.1	1.31	2.1	1.22	4.15	3.06	1.79	2.02	1.25	0.37	-0.04	0.48	-0.08	0.03
		4 000	3.74	2.94	1.37	1.95	1.26	4.11	2.88	1.96	1.88	1.29	0.37	-0.13	0.46	-0.07	0.03
		10 000	3.63	2.99	1.3	1.06	0.97	3.99	2.96	1.92	1.02	0.99					
	黄河水利科学研究院	3 000	3.12	3.95	3.7	2.84	2.1	2.82	3.11	3.12	2.67	2.24	-0.3	-0.84	-0.59	-0.17	0.13
		4 000	2.81	3.39	3.18	2.46	2.01	2.54	2.62	2.66	2.3	2.15	-0.27	-0.78	-0.53	-0.15	0.13
		10 000	2.65	3.22	2.92	2.26	1.82	2.4	2.37	2.42	2.12	1.95					
	黄河勘测规划设计有限公司	3 000	2.81	2.65	2.18	2.06	1.24	2.8	2.64	2.17	2.12	1.24	-0.01	-0.02	-0.01	0.05	0.01
		4 000	2.78	2.63	2.16	2.04	1.22	2.8	2.65	2.16	2.1	1.23	0.01	0.02	0.01	0.06	0.01
		10 000	2.25	2.12	1.74	1.65	0.99	2.82	2.81	2.11	1.8	1.03	0.68	0.99	0.6	0.15	0.03
	清华大学	3 000	1.97	3.59	3.24	3.04	1.18	1.79	2.98	3.56	2.91	1.2	-0.18	-0.61	0.32	-0.13	0.02
		4 000	2.06	3.35	3.1	3.04	1.14	1.84	2.82	3.54	2.91	1.22	-0.21	-0.52	0.43	-0.13	0.08
		10 000	3.16	3.43	3.29	3.04	1.1	3.06	2.97	3.51	2.91	1.14					

对于水沙情景方案 1，四家单位计算结果均表明，50 年后黄河下游典型断面流量 10 000 m^3/s 的水位变化不大，升降基本上在±0.5 m 以内，如图 4-11 和图 4-12 所示，这与河道总体上接近冲淤平衡状态是一致的，50 年后防护堤方案对水位的影响范围在±0.4 m（+0.03～-0.28 m，自上而下大多降低 0.1～0.03 m）以内。有些单位计算的水位呈下降趋势，主要是因为河道出现了冲刷，抵消了防护堤缩窄河道所引起的水位抬升作用。

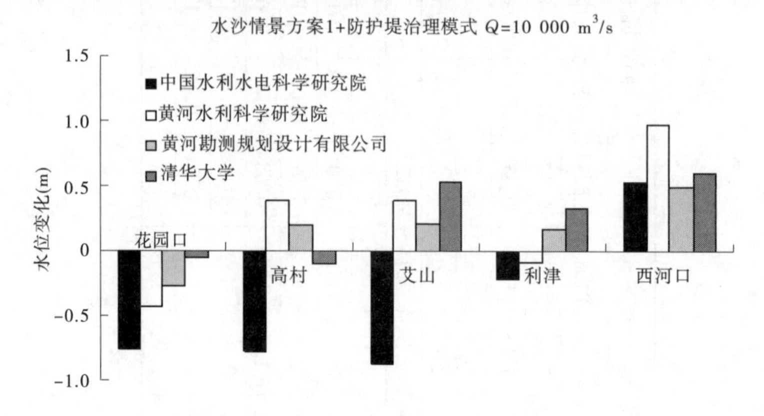

图 4-12　水沙情景方案 1 及防护堤模式 50 年后黄河下游流量 10 000 m^3/s 水位变化值

对于水沙情景方案 2 和方案 3，四家单位计算结果均表明 50 年后黄河下游河道典型断面流量 10 000 m^3/s 的水位明显上升，上升幅度分别在 1.5 m（高村最大 1.44～2.38 m）和 2.0 m（高村最大 2.12～3.43 m）左右，如图 4-13 至图 4-16 所示，且防护堤治理模式的水位抬升更加明显，这与河道随来沙量增加发生明显淤积以及防护堤缩窄河宽是一致的，50 年后防护堤方案对水位的影响范围分别在±0.8 m（+0.57～-0.61，自上而下大多在±0.4～0.1 m）和±1.0 m（+0.69～-0.85，自上而下大多在±0.6～0.15 m）以内。

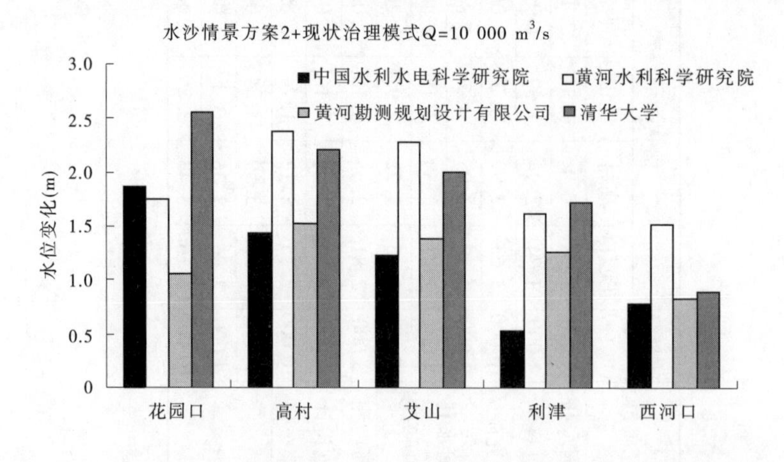

图 4-13　水沙情景方案 2 及现状模式 50 年后黄河下游流量 10 000 m^3/s 水位变化值

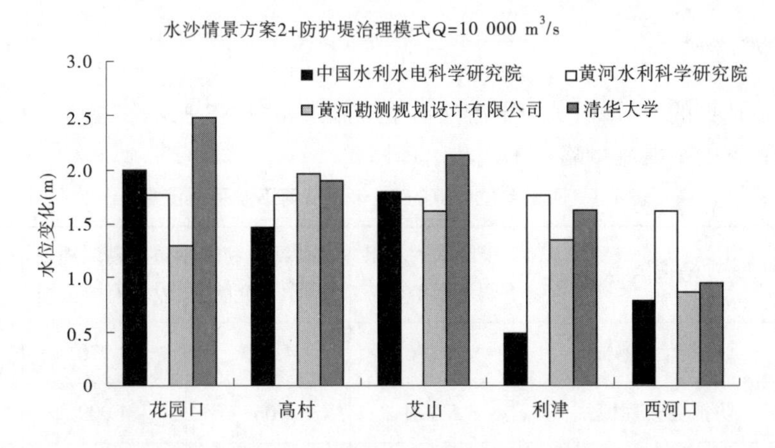

图 4-14　水沙情景方案 2 及防护堤模式 50 年后黄河下游流量 10 000 m³/s 水位变化值

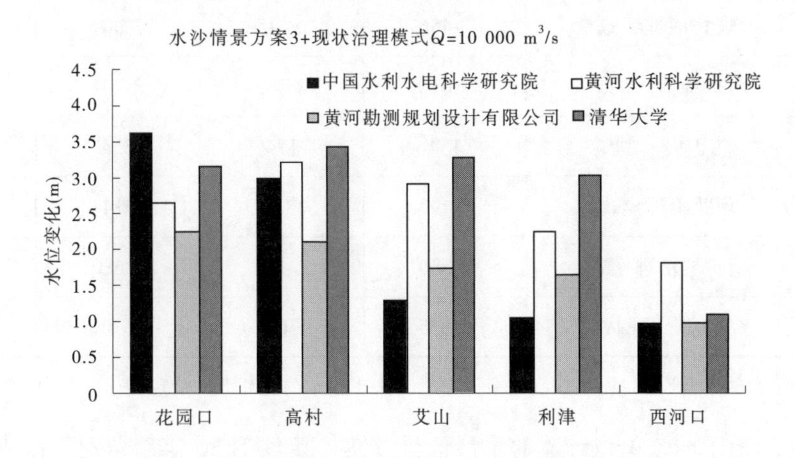

图 4-15　水沙情景方案 3 及现状模式 50 年后黄河下游流量 10 000 m³/s 水位变化值

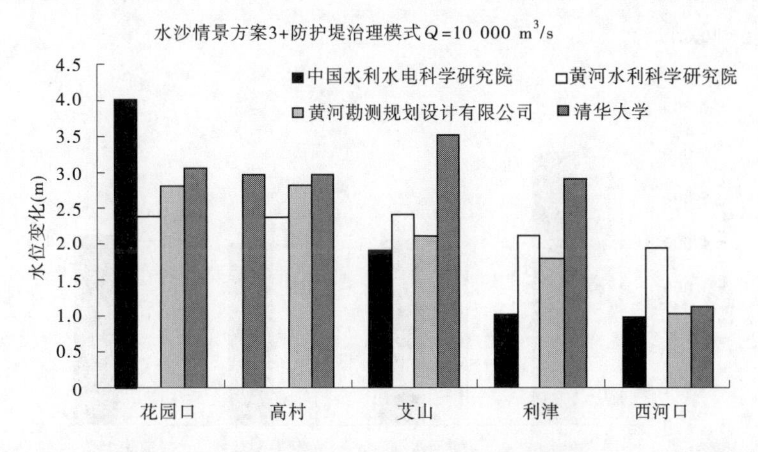

图 4-16　水沙情景方案 3 及防护堤模式 50 年后黄河下游流量 10 000 m³/s 水位变化值

4.1.3　平滩流量

四家单位计算的50年后黄河下游河道平滩流量如表4-3所示。总体上看,50年后防护堤治理模式下的平滩流量略大于现状治理模式。

表4-3　四家单位计算的50年后黄河下游平滩流量　（单位:m^3/s）

水沙系列	治理模式	中国水利水电科学研究院*	黄河水利科学研究院	黄河勘测规划设计有限公司	清华大学
水沙情景方案1	现状治理模式	5 876	4 019	3 970	4 076
	防护堤治理模式	5 990	4 067	4 009	4 168
	防护堤-现状	114	48	39	92
水沙情景方案2	现状治理模式	3 456	2 615	3 387	3 053
	防护堤治理模式	3 610	2 789	3 741	3 195
	防护堤-现状	154	174	354	142
水沙情景方案3	现状治理模式	2 497	2 058	3 144	2 563
	防护堤治理模式	2 680	2 420	3 680	2 837
	防护堤-现状	183	362	536	274

* 注:中国水利水电科学研究院采用艾利河段平均平滩流量,其他单位采用最小平滩流量。

图4-17给出了四家单位计算的水沙情景方案1条件下50年后黄河下游平滩流量,由图可见,50年后黄河下游平滩流量可保持在4 000 m^3/s以上,且防护堤方案平滩流量均略大于现状治理模式,平均增加约100 m^3/s(39~114 m^3/s),这与防护堤建设具有减淤或增冲作用是一致的。

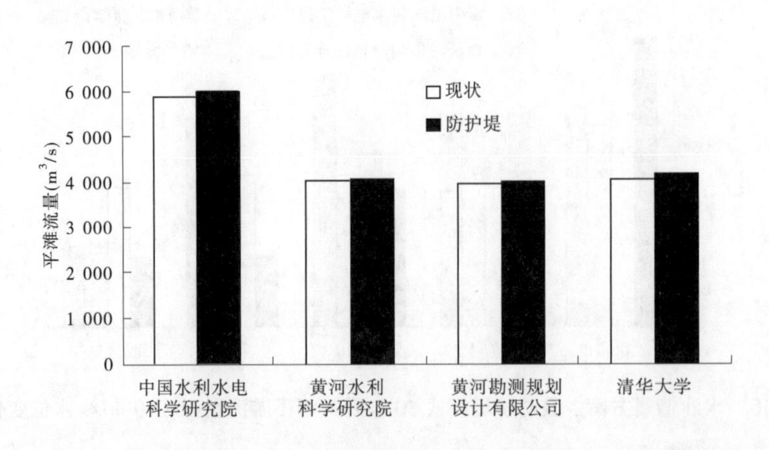

图4-17　水沙情景方案1及河道不同治理模式条件下50年后黄河下游平滩流量

图 4-18 和图 4-19 给出了四家单位计算的水沙情景方案 2 和水沙情景方案 3 条件下 50 年后黄河下游平滩流量,由图可见,50 年后两情景方案黄河下游平滩流量可分别维持在 2 600 m^3/s 和 2 000 m^3/s 以上,且防护堤治理模式的平滩流量分别大于现状治理模式约 1 200 m^3/s(142~354 m^3/s)和 300 m^3/s(183~536 m^3/s),这与防护堤建设具有减淤作用是一致的。

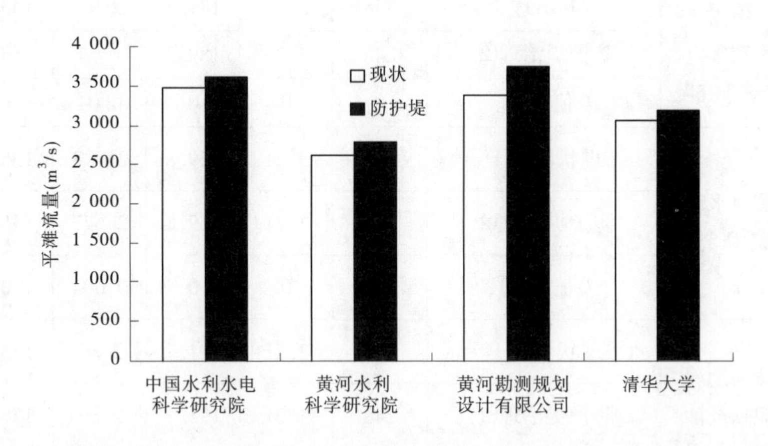

图 4-18　水沙情景方案 2 及河道不同治理模式条件下 50 年后黄河下游平滩流量

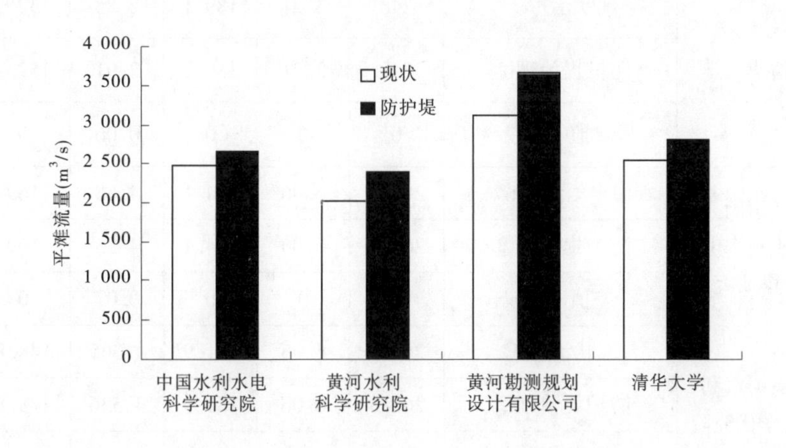

图 4-19　水沙情景方案 3 及河道不同治理模式条件下 50 年后黄河下游平滩流量

4.1.4　进入艾山以下河道水沙量

四家单位计算得到的进入艾山以下河道的年均水沙量如表 4-4 所示。总的来说,防护堤治理模式和现状治理模式下进入艾山以下河道的水量是一样的,但由于防护堤有利于提高河道输沙能力,防护堤治理模式下进入艾山以下河道的年均沙量比现状治理模式略有增加。

表 4-4　四家单位计算的进入艾山以下河道年均水沙量

水沙系列	研究单位	治理模式	小黑武		艾山		利津	
			年水量（亿 m^3）	年沙量（亿 t）	年水量（亿 m^3）	年沙量（亿 t）	年水量（亿 m^3）	年沙量（亿 t）
水沙情景方案 1	中国水利水电科学研究院	现状治理①	248	3.21	189.3	2.90	153.5	2.61
		防护堤治理②	248	3.21	189.3	2.94	153.5	2.65
		差值②-①	0	0	0	0.04	0	0.04
	黄河水利科学研究院	现状治理①	248	3.21	169.8	2.673	135.3	2.368
		防护堤治理②	248	3.21	169.8	2.677	135.3	2.373
		差值②-①	0	0	0	0.004	0	0.005
	黄河勘测规划设计有限公司	现状治理①	248	3.21	191.7	2.84	156.1	2.63
		防护堤治理②	248	3.21	191.7	2.86	156.1	2.65
		差值②-①	0	0	0	0.02	0	0.02
	清华大学	现状治理①	248	3.21	189.1	2.85	152.2	2.68
		防护堤治理②	248	3.21	189.1	2.91	152.2	2.78
		差值②-①	0	0	0	0.06	0	0.1
水沙情景方案 2	中国水利水电科学研究院	现状治理①	262.8	6.06	204.1	4.68	169	4.11
		防护堤治理②	262.8	6.06	204.1	4.75	169	4.15
		差值②-①	0	0	0	0.07	0	0.04
	黄河水利科学研究院	现状治理①	262.8	6.06	181.9	4.365	148.8	3.821
		防护堤治理②	262.8	6.06	181.9	4.536	148.8	3.987
		差值②-①	0	0	0	0.171	0	0.166
	黄河勘测规划设计有限公司	现状治理①	262.8	6.06	206.9	4.77	171.8	4.37
		防护堤治理②	262.8	6.06	206.9	4.87	171.8	4.48
		差值②-①	0	0	0	0.09	0	0.12
	清华大学	现状治理①	262.8	6.06	203.9	4.67	167	4.37
		防护堤治理②	262.8	6.06	203.9	4.79	167	4.52
		差值②-①	0	0	0	0.12	0	0.15

续表 4-4

水沙系列	研究单位	治理模式	小黑武		艾山		利津	
			年水量（亿 m^3）	年沙量（亿 t）	年水量（亿 m^3）	年沙量（亿 t）	年水量（亿 m^3）	年沙量（亿 t）
水沙情景方案 3	中国水利水电科学研究院	现状治理①	272.8	7.7	214	5.55	178.5	4.8
		防护堤治理②	272.8	7.7	214	5.62	178.5	4.84
		差值②-①	0	0	0	0.07	0	0.04
	黄河水利科学研究院	现状治理①	272.8	7.7	194.3	5.29	160.4	4.57
		防护堤治理②	272.8	7.7	194.3	5.58	160.4	4.85
		差值②-①	0	0	0	0.29	0	0.32
	黄河勘测规划设计有限公司	现状治理①	272.8	7.7	216.4	5.72	181	5.23
		防护堤治理②	272.8	7.7	216.4	5.84	181	5.37
		差值②-①	0	0	0	0.12	0	0.14
	清华大学	现状治理①	272.8	7.7	213.9	5.65	176.9	5.24
		防护堤治理②	272.8	7.7	213.9	5.77	176.9	5.42
		差值②-①	0	0	0	0.12	0	0.18

水沙情景方案 1，各家计算的进入艾山断面和利津断面的年均水量介于 170 亿～192 亿 m^3 和 135 亿～156 亿 m^3，现状治理模式下进入艾山和利津断面的年均沙量介于 2.67 亿～2.9 亿 t 和 2.37 亿～2.68 亿 t，防护堤方案进入艾山断面和利津断面的年均沙量介于 2.68 亿～2.94 亿 t 和 2.37 亿～2.78 亿 t。可以看出，防护堤方案进入艾利断面的沙量与现状治理模式基本相同，防护堤方案略大于现状，但不超过 1%。

水沙情景方案 2，各家计算的进入艾山和利津断面的年均水量介于 182 亿～207 亿 m^3 和 149 亿～172 亿 m^3，现状治理模式下进入艾山和利津断面的年均沙量介于 4.37 亿～4.77 亿 t 和 3.82 亿～4.37 亿 t，防护堤方案进入艾山和利津断面的年均沙量介于 4.54 亿～4.87 亿 t 和 3.99 亿～4.52 亿 t。可以看出，防护堤方案略大于现状，防护堤的沙量略大于现状的 2%左右。

水沙情景方案 3，各家计算的进入艾山断面和利津断面的年均水量介于 194 亿～216 亿 m^3 和 160 亿～181 亿 m^3，现状治理模式下进入艾山和利津断面的年均沙量介于 5.43 亿～5.72 亿 t 和 4.80 亿 ～5.24 亿 t，防护堤方案进入艾山和利津断面的年均沙量介于 5.62 亿～5.84 亿 t 和 4.84 亿～5.42 亿 t。可以看出，防护堤方案略大于现状，防护堤的沙量略大于现状的 2%左右。

4.1.5　对河口的影响

四家单位计算给出了未来 50 年黄河河口累计淤积量、西河口水位和河长变化，如

表 4-5 所示。

表 4-5 防护堤方案对黄河河口淤积量、水位和河长影响汇总

水沙系列	研究单位	利津至 CS6 淤积量(亿 t)			10 000 m³/s 流量下西河口水位变化(m)			西河口以下河长及变化(km)		
		现状治理模式	防护堤治理	防护堤-现状	现状治理模式	防护堤治理	防护堤-现状	现状治理模式	防护堤治理	防护堤-现状
水沙情景方案1	中国水利水电科学研究院	0. 24	0. 363	0. 123	0. 53	0. 53	0	66. 46	66. 55	0. 09
	黄河水利科学研究院	1. 282	1. 284	0. 002	0. 98	0. 98	0	67. 22	67. 24	0. 02
	黄河勘测规划设计有限公司	0. 26	0. 3	0. 05	0. 48	0. 49	0	69. 7	69. 7	0
	清华大学	1	1. 03	0. 03	0. 58	0. 6	0. 02	67. 17	67. 24	0. 07
水沙情景方案2	中国水利水电科学研究院	0. 488	0. 688	0. 2	0. 78	0. 79	0. 01	69. 47	69. 65	0. 18
	黄河水利科学研究院	2. 41	2. 637	0. 227	1. 52	1. 62	0. 1	74. 12	75. 02	0. 9
	黄河勘测规划设计有限公司	2. 2	2. 45	0. 24	0. 83	0. 87	0. 03	74. 5	74. 9	0. 4
	清华大学	2. 32	2. 4	0. 08	0. 9	0. 95	0. 05	72. 5	72. 91	0. 41
水沙情景方案3	中国水利水电科学研究院	0. 556	0. 85	0. 294	0. 97	0. 99	0. 02	71. 81	72. 04	0. 23
	黄河水利科学研究院	2. 888	3. 379	0. 491	1. 82	1. 95	0. 13	78. 6	80	1. 4
	黄河勘测规划设计有限公司	2. 93	3. 22	0. 29	0. 99	1. 03	0. 03	76. 8	77. 3	0. 5
	清华大学	2. 9	3	0. 1	1	1. 04	0. 04	73. 95	74. 3	0. 35

4. 1. 5. 1 冲淤量

无论是现状治理模式下还是防护堤治理模式下,四家单位计算成果表明,黄河河口段未来 50 年均为淤积状态,但淤积强度不大。现状治理模式下,水沙情景方案 1 下各家淤积量在 0. 24 亿~1. 28 亿 t,水沙情景方案 2 下各家淤积量在 0. 49 亿~2. 41 亿 t,水沙情景方案 3 下各家淤积量在 0. 56 亿~2. 93 亿 t;防护堤治理模式下,进入河口的沙量有所增多,同一水沙情景方案的河口淤积量比现状治理模式的略有增大,四家计算的水沙情景方案 1~方案 3 的淤积量增加值分别在 0. 12 亿 t、0. 24 亿 t 和 0. 50 亿 t 之内。

4. 1. 5. 2 同流量水位

受河口段淤积及河口延伸的影响,现状治理模式和防护堤治理模式下西河口水位均呈现抬升的态势。20 世纪 50 年末现状治理模式,水沙情景方案 1~方案 3 的 10 000 m^3/s 流量下西河口水位抬升值,中国水利水电科学研究院、黄河勘测规划设计有限公司和清华

大学的计算平均值分别为 0.50 m 左右、0.8 m 和 1.0 m 左右；黄河水利科学研究院计算值稍大，分别为 1.0 m、1.5 m 和 1.8 m 左右。与现状治理模式相比，防护堤治理模式对西河口水位抬升影响更大一些，多抬升的水位值在 0.13 m 之内。

4.1.5.3　河长变化

四家单位计算的 50 年后西河口以下河长结果表明，现状治理模式和防护堤治理模式的西河口以下河长均呈延伸的态势。50 年末，现状治理模式下情景方案 1～方案 3 的西河口以下河长延伸值，中国水利水电科学研究院为 6.4～11.7 km、黄河水利科学研究院为 11.2～20.8 km、黄河勘测规划设计有限公司为 9.7～16.8 km、清华大学为 12.03～18.81 km；防护堤治理模式的河口延伸长度略大于现状治理模式，增加的河口长度在 1.4 km 之内。

4.2　下游河道洪水演进特性及防洪形势计算成果

采用二维水沙动力学数学模型，分别计算现状治理模式和防护堤治理模式下，四个典型洪水过程在黄河下游的洪水演进过程及河道冲淤过程。

本节前三小节重点比较现状治理模式与防护堤方案一（口门“一次性开启”方案）下，三家单位在洪水演进和河道冲淤方面的计算成果，以分析防护堤口门“一次性开启”分洪方案对下游河道的影响。第四小节通过比较“自上而下开启”分洪方案与“一次性开启”分洪方案的计算成果，进一步分析不同分洪方案对洪水演进与河道冲淤的影响。

4.2.1　洪峰流量及演进时间

三家单位计算得到的四个典型洪水过程现状治理模式和防护堤方案一下游河道典型断面最大洪峰流量、洪峰沿程衰减率和演进时间等汇总于表 4-6。表中洪峰流量指一场洪水中的最大流量，洪峰衰减率指与花园口断面比较沿程各断面的最大洪峰流量减少百分数，演进时间指下游各断面最大洪峰时刻与花园口断面最大洪峰时刻的时间差。

4.2.1.1　洪峰流量

1. 1 000 年一遇（“58·7”型）洪水

三家单位计算的下游各断面不同治理模式下的洪峰流量及防护堤方案的影响比较见图 4-20，具体数据见表 4-6。本场洪水花园口洪峰流量达到 18 900 m^3/s，13 d 洪水过程中超过 10 000 m^3/s 的时间有 132 h，三家单位计算结果表明两种治理模式下洪水演进到孙口断面最大洪峰流量达到或超过 10 000 m^3/s，满足东平湖分洪条件，所以到出口艾山断面的最大洪峰流量均为 10 000 m^3/s，即在人工干预下，花园口至艾山的洪峰衰减率均为 47.09%，三家单位没有差别。但三家单位计算的中间断面洪峰流量有一定差异，现状治理模式下，夹河滩、高村和孙口断面的最大洪峰流量分别介于 14 040～15 093 m^3/s、12 816～14 066 m^3/s 和 12 505～13 424 m^3/s，以清华大学计算的洪峰流量最大，黄河勘测规划设计有限公司计算值次之，黄河水利科学研究院计算值最小、沿程洪峰衰减率最大。防护堤方案，三家单位计算的夹河滩、高村和孙口断面的最大洪峰流量分别介于 13 059～15 422 m^3/s、11 646～14 311 m^3/s 和 11 192～12 254 m^3/s，黄河水利科学研究院计算值最小，黄河勘测规划设计有限公司计算值最大。

表 4-6　三家单位计算的典型洪水演进成果汇总

典型洪水	研究单位	项目	现状治理模式					防护堤方案一				防护堤-现状			
			花园口	夹河滩	高村	孙口	艾山	夹河滩	高村	孙口	艾山	夹河滩	高村	孙口	艾山
1 000 年一遇（“58·7”型）洪水	黄河水利科学研究院	洪峰流量(m^3/s)	18 900	14 040	12 816	12 505	10 000	13 059	11 646	11 192	10 000	-981	-1 170	-1 313	0
		洪峰衰减率(%)		25.71	32.19	33.84	47.09	30.90	38.38	40.78	47.09	5.19	6.19	6.95	0
		演进时间(h)	0	29	57	89	113	21	69	105	117	-8	12	16	4
	黄河勘测规划设计有限公司	洪峰流量(m^3/s)	18 900	14 621	13 805	13 352	10 000	15 422	14 311	12 254	10 000	801	506	-1 098	0
		洪峰衰减率(%)		22.64	26.96	29.35	47.09	18.40	24.28	35.16	47.09	-4.24	-2.68	5.81	0
		演进时间(h)	0	22	52	86	113	15	30	74	103	-7	-22	-12	-10
	清华大学	洪峰流量(m^3/s)	18 900	15 093	14 066	13 424	10 000	14 667	12 822	11 748	10 000	-426	-1 244	-1 676	0
		洪峰衰减率(%)		20.14	25.58	28.97	47.09	22.40	32.16	37.84	47.09	2.25	6.58	8.87	0
		演进时间(h)	0	23	47	71	83	21	53	101	113	-2	6	30	30
100 年一遇（“58·7”型）洪水	黄河水利科学研究院	洪峰流量(m^3/s)	14 335	11 128	10 426	10 125	9 952	10 886	9 605	9 291	9 220	-242	-821	-834	-732
		洪峰衰减率(%)		22.37	27.27	29.37	30.58	24.06	33.00	35.19	35.68	1.69	5.73	5.82	5.11
		演进时间(h)	0	27	55	95	135	19	87	127	155	-8	32	32	20
	黄河勘测规划设计有限公司	洪峰流量(m^3/s)	14 335	11 039	10 654	10 561	10 000	11 781	11 017	10 346	10 000	742	363	-215	0
		洪峰衰减率(%)		22.99	25.68	26.33	30.24	17.82	23.15	27.83	30.24	-5.18	-2.53	1.50	0
		演进时间(h)	0	19	40	75	111	17	30	73	110	-2	-10	-2	-1
	清华大学	洪峰流量(m^3/s)	14 335	11 336	10 765	10 347	10 000	11 771	10 179	9 642	9 545	435	-586	-705	-455
		洪峰衰减率(%)		20.92	24.90	27.82	30.24	17.89	28.99	32.74	33.41	-3.03	4.09	4.92	3.17
		演进时间(h)	0	25	49	73	97	19	43	121	139	-6	-6	48	42

续表 4-6

典型洪水	研究单位	项目	现状治理模式					防护堤方案一				防护堤-现状			
			花园口	夹河滩	高村	孙口	艾山	夹河滩	高村	孙口	艾山	夹河滩	高村	孙口	艾山
10 年一遇（"73·8"型）洪水	黄河水利科学研究院	洪峰流量(m^3/s)	10 000	9 910	9 733	9 561	9 453	9 987	9 899	9 732	9 700	77	166	171	247
		洪峰衰减率(%)				1. 43	2. 48		0. 52	2. 00	2. 29		0. 52	0. 57	-0. 19
		演进时间(h)	0	42	74	110	126	38	54	86	98	-4	-20	-24	-28
	黄河勘测规划设计有限公司	洪峰流量(m^3/s)	10 000	9 881	9 773	9 512	9 184	9 992	9 978	9 739	9 488	111	205	227	304
		洪峰衰减率(%)		1. 19	2. 27	4. 88	8. 16	0. 08	0. 22	2. 61	5. 12	-1. 11	-2. 05	-2. 27	-3. 05
		演进时间(h)	0	29	54	125	139	23	32	100	112	-6	-22	-25	-27
	清华大学	洪峰流量(m^3/s)	10 000	9 594	9 371	8 812	8 775	9 825	9 420	9 010	8 843	231	48	198	68
		洪峰衰减率(%)		4. 06	6. 29	11. 88	12. 25	1. 75	5. 80	9. 90	11. 57	-2. 31	-0. 49	-1. 98	-0. 68
		演进时间(h)	0	24	42	72	90	18	30	54	60	-6	-12	-18	-30
5 年一遇（"96·8"型）洪水	黄河水利科学研究院	洪峰流量(m^3/s)	7 860	6 311	6 043	5 560	5 400	7 211	6 785	6 328	6 163	900	742	768	763
		洪峰衰减率(%)		19. 71	23. 12	29. 26	31. 30	8. 26	13. 68	19. 49	21. 59	-11. 45	-9. 44	-9. 77	-9. 71
		演进时间(h)	0	24	68	120	144	24	44	76	92	0	-24	-44	-52
	黄河勘测规划设计有限公司	洪峰流量(m^3/s)	7 860	7 214	6 590	4 485	4 331	7 378	6 799	5 550	5 325	164	209	1 065	994
		洪峰衰减率(%)		8. 22	16. 16	42. 94	44. 90	6. 13	13. 50	29. 39	32. 25	-2. 09	-2. 66	-13. 55	-12. 65
		演进时间(h)	0	12	27	77	100	11	25	71	77	-1	-2	-6	-23
	清华大学	洪峰流量(m^3/s)	7 860	6 559	6 152	6 127	6 077	7 334	7 106	6 817	6 728	955	690	651	774
		洪峰衰减率(%)		16. 55	21. 73	22. 05	22. 68	6. 69	9. 59	13. 27	14. 40	-9. 86	-12. 14	-8. 78	-8. 28
		演进时间(h)	0	26	62	98	122	20	44	68	86	-6	-18	-30	-36

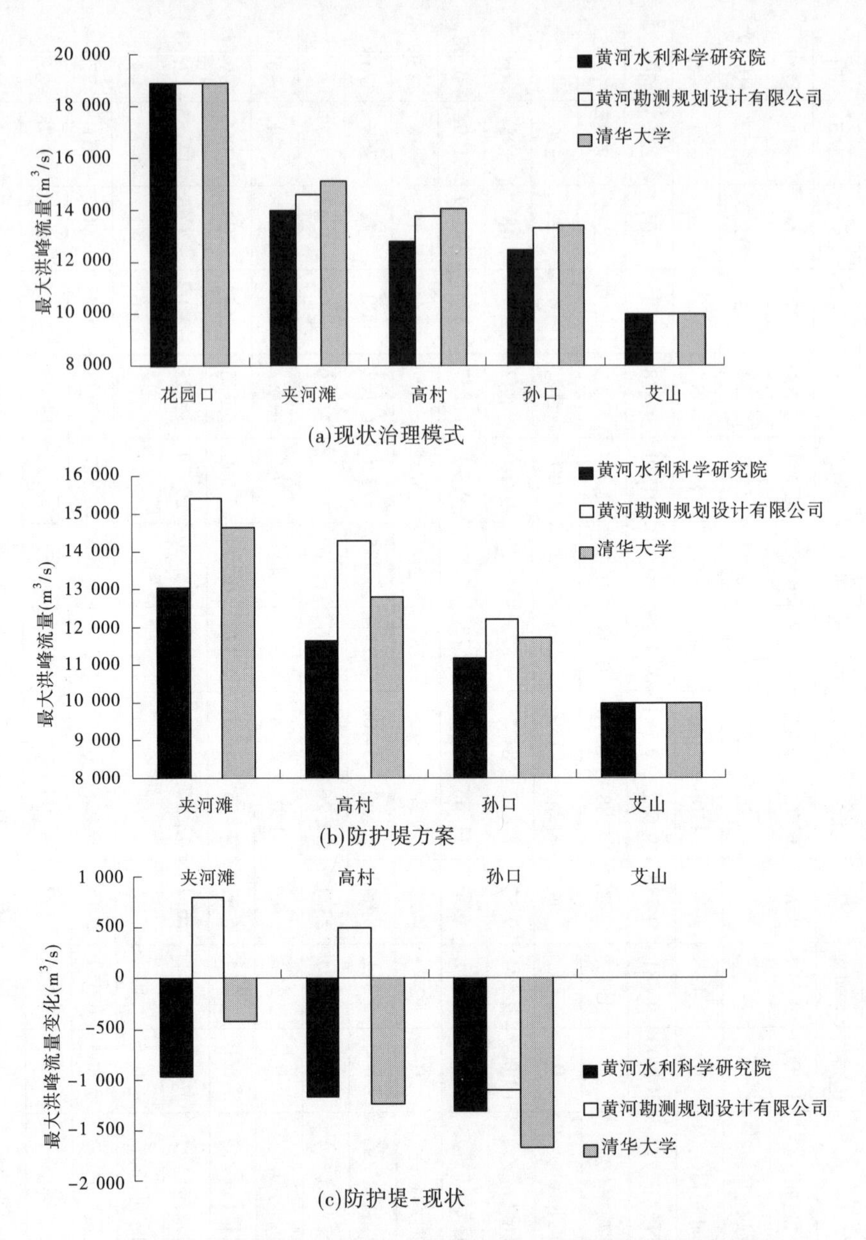

图 4-20　不同治理方案 1 000 年一遇洪水下游断面洪峰流量比较

防护堤方案与现状治理模式比较，夹河滩、高村和孙口断面的最大洪峰流量变化值分别介于-981～801 m^3/s、-1 244～506 m^3/s 和-1 676～-1 098 m^3/s，黄河勘测规划设计有限公司成果表明防护堤方案增大了夹河滩和高村断面的洪峰流量，另两家单位认为防护堤实施不利于防护堤口门分洪后的退水，所以减小了下游断面的洪峰流量。

2. 100 年一遇("58 · 7"型)洪水

三家单位计算的下游各断面不同治理模式下的洪峰流量及防护堤方案的影响比较见图 4-21，具体数据见表 4-6。本场洪水花园口洪峰流量达到 14 335 m^3/s，13 d 洪水过程中超过 10 000 m^3/s 的时间有 122 h，洪水特性与 1 000 年一遇("58 · 7"型)洪水较为接近，三家单位计算的沿程洪峰变化规律也基本与 1 000 年一遇("58·7"型)相差不大。现状治理模式下,洪水演进到孙口断面最大洪峰流量接近达到或略超过 10 000 m³/s 而满足东平湖分洪条件,三家单位计算值比较接近,夹河滩、高村、孙口和艾山断面的最大洪峰流量分别介于 11 039~11 336 m³/s、10 426~10 765 m³/s、10 125~10 561 m³/s 和 9 952~10 000 m³/s。防护堤方案,三家单位计算的夹河滩、高村、孙口和艾山断面的最大洪峰流量分别介于 10 886~11 781 m³/s、9 605~11 017 m³/s、9 291~10 346 m³/s 和 9 220~10 000 m³/s。

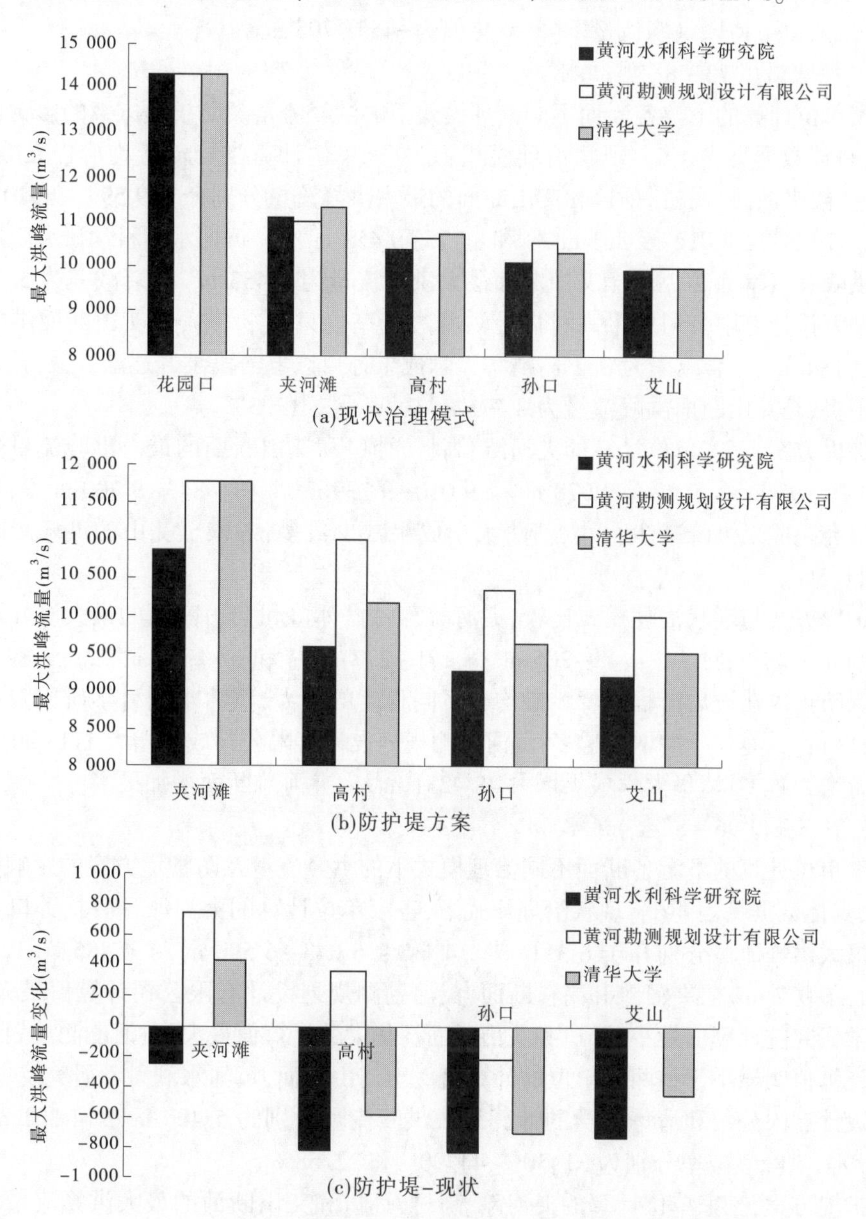

图 4-21　不同治理方案 100 年一遇洪水下游断面洪峰流量比较

防护堤方案与现状治理模式比较,夹河滩、高村、孙口和艾山断面的最大洪峰流量变化值分别介于−242～742 m^3/s、−821～363 m^3/s、−834～−215 m^3/s 和−732～0 m^3/s，黄河勘测规划设计有限公司成果表明防护堤方案增大了夹河滩和高村断面的洪峰流量，增大值分别为 742 m^3/s 和 364 m^3/s，孙口断面因口门和东平湖分洪等影响洪峰流量下降了 215 m^3/s，两种治理模式下东平湖均达分洪条件，所以艾山断面最大流量控制在 10 000 m^3/s 不变；黄河水利科学研究院成果为防护堤实施后沿程洪峰流量有所下降，变化值 −242 ～−834 m^3/s，孙口断面下降最多；清华大学计算成果显示夹河滩断面洪峰流量增大了 435 m^3/s，以下河段洪峰流量下降，变化值为−455～705 m^3/s。

3. 10 年一遇（"73 · 8"型）洪水

三家单位计算的下游各断面不同治理模式下的洪峰流量及防护堤方案的影响比较见图 4-22，具体数据见表 4-6。现状治理模式下，三家单位计算洪峰流量均沿程衰减，但数值有所差异，夹河滩、高村、孙口和艾山断面的最大洪峰流量分别介于 9 594～9 910 m^3/s、9 371～9 773 m^3/s、8 812～9 561 m^3/s 和 8 775～9 453 m^3/s。黄河水利科学研究院成果高村以上洪峰衰减率为 2.7%，至艾山断面最大洪峰流量为 9 453 m^3/s，衰减率为 5.5%；黄河勘测规划设计有限公司成果高村以上洪峰衰减率也只有 2.3%，至艾山断面洪峰流量减少到 9 184 m^3/s，衰减率为 8.2%；清华大学成果孙口以上河段洪峰逐渐衰减，孙口至艾山减小不多，至艾山断面洪峰流量为 8 775 m^3/s，衰减率 12.3%。

防护堤方案，三家单位计算的夹河滩、高村、孙口和艾山断面的最大洪峰流量分别介于 9 825～9 992 m^3/s、9 420～9 978 m^3/s、9 010～9 739 m^3/s 和 8 843～9 700 m^3/s，黄河水利科学研究院成果洪峰减少最小，清华大学成果减少最多，各家至艾山的洪峰衰减率为 3.0%～11.5%。

防护堤方案与现状治理模式比较，夹河滩、高村、孙口和艾山断面的最大洪峰流量变化值分别介于 77～231 m^3/s、48～205 m^3/s、171～227 m^3/s 和 68～304 m^3/s。三家单位成果均表明防护堤建设后沿程洪峰流量均有不同程度的增大，黄河水利科学研究院成果增大 77～247 m^3/s，越往下游增大越多；黄河勘测规划设计有限公司成果增大 111～307 m^3/s，越往下游增大越多；清华大学成果增大 48～231 m^3/s，夹河滩断面增加最多。

4. 5 年一遇（"96 · 8"型）洪水

三家单位计算的下游各断面不同治理模式下的洪峰流量及防护堤方案的影响比较见图 4-23，具体数据见表 4-6。现状治理模式下，各家单位计算的夹河滩、高村、孙口和艾山断面的最大洪峰流量分别介于 6 311～7 214 m^3/s、6 043～6 590 m^3/s、4 485～6 127 m^3/s 和 4 331～6 077 m^3/s，夹河滩和高村断面，黄河勘测规划设计有限公司计算值最大、黄河水利科学研究院计算值最小，孙口和艾山断面清华大学计算值最大、黄河勘测规划设计有限公司计算值明显小于另两家单位的计算值。至艾山断面，黄河水利科学研究院、黄河勘测规划设计有限公司和清华大学的计算最大洪峰流量分别为 5 400 m^3/s、4 331 m^3/s 和 6 077 m^3/s，洪峰衰减率分别为 31.30%、44.90%和 22.68%。

防护堤方案，三家单位计算的夹河滩、高村、孙口和艾山断面的最大洪峰流量分别介于 7 211～7 378 m^3/s、6 786～7 106 m^3/s、5 550～6 817 m^3/s 和 5 325～6 728 m^3/s，夹河滩和高村断面差别较小，孙口和艾山断面清华大学计算值最大、黄河勘测规划设计有限公司计算值明显小于另两家单位的计算值。至艾山断面，黄河水利科学研究院、黄河勘测规划设计

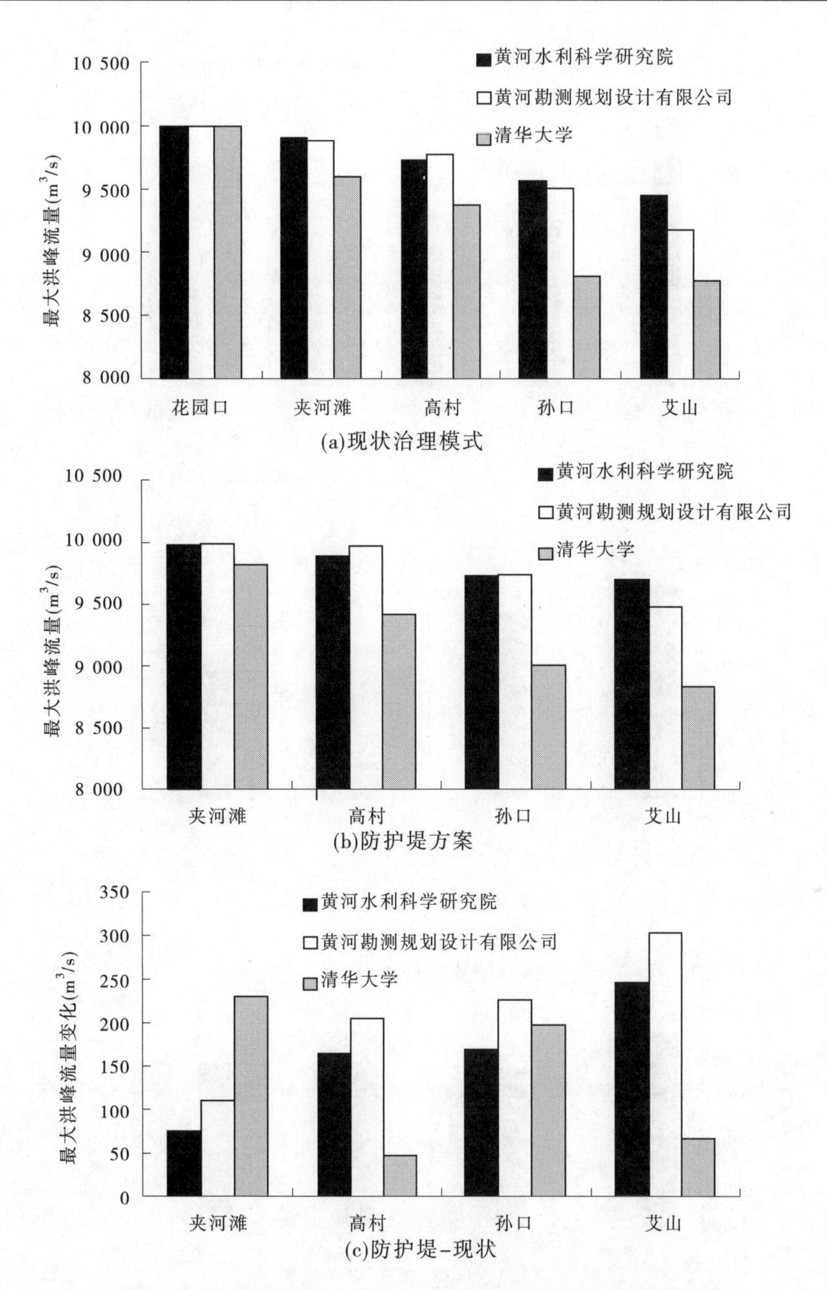

图4-22 不同治理方案10年一遇洪水下游断面洪峰流量比较

有限公司和清华大学的计算最大洪峰流量分别为6 163 m³/s、5 325 m³/s和6 728 m³/s,洪峰衰减率分别为21.59%、32.25%和14.40%。

防护堤方案与现状治理模式比较,夹河滩、高村、孙口和艾山断面的最大洪峰流量变化值分别介于164~955 m³/s、209~742 m³/s、651~1 065 m³/s和763~993 m³/s。对于"96·8"型较小洪水,三家单位成果虽有一定差异,但均表明防护堤方案增大了下游河道的洪峰流量。黄河勘测规划设计有限公司计算的夹河滩和高村断面洪峰增加较小,在

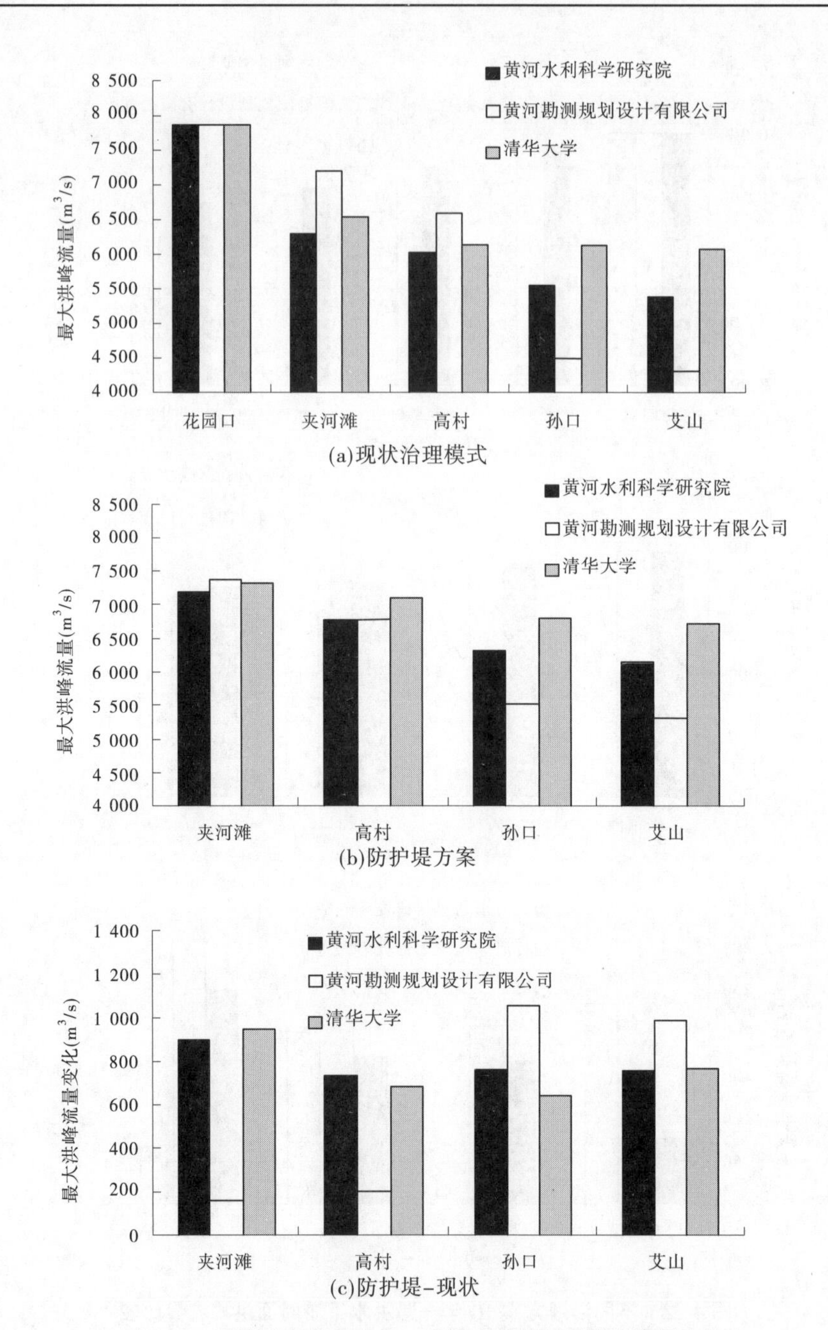

图 4-23　不同治理方案 5 年一遇洪水下游断面洪峰流量比较

200 m³/s 左右,孙口和艾山断面增加较多,在 1 000 m³/s 左右。

4.2.1.2　**演进时间**

1. 1 000 年一遇("58 · 7"型)洪水

三家单位计算的下游各断面不同治理模式下的洪峰演进时间及防护堤方案的影响比较见图 4-24,具体数据见表 4-6。

现状治理模式下,三家单位计算的洪峰从花园口演进至夹河滩、高村、孙口和艾山断

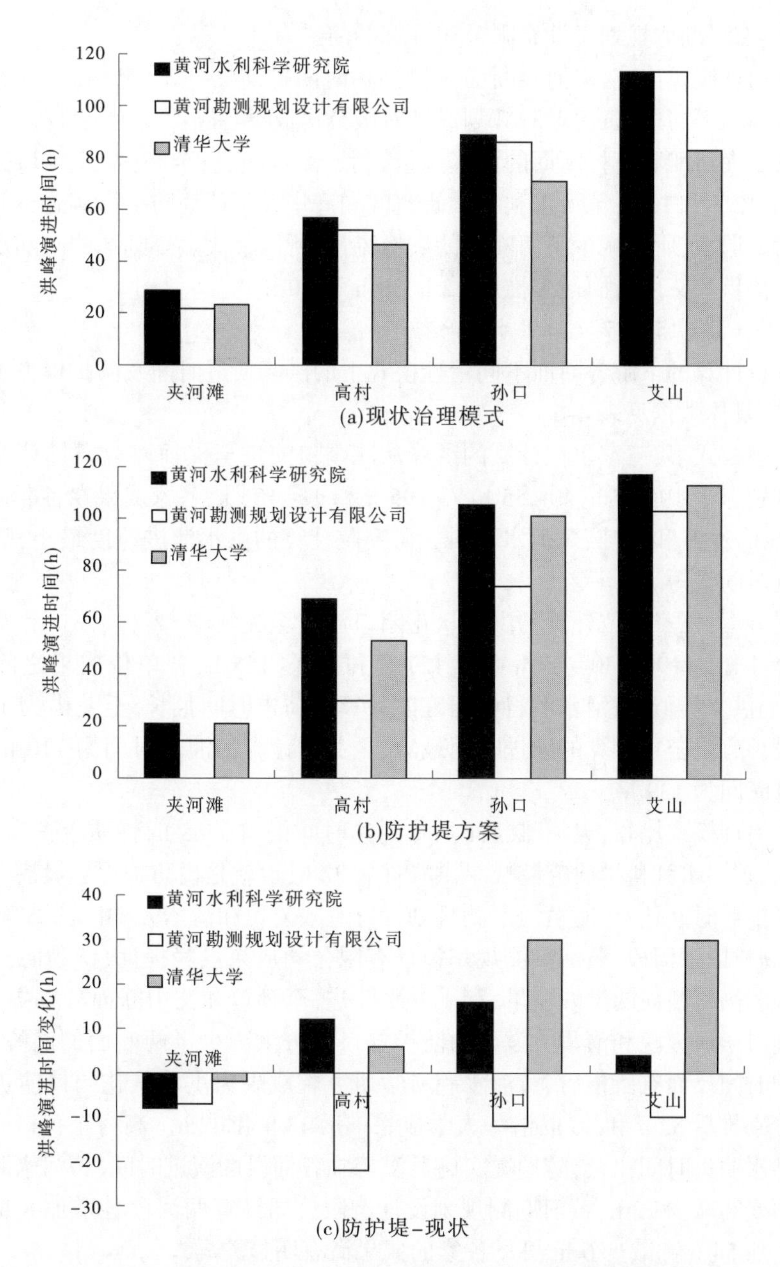

图 4-24　不同治理方案 1 000 年一遇洪水最大洪峰演进时间比较

面的时间分别介于 22～29 h、47～57 h、71～89 h 和 83～113 h，黄河水利科学研究院和黄河勘测规划设计有限公司计算值相差不大，洪水演进速度相对较慢，清华大学最快。各家成果在各断面的差异分别为 7 h、10 h、18 h 和 30 h，计算的洪水演进时间越往下游差异越大，各家模型在洪水演进计算模式上均是合理的，演进时间的差异可能与各家的在局部地形处理、计算网格疏密程度和滩槽阻力系数的确定等有所不同有关。

防护堤方案，三家单位计算的洪峰从花园口演进至夹河滩、高村、孙口和艾山断面的时间分别介于 15～21 h、30～69 h、74～105 h 和 103～117 h，黄河水利科学研究院计算的演进时间最长、黄河勘测规划设计有限公司计算的演进时间最短。

与现状治理模式比较,夹河滩断面洪峰到达时间提前 2~8 h,定性上三家单位一致。演进至高村及以下河段,黄河勘测规划设计有限公司成果各断面均为洪峰提前,认为防护堤方案增大了夹河滩和高村断面的洪峰流量,利于洪水演进,至高村、孙口和艾山断面分别提前 22 h、12 h 和 10 h;黄河水利科学研究院和清华大学认为防护堤实施不利于防护堤口门分洪后的退水,所以减少了两断面的洪峰流量,所以最大洪峰到达的时间反而有所推后,至高村、孙口和艾山断面最多推后 12 h、30 h 和 30 h。

2. 100 年一遇("58 · 7"型)洪水

三家单位计算的下游各断面不同治理模式下的洪峰演进时间及防护堤方案的影响比较见图 4-25,具体数据见表 4-6。

现状治理模式下,三家单位计算的洪峰从花园口演进至夹河滩、高村、孙口和艾山断面的时间分别介于 19~27 h、40~55 h、73~95 h 和 97~135 h,各家成果在各断面的差异分别为 8 h、15 h、22 h 和 38 h,黄河水利科学研究院计算的洪水演进速度最小,清华大学总体洪峰演进时间最短。

防护堤方案,三家单位计算的洪峰从花园口演进至夹河滩、高村、孙口和艾山断面的时间分别介于 17~19 h、30~87 h、73~127 h 和 110~155 h,各单位成果之间的差异与 1 000 年一遇洪水类似,黄河水利科学研究院计算的演进时间最长,至艾山为 155 h,黄河勘测规划设计有限公司计算的演进时间最短,至艾山计算的演进时间为 110 h,清华大学计算的演进时间为 139 h。

与现状治理模式比较,夹河滩断面洪峰到达时间提前 2~8 h,性质上三家单位一致。至高村断面,黄河水利科学研究院成果洪峰推后 32 h,也就是说防护堤建设后夹河滩至高河村段洪峰推后时间达 40 h;黄河勘测规划设计有限公司和清华大学计算洪峰提前 6~10 h。演进至高村以下河段,黄河勘测规划设计有限公司成果洪峰提前,认为防护堤方案增大了夹河滩和高村断面的洪峰流量,利于洪水演进,至孙口和艾山断面分别提前 2 h 和 1 h;黄河水利科学研究院和清华大学认为防护堤口门分洪减少了两断面的洪峰流量,所以洪峰到达的时间反而有所推后,黄河水利科学研究院成果为洪峰从花园口演进到孙口和艾山断面分别推后 32 h 和 20 h,清华大学成果推后 48 h 和 42 h。高村至孙口和孙口至艾山分河段洪水演进时间比较,防护堤实施后洪峰在各河段的演进时间,黄河水利科学研究院计算为不变和减少 12 h,黄河勘测规划设计有限公司计算两河段各增加 8 h 和 1 h,清华大学为增加 54 h 和减少 6 h,可见各家的成果尚有明显差异。

3. 10 年一遇("73 · 8"型)洪水

三家单位计算的下游各断面不同治理模式下的洪峰演进时间及防护堤方案的影响比较见图 4-26,具体数据见表 4-6。

现状治理模式下,三家单位计算的洪峰从花园口演进至夹河滩、高村、孙口和艾山断面的时间分别介于 24~42 h、42~74 h、72~125 h 和 90~139 h,各家成果在各断面的差异分别为 18 h、32 h、53 h 和 49 h,各断面洪峰演进时间以清华大学计算最短,演进至高村以上黄河水利科学研究院计算演进速度最小,至孙口、艾山黄河勘测规划设计有限公司所需时间最长。

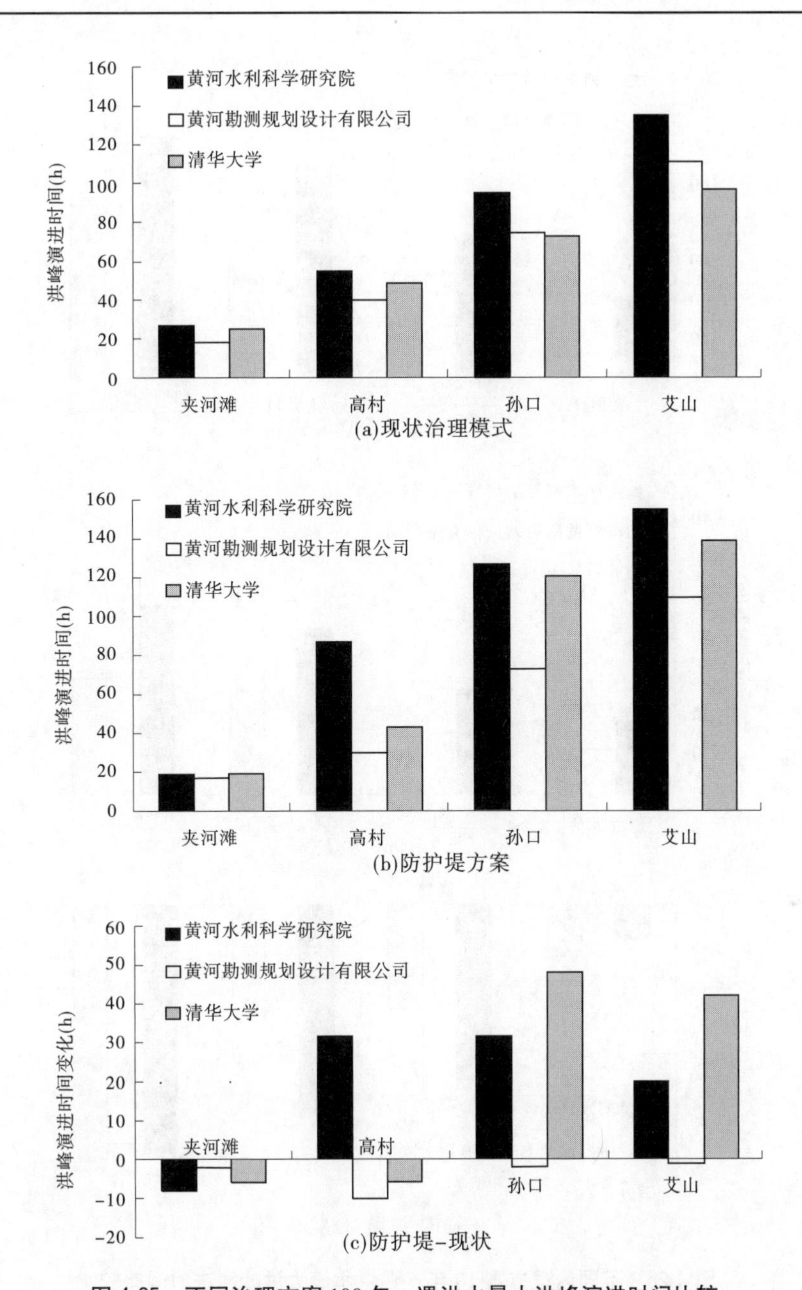

图4-25　不同治理方案100年一遇洪水最大洪峰演进时间比较

防护堤方案,三家单位计算的洪峰演进规律与现状方案一致,从花园口演进至夹河滩、高村、孙口和艾山断面的时间分别介于18~38 h、30~54 h、54~100 h和60~112 h,各单位成果之间的差异比较大,也基本是清华大学计算的演进时间短,至艾山以黄河勘测规划设计有限公司计算的演进时间最长。

与现状治理模式比较,在定性上三家单位成果是一致的,即防护堤建设后,且本场洪水无需破口分洪的情况下,防护堤利于水流归顺,沿程各断面最大洪峰到达的时间均有所提前。三家单位计算的洪峰从花园口演进至夹河滩、高村、孙口和艾山断面的时间变化分

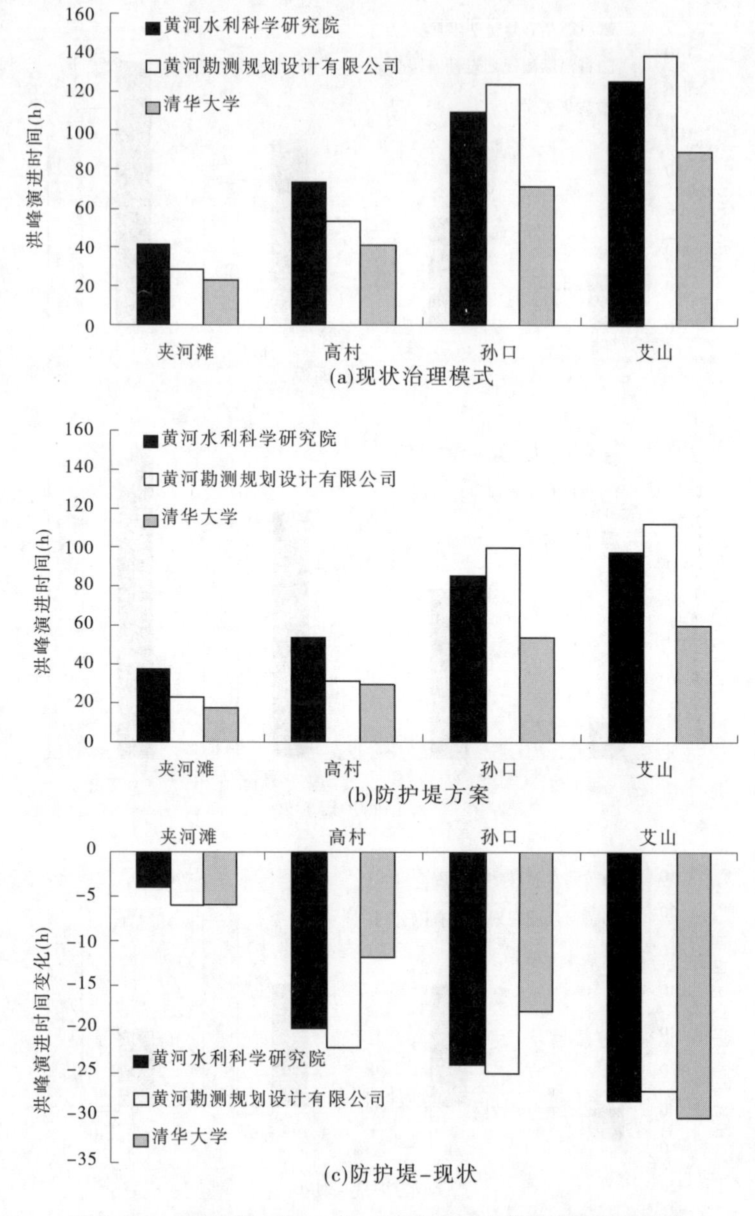

图 4-26　不同治理方案 10 年一遇洪水最大洪峰演进时间比较

别介于-6～-4 h、-22～-12 h、-25～-18 h 和-30～-28 h,以黄河勘测规划设计有限公司成果提前最多。

4. 5 年一遇(“73 · 8”型)洪水

三家单位计算的下游各断面不同治理模式下的洪峰演进时间及防护堤方案的影响比较见图 4-27,具体数据见表 4-6。

现状治理模式下,三家单位计算的洪峰从花园口演进至夹河滩、高村、孙口和艾山断面的时间分别介于 12～26 h、27～68 h、77～120 h 和 100～144 h,各家成果在各断面的差异

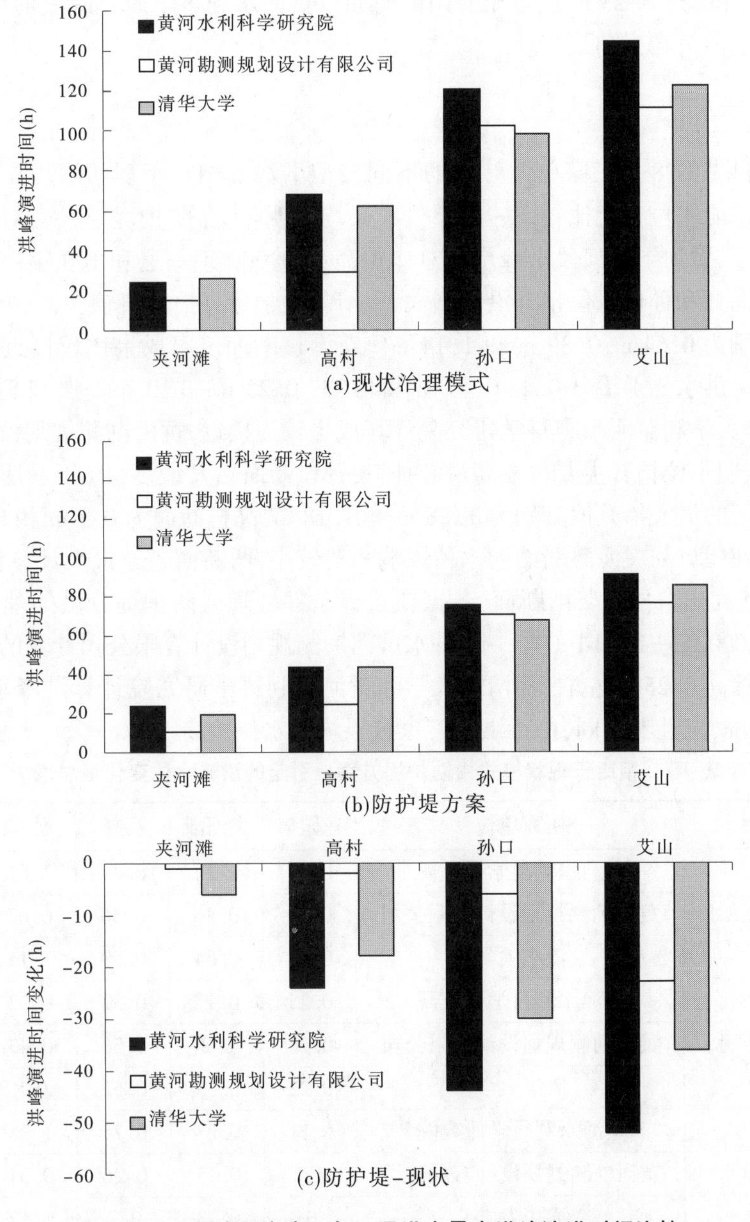

图 4-27　不同治理方案 5 年一遇洪水最大洪峰演进时间比较

分别为 14 h、41 h、43 h 和 44 h。总体而言,洪峰自花园口至艾山,黄河水利科学研究院计算的洪水演进速度最小,黄河勘测规划设计有限公司计算的洪水演进速度最大。

防护堤方案,三家单位计算的洪峰演进规律与现状方案一致,从花园口演进至夹河滩、高村、孙口和艾山断面的时间分别介于 11～24 h、25～44 h、68～76 h 和 77～92 h,各单位成果之间的差异相对较小。与现状治理模式比较,总体上各家成果均显示防护堤建设利于小流量洪水流路归顺,沿程各断面洪峰到达的时间均有所提前。三家单位计算的洪峰从花园口演进至夹河滩、高村、孙口和艾山断面的时间变化分别介于-6～0 h、-24～-2 h、-44～-6 h 和-52～-23 h,演进至艾山的时间以黄河水利科学研究院提前最多,黄河勘测规划设计有限公司提前最少。

4.2.2 洪峰水位

表 4-7 和图 4-28 为三家单位计算的不同典型洪水下相对于现状治理模式由防护堤方案引起的洪峰水位变化比较。三家单位成果均表明:①在防护堤建设会对洪水有阻水及约束作用下,黄河下游河段洪峰水位总体抬高;②1 000 年一遇和 100 年一遇大洪水情况,夹河滩、高村和孙口水位抬升沿程增大,以清华大学计算抬升值较多,三个断面水位最大升高值分别为 0.64 m、0.89 m 和 1.14 m。花园口断面三家成果比较接近,1 000 一遇和 100 年一遇洪水分别抬升 0.4~0.57 m 和 0.22~0.25 m;③10 年一遇和 5 年一遇的中小洪水,清华大学和黄河水利科学研究院计算成果较为接近,黄河勘测规划设计有限公司稍小,但均表明水位抬升主要也在高村和孙口,孙口断面抬升最多,10 年一遇和 5 年一遇洪水孙口断面的最大抬升值分别为 1.28 m 和 1.18 m,高村断面为 0.7 m 和 0.5 m 左右。中小洪水对花园口和夹河滩断面的水位影响相对较小,两断面各家最大计算值为 0.18 m 和 0.37 m;④在出口控制艾山断面,各家在边界条件处理或防护堤分洪处理等方面可能存在差异,1 000 年一遇和 100 年一遇洪水黄河勘测规划设计有限公司计算的防护堤对洪水位影响为抬高 0.25 m 左右,而清华大学和黄河水利科学研究院计算洪峰水位下降,最大下降 0.31 m,定性上不同,中小洪水三家成果均为水位抬高。

表 4-7　相比于现状模式由防护堤方案一引起的洪峰水位变化汇总表　（单位:m）

洪水类型	研究单位	花园口	夹河滩	高村	孙口	艾山
1 000 年一遇洪水	黄河水利科学研究院	0.57	0.22	0.41	0.81	0
	黄河勘测规划设计有限公司	0.40	0.36	0.56	0.67	0.23
	清华大学	0.42	0.64	0.89	1.14	-0.03
100 年一遇洪水	黄河水利科学研究院	0.25	0.17	0.32	0.52	-0.31
	黄河勘测规划设计有限公司	0.24	0.2	0.36	0.43	0.27
	清华大学	0.22	0.33	0.52	0.8	-0.22
10 年一遇洪水	黄河水利科学研究院	0.11	0.23	0.75	1.28	0.01
	黄河勘测规划设计有限公司	0.1	0.15	0.26	0.31	0.2
	清华大学	0	0.28	0.7	1.12	0.04
5 年一遇洪水	黄河水利科学研究院	0.06	0.37	0.53	1.18	0.43
	黄河勘测规划设计有限公司	0.08	0.1	0.19	0.65	0.71
	清华大学	0.18	0.28	0.46	1.05	0.40

注:正值为抬升,负值为降低。

4.2.3 冲淤量

三家单位计算得到的四个典型洪水过程现状治理模式和防护堤方案下黄河下游花园口至艾山河道冲淤情况汇总于表 4-8。总体来看,现状治理模式和防护堤方案下不同洪

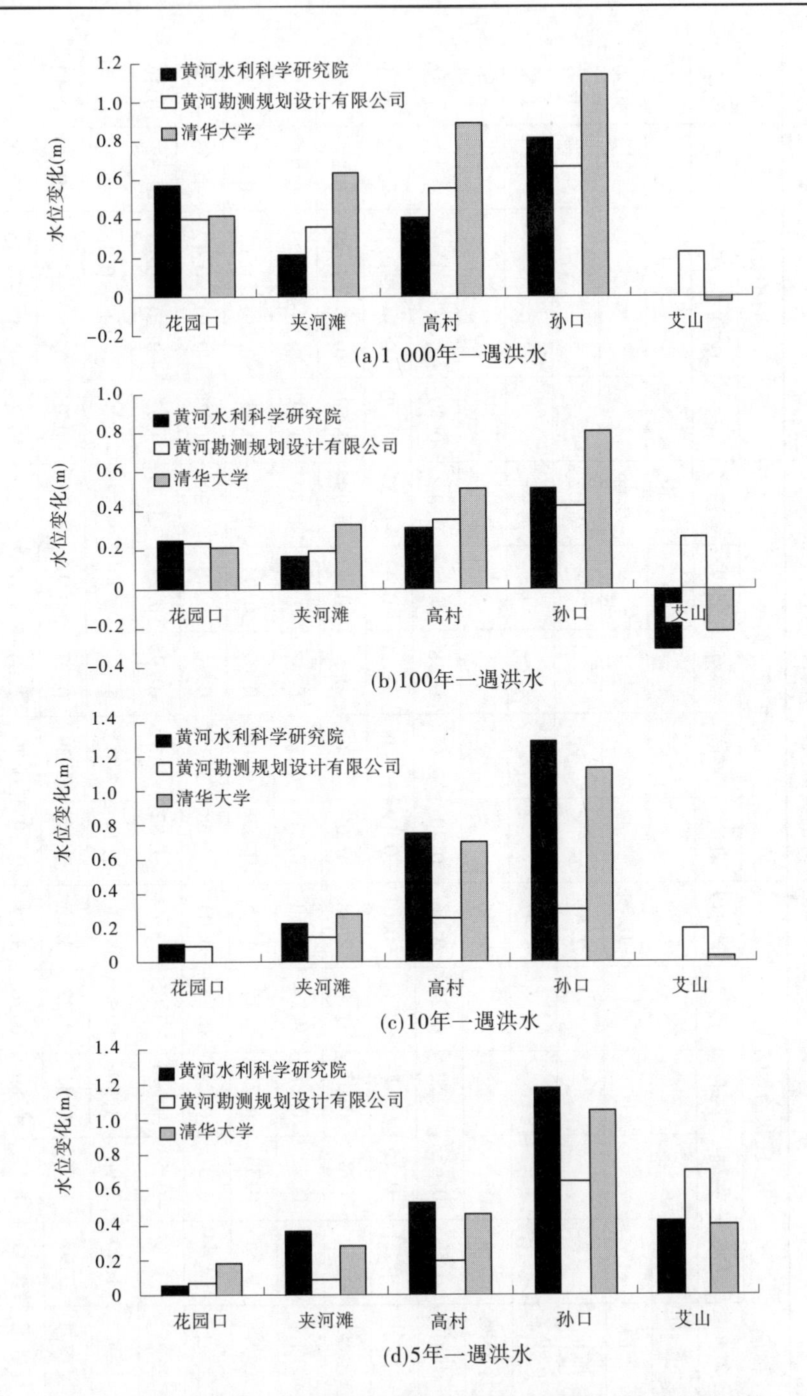

图4-28　相比于废除生产堤模式由防护堤方案引起的洪峰水位变化比较

水过程黄河下游花园口至艾山河道均呈淤积状态;防护堤方案实施后,漫滩洪水受到约束,滩地淤积减少,全河段的淤积量也相应有所减少,但滩地淤积减少主要是防护堤外滩地淤积减少,防护堤内嫩滩部分的淤积还略有增加。防护堤方案总体上可以提高下游河道输沙能力、减少河道淤积。

表 4-8　三家单位计算的典型洪水过程冲淤量汇总

（单位：亿 t）

典型洪水	研究单位	横向分布	现状治理方案					防护堤方案一					防护堤方案二				
			花夹	夹高	高孙	孙艾	全河段	花夹	夹高	高孙	孙艾	全河段	花夹	夹高	高孙	孙艾	全河段
1 000 年一遇（“58·7”型）洪水	黄河水利科学研究院	全断面					1.76					1.36					1.27
		主槽					-0.79					-0.66					-0.65
		滩地					2.55					2.02					1.92
		堤内滩					1.59					1.61					1.59
		堤外滩					0.96					0.41					0.33
	黄河勘测规划设计有限公司	全断面	0.59	0.65	0.53	0.29	2.06	0.40	0.48	0.38	0.18	1.45	0.39	0.44	0.36	0.17	1.36
		主槽	-0.21	-0.15	-0.14	-0.11	-0.61	-0.19	-0.11	-0.11	-0.12	-0.53	-0.20	-0.14	-0.13	-0.12	-0.59
		滩地	0.8	0.8	0.67	0.4	2.68	0.6	0.6	0.5	0.3	1.99	0.59	0.59	0.49	0.29	1.95
		堤内滩	0.45	0.47	0.38	0.23	1.53	0.51	0.50	0.43	0.26	1.70	0.51	0.50	0.42	0.25	1.68
		堤外滩	0.35	0.33	0.29	0.17	1.15	0.09	0.10	0.07	0.04	0.29	0.08	0.09	0.07	0.04	0.27
	清华大学	全断面	-0.44	2.31	0.24	0.93	3.04	-0.68	2.21	0.36	0.40	2.29	-0.24	-0.10	0.12	-0.53	-0.75
		主槽	-1.84	-0.59	-0.96	-0.05	-3.44	-1.82	-0.79	-0.95	0.27	-3.29	0.02	-0.20	0.01	0.32	0.16
		滩地	1.40	2.90	1.20	0.98	6.48	1.14	3.00	1.31	0.12	5.57	-0.26	0.10	0.11	-0.86	-0.91
		堤内滩	0.97	1.73	0.31	0.22	3.23	0.95	2.29	0.27	-0.16	3.35	-0.02	0.56	-0.04	-0.38	0.12
		堤外滩	0.43	1.17	0.89	0.76	3.25	0.19	0.70	1.04	0.28	2.22	-0.24	-0.47	0.15	-0.48	-1.03

续表 4-8

典型洪水	研究单位	横向分布	现状治理方案					防护堤方案一					防护堤方案二				
			花夹	夹高	高孙	孙艾	全河段	花夹	夹高	高孙	孙艾	全河段	花夹	夹高	高孙	孙艾	全河段
100 年一遇（“58·7”型）洪水	黄河水利科学研究院	全断面					1.68					1.27					1.12
		主槽					-0.73					-0.61					-0.58
		滩地					2.41					1.88					1.70
		堤内滩					1.53					1.53					1.50
		堤外滩					0.88					0.35					0.20
	黄河勘测规划设计有限公司	全断面	0.56	0.64	0.59	0.22	2.01	0.37	0.48	0.44	0.15	1.44	0.35	0.44	0.42	0.12	1.34
		主槽	-0.18	-0.11	-0.03	-0.15	-0.46	-0.18	-0.07	-0.02	-0.13	-0.4	-0.18	-0.09	-0.02	-0.14	-0.43
		滩地	0.74	0.74	0.62	0.37	2.48	0.55	0.55	0.46	0.28	1.84	0.53	0.53	0.44	0.27	1.77
		堤内滩	0.41	0.44	0.35	0.22	1.42	0.48	0.47	0.39	0.25	1.59	0.47	0.46	0.38	0.24	1.55
		堤外滩	0.33	0.31	0.27	0.15	1.05	0.07	0.08	0.07	0.03	0.25	0.06	0.07	0.06	0.03	0.22
	清华大学	全断面	-0.54	2.01	0.16	0.78	2.41	-0.68	1.84	0.30	0.25	1.72	-0.68	1.54	0.30	0.17	1.33
		主槽	-1.72	-0.38	-0.91	-0.08	-3.09	-1.71	-0.59	-1.05	0.20	-3.13	-1.71	-0.61	-0.96	0.23	-3.04
		滩地	1.18	2.39	1.07	0.86	5.50	1.02	2.43	1.34	0.05	4.85	1.03	2.14	1.25	-0.05	4.37
		堤内滩	0.91	1.50	0.35	0.19	2.95	0.89	1.94	0.46	-0.19	3.11	0.90	1.88	0.55	-0.11	3.22
		堤外滩	0.27	0.89	0.72	0.67	2.55	0.13	0.49	0.88	0.24	1.75	0.13	0.26	0.70	0.06	1.15

续表 4-8

典型洪水	研究单位	横向分布	现状治理方案					防护堤方案一					防护堤方案二				
			花夹	夹高	高孙	孙艾	全河段	花夹	夹高	高孙	孙艾	全河段	花夹	夹高	高孙	孙艾	全河段
10 年一遇（“73 · 8”型）洪水	黄河水利科学研究院	全断面					7. 82					6. 21					-1. 61
		主槽					0. 72					0. 94					0. 22
		滩地					7. 1					5. 27					-1. 83
		堤内滩					4. 71					5. 27					0. 56
		堤外滩					2. 39					0					-2. 39
	黄河勘测规划设计有限公司	全断面	2. 42	2. 26	2. 24	0. 8	7. 72	2. 19	2. 04	2. 03	0. 72	6. 98	-0. 23	-0. 22	-0. 21	-0. 09	-0. 74
		主槽	1. 14	0. 98	1. 17	0. 16	3. 46	1. 06	0. 91	1. 09	0. 15	3. 22	-0. 08	-0. 07	-0. 08	-0. 01	-0. 24
		滩地	1. 28	1. 28	1. 06	0. 64	4. 26	1. 13	1. 13	0. 94	0. 56	3. 76	-0. 15	-0. 15	-0. 13	-0. 08	-0. 5
		堤内滩	1. 15	1. 16	0. 97	0. 57	3. 85	1. 13	1. 13	0. 94	0. 56	3. 76	-0. 02	-0. 03	-0. 03	-0. 01	-0. 09
		堤外滩	0. 13	0. 12	0. 09	0. 07	0. 41	0	0	0	0	0	-0. 13	-0. 12	-0. 09	-0. 07	-0. 41
	清华大学	全断面	1. 15	3. 86	2. 5	0. 82	8. 32	0. 96	2. 86	1. 4	0. 38	5. 60	-0. 19	-1	-1. 1	-0. 44	-2. 72
		主槽	-0. 44	0. 35	-0. 6	-0. 23	-0. 92	-0. 34	0. 26	-0. 69	0. 17	-0. 61	0. 1	-0. 09	-0. 09	0. 39	0. 31
		滩地	1. 59	3. 51	3. 1	1. 04	9. 24	1. 3	2. 6	2. 09	0. 22	6. 21	-0. 29	-0. 91	-1. 01	-0. 83	-3. 03
		堤内滩	1. 22	1. 59	1. 26	0. 11	4. 18	1. 30	2. 60	2. 09	0. 22	6. 21	0. 07	1. 01	0. 84	0. 11	2. 03
		堤外滩	0. 36	1. 92	1. 85	0. 93	5. 06	0	0	0	0	0	-0. 36	-1. 92	-1. 85	-0. 93	-5. 06

续表 4-8

典型洪水	研究单位	横向分布	现状治理方案					防护堤方案一					防护堤方案二				
			花夹	夹高	高孙	孙艾	全河段	花夹	夹高	高孙	孙艾	全河段	花夹	夹高	高孙	孙艾	全河段
5年一遇（"96·8"型）洪水	黄河水利科学研究院	全断面					2.05					1.52					-0.53
		主槽					0.28					0.19					-0.09
		滩地					1.77					1.33					-0.44
		堤内滩					1.25					1.33					0.08
		堤外滩					0.52					0					-0.52
	黄河勘测规划设计有限公司	全断面	1.13	0.59	0.58	0.16	2.45	1.06	0.55	0.55	0.15	2.3	-0.07	-0.04	-0.03	-0.01	-0.15
		主槽	1.03	0.5	0.5	0.11	2.14	0.98	0.47	0.48	0.11	2.04	-0.05	-0.02	-0.02	0	-0.1
		滩地	0.09	0.09	0.08	0.05	0.31	0.08	0.08	0.06	0.04	0.25	-0.02	-0.02	-0.01	-0.01	-0.05
		堤内滩	0.08	0.08	0.07	0.04	0.27	0.08	0.08	0.06	0.04	0.25	0	0	-0.01	0	-0.01
		堤外滩	0.01	0.01	0.01	0.01	0.04	0	0	0	0	0	-0.01	-0.01	-0.01	-0.01	-0.04
	清华大学	全断面	1.63	1	0.34	-0.12	2.84	1.59	0.8	0.17	-0.08	2.47	-0.04	-0.2	-0.17	0.04	-0.37
		主槽	0.49	-0.15	-0.59	-0.38	-0.63	0.45	-0.25	-0.84	-0.25	-0.88	-0.04	-0.1	-0.25	0.14	-0.25
		滩地	1.15	1.14	0.93	0.26	3.47	1.14	1.05	1.01	0.16	3.35	-0.01	-0.1	0.08	-0.1	-0.12
		堤内滩	1.01	0.84	0.42	0.05	2.32	1.14	1.05	1.01	0.16	3.35	0.13	0.21	0.59	0.11	1.04
		堤外滩	0.14	0.30	0.51	0.21	1.16	0	0	0	0	0	-0.14	-0.30	-0.51	-0.21	-1.16

对于1 000年一遇("58·7"型)洪水,洪水历时短、含沙量不是很高,但洪峰流量大、漫滩时间长,三家单位计算结果表明黄河下游花园口至艾山河道呈淤滩刷槽、总体淤积的特点,冲淤部位及防护堤对冲淤的影响如图4-29和图4-30所示。现状治理模式下,全河段淤积量介于1.76亿~3.04亿t,主槽冲刷量介于0.61亿~3.44亿t,滩地淤积量介于2.55亿~6.48亿t,黄河水利科学研究院和黄河勘测规划设计有限公司的成果较为接近,清华大学成果主槽和滩地冲淤幅度相对较大。防护堤建设后各河段的冲淤性质没有变

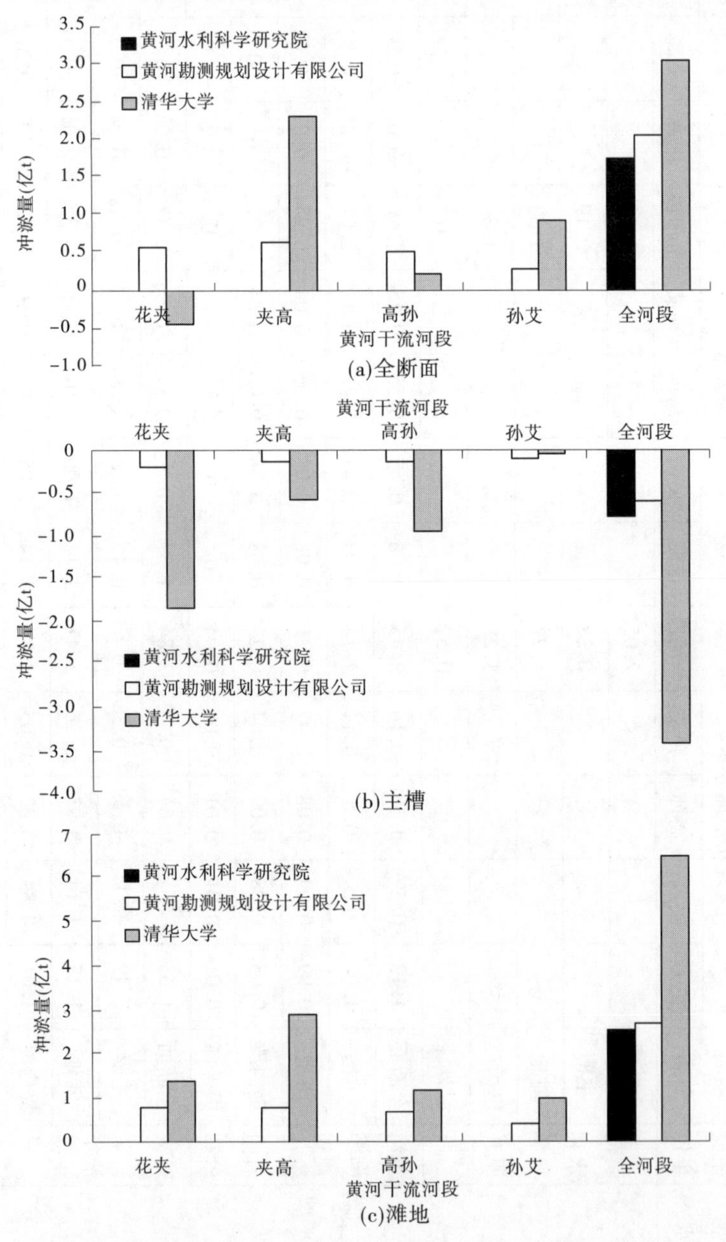

图4-29　现状治理模式1 000年一遇洪水下游河道计算冲淤量比较

化,全河段淤积量介于 1.36 亿~2.29 亿 t,主槽冲刷量介于 0.66 亿~3.29 亿 t,滩地淤积量介于 2.02 亿~5.57 亿 t;相比于现状治理模式,大洪水漫滩受限制,致使滩地减淤 0.53 亿~0.91 亿 t,但滩地减淤主要是防护堤外滩地减淤 0.55 亿~1.03 亿 t,防护堤内滩地还略增淤 0.02 亿~0.17 亿 t;主槽少冲 0.08 亿~0.16 亿 t,总体减淤 0.40 亿 t ~0.75 亿 t,防护堤的建设提高了河道输沙能力。

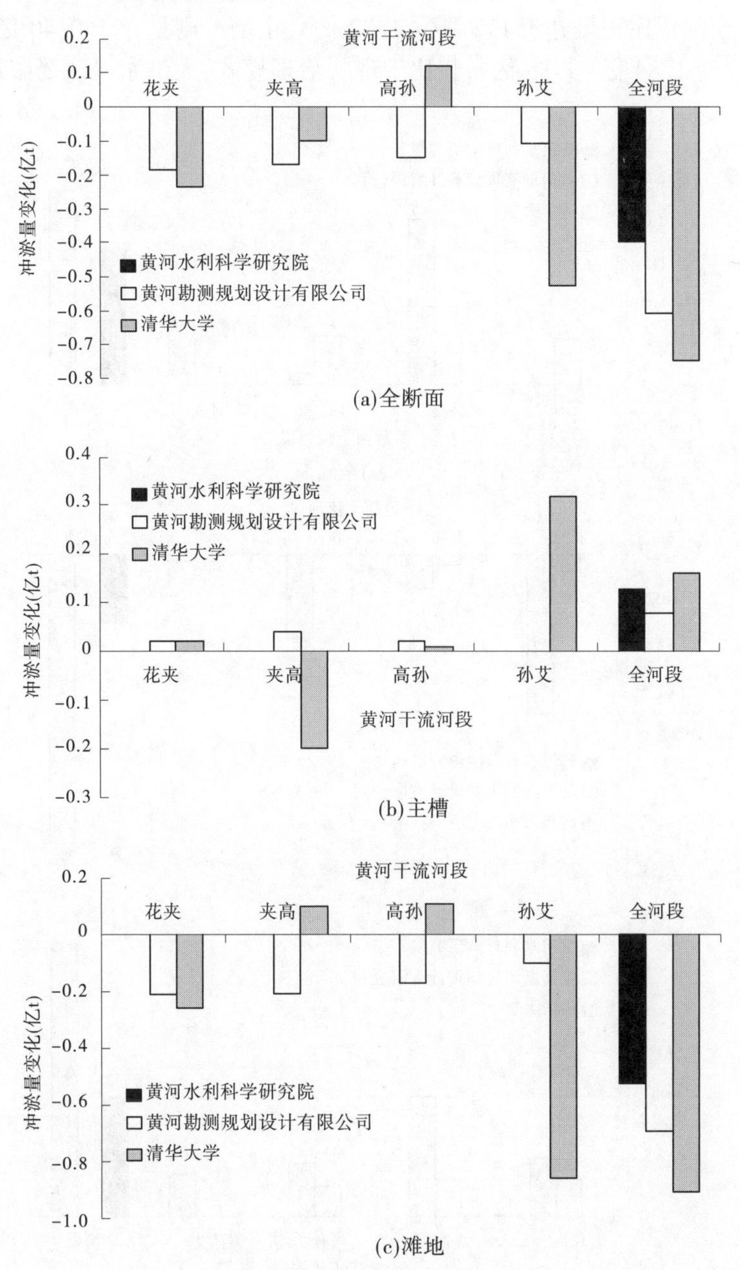

图 4-30　1 000 年一遇洪水防护堤实施引起的下游河道冲淤量变化

对于 100 年一遇(“58 · 7”型)洪水,其冲淤性质与 1 000 年一遇洪水一样,三家单位计算结果同样表明黄河下游花园口至艾山河道呈淤滩刷槽、总体淤积的特点,冲淤部位及防护堤对冲淤的影响如图 4-31 和图 4-32 所示。现状治理模式下,全河段淤积量介于 1.68 亿~2.41 亿 t,各家计算成果差别不大;主槽冲刷量介于 0.46 亿~3.09 亿 t,滩地淤积量介于 2.41 亿~5.50 亿 t,黄河水利科学研究院和黄河勘测规划设计有限公司的成果较为接近,清华大学成果主槽和滩地冲淤幅度相对较大。防护堤建设后各河段的冲淤性质没有变化,全河段淤积量介于 1.27 亿~1.72 亿 t,主槽冲刷量介于 0.40 亿~3.13 亿 t,滩地淤积量介于 1.84 亿~4.85 亿 t;相比于现状治理模式,大洪水漫滩受限制,致使滩地

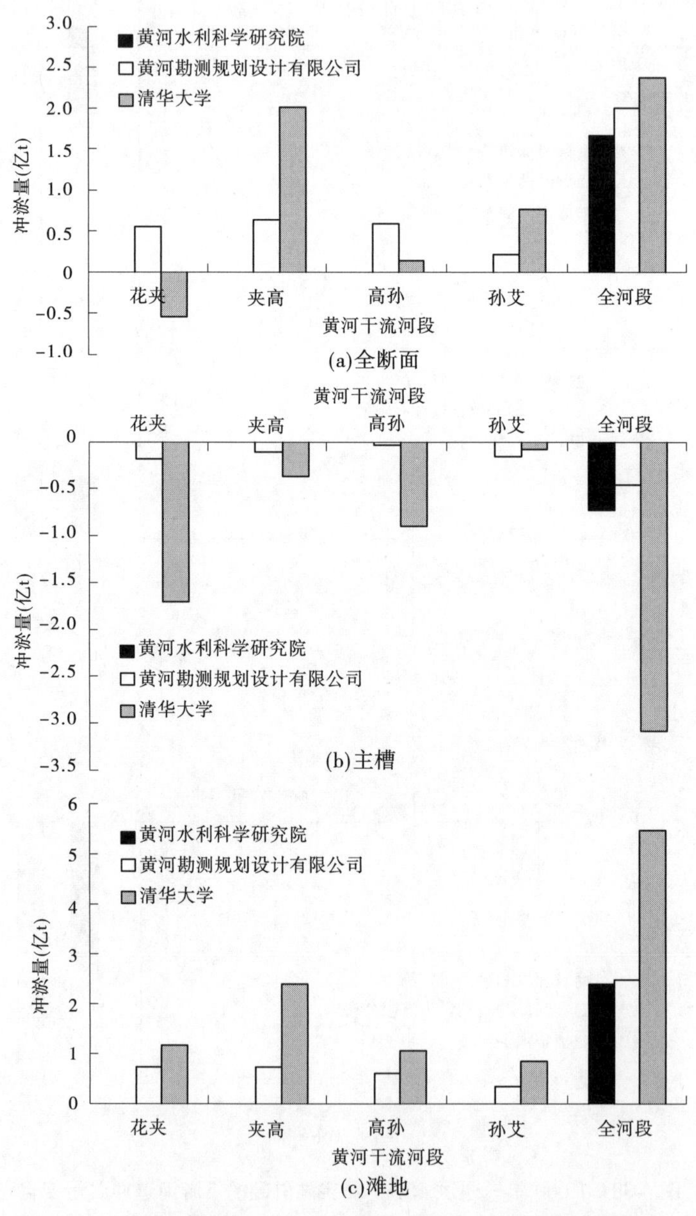

图 4-31　现状治理模式 100 年一遇洪水下游河道计算冲淤量比较

减淤 0.53 亿~0.65 亿 t,但滩地减淤主要是防护堤外滩地减淤 0.53 亿~0.80 亿 t,防护堤内滩地还略增淤 0~0.17 亿 t;对主槽冲淤影响较小,全河道总体减淤 0.41 亿~0.69 亿 t,三家单位计算成果相差不大。防护堤的建设提高了河道输沙能力。

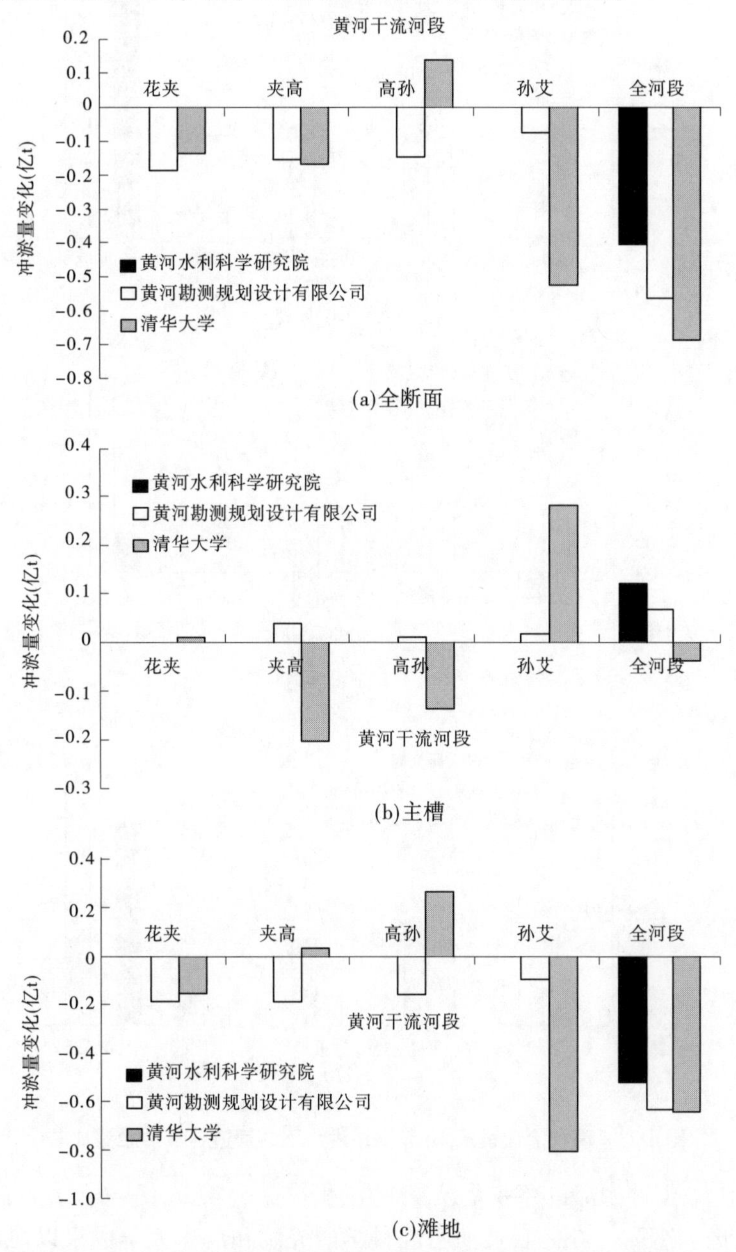

图 4-32　100 年一遇洪水防护堤实施引起的下游河道冲淤量变化

对于 10 年一遇("73 · 8"型)洪水,洪水历时长、来水来沙量巨大,三家单位计算结果同样表明黄河下游花园口—艾山河道发生严重淤积,冲淤部位及防护堤对冲淤的影响如图 4-33 和图 4-34 所示。现状治理模式下,全河段淤积量介于 7.72 亿~8.32 亿 t,各家计

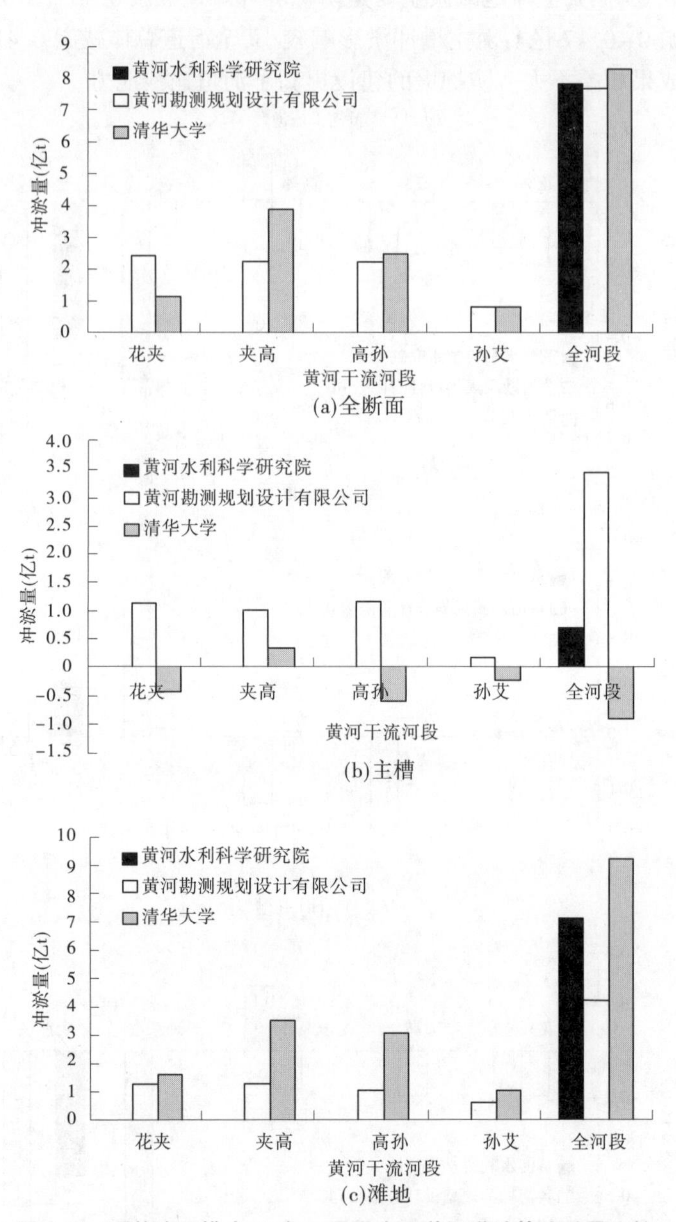

图 4-33　现状治理模式 10 年一遇洪水下游河道计算冲淤量比较

算成果差别不大;但冲淤部位存在差异,滩地淤积量介于 4.26 亿~9.24 亿 t、主槽冲淤介于冲刷 0.92 亿~淤积 3.46 亿 t,黄河水利科学研究院和清华大学成果以滩地淤积为主、主槽微冲微淤,而黄河勘测规划设计有限公司的成果滩槽淤积量分别为 4.26 亿 t 和 3.46 亿 t,表现为同步淤积。防护堤建设后各河段的冲淤性质没有变化,全河段淤积量介于 5.60 亿~6.98 亿 t,主槽冲淤介于冲刷 0.61 亿 t~淤积 3.22 亿 t,滩地淤积量介于 5.27 亿~6.21 亿 t;相比于现状治理模式,防护堤提高了河道输沙能力。全河段减淤量介于 0.74 亿~2.72 亿 t,滩地减淤量介于 1.83 亿~3.03 亿 t,其中清华大学计算的现状模式淤积量大,减淤积量也多;对主槽冲淤影响较小,在-0.24 亿~+0.31 亿 t。

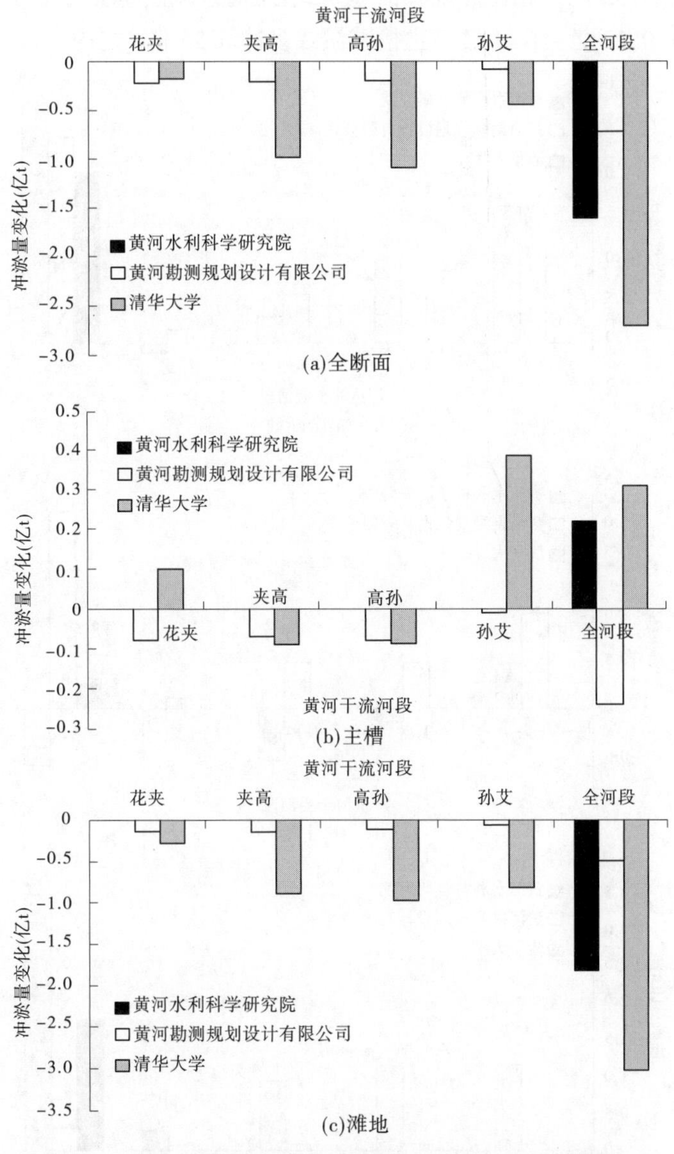

图 4-34　10 年一遇洪水防护堤实施引起的下游河道冲淤量变化

对于 5 年一遇("96·8"型)洪水,三家单位计算结果同样表明黄河下游花园口至艾山河道发生淤积,冲淤部位及防护堤对冲淤的影响如图 4-35 和图 4-36 所示。现状治理模式下,全河段淤积量介于 2.05 亿~2.84 亿 t,各家计算成果差别不大。其中,滩地淤积量介于 0.31 亿~3.47 亿 t、主槽冲淤介于冲刷 0.63 亿~淤积 2.14 亿 t,三家单位滩槽冲淤性质有一定差异,黄河水利科学研究院滩槽同淤、淤滩为主,黄河勘测规划设计有限公司滩槽同淤、淤槽为主,清华大学为淤滩冲槽。本场洪水洪峰流量小、漫滩历时短、漫高滩的概率低,防护堤提高了河道输沙能力,但减淤量或多冲量不是很大。防护堤建设后,全河段淤积量介于 1. 52 亿~2. 47 亿 t,主槽冲淤介于冲刷 0. 88 亿 t~淤积 0. 25 亿 t,滩地淤积量介于 1. 33 亿~3. 35 亿 t;相比于现状治理模式,全河道减淤量介于 0. 15 亿~0. 53 亿 t,滩地减淤量介于 0. 12 亿~0. 44 亿 t,主槽减淤或多冲 0. 25 亿 t 之内。

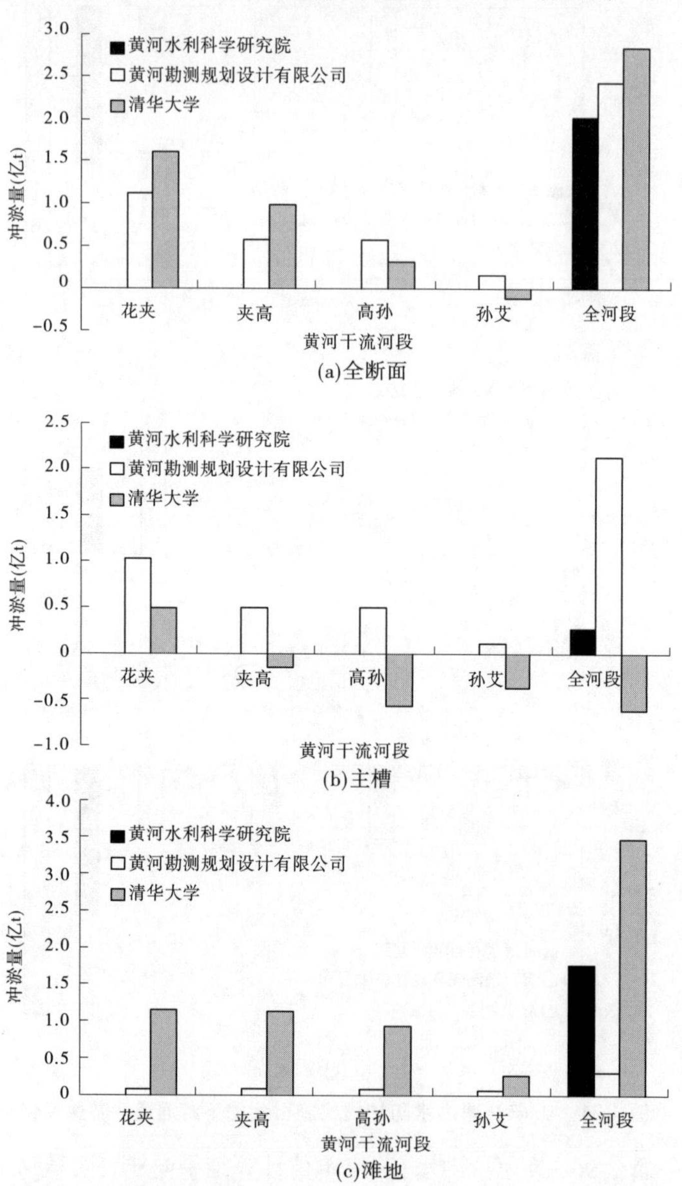

图 4-35　现状治理模式 5 年一遇洪水下游河道计算冲淤量比较

总体而言,防护堤方案约束了洪水,尤其是减少了大洪水的无序漫滩,提高了河道输沙能力,能较为明显的减少滩地的淤积量、特别是防护堤外滩地的淤积量,但对主槽的减淤或增冲作用不大,也可能因滩区淤积减少后主槽含沙量相对增大而引起主槽轻微增淤。各家计算成果比较,全河段总淤积量及总减淤量比较接近,但冲淤河段和冲淤部位上有一定差异。

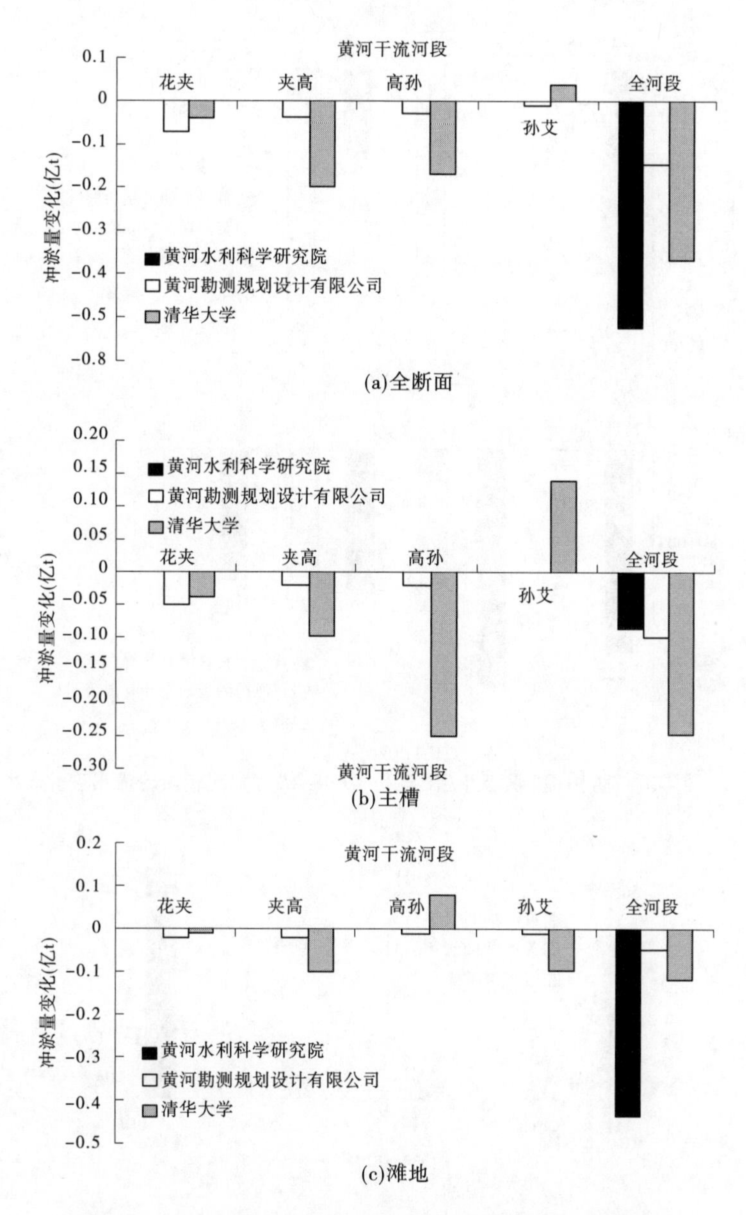

(a)全断面

(b)主槽

(c)滩地

图 4-36　5 年一遇洪水防护堤实施引起的下游河道冲淤量变化

4.2.4　防护堤分洪方案的影响

防护堤"一次性开启"与"自上而下逐级开启"只对 100 年一遇与 1 000 年一遇洪水有影响。图 4-37 和图 4-38 为三家单位计算的防护堤"逐级开启"与"一次开启"方案比较的洪峰流量和峰现时间变化图,由图可见,相比于"一次性开启"方案,"逐级开启"方案最大洪峰流量普遍下降,各家计算的下降值有所差异,清华大学计算的 1 000 年一遇洪水洪峰流量下降较多,孙口断面最大下降值 1 140 m^3/s;100 年一遇洪水三家计算的洪峰流量减少值在 300 m^3/s 之内 。峰现时间有增有减,黄河水利科学研究院计算的 1 000 年一遇洪

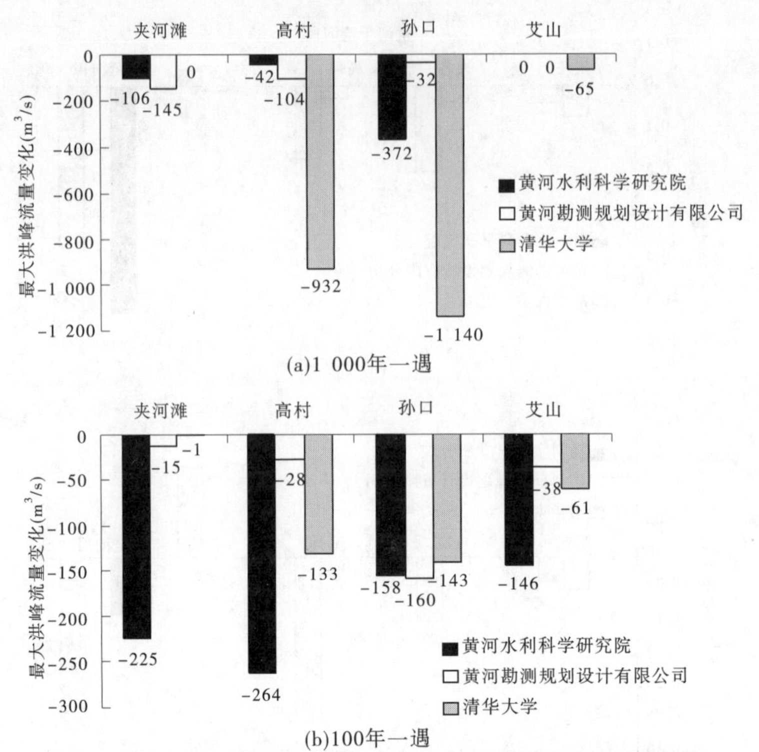

图 4-37　防护堤“逐级开启”与“一次开启”方案比较洪峰流量变化

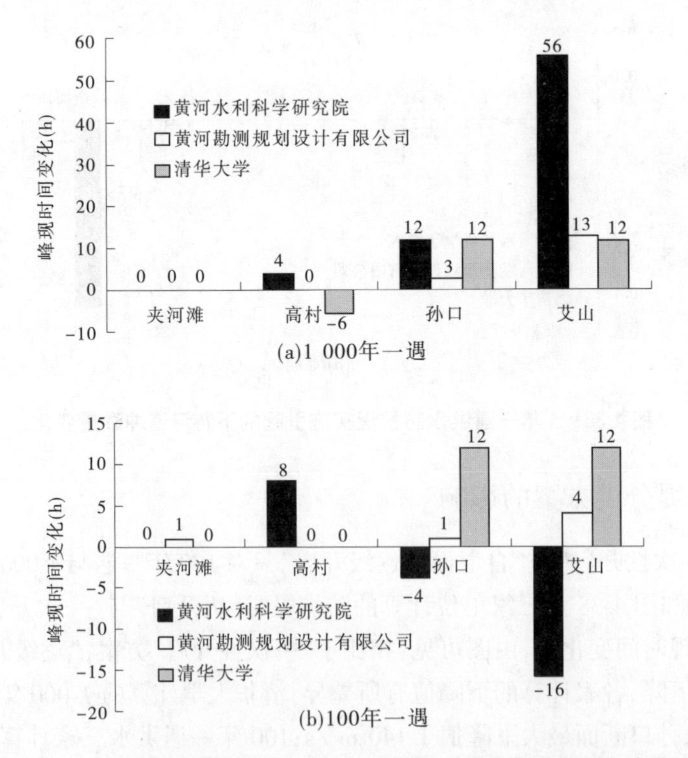

图 4-38　防护堤“逐级开启”与“一次开启”方案比较峰现时间变化

水到艾山的峰现时间滞后了 56 h,而 100 年一遇洪水提前了 16 h,变化较大;其他两单位不同洪水到艾山断面时间滞后 4~13 h,相对接近。

图 4-39 为防护堤"逐级开启"与"一次开启"方案比较的洪峰水位变化图。防护堤分洪方案由"一次开启"改为"逐级开启"后,高村以上河段峰洪水位基本不变,高村以下河段水位抬升值有所下降,但下降值在 0.10 m 之内;高村断面除清华大学计算的 100 年一遇洪水洪峰水位下降了 0.31 m 外,其他两单位洪峰水位下降值不大。

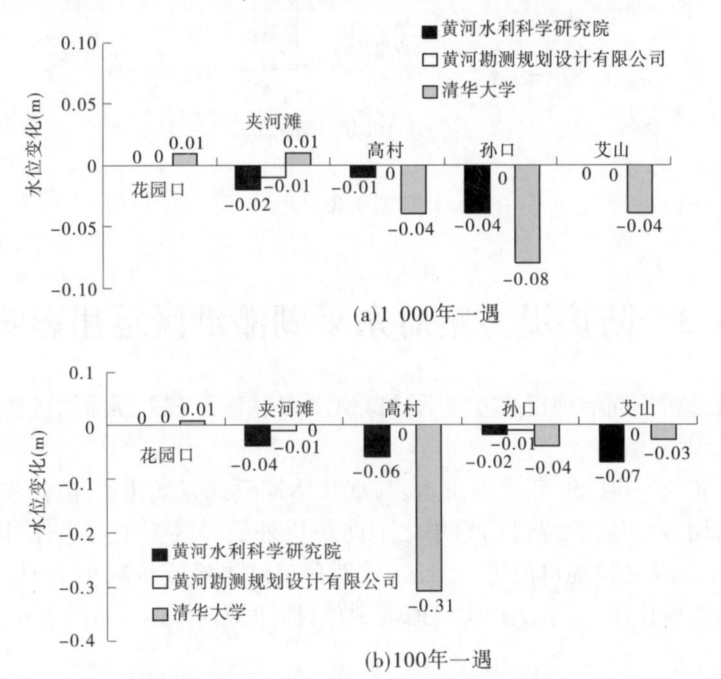

图 4-39　防护堤"逐级开启"与"一次开启"方案洪峰水位变化比较

图 4-40 为防护堤"逐级开启"与"一次开启"方案比较的河道冲淤变化图。"逐级开启"与"一次开启"方案比较,1 000 年一遇和 100 年一遇洪水过程下游全断面及滩地淤积量有所减少,减幅 7%~22%,主槽冲淤变化不大。

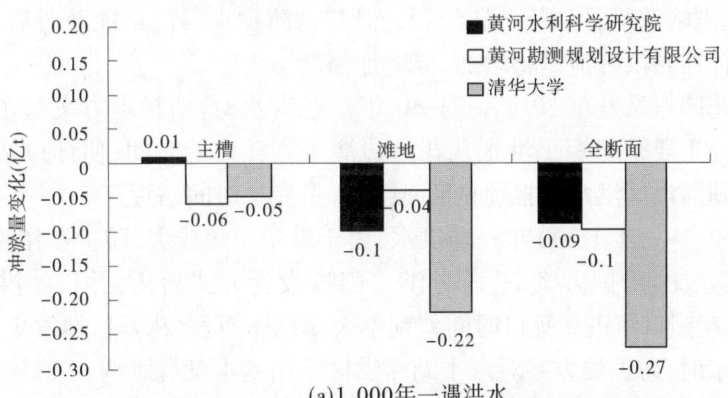

图 4-40　防护堤"逐级开启"与"一次开启"方案河道冲淤变化比较

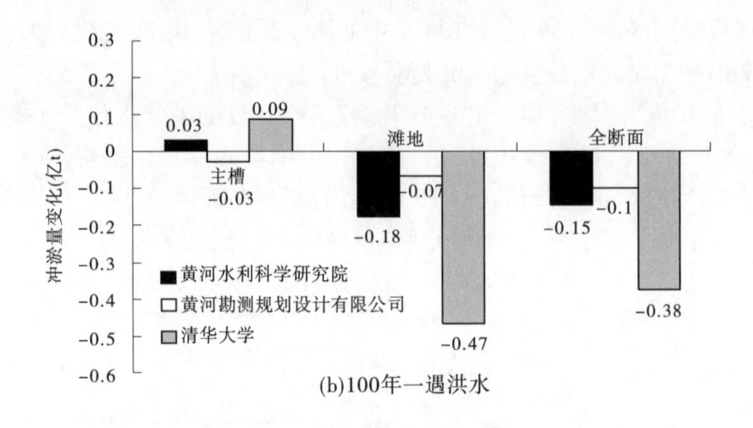

(b)100年一遇洪水

续图 4-40

4.3　防护堤方案对东平湖滞洪区运用影响

通过比较分析不同治理模式方案下孙口站洪水过程及东平湖滞洪区防洪运用情况，可得到如下认识：

(1)对于30年一遇、50年一遇洪水，与现状治理模式方案相比，防护堤方案下，若分洪口门正常启用，由于防护堤口门启用之前防护堤外的滩区为干河床，防护堤口门启用后，大量槽蓄水量从防护堤口门进入滩区，致使孙口站洪峰流量减小了1%~7%。另外，由于防护堤的约束作用，洪水从花园口演进到孙口时间缩短，孙口站洪水峰现时间提前了6%~12%。

防护堤方案下，若分洪口门未能及时启用，由于防护堤的约束作用，洪水无法进入防护堤外的滩区，致使孙口站洪峰流量增加了1%~3%。洪水从花园口演进到孙口时间缩短，孙口站洪水峰现时间提前了5%~40%。

可见，由于防护堤方案工程布设范围广、分洪口门多，在实际运行过程中，及时启用口门难度大，洪水向滩区进水过程复杂，不确定性因素多。在防护堤运行管理到位情况下，可减小孙口站的洪峰流量，但减小幅度不大；但若是防护堤口门不能及时启用，在防护堤的约束作用下，孙口站洪峰流量将增加，但增加幅度不大。

总体而言，花园口站发生30年一遇、50年一遇洪水时，防护堤方案对东平湖滞洪区运用有一定影响，主要是缩短了洪水从花园口演进到孙口的时间，使孙口站峰现时间提前，减小了东平湖滞洪区洪水预报预见期，导致人员撤迁时间缩短。

(2)对于100年一遇、1 000年一遇洪水，由于洪量量级较大，防护堤作用有限。与现状治理模式方案相比，防护方案下，若分洪口门按设计方式启用，孙口站洪峰流量减小3%左右，洪水从花园口演进到孙口时间差别不大。总体而言，花园口站发生100年一遇、1 000年一遇洪水时，防护堤方案对东平湖滞洪区运用基本没有影响。

4.4 小　结

采用一维(准二维)水沙动力学数学模型,在3个水沙情景方案、2种河道治理模式条件下,对未来50年黄河下游河道冲淤过程、同流量水位、平滩流量和对河口影响等进行了计算分析研究,采用二维水沙动力学数学模型,在4个设计典型洪水过程条件下,对2种河道治理模式的黄河下游河道洪水演进特性和防护堤方案对东平湖滞洪区运用影响进行了计算分析研究,得到如下主要认识:

(1)水沙情景方案1(3亿t)。现状治理模式,未来50年黄河下游河道总体上接近于冲淤平衡或微冲状态,累积冲淤量介于-13.5亿~2.7亿t;防护堤治理模式,未来50年黄河下游河道总体上处于轻微冲刷状态,累积冲刷量介于-16.3亿~-0.5亿t,防护堤具有减淤或增冲作用。50年后黄河下游典型断面10 000 m^3/s流量水位变化不大,防护堤对水位的影响在±0.4 m以内。50年后黄河下游平滩流量可保持在4 000 m^3/s以上,且防护堤方案的平滩流量略大于现状治理模式。

(2)水沙情景方案2(6亿t)。黄河下游河道处于累积性淤积状态,现状治理模式下未来50年累积淤积量介于40亿~53亿t,防护堤治理模式下累积淤积量介于37亿~46亿t,防护堤具有减淤作用,约减淤13%。防护堤治理模式下高村至利津河段淤积量占全河段淤积量的比例有所提高,由现状治理模式的36.7%提高到38.1%。50年后黄河下游河道典型断面10 000 m^3/s流量水位明显上升,上升幅度在1.5 m左右,防护堤对水位的影响在±0.8 m以内。50年后黄河下游平滩流量可维持在2 600 m^3/s以上,且防护堤方案的平滩流量比现状治理模式大200 m^3/s左右。

(3)水沙情景方案3(8亿t)。黄河下游河道处于累积性淤积状态,现状治理模式下未来50年累积淤积量介于79亿~84亿t,防护堤治理模式下累积淤积量介于69亿~76亿t,防护堤的建设具有减淤作用,约减淤11%。防护堤治理模式下高村至利津河段淤积量占全河段淤积量的比例有所提高,由现状治理模式的35.6%提高到37.0%。50年后黄河下游河道典型断面10 000 m^3/s流量水位显著上升,上升幅度在2.0 m左右,防护堤对水位的影响在±1.0 m以内。50年后下游平滩流量可维持在2 000 m^3/s以上,且防护堤方案的平滩流量比现状治理模式大300 m^3/s左右。

(4)防护堤的建设有利于提高河道的输沙能力,3个水沙情景方案进入艾山以下河道的输沙量均比现状治理模式略大,水沙情景方案1在1%以内,水沙情景方案2和方案3略大2%左右。未来50年黄河口总体呈淤积、延伸、水位抬升的态势,防护堤治理模式相比于现状治理模式,3个水沙情景方案的淤积量增加值分别在0.12亿t、0.24亿t和0.50亿t之内,10 000 m^3/s流量西河口水位多抬升值在0.13 m之内,河口淤积延伸长度增加值在1.4 km之内,防护堤对河口的影响有限。

(5)典型洪水计算结果表明,无论是现状治理模式还是防护堤治理模式,4个设计典型洪水过程在下游河道演进过程中的洪峰流量都是沿程衰减的。防护堤口门"一次性开启"治理模式与现状治理模式相比,对于防护堤和东平湖分洪的1 000年一遇和100年一遇洪水,下游河道典型断面的洪峰流量在孙口以下减小,孙口断面洪峰流量在1 000年一遇洪水时减少介于 1 100~1 700 m^3/s、100 年一遇洪水时减少介于 200~800 m^3/s;在夹河滩和高村断面,各家计算的洪峰流量有增有减,介于增加 700 m^3/s 和减少 1 200 m^3/s 之间。相比于防护堤口门“一次性开启”治理模式,防护堤口门“逐级开启”治理模式最大洪峰流量普遍下降,1 000 年一遇洪水沿程洪峰流量最大下降 1 140 m^3/s,100 年一遇洪水洪峰流量减少值在 300 m^3/s 之内。对于防护堤和东平湖未分洪的 10 年一遇洪水,下游典型断面的洪峰流量差别不大,洪峰流量变化值为-57~304 m^3/s;5 年一遇洪水则明显增加,洪峰流量增加值为 200~1 000 m^3/s。

(6)洪峰演进受防护堤与分洪等影响,十分复杂。防护堤口门“一次性开启”治理模式与现状治理模式相比,对于防护堤和东平湖分洪的 1 000 年一遇和 100 年一遇洪水,洪峰从花园口演进到夹河滩提前了 2~8 h,从花园口演进到艾山,各家计算结果存在差异,介于滞后 4~42 h 和提前 1~10 h;对于防护堤和东平湖未分洪的 10 年一遇和 5 年一遇洪水,洪峰演进时间缩短,从花园口演进到艾山提前了 23~52 h。相比于防护堤口门“一次性开启”治理模式,防护堤口门“逐级开启”治理模式峰现时间有增有减,介于提前 16 h~滞后 56 h。

(7)4 个洪水过程下游河道典型断面的洪峰水位总体呈抬升状态,抬升最大的断面为孙口断面,防护堤口门“一次性开启”治理模式与现状治理模式相比,洪峰水位多抬升值介于 0.3~1.2 m;相比于防护堤口门“一次性开启”治理模式,防护堤口门“逐级开启”治理模式的高村以上河段洪峰水位基本不变,高村以下河段洪峰水位的抬升值略有下降。在 4 个典型洪水过程下,现状与防护堤治理模式黄河下游花园口至艾山河段均呈淤积状态,防护堤口门“一次性开启”治理模式与现状治理模式相比,漫滩洪水受到约束,滩地淤积减少,全河道的淤积量也相应有所减少,但滩地淤积减少主要是防护堤外滩地淤积减少,防护堤内嫩滩淤积还略有增加。4 个洪水过程下游河道的冲淤结果也表明,防护堤治理模式可以提高下游河道输沙能力,减少河道淤积。防护堤口门“逐级开启”治理模式与防护堤口门“一次性开启”治理模式比较,1 000 年一遇和 100 年一遇洪水过程下游全断面及滩地淤积量有所减少,减幅 7%~22%,主槽冲淤变化不大。

(8)花园口发生 30 年一遇、50 年一遇洪水时,防护堤方案缩短了洪水从花园口演进到孙口的时间,使孙口站峰现时间提前,减小了东平湖滞洪区洪水预报预见期,导致人员撤迁时间缩短。花园口发生 100 年一遇、1 000 年一遇洪水时,防护堤方案对东平湖滞洪区运用基本没有影响。

第 5 章　有利于提高河道输沙能力的非工程措施及效果

5.1　黄河下游河道漫滩洪水输沙规律

黄河泥沙主要由洪水输送，洪水期下游河道冲淤变化剧烈，特别是漫滩洪水，主槽形态往往发生大的调整，是塑槽的主要动力之一。不同漫滩程度的洪水对黄河下游主槽塑造特点也各不相同。大漫滩洪水往往会出现“淤滩刷槽”的现象，使得主槽平滩流量大幅度增加，常有“大水出好河”之说，在处理黄河下游泥沙、改善泥沙淤积分布方面却有不可替代的作用。一般情况下，漫滩洪水有两种分类方法，其一是按照漫滩洪水洪峰流量 Q_{max} 与平滩流量 Q_p 比值即漫滩系数 Q_{max}/Q_p 进行分类。$Q_{max}/Q_p \leqslant 1.5$ 为一般漫滩洪水，$Q_{max}/Q_p > 1.5$ 为大漫滩洪水。另外一种是从漫滩程度划分，一般漫滩洪水是指水流漫上嫩滩和小部分二滩，漫滩范围和漫滩水深都不大的洪水。大漫滩洪水，是指水流均漫上二滩，且漫滩范围和漫滩水深都较大的洪水，这类洪水往往河床调整作用剧烈。也有些学者从含沙量的量级对洪水进行分类。本次研究中，首先从漫滩系数 Q_{max}/Q_p 进行分类，但考虑到平滩流量也是一个主观性的参数，因此在漫滩系数分类的基础上，再根据实际洪水漫滩范围进行修正，最后得到一般漫滩洪水和大漫滩洪水的划分方法。

根据水文年鉴，选取了黄河下游 1951~2004 年 171 场黄河下游非漫滩洪水，对其冲淤规律进行分析，其中冲淤指标用单位水量冲淤量来表征。分析发现，非漫滩洪水的冲淤效率与含沙量关系非常密切，如图 5-1 所示，而一般漫滩洪水，主槽和滩地的冲淤效率分布均比较靠近非漫滩洪水的点群，即一般漫滩洪水的冲淤规律接近非漫滩洪水。而大漫滩洪水，除两场淤滩淤槽的大漫滩洪水外，其余主槽与滩地的冲淤效率则偏离非漫滩洪水，即滩地淤积量越大，主槽冲刷量越大。

利用 1950~1999 年的 12 场典型大漫滩洪水资料，对大漫滩洪水冲淤规律进行深入分析发现，当来沙系数 $S/Q \leqslant 0.043\ \mathrm{kg \cdot s/m^6}$ 时，均存在“淤滩刷槽”的情况（见图 5-2）。如 1958 年花园口洪峰流量 22 300 $\mathrm{m^3/s}$，花园口至利津河段主槽冲刷 8.6 亿 t，滩地淤积 10.69 亿 t。因此，大漫滩洪水滩地淤积不仅与洪水水量、沙量有关，而且与洪水漫滩程度，即洪峰流量与平滩流量比值（Q_{max}/Q_p）有关，而主槽的冲刷量也与滩地的淤积量相关，滩地淤积越多，主槽冲刷越多。

为了便于小浪底水库调控适宜的漫滩水沙过程，塑造出能够产生“淤滩刷槽”效果的洪水，因此进一步研究漫滩系数对滩地淤积和主槽冲刷的影响，进而提出流量调控等重要指标。分析了黄河下游 20 余场大漫滩和一般漫滩洪水资料，发现滩地淤积量、主槽冲刷量与漫滩系数（Q_{max}/Q_p）关系密切，如图 5-3 和图 5-4 所示。

可以看出，黄河下游河道滩地淤积量随 Q_{max}/Q_p 增大而增加；而当 $Q_{max}/Q_p < 1.5$ 时，滩地的淤积量较小，且变化不大。同时，主槽的冲刷量也遵循同样的规律，即在 $Q_{max}/Q_p \geqslant$

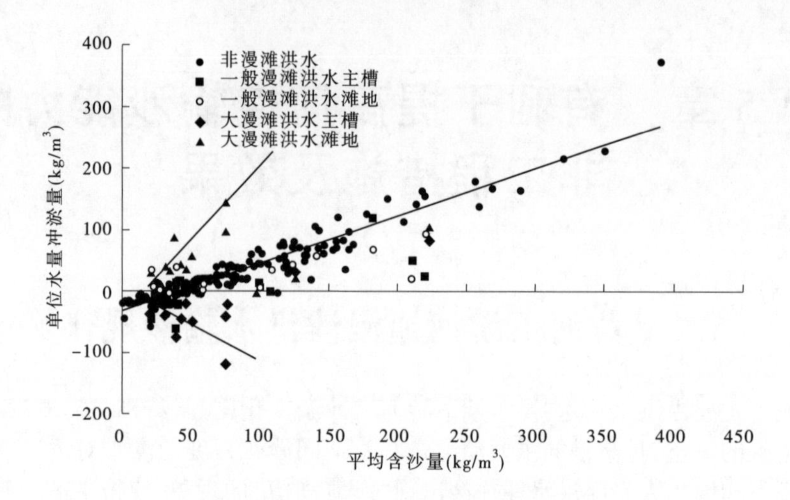

图 5-1　漫滩洪水与非漫滩洪水对比

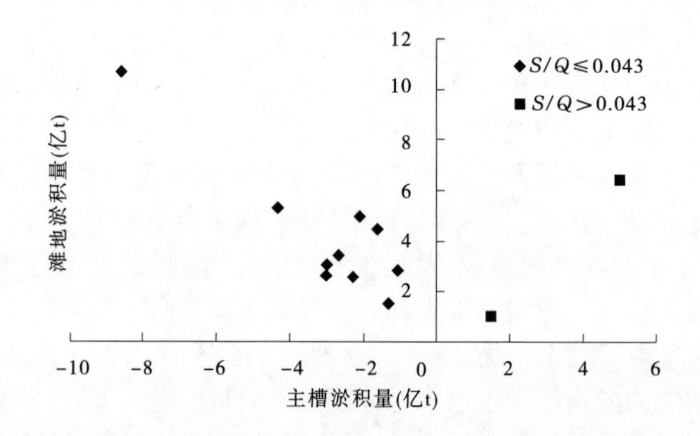

图 5-2　大漫滩洪水主槽冲刷量与滩地淤积量的关系

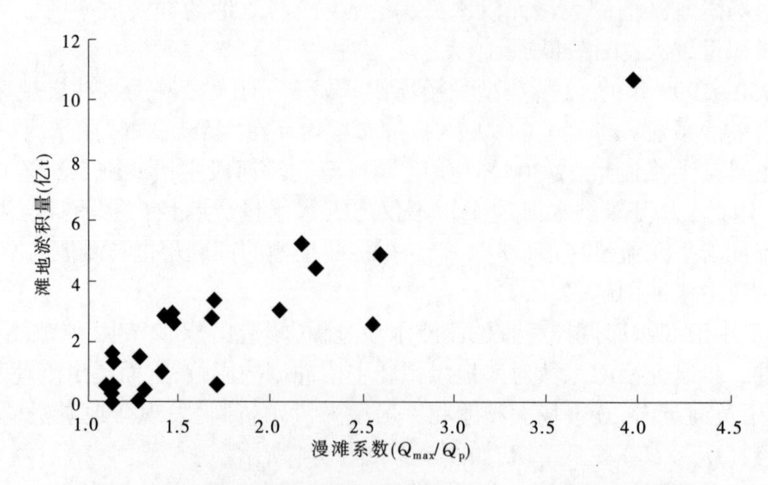

图 5-3　黄河下游漫滩洪水漫滩系数(Q_{max}/Q_p)与滩地淤积的关系

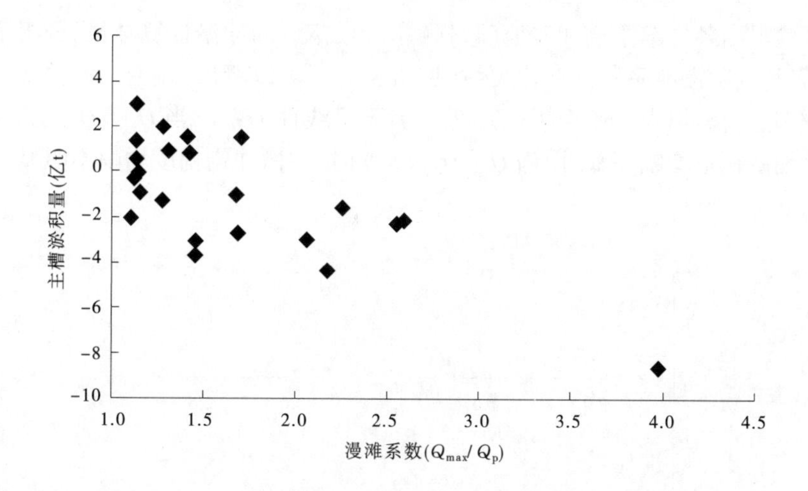

图 5-4　黄河下游漫滩洪水漫滩系数(Q_{max}/Q_p)与主槽冲刷量的关系

1.5 时,主槽冲刷量增加明显;反之,则变化不大。因此,若在能漫滩的情况下,黄河下游漫滩洪水流量指标的控制,应使得 Q_{max}/Q_p 值至少大于 1.5。

另外,针对漫滩系数(Q_{max}/Q_p)对于河床调整之间的关系,曾开展了大量的物理模型试验。黄河下游漫滩洪水中淤滩刷槽现象多发生在较大的滩区,为此模型范围选择黄河下游有较大滩区且边界条件较复杂的夹河滩至高村约 73 km 的河段,进行滩槽水沙交换的试验研究。初始地形为 2006 年汛前地形(包括 43 个大断面及现状工程、生产堤、村庄等),平滩流量约为 5 000 m^3/s。

模型试验水沙条件选择 1982 年 7 月 31 日至 8 月 10 日实际发生的大漫滩洪水过程,洪水总量 60.48 亿 m^3,沙量 2.4 亿 t。在保证洪峰以上水量相同条件下,将其概化为 4 个量级洪峰,概化后各方案最大洪峰流量分别为 6 000 m^3/s、8 000 m^3/s、10 000 m^3/s 和 14 000 m^3/s,含沙量分为 40 kg/m^3 和 80 kg/m^3。概化后的进口夹河滩站洪水过程如图 5-5 所示。

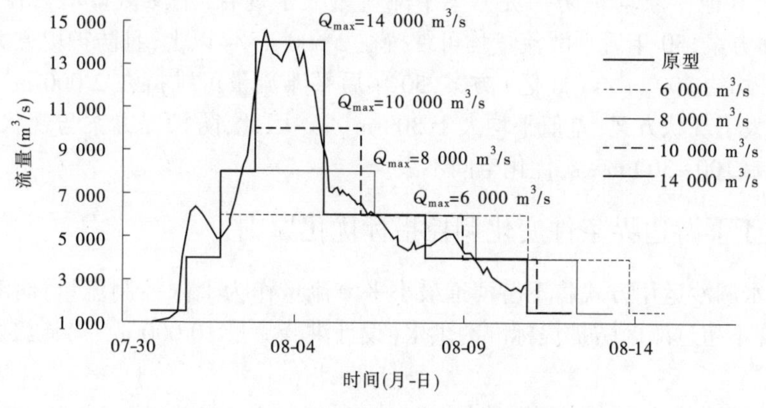

图 5-5　进口流量概化过程

根据试验得出各方案主槽和滩地(包括嫩滩和二滩)的冲淤计算结果,分析了主槽冲刷量、滩地淤积量随漫滩系数的变化关系(见图5-6)。可以看出,滩槽冲淤关系基本上呈滩地淤积越多、主槽冲刷就越多的关系,但二者不呈线性关系。当 Q_{max}/Q_p>1.6 时,主槽冲刷量和滩地淤积量增幅明显,而当 Q_{max}/Q_p<1.6 时,主槽冲刷幅度增幅不明显。

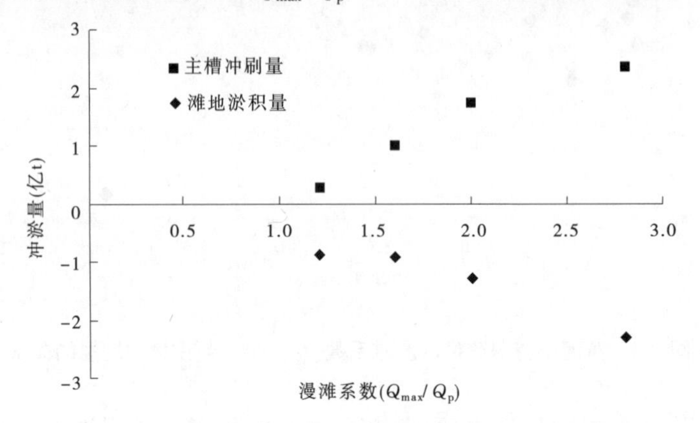

图 5-6　夹河滩—高村河段漫滩系数与滩地淤积比关系

综合以上实测资料及物理模型资料分析可以认为,当漫滩系数 $Q_{max}/Q_p \geq 1.5$ 时,黄河下游"淤滩刷槽"效果更为明显,较大漫滩洪水更有利于下游河道输沙。若平滩流量为4 000 m³/s,则应至少使得洪峰流量大于6 000 m³/s以上,才有明显的淤滩刷槽效果。

5.2　黄河中游水库联合调度方式优化研究

根据"中国水利水电科学研究院、黄河水利科学研究院、黄河勘测规划设计有限公司以及清华大学"四家数学模型平行计算结果,可以看出,在3亿t方案,现状方案和防护堤方案在50年后平滩流量均可保持在4 000 m³/s,除一家计算平滩流量防护堤方案略小于现状方案外,其他三家均是防护堤方案平滩流量大于现状,平滩流量增幅在-118~114 m³/s。6亿t方案,50年后平滩流量均可维持在2 600 m³/s以上,且防护堤方案大于现状方案,差值平均约200 m³/s。8亿t方案,50年后平滩流量可维持在2 000 m³/s以上,且防护堤方案大于现状方案,差值平均大于300 m³/s。因此,防护堤方案与现状方案对比,平滩流量增幅100~300 m³/s,优化空间不大。

5.2.1　基于下游边界条件变化调控指标优化原则

现有调水调沙运用方式将下游河道最小平滩流量作为上限控制流量,而滩区防护堤修建后,允许不超过滩区防护堤标准的洪水(设计洪峰流量10 000 m³/s)淹没嫩滩。主要调整包括:

(1)增大中常洪水期水库下泄流量。

(2)增大调水调沙期水库调控上限流量。

(3)避免2 600 m³/s以下流量级小水排沙。

5.2.2　小浪底水库调水调沙优化调度方式研究

5.2.2.1　中常洪水防洪运用方式指标优化

根据研究成果,滩地淤积量、主槽冲刷量与漫滩系数(Q_{max}/Q_p)关系密切,当 $Q_{max}/Q_p>1.5$ 左右时,黄河下游河道滩地淤积量明显增加,且 Q_{max}/Q_p 继续增加时,滩地淤积量随之增加;而当 $Q_{max}/Q_p<1.5$ 时,滩地的淤积量较小,且变化不大。同时,$Q_{max}/Q_p>1.5$ 时,主槽冲刷量增加明显,反之,则变化不大。因此,黄河下游漫滩洪水流量指标的控制,应使得 Q_{max}/Q_p 值不小于1.5。

因此,当中游发生4 000~10 000 m^3/s 量级的中常洪水时,小浪底等中游水库群敞泄,允许滩区防护堤之间的嫩滩淹没,发挥洪水淤滩刷槽的作用。

5.2.2.2　调水调沙运用方式指标优化

1. 汛期调水调沙指标优化

小浪底等中游水库群调水调沙运用,当水流含沙量较高(100 kg/m^3 以上)时,随着调水调沙期洪量、洪峰流量的增大,主槽冲刷(少淤)、滩地淤积(增淤)的效果较为明显,按适当增大下泄流量,允许淹没嫩滩。

在考虑水库蓄水保有量的前提下,按先冲刷三门峡再冲刷小浪底为原则,两库蓄水和预报河道来水满足调水调沙大流量泄放指标的水量时,古贤水库按不超过7 000 m^3/s 流量下泄2 d,小浪底水库按不小于3 000 m^3/s 流量泄放水库蓄水,保证古贤水库泄水传播到小浪底坝区时,水库刚好处于敞泄排沙状态,利用古贤水库蓄水冲刷小浪底水库及黄河下游河道。

2. 汛前调水调沙指标优化

当水流含沙量较低时,洪水期水量、洪峰流量增加对全下游河段特别是卡口河段仍有一定淤滩刷槽效果,可允许淹没嫩滩。

5.2.2.3　平滩流量变化对水库调水调沙上限控制流量的影响

与现状方案对比,各水沙情境下防护堤方案平滩流量分别增大100~300 m^3/s,在一定程度上增加了小浪底水库调水调沙上限控制流量的灵活性。但由于平滩流量增幅不大,优化空间不大,建议调水调沙上限流量控制指标仍按现有4 000 m^3/s 控制。

当出库含沙量大于100 kg/m^3 时,考虑水库蓄水保有量,可考虑将调水调沙上限流量控制指标提高到7 000 m^3/s,以提高调水调沙期的"淤滩刷槽"效果。

5.2.3　调度指令调整

根据前述研究成果,对防护堤非工程措施方案运用方式水库调度指令进行调整。

5.2.3.1　中常洪水(4 000~10 000 m^3/s)小浪底水库防洪运用方式指令调整

原方式:按照正常运用期小浪底水库防洪运用方式运用,即预报花园口断面流量小于8 000 m^3/s,按入库流量泄洪;预报花园口断面流量大于8 000 m^3/s,控制8 000 m^3/s 泄洪,在此过程中,当蓄洪量超7.9亿 m^3 时,控制10 000 m^3/s 泄洪。

现方式:预报花园口断面流量小于10 000 m^3/s,按入库流量泄洪。

5.2.3.2　汛期调水调沙运用方式指令调整

原方式：当黄河下游平滩流量大于 4 000 m^3/s 时，古贤水库、小浪底水库原则上不进行大量蓄水，主要采用低壅水拦粗排细运用，但遇较大流量低含沙量洪水而水库槽库容淤积严重时，水库敞泄排沙恢复库容。当黄河下游平滩流量小于 4 000 m^3/s 时，古贤水库、小浪底水库共同蓄水运用，联合泄放大流量过程冲刷恢复下游过流能力。两库蓄水和预报河道来水满足一次调水调沙大流量泄放的水量要求时，按花园口断面 4 000 m^3/s×4 d(13.82 亿 m^3 水量)以上下泄洪水。

现方式：适当增加调水调沙上限流量，按花园口(不小于)3 000 m^3/s×2 d+7 000 m^3/s×2 d+2 600 m^3/s×2 天(21.77 亿 m^3 水量)以上控制下泄，冲刷恢复下游河槽主槽过流能力。

5.2.3.3　汛前调水调沙运用方式指令调整

原方式：6 月中下旬小浪底水库蓄水在满足供水的前提下，若多余水量满足一次调水调沙要求(最小水量 17.3 亿 m^3)，按照花园口断面 4 000 m^3/s×5 d 以上塑造洪水。

现方式：6 月中下旬造峰。根据预留水量，按 5 d 时间计算泄放流量，当计算流量 $4\ 000<Q<6\ 000$ m^3/s 时，按 4 000 m^3/s 下泄，延长洪水历时；计算流量 $Q=4\ 000$ m^3/s 或者 $Q\geqslant 6\ 000$ m^3/s 时，按流量 Q m^3/s×5 d 下泄。

5.3　黄河中游水库群优化调度对黄河下游输沙影响分析

结合专题“有利于提高河道输沙能力的技术措施及效果”的研究成果，拟采用黄河来沙 3 亿 t、8 亿 t 两种情景方案进行提高河道输沙能力水库运用方式优化效果研究。

分析小浪底水库出库水沙过程，可以看出防护堤非工程措施方案运用方式调整后古贤、小浪底水库累计冲刷量均有所增加。水沙情景方案 1(3 亿 t 方案)防护堤非工程措施古贤、小浪底水库分别冲刷 2.15 亿 t 和 3.38 亿 t，较现状治理模式现状运用方式(简称现状治理模式)少淤积 0.09 亿 t 和 4.60 亿 t。水沙情景方案 3(8 亿 t 方案)防护堤非工程措施古贤、小浪底水库分别冲刷 4.25 亿 t 和 2.04 亿 t，较现状治理模式少淤积 5.14 亿 t 和 3.80 亿 t。

5.3.1　进入下游水沙条件

防护堤非工程措施方案调整后不同情景方案中下游主要断面水沙量计算成果见表 5-1、表 5-2。水沙情景方案 1(3 亿 t 方案)防护堤非工程措施方案进入下游 50 年系列平均水量和沙量分别为 247.99 亿 m^3 和 3.29 亿 t，50 年系列累计水量和沙量分别为 12 399.5 亿 m^3 和 164.5 亿 t，较现状方案总水量减少 2 亿 m^3，总沙量增加 4 亿 t。

水沙情景方案 3(8 亿 t 方案)防护堤非工程措施方案进入下游 50 年系列平均水量和沙量分别为 272.67 亿 m^3 和 7.92 亿 t，50 年系列累计水量和沙量分别为 13 633.5 亿 m^3 和 396 亿 t，较现状方案总水量减少 5.5 亿 m^3，总沙量增加 11 亿 t。

表 5-1　防护堤非工程措施下游主要断面水沙量计算成果

方案	断面	径流量(亿 m^3)			输沙量(亿 t)		
		汛期	非汛期	全年	汛期	非汛期	全年
情景方案 1(3 亿 t)	潼关	106.97	115.67	222.63	2.57	0.62	3.19
	三门峡	106.83	115.67	222.50	3.14	0.07	3.21
	小浪底	92.26	130.10	222.35	3.26	0.01	3.27
	进入下游	107.26	140.73	247.99	3.28	0.01	3.29
情景方案 3(8 亿 t)	潼关	123.55	121.14	244.68	6.86	0.85	7.71
	三门峡	123.45	121.14	244.59	7.64	0.11	7.75
	小浪底	114.19	130.28	244.47	7.77	0.02	7.79
	进入下游	133.03	139.64	272.67	7.89	0.03	7.92

表 5-2　不同情景方案进入下游水沙量成果

方案		年均值		50 年累计值	
		水量(亿 m^3)	沙量(亿 t)	水量(亿 m^3)	沙量(亿 t)
水沙情景 1(3 亿 t)	现状运用方式①	248.03	3.21	12 401.5	160.5
	防护堤非工程措施②	247.99	3.29	12 399.5	164.5
	②-①	-0.04	0.08	-2.0	4.0
水沙情景 3(8 亿 t)	现状运用方式①	272.78	7.70	13 639.0	385
	防护堤非工程措施②	272.67	7.92	13 633.5	396
	②-①	-0.11	0.22	-5.5	11

由表 5-3 可知,防护堤非工程措施方案运用方式调整后,相同水沙情景方案 800~2 600 m^3/s 流量级出现天数减少、水沙量比例减少,3 亿 t 与 8 亿 t 方案水量比例分别减少约 4%、5%,沙量比例减少约 22%、14%。4 000 m^3/s 以上流量级出现的天数增加,水沙量比例相应增加,水量比例增加约 17%、20%,沙量比例分别增加约 42%、36%。

非工程措施调控后对水沙条件的改变体现在两点:①增加漫滩洪水场次,增大了漫滩系数(Q_{max}/Q_n)。②减小了场次洪水的来沙系数(S/Q),2 600 m^3/s 以下流量级小水排沙情况明显减少,4 000 m^3/s 流量级以上有利水沙组显著增多,优化了水沙搭配。

5.3.2　下游河道及河口冲淤演变计算成果

利用四家黄河下游水动力学模型,开展未来 50 年水沙系列计算,模拟分析中游水库群优化调度过程对提高下游河道输沙塑槽的效果,综合分析防护堤非工程措施优化调度方案对提高下游河道输沙能力、增大入海沙量、塑造和维持合理平滩流量等方面的效果。

表 5-3　全年不同运用方式进入下游水沙过程统计成果表

水沙条件	项目	现状						防护堤非工程措施						防护堤非工程措施-现状					
		不同流量级(m³/s)						不同流量级(m³/s)						不同流量级(m³/s)					
		≤800	800~2 600	2 600~4 000	4 000~6 000	≥6 000	合计	≤800	800~2 600	2 600~4 000	4 000~6 000	≥6 000	合计	≤800	800~2 600	2 600~4 000	4 000~6 000	≥6 000	合计
水沙情景方案1	出现天数(d)	279.6	69.2	16.0	0.5	0.1	365.2	291.7	58.5	6.0	5.8	3.2	365.2	12.1	-10.7	-10.0	5.3	3.2	0
	年均水量(亿 m³)	129.9	62.3	53.7	1.8	0.4	248.0	133.9	52.3	16.7	23.7	20.8	247.3	4.0	-10.0	-37.0	21.9	20.3	-0.8
	年均沙量(亿 t)	0.5	1.5	1.2	0	0	3.2	0.5	0.8	0.6	1.1	0.3	3.2	-0.1	-0.7	-0.6	1.1	0.3	0
	含沙量(kg/m³)	4.1	23.8	21.5	23.6	11.4	12.9	3.4	14.9	34.6	48.0	12.2	12.9	-0.7	-8.9	13.1	24.4	0.9	0
	水量比例(%)	52.4	25.1	21.6	0.7	0.2	100.0	54.1	21.1	6.8	9.6	8.4	100.0	1.8	-4.0	-14.9	8.9	8.2	0
	沙量比例(%)	16.4	46.2	36.0	1.3	0.2	100.0	14.2	24.4	18.1	35.5	7.9	100.0	-2.2	-21.8	-18.0	34.1	7.8	0
水沙情景方案2	出现天数(d)	272.2	67.8	24.3	0.6	0.2	365.2	289.1	52.9	11.9	6.6	4.7	365.2	16.9	-14.9	-12.5	6.0	4.5	0
	年均水量(亿 m³)	124.0	63.3	81.8	2.5	1.2	272.8	131.6	49.8	33.9	27.5	29.9	272.7	7.5	-13.4	-48.0	25.0	28.8	-0.1
	年均沙量(亿 t)	0.6	2.4	4.3	0.3	0.2	7.7	0.6	1.4	2.6	2.4	0.9	7.9	0	-1.0	-1.6	2.1	0.8	0.2
	含沙量(kg/m³)	5.1	38.2	52.0	98.8	128.7	28.2	4.6	28.4	77.5	86.0	30.8	29.1	-0.6	-9.8	25.5	-12.8	-98.0	0.8
	水量比例(%)	45.5	23.2	30.0	0.9	0.4	100.0	48.3	18.3	12.4	10.1	11.0	100.0	2.8	-4.9	-17.6	9.2	10.6	0
	沙量比例(%)	8.2	31.4	55.2	3.2	1.9	100.0	7.6	17.9	33.1	29.8	11.6	100.0	-0.7	-13.5	-22.1	26.6	9.7	0

5.3.2.1　**河道冲淤**

四家数模计算结果表明,未来 50 年黄河下游河道,水沙情景 1(沙量 3 亿 t)防护堤非工程措施方案下游河道全河段表现为淤滩刷槽状态。滩地淤积 2.4 亿~11.2 亿 t,主槽冲刷 2.9 亿~13.5 亿 t,其中,小花间不同模型计算全断面冲淤量均表现为冲刷,量值在 1.7 亿~4.3 亿 t,见图 5-7、表 5-4。

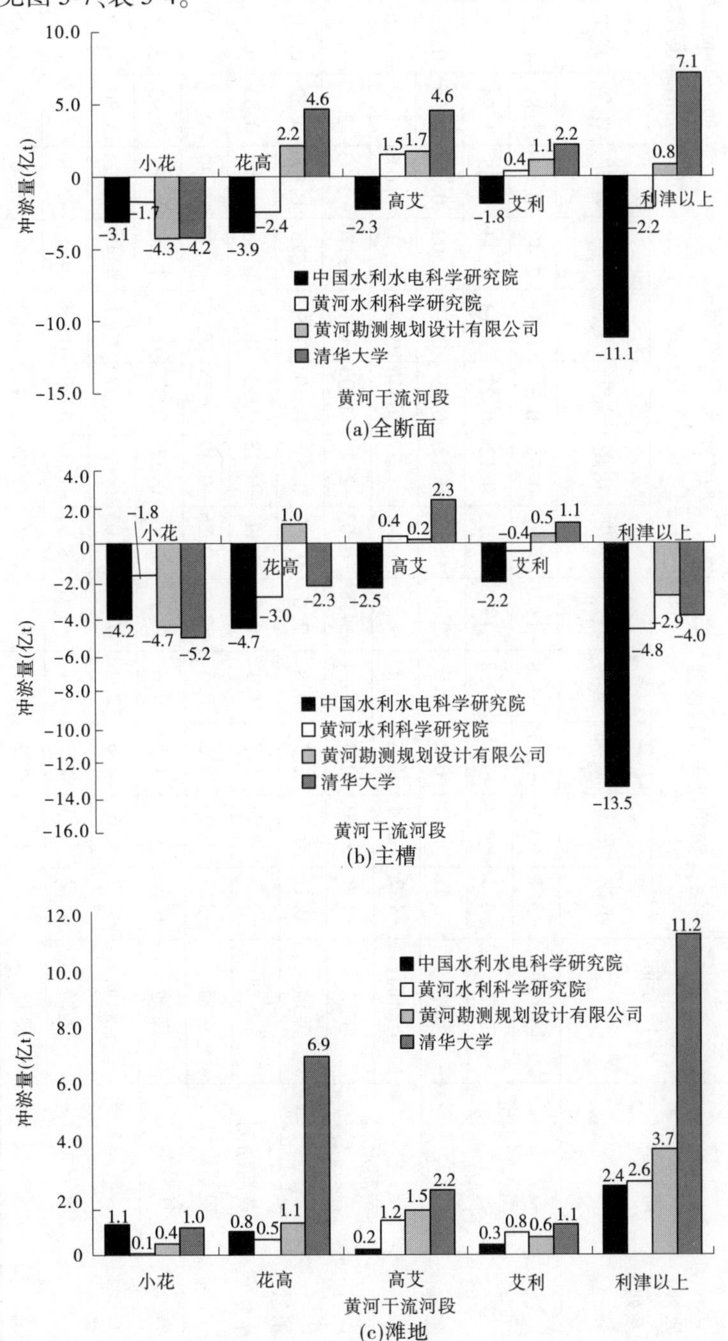

图 5-7　水沙情景方案 1 防护堤非工程措施黄河下游河道 50 年末冲淤沿程分布

表 5-4　水沙情景方案 1 四家单位计算的黄河下游河道冲淤比较

（单位：亿 t）

水沙系列	研究单位	横向分布	防护堤非工程措施					防护堤非工程措施-现状治理模式					防护堤非工程措施-防护堤治理模式现状运用方式				
			小花	花高	高艾	艾利	利津以上	小花	花高	高艾	艾利	利津以上	小花	花高	高艾	艾利	利津以上
水沙情景方案 1	中国水利水电科学研究院	全断面	-3.1	-3.9	-2.3	-1.8	-11.1	0.18	0.55	0.39	1.31	2.43	0.65	1.81	1.27	1.50	5.25
		主槽	-4.2	-4.7	-2.5	-2.2	-13.5	-0.13	0.12	0.21	1.13	1.33	0.35	1.24	1.06	1.36	4.02
		滩地	1.1	0.8	0.2	0.3	2.4	0.30	0.42	0.19	0.18	1.09	0.30	0.56	0.22	0.14	1.23
	黄河水利科学研究院	全断面	-1.7	-2.4	1.5	0.4	-2.2	0.04	-1.77	-0.46	0.22	-1.97	0.04	-1.70	-0.26	0.32	-1.60
		主槽	-1.8	-3.0	0.4	-0.4	-4.8	-0.03	-2.27	-1.06	-0.33	-3.70	-0.03	-2.22	-0.97	-0.28	-3.49
		滩地	0.1	0.5	1.2	0.8	2.6	0.07	0.51	0.59	0.56	1.73	0.07	0.52	0.70	0.61	1.90
	黄河勘测规划设计有限公司	全断面	-4.3	2.2	1.7	1.1	0.8	0.11	-0.18	0.13	0.02	0.08	0.23	0.53	0.30	0.20	1.26
		主槽	-4.7	1.0	0.2	0.5	-2.9	-0.26	-0.49	-0.24	-0.17	-1.17	-0.17	-0.39	-0.22	-0.15	-0.94
		滩地	0.4	1.1	1.5	0.6	3.7	0.36	0.32	0.37	0.19	1.26	0.39	0.93	0.53	0.35	2.21
	清华大学	全断面	-4.2	4.6	4.6	2.2	7.1	-3.03	5.03	0.97	1.51	4.48	-2.24	5.30	3.30	2.63	8.99
		主槽	-5.2	-2.3	2.3	1.1	-4.0	-3.91	-1.39	0.49	0.69	-4.13	-2.70	-1.36	1.32	2.00	-0.73
		滩地	1.0	6.9	2.2	1.1	11.2	0.88	6.42	0.48	0.82	8.60	0.46	6.66	1.97	0.63	9.72

防护堤非工程措施方案与现状治理模式比较(见图5-8),除个别计算表现为主槽增淤(1.33亿t)、滩地增淤(1.09亿t)外,其余均表现为进一步淤滩刷槽,主槽多冲刷1.17亿~4.13亿t,滩地增淤1.26亿~8.60亿t,河道全断面累计淤积量表现不一,最大减淤1.97亿t,最大增淤4.48亿t。

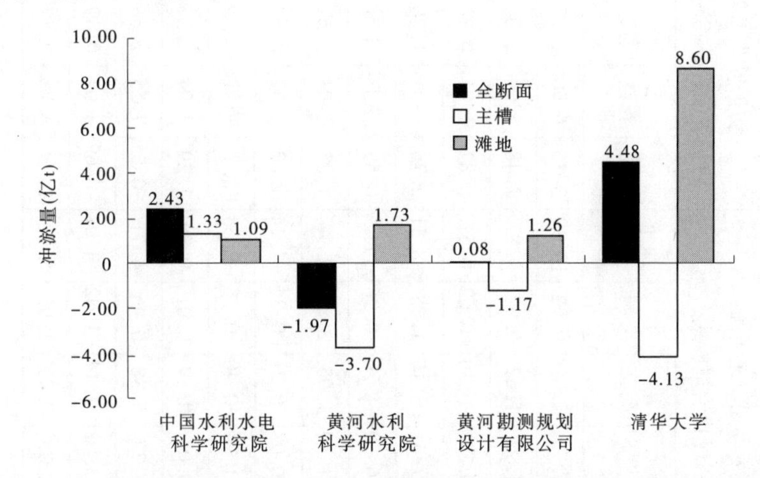

图5-8　水沙情景方案1防护堤非工程措施与现状治理模式累计河道冲淤量对比

防护堤非工程措施方案较防护堤现状运用方式(设计防护堤方案)滩地增淤1.23亿~9.72亿t,主槽除个别计算增淤4.02亿t外,其余多冲在0.73亿~3.49亿t范围内,河道全断面累计淤积量最大减淤1.60亿t,最大增淤8.99亿t,见图5-9。

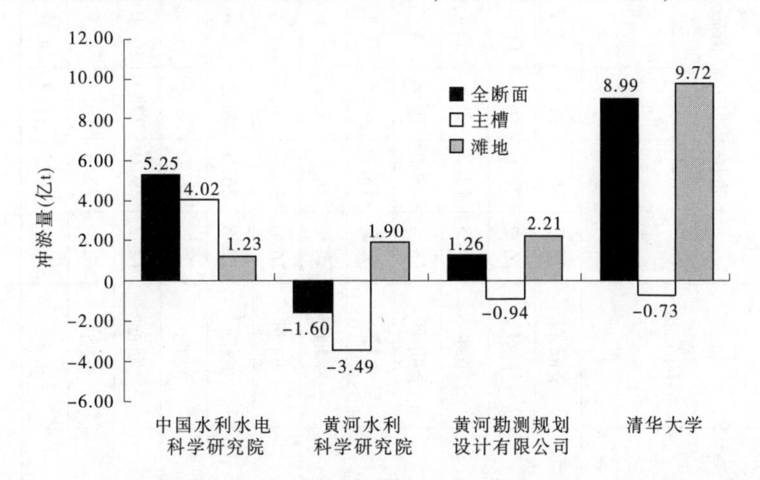

图5-9　水沙情景方案1防护堤非工程措施与现状运用方式累计河道冲淤量对比

水沙情景方案3(沙量8亿t)防护堤非工程措施均发生累积性淤积,50年累积淤积量全断面淤积75.5亿~89.8亿t,其中主槽46.1亿~61.3亿t,滩地23.3亿~37.0亿t,淤积主要集中在花园口—高村河段,如图5-10、表5-5所示。

表 5-5　水沙情景方案 3 四家单位计算的黄河下游河道冲淤比较

（单位：亿 t）

水沙系列	研究单位	横向分布	防护堤非工程措施					防护堤非工程措施-现状治理模式					防护堤非工程措施-防护堤治理模式现状运用方式				
			小花	花高	高艾	艾利	利津以上	小花	花高	高艾	艾利	利津以上	小花	花高	高艾	艾利	利津以上
水沙情景方案 3	中国水利水电科学研究院	全断面	26.5	36.3	13.6	13.4	89.8	2.42	5.73	1.32	0.92	10.39	3.35	6.90	2.27	0.82	13.34
		主槽	16.2	24.0	10.1	11.0	61.3	2.42	4.92	1.62	0.92	9.87	2.48	5.09	2.04	0.70	10.31
		滩地	10.3	12.3	3.5	2.4	28.6	0	0.81	-0.30	-0.02	0.51	0.87	1.81	0.23	0.12	3.02
	黄河水利科学研究院	全断面	13.4	28.0	19.4	14.7	75.5	0.36	-7.41	-3.16	1.88	-8.31	2.76	-0.03	1.76	1.24	5.75
		主槽	7.5	18.8	10.6	9.3	46.1	0.19	-6.30	-4.20	-0.96	-11.27	0.89	-2.04	-1.81	-1.43	-4.39
		滩地	5.9	9.2	8.8	5.4	29.4	0.17	-1.10	1.05	2.85	2.97	1.87	2.03	3.57	2.68	10.15
	黄河勘测规划设计有限公司	全断面	16.6	36.3	14.6	11.2	78.8	-0.59	-0.98	-0.21	-0.34	-2.14	1.02	2.38	0.97	0.71	5.08
		主槽	12.8	26.6	8.2	7.9	55.5	-0.52	-1.04	-0.40	-0.36	-2.33	-0.27	-0.64	-0.26	-0.19	-1.37
		滩地	3.7	9.7	6.4	3.4	23.3	-0.07	0.07	0.19	0.01	0.20	1.29	3.04	1.22	0.90	6.46
	清华大学	全断面	12.2	39.0	27.4	9.1	87.6	-3.90	1.77	5.88	0.96	4.71	-0.55	7.55	2.66	4.05	13.71
		主槽	7.5	22.5	16.1	4.5	50.6	1.16	-3.01	-1.14	-1.02	-4.01	-0.69	3.07	0.49	1.77	4.64
		滩地	4.6	16.5	11.3	4.6	37.0	-5.06	4.78	7.02	1.98	8.72	0.14	4.48	2.17	2.28	9.07

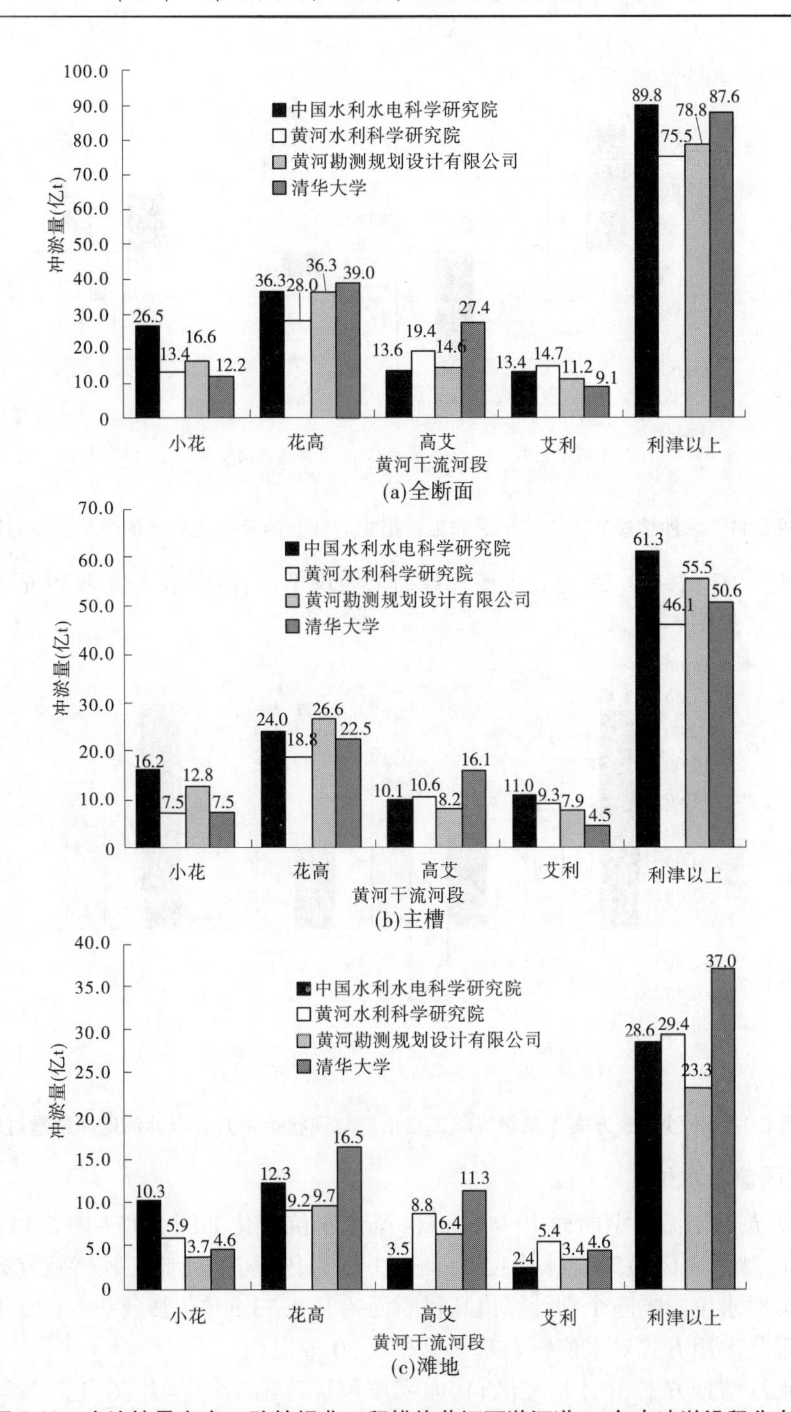

图5-10　水沙情景方案3防护堤非工程措施黄河下游河道50年末冲淤沿程分布

防护堤非工程措施方案与现状治理模式比较(见图5-11),主槽减淤2.33亿~11.27亿t(个别计算增淤9.87亿t),滩地增淤0.20亿~8.72亿t,河道全断面累计冲淤表现为两家减淤,两家增淤,最大减淤8.31亿t,最多增淤10.39亿t。

防护堤非工程措施方案较防护堤现状运用方式河道累计增淤5.08亿~13.71亿t,其

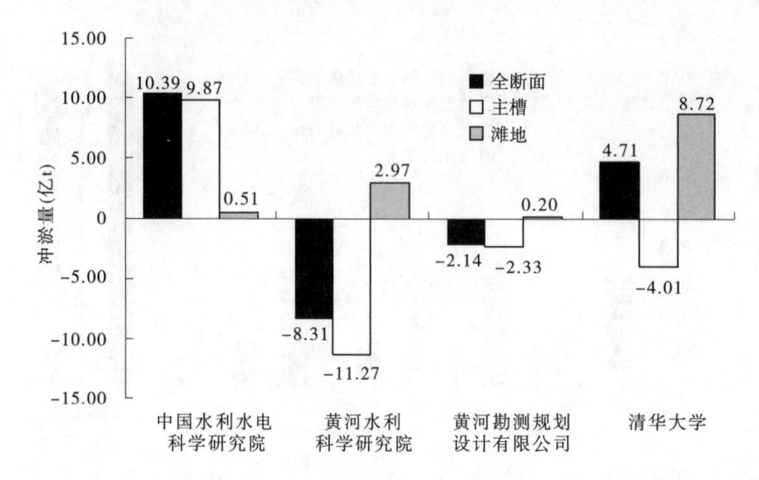

图 5-11　水沙情景方案 3 防护堤非工程措施与现状治理模式累计河道冲淤量对比

中滩地增淤 3.02 亿~10.15 亿 t,主槽计算结果表现不一,减淤最大值 4.39 亿 t,增淤最大值 10.31 亿 t,见图 5-12。

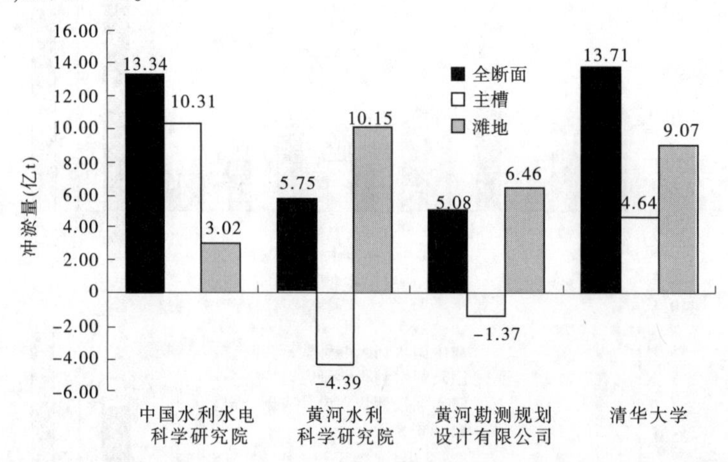

图 5-12　水沙情景方案 3 防护堤非工程措施与现状运用方式累计河道冲淤量对比

5.3.2.2　同流量水位

50 年后黄河下游典型断面 10 000 m^3/s 流量水位变化如图 5-13~图 5-15 所示,水沙情景方案 1(沙量 3 亿 t)50 年末水位升降在±1 m 以内,防护堤非工程措施方案较现状治理模式方案对水位影响除个别计算值高村断面抬升 0.73 m 外,其余基本在 0.10 m 以内;较防护堤现状运用方式对水位影响基本上在 0.30 m 以内。

对于水沙情景方案 3(沙量 8 亿 t),四家单位计算结果均表明 50 年后黄河下游河道典型断面流量 10 000 m^3/s 的水位显著上升见图 5-16~图 5-18,抬升幅度在 1.03~4.63 m 范围内,防护堤非工程措施方案较现状治理模式水位抬升基本上在±1.5 m 以内,较非工程措施现状运用方式水位影响除个别计算值高村断面抬升 1.45 m 外,基本上在 0.6 m 以内。

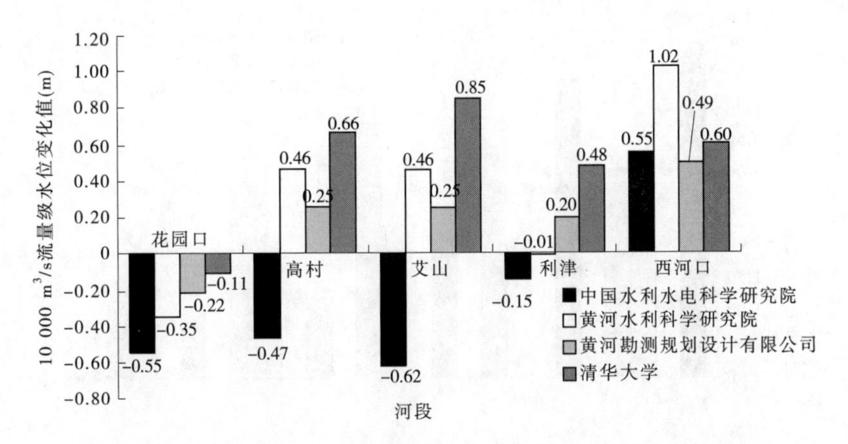

图 5-13　水沙情景方案 1 50 年后黄河下游流量 10 000 m^3/s 水位变化值

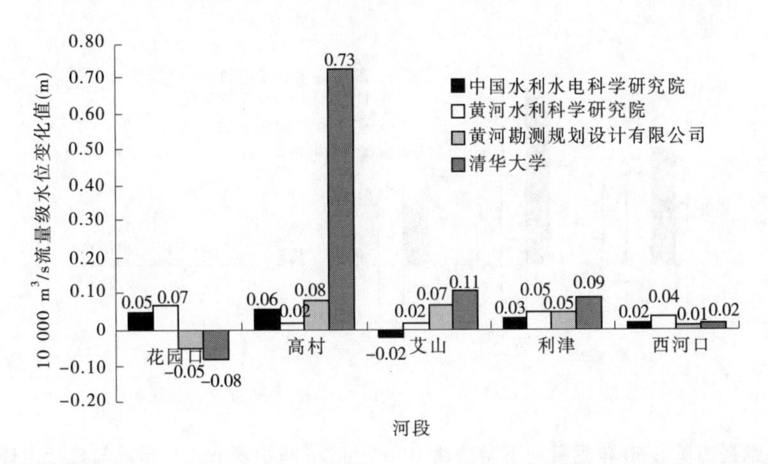

图 5-14　水沙情景方案 1 50 年后黄河下游流量 10 000 m^3/s 防护堤非工程措施与现状治理模式对比

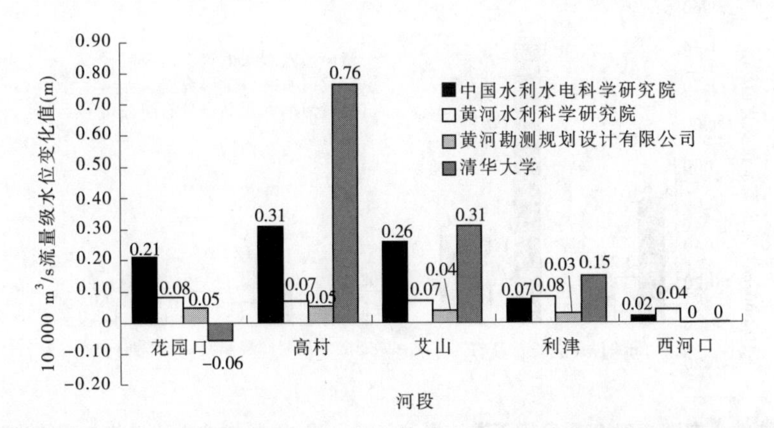

图 5-15　水沙情景方案 1 50 年后黄河下游流量 10 000 m^3/s 防护堤非工程措施与防护堤现状运用方式对比

5.3.2.3　平滩流量

四家模型计算的 50 年后黄河下游平滩流量如表 5-6 所示，在水沙情景方案 1(沙量 3 亿 t)的条件下，50 年后黄河下游河道平滩流量可维持 4 000 m^3/s 以上，防护堤非工程措

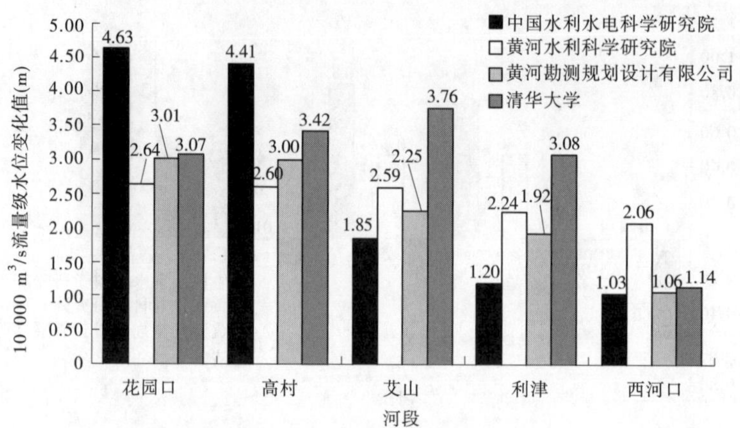

图 5-16　水沙情景方案 3 50 年后黄河下游流量 10 000 m^3/s 水位变化值

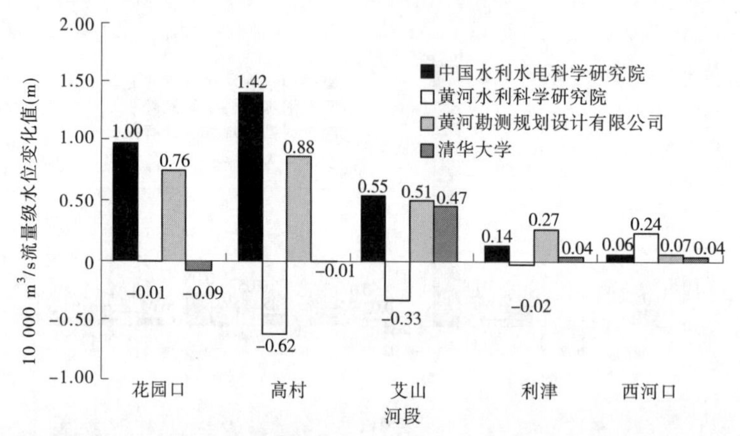

图 5-17　水沙情景方案 3 50 年后黄河下游流量 10 000 m^3/s 防护堤非工程措施与现状治理模式对比

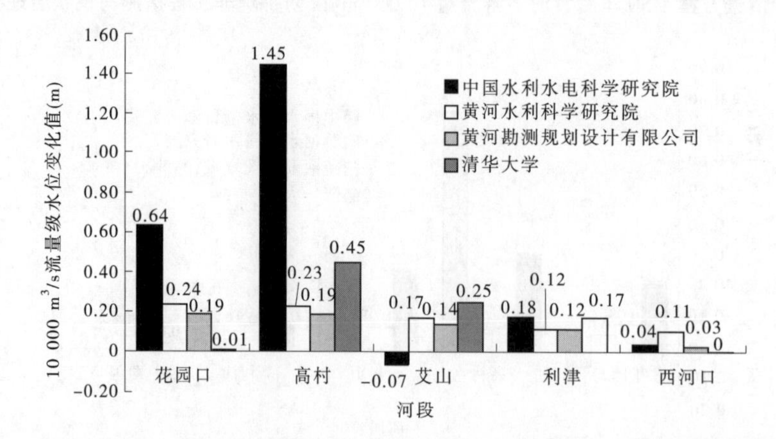

图 5-18　水沙情景方案 3 50 年后黄河下游流量 10 000 m^3/s 防护堤非工程措施与现状治理模式对比

施方案较现状治理模式现状运用方式，最小平滩流量除个别计算减少外（减少 427 m^3/s），其余变化不大，最大可增加 125 m^3/s。

表 5-6　四家模型单位计算的 50 年后黄河下游平滩流量　（单位：m^3/s）

水沙系列	治理模式	中国水利水电科学研究院*	黄河水利科学研究院	黄河勘测规划设计有限公司	清华大学
水沙情景方案 1	现状治理模式现状运用方式①	5 876	4 019	3 970	4 076
	防护堤现状运用方式②	5 990	4 067	4 009	4 168
	防护堤非工程措施③	5 449	4 133	4 095	4 033
	差值(③-①)	-427	114	125	-43
	差值(③-②)	-541	66	86	-135
水沙情景方案 3	现状治理模式现状运用方式①	2 497	2 058	3 144	2 563
	防护堤现状运用方式②	2 680	2 420	3 680	2 837
	防护堤非工程措施③	2 463	2 614	3 912	2 594
	差值(③-①)	-34	556	768	31
	差值(③-②)	-217	194	232	-243

* **注**：中国水利水电科学研究院采用艾利河段平均平滩流量，其他单位采用最小平滩流量。

水沙情景方案 3(沙量 8 亿 t)50 年后黄河下游河道平滩流量可维持在 2 400 m^3/s 以上，防护堤非工程措施方案较现状治理模式现状运用方式最小平滩流量有一定幅度增加，最大增幅为 768 m^3/s。

5.3.2.4　进入艾山以下河道水沙量

进入艾山以下河道水沙量如表 5-7 所示。总的来说，防护堤非工程措施较现状治理模式下小黑武年来水量基本一致，年来沙量略有增加，水沙情景方案 1 增加 0.08 亿 t，水沙情景方案 3 增加 0.22 亿 t。

水沙情景方案 1。各家计算进入艾山和利津断面的年均水量介于 170 亿～192 亿 m^3 和 135 亿～156 亿 m^3，防护堤非工程措施进入艾山和利津断面的年均沙量介于 2.80 亿～2.96 亿 t 和 2.49 亿 ～2.78 亿 t，较现状年输沙量增加值在 0.01 亿～0.12 亿 t 范围内，年输水量减少 0.1 亿～1.1 亿 m^3。

水沙情景方案 3。各家计算进入艾山和利津断面的年均水量介于 194 亿～216 亿 m^3 和 161 亿～178 亿 m^3，防护堤非工程措施进入艾山和利津断面的年均沙量介于 5.62 亿～5.98 亿 t 和 4.86 亿～5.50 亿 t，较现状年输沙量增加值分别在 0.07 亿～0.45 亿 t 和 0.06 亿～0.40 亿 t 范围内，年输水量除个别计算减少 1.3 亿 m^3 外，基本都在±0.5 亿 m^3 范围内。

5.3.2.5　对黄河河口的影响

四家模型计算给出了未来 50 年黄河河口累计淤积量、西河口水位和河长变化，如表 5-8 所示。四家模型计算成果表明，黄河河口段未来 50 年均为淤积状态，但淤积强度不大。防护堤非工程措施方案，水沙情景方案 1 各家模型计算淤积量在 0.36 亿～1.38 亿 t，较

表 5-7　四家单位计算的进入艾山以下河道年均水沙量

水沙系列	研究单位	治理模式	小黑武		艾山		利津	
			年水量（亿 m^3）	年沙量（亿 t）	年水量（亿 m^3）	年沙量（亿 t）	年水量（亿 m^3）	年沙量（亿 t）
水沙情景方案 1	中国水利水电科学研究院	现状治理模式现状运用方式①	248.0	3.21	189.3	2.90	153.5	2.61
		防护堤现状运用方式②	248.0	3.21	189.3	2.94	153.5	2.65
		防护堤非工程措施③	248.0	3.29	189.2	2.96	153.4	2.66
		③-①	0	0.08	-0.1	0.06	-0.1	0.05
		③-②	0	0.08	-0.1	0.02	-0.1	0.01
	黄河水利科学研究院	现状治理模式现状运用方式①	248.0	3.21	169.8	2.67	135.3	2.37
		防护堤现状运用方式②	248.0	3.21	169.8	2.68	135.3	2.37
		防护堤非工程措施③	248.0	3.29	169.7	2.80	135.3	2.49
		③-①	0	0.08	-0.1	0.12	-0.1	0.12
		③-②	0	0.08	-0.1	0.12	-0.1	0.12
	黄河勘测规划设计有限公司	现状治理模式现状运用方式①	248.0	3.21	191.7	2.84	156.1	2.63
		防护堤现状运用方式②	248.0	3.21	191.7	2.86	156.1	2.65
		防护堤非工程措施③	248.0	3.29	191.7	2.92	156.1	2.71
		③-①	0	0.08	-0.1	0.08	0	0.08
		③-②	0	0.08	0	0.06	0	0.06
	清华大学	现状治理模式现状运用方式①	248.0	3.21	189.1	2.85	152.2	2.68
		防护堤现状运用方式②	248.0	3.21	189.1	2.91	152.2	2.78
		防护堤非工程措施③	248.0	3.29	188.1	2.92	151.9	2.78
		③-①	0	0.08	-1.1	0.07	-0.3	0.10
		③-②	0	0.08	-1.0	0.01	-0.3	0

续表 5-7

水沙系列	研究单位	治理模式	小黑武		艾山		利津	
			年水量（亿 m^3）	年沙量（亿 t）	年水量（亿 m^3）	年沙量（亿 t）	年水量（亿 m^3）	年沙量（亿 t）
水沙情景方案 3	中国水利水电科学研究院	现状治理模式现状运用方式①	272. 8	7. 70	214. 0	5. 55	178. 5	4. 80
		防护堤现状运用方式②	272. 8	7. 70	214. 0	5. 62	178. 5	4. 84
		防护堤非工程措施③	272. 7	7. 92	213. 9	5. 62	178. 2	4. 86
		③-①	-0. 1	0. 22	-0. 1	0. 07	-0. 3	0. 06
		③-②	-0. 1	0. 22	-0. 1	0	-0. 3	0. 02
	黄河水利科学研究院	现状治理模式现状运用方式①	272. 8	7. 70	194. 3	5. 29	160. 4	4. 57
		防护堤现状运用方式②	272. 8	7. 70	194. 3	5. 72	160. 4	5. 00
		防护堤非工程措施③	272. 7	7. 92	194. 2	5. 74	160. 9	4. 97
		③-①	-0. 1	0. 22	-0. 1	0. 45	0. 5	0. 40
		③-②	-0. 1	0. 22	-0. 1	0. 02	0. 5	-0. 03
	黄河勘测规划设计有限公司	现状治理模式现状运用方式①	272. 8	7. 70	216. 4	5. 72	181. 0	5. 23
		防护堤现状运用方式②	272. 8	7. 70	216. 4	5. 84	181. 0	5. 37
		防护堤非工程措施③	272. 7	7. 92	216. 3	5. 98	180. 9	5. 50
		③-①	-0. 1	0. 22	-0. 1	0. 26	-0. 1	0. 27
		③-②	-0. 1	0. 22	-0. 1	0. 14	-0. 1	0. 13
	清华大学	现状治理模式现状运用方式①	272. 8	7. 70	213. 9	5. 65	176. 9	5. 24
		防护堤现状运用方式②	272. 8	7. 70	213. 9	5. 77	176. 9	5. 42
		防护堤非工程措施③	272. 7	7. 92	212. 7	5. 85	176. 6	5. 49
		③-①	-0. 1	0. 22	-1. 3	0. 20	-0. 3	0. 25
		③-②	-0. 1	0. 22	-1. 3	0. 08	-0. 3	0. 07

表 5-8　护堤非工程措施方案对黄河河口淤积量、水位和河长影响汇总

水沙系列	研究单位	利津至 CS6 淤积量(亿 t)					10 000 m^3/s 流量下西河口水位变化(m)					西河口以下河长及变化(km)				
		现状治理模式现状运用方式①	防护堤现状运用方式②	防护堤非工程措施③	③-①	③-②	现状治理模式现状运用方式①	防护堤现状运用方式②	防护堤非工程措施③	③-①	③-②	现状治理模式现状运用方式①	防护堤现状运用方式②	防护堤非工程措施③	③-①	③-②
水沙情景方案1	中国水利水电科学研究院	0.24	0.36	1.04	0.80	0.68	0.53	0.53	0.55	0.02	0.02	66.46	66.55	66.18	-0.28	-0.37
	黄河水利科学研究院	1.28	1.28	1.38	0.10	0.10	0.98	0.98	1.02	0.04	0.04	71.22	67.24	72.29	1.07	5.05
	黄河勘测规划设计有限公司	0.26	0.30	0.36	0.10	0.06	0.48	0.49	0.49	0.01	0	69.70	69.70	69.82	0.12	0.12
	清华大学	1.00	1.03	1.02	0.02	-0.01	0.58	0.60	0.60	0.02	0	68.17	67.24	68.20	0.03	0.96
水沙情景方案3	中国水利水电科学研究院	0.56	0.85	2.00	1.44	1.15	0.97	0.99	1.03	0.06	0.04	71.81	72.04	72.26	0.45	0.22
	黄河水利科学研究院	2.89	3.38	1.05	-1.84	-2.33	1.82	1.95	2.06	0.24	0.11	82.60	80.00	86.63	4.03	6.63
	黄河勘测规划设计有限公司	2.93	3.22	3.42	0.49	0.20	0.99	1.03	1.06	0.07	0.03	76.80	77.30	77.65	0.85	0.35
	清华大学	2.90	3.00	3.00	0.10	0	1.10	1.04	1.22	0.12	0.18	74.65	74.30	74.95	0.30	0.65

现状治理模式进入河口的沙量有所增多，增加值分别在 0.02 亿~0.80 亿 t 范围内，较防护堤现状运用方式，除个别计算沙量略有减少外（减少 0.01 亿 t），沙量增加量不大于 0.68 亿 t；水沙情景方案 3 各家模型计算淤积量在 1.05 亿~3.42 亿 t，较现状治理模式，进入河口的沙量增加范围为 0.1 亿~1.44 亿 t（个别减少 1.84 亿 t），较防护堤现状运用方式，进入河口的沙量增加范围为 0~1.15 亿 t（个别减少 2.33 亿 t）。

50 年末现状治理模式，10 000 m^3/s 流量西河口水位略有抬升，较防护堤方案非工程措施水沙情景方案 1 抬升值在 0.04 m 以内，水沙情景方案 3 抬升值在 0.24 m 以内（见图 5-19），河口淤积延伸长度增加值在 4.03 km 之内（见图 5-20）；较防护堤方案非工程措施，水沙情景方案 1 抬升值在 0.04 m 以内，水沙情景方案 3 抬升值在 0.18 m 以内（见图 5-21），河口淤积延伸长度增加值在 6.63 km 之内（见图 5-22）。

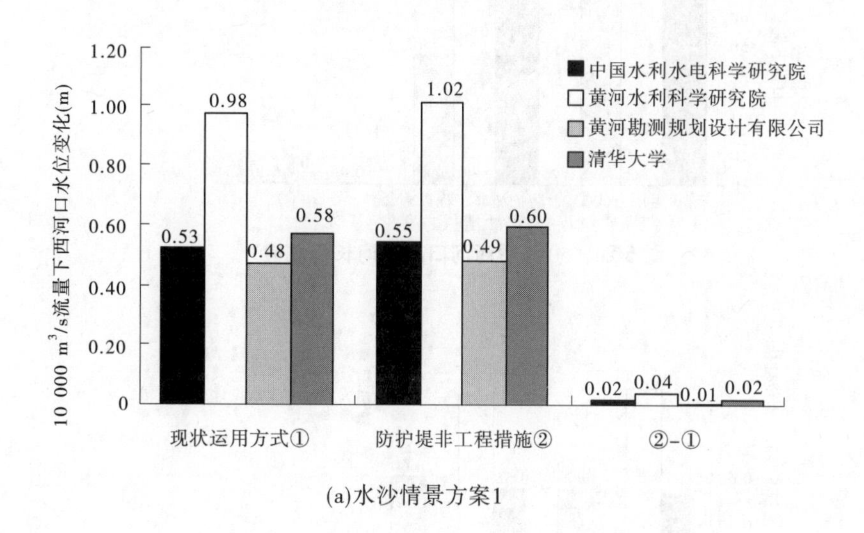

(a)水沙情景方案1

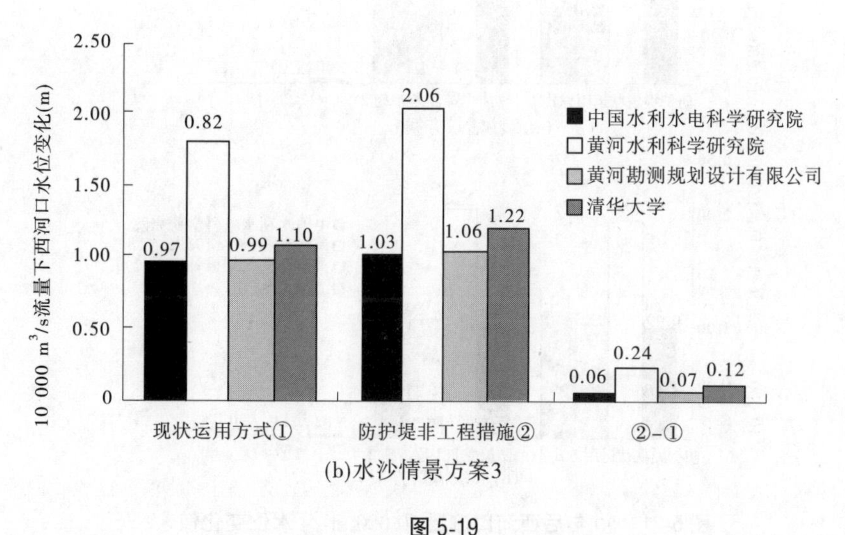

(b)水沙情景方案3

图 5-19

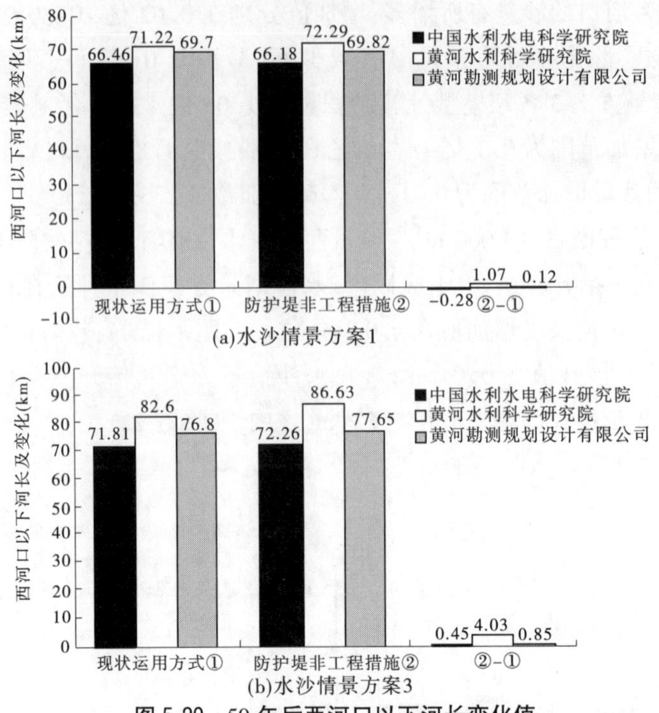

图 5-20　50 年后西河口以下河长变化值

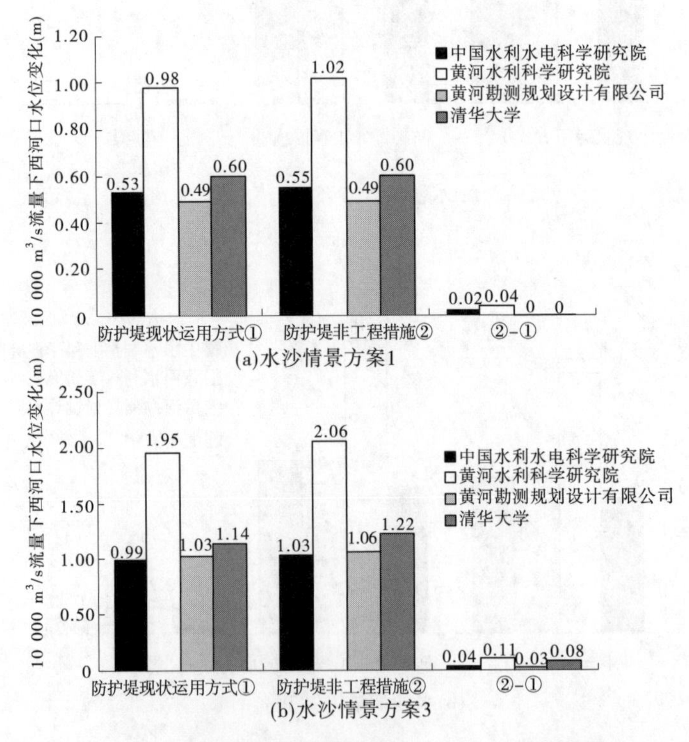

图 5-21　50 年后西河口流量 10 000 m^3/s 水位变化值

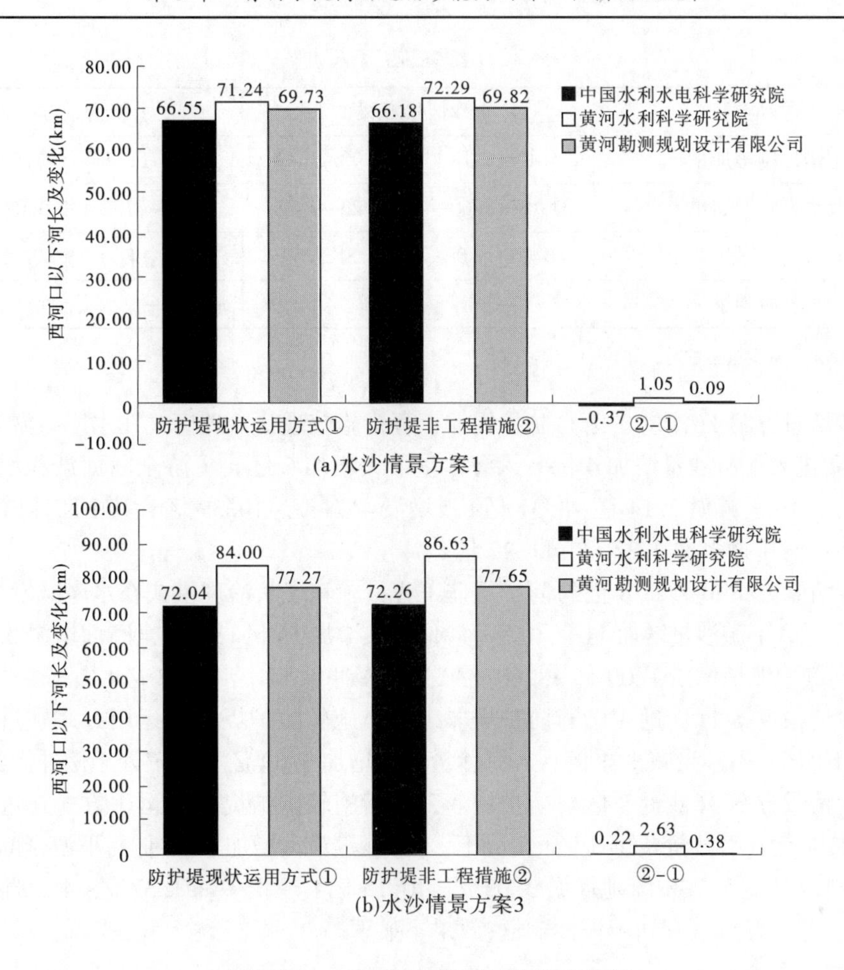

图 5-22　50 年后西河口以下河长变化值

5.4　综合评价

综合四家计算结果(见表 5-9),综合评价水库群优化调度对黄河下游输沙影响。

表 5-9　非工程措施对水库与黄河下游输沙综合影响　(单位:亿 t)

水沙情景	水沙情景方案 1		水沙情景方案 3	
对比	较现状治理模式	较防护堤现状运用方式	较现状治理模式	较防护堤现状运用方式
水库淤积减少量	4.6		9.6	
进入下游沙量增加	4		11	
下游全断面淤积增量	0.08~4.48	1.26~8.99	-8.31~-2.14 4.71~10.39	5.08~13.71

续表 5-9

水沙情景	水沙情景方案 1		水沙情景方案 3	
主槽冲刷增加量	1. 17~4. 13	0. 73~3. 49	2. 33~11. 27	1. 37~4. 39
滩地淤积增加量	1. 09~8. 60	1. 23~9. 72	0. 20~8. 72	3. 02~10. 15
入海沙量	0. 25~5. 0	0. 3~5. 69	2~14	0. 95~6. 06
引沙减少量	—	4	—	5

* 注:水库淤积减少量指古贤、三门峡、小浪底水库三库之和。

水沙情景方案 1(沙量 3 亿 t)防护堤非工程措施较现状治理模式在水库减淤 4. 6 亿 t 的前提下,进入下游沙量增加 4 亿 t,入海沙量最大增加 5 亿 t,下游全断面淤积增减量四家计算结果不一,减淤 2. 14 亿~8. 31 亿 t 或增淤 4. 71 亿~10. 39 亿 t,其中滩地增淤 0. 20 亿~8. 72 亿 t,主槽多冲 2. 33 亿~11. 27 亿 t。

水沙情景方案 3(沙量 8 亿 t)防护堤非工程措施较现状治理模式在水库减淤 9. 6 亿 t 的前提下,进入下游沙量增加 11 亿 t,入海沙量最大增加 14 亿 t,下游全断面增淤 0. 08 亿~4. 48 亿 t,其中滩地增淤 1. 09 亿~8. 60 亿 t,主槽多冲 1. 17 亿~4. 13 亿 t。

水沙情景方案 1(沙量 3 亿 t)防护堤非工程措施较防护堤现状运用方式在进入下游沙量增加 4 亿 t、引沙量减少 4 亿 t,入海沙量最大增加 5. 69 亿 t,下游处于微冲微淤状态。

水沙情景方案 3(沙量 8 亿 t)防护堤非工程措施较防护堤现状运用方式在进入下游沙量增加 11 亿 t,引沙量减少 5 亿 t 情况下,入海沙量最大增加 6. 06 亿 t,下游全断面增淤 5. 08 亿~13. 71 亿 t,其中滩地增淤 3. 02 亿~10. 15 亿 t,主槽多冲 1. 37 亿~4. 39 亿 t。

综上,非工程方案有利于泥沙输送,效果不显著。

5. 5　小　结

(1)通过对黄河下游大漫滩和一般漫滩洪水实测资料的分析,研究认为下游大漫滩洪水在来沙系数 $S/Q<0.043$ 时,具有明显的“淤滩刷槽”效果,且主槽冲刷量是滩地淤积量的 66%~99%。

(2)通过实测资料分析、物理模型试验和数学模型分析表明,当漫滩系数 $Q_{max}/Q_p \geq 1.5$ 时,下游“淤滩刷槽”效果更为明显,更有利于河道输沙。若平滩流量为 4 000 m^3/s,则应至少使得洪峰流量大于 6 000 m^3/s,才有明显的“淤滩刷槽”效果。

(3)数学模型防护堤方案“沙量 6 亿 t”情景漫滩洪水的计算结果,修建滩区防护堤后大漫滩洪水仍具有“淤滩刷槽”的滩槽关系,各水沙情境下防护堤方案平滩流量较现状方案增大 100~300 m^3/s,优化空间不大,调水调沙上限控制指标仍按现有 4 000 m^3/s 控制。

(4)基于下游边界条件的变化提出了小浪底水库调控指标优化原则:①增大中常洪水期水库下泄流量;②增大调水调沙期调控上限流量;③避免 2 600 m^3/s 以下流量级小水排沙。

(5)提出了中常洪水防洪运用方式、调水调沙运用方式指标优化及具体的调度指令。

①中常洪水防洪运用方式：当中游发生 4 000～10 000 m^3/s 量级的中常洪水时，小浪底等中游水库群敞泄，允许滩区防护堤之间的嫩滩淹没，发挥洪水淤滩刷槽的作用。

②汛期调水调沙运用方式：汛期两库蓄水和预报河道来水满足调水调沙水量要求时，按先冲刷三门峡水库再冲刷小浪底水库的原则进行调水调沙，古贤水库按不超过 7 000 m^3/s 流量下泄 2 d，小浪底水库按不小于 3 000 m^3/s 流量泄放水库蓄水，保证古贤水库泄水传播到小浪底坝区时，水库刚好处于敞泄排沙状态，利用古贤水库蓄水冲刷小浪底水库及黄河下游河道。

③汛前调水调沙运用方式：当水流含沙量较低时，洪水期水量、洪峰流量增加对全河段特别是卡口河段仍有一定淤滩刷槽效果，可允许淹没嫩滩。

(6)黄河勘测规划设计有限公司根据提出的优化调度方案的调度指令进行了水库调算，调控后对水沙条件的改变主要体现在：①增加漫滩洪水场次，增大了漫滩系数(Q_{max}/Q_n)。②减小了场次洪水的来沙系数(S/Q)，优化调度方案场次洪水来沙系数(S/Q)平均为 0.025，而防护堤方案的来沙系数(S/Q)为 0.033。③800～2 600 m^3/s 流量级小水排沙情况明显减少，4 000 m^3/s 流量级以上有利水沙组合塑造显著增多，优化了水沙搭配。

(7)通过水库调算，水沙情景方案 1(3 亿 t 方案)防护堤优化调度方案古贤、小浪底水库分别冲刷 2.15 亿 t 和 3.38 亿 t，较防护堤现状运用方案少淤积 0.09 亿 t 和 4.60 亿 t。水沙情景方案 3(8 亿 t 方案)防护堤优化调度方案古贤、小浪底水库分别冲刷 4.25 亿 t 和 2.04 亿 t，较防护堤现状运用方案少淤积 5.14 亿 t 和 3.80 亿 t。

(8)采用一维水沙动力学模型，在 2 个水沙情景方案、2 种运用方式条件下，对未来 50 年黄河下游河道冲淤过程、同流量水位、平滩流量和对河口影响等进行了计算分析研究，得到如下主要认识：

①水沙情景方案 1(沙量 3 亿 t)防护堤优化调度方案下游河道全河段表现为淤滩刷槽状态，优化调度方案较现状运用方案河道累计淤积量增加-1.6 亿～8.99 亿 t，其中滩地增淤 1.23 亿～9.72 亿 t，主槽除个别计算增淤 4.02 亿 t 外，其余多冲在 0.73 亿～3.49 亿 t 范围内；50 年末黄河下游典型断面 10 000 m^3/s 流量水位升降在±1 m 以内，优化调度方案较现状运用方案水位影响基本上在 0.30 m 以内；50 年后黄河下游河道平滩流量可维持 4 000 m^3/s 以上，防护堤优化调度方案最小平滩流量增大约 60 m^3/s；未来 50 年黄河口防护堤优化调度方案与现状运用方案相比多输沙量在 0.12 亿 t 内，淤积量增加值在 0.06 亿～0.77 亿 t 围内，10 000 m^3/s 流量西河口水位略有抬升，抬升值在 0.04 m 以内。

②水沙情景方案 3(沙量 8 亿 t)防护堤优化调度方案均发生累积性淤积，优化调度方案较现状运用方案河道累计增淤 5.08 亿～13.71 亿 t，其中滩地增淤 3.02 亿～10.15 亿 t，主槽计算结果表现不一，减淤最大值 4.39 亿 t，增淤最大值 10.31 亿 t；50 年后黄河下游典型断面 10 000 m^3/s 流量水位优化调度方案较现状运用方案水位影响除个别计算值高村断面抬升 1.45 m 外，基本上在 0.6 m 以内；防护堤优化调度方案较现状运用方案最小平滩流量分别可增大约 200 m^3/s；未来 50 年黄河口防护堤优化调度方案与现状运用方案相比，进入艾山以下河道的输沙量增加约 0.16 亿 t，淤积量增加值在-2.33 亿～1.15 亿 t 范围内，10 000 m^3/s 流量西河口水位略有抬升，抬升值在 0.18 m 以内。

③综合四家计算结果分析，水沙情景方案 1(沙量 3 亿 t)防护堤优化调度方案较现状

运用方案,水库减淤 4.6 亿 t,进入下游沙量增加 4 亿 t,引沙量减少 4 亿 t,入海沙量最大增加 5.5 亿 t,下游冲淤处于微冲微淤状态。

水沙情景方案 3(沙量 8 亿 t)防护堤优化调度方案较现状运用方案水库减淤 9.6 亿 t,进入下游沙量增加 11 亿 t、引沙量减少 5 亿 t,入海沙量最大增加 6.5 亿 t,下游全断面增淤 5.08 亿~13.71 亿 t,其中滩地增淤 3.02 亿~10.15 亿 t,主槽多冲 1.37 亿~4.39 亿 t。优化调度方案有利于泥沙输送,效果不显著。

第 6 章　有利于提高河道输沙能力的工程措施及效果

6.1　黄河下游河道输沙能力的影响因素

6.1.1　河道输沙能力影响因子分析

联解一维条件下的水流连续方程 $Q=BHV$、水流动量方程（曼宁公式）$v=\frac{1}{n}H^{2/3}J^{1/2}$ 和水流输沙方程（武汉水院挟沙力公式）$S_*=K\left(\frac{v^3}{gH\omega}\right)^m$ 可求得河道输沙能力与可控水沙条件及河道边界条件之间的关系：

$$S_*=K\left[\left(\frac{Q}{B}\right)^{0.6}\left(\frac{J^{0.5}}{n}\right)^{2.4}\left(\frac{1}{g\omega}\right)\right]^m \tag{6-1}$$

由式(6-1)可以看出，河道输沙能力除与水流条件（Q 为流量）和来沙条件（ω 表示泥沙沉速）有关外，还与河宽（B）密切相关，通过必要的河道整治，缩窄河宽，改善河道横断面形态，可有效提高河道输沙能力，减少河道的淤积。

对于同样的来水来沙条件，由于各因子的单位不尽相同，因此分析挟沙能力的变化时考虑各因子的相对变化率更有意义。各因子的相对变化引起的挟沙能力变化率分别为

$$\frac{\partial S^*}{\partial J/J}=1.1S^* \tag{6-2}$$

$$\frac{\partial S^*}{\partial n/n}=-2.21S^* \tag{6-3}$$

$$\frac{\partial S^*}{\partial B/B}=-0.55S^* \tag{6-4}$$

举例来说，当 $Q=4\ 000\ m^3/s$，$J=1.5‱$，$n=0.011$，$B=80\ m$，$\omega=0.417\ mm/s$ 时，不考虑含沙量对挟沙能力的影响，计算得到的挟沙能力 $S=103\ kg/m^3$，各因子相对变化引起的挟沙能力变化率为

$$\frac{\partial S^*}{\partial J/J}=106 \tag{6-5}$$

$$\frac{\partial S^*}{\partial n/n}=-228 \tag{6-6}$$

$$\frac{\partial S^*}{\partial B}=-57 \tag{6-7}$$

由此可见，影响挟沙能力最大的因子是河道糙率，其次是纵比降，再次是河宽。

首先,黄河下游河槽的糙率很难有人为的大的改变,这是因为即使经过缩窄整治,河槽趋于“相对窄深”,这种河槽在本质上仍然是十分宽浅的,整治工程在横断面(湿周)上所占比例仅1%~2%,对断面综合糙率的影响小到了可以忽略的程度。

黄河下游河道在纵剖面上略呈下凹形,比降上陡下缓,大量的实测资料分析结果显示,黄河下游各河段的河谷比降在时间上的变化十分微弱;在可预见的未来,持续冲刷或持续淤积对河道纵比降的改变是十分微小的;河道比降的变化对河道排洪和输沙的影响主要表现在弯道存在引起的流路的延长上。因此,对一些畸形河湾裁弯取直,是增大局部河段比降、提高输沙能力的有效途径。

河宽可以通过诸如对口丁坝、透水桩坝以及其他新的河道整治方法得以缩窄,是提高宽河道输沙能力的最直接有效的办法。

6.1.2　河宽和比降对挟沙能力的影响

对于具体某一河段,提高水流挟沙能力的具体工程措施为:适当缩窄河宽,尽量将河道整治为固定宽度的顺直流路。其原因如下:

(1)河道尽量顺直,能够减小河道平面形态弯曲造成的形态阻力。特别是在畸形河湾发育的河段,通过裁弯取直能够显著地降低河道的形态阻力。河道尽量顺直,能够增加河床比降,提高河道输沙能力。

(2)河道宽度沿程尽可能保持一固定值。这样能够减小因河道宽度沿程不断变化造成的形态阻力。流路宽度尽量固定,也使得河道横断面形态沿程变化减小,进而减小因河道水深沿程变化造成的形态阻力。

下面以黄河下游花园口—夹河滩游荡性河段为例,计算分析整治措施对挟沙能力的影响。考虑整治流量 Q=4 000 m^3/s,来沙中值粒径 d_{50}=0.025 mm,相应的沉速为0.417 mm/s。河道顺直长度为100 km,相应的顺直比降为2‱。

对于固定长度的河段,河床比降主要受到河流长度的影响,也即弯曲系数的影响。为分析河宽和比降对挟沙能力的影响,考虑四种整治河宽,分别为1 200 m、1 000 m、800 m和600 m;考虑三种比降,分别为1.54‱、1.82‱和2.0‱,对应的弯曲系数分别为1.3、1.1和1.0。

不考虑水流含沙量对输沙能力的影响,不考虑河道弯曲程度造成的形态阻力时,经过计算,得到河道挟沙能力随河宽和比降的变化关系如图6-1所示。在其他条件相同时,整治河宽按上述条件依次缩窄时,挟沙能力依次提高12%、15%和20%;弯曲系数按上述条件依次减小时,挟沙能力依次提高23%和13%。

河道整治宽度假定为600 m,考虑四种流路平面形态(见图6-2):

(1)直线型流路。

(2)顺直型流路,弯道半径 r=3 700 m,过渡顺直段长1 040 m,弯道中心角 θ=60°,流路弯曲系数为1.08。

(3)弯曲型流路,弯道半径 r=3 200 m,过渡顺直段长5 263 m,弯道中心角 θ=100°,流路弯曲系数为1.30。

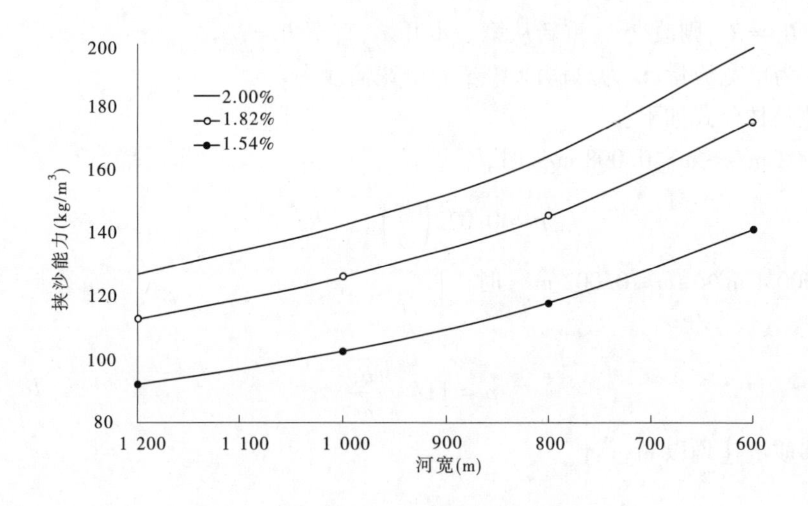

图6-1　河宽与比降对挟沙能力的影响

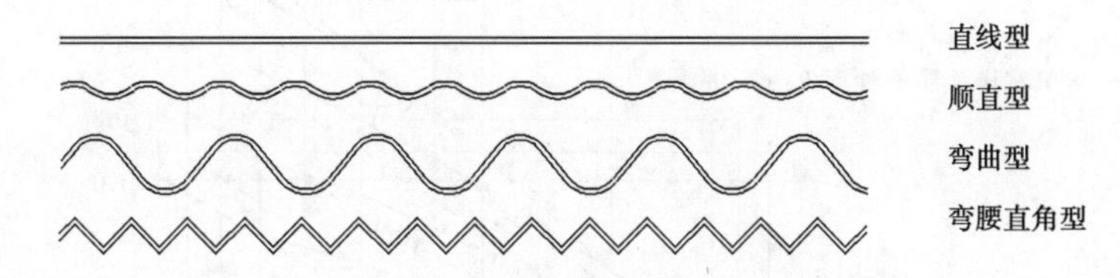

图6-2　四种河道流路的平面形态

(4)等腰直角型流路,弯道半径 r=1 000 m,过渡顺直段长 3 000 m,弯道中心角 θ=90°,流路弯曲系数为1.41。

考虑弯道局部水头损失后,计算各种流路的挟沙能力表明:当河道存在弯道段、纵比降减小时,若要维持一定的水流挟沙力,则需要相应减小河宽。

6.2　典型断面河道整治宽度研究

6.2.1　钱宁方法的计算成果

6.2.1.1　计算步骤

依据钱宁的研究成果,即在水流连续方程基础上,联解挟沙能力公式(扎马林公式)与阻力方程(曼宁公式),通过计算绘制不同单宽流量和单宽输沙率下的比降和水深关系图,如图6-3和图6-4所示。采用试算法,根据现状条件下黄河下游来水来沙条件,计算对应输沙平衡时的河宽。当 Q=3 000~6 000 m^3/s,糙率取0.017,比降为1.85‱,计算得到黄河下游游荡性河道整治宽度在385~667 m。具体步骤如下:

(1)给定 Q,假定一个 h;

(2)根据比降及水深,查图中 q 及 g;

(3)$B_1=Q/q$,$B_2=G/g$;

(4)若 $B_1 \neq B_2$,则改变 h,重新从第一步开始,直至 $B_1 = B_2$。

上述 q 为单宽流量,G 为总输沙率,g 为单宽输沙率。

其中扎马林公式如下:

当 0.002 m/s≤ω≤0.008 m/s 时,

$$\rho = 0.022\left(\frac{v}{\omega}\right)^{3/2}\sqrt{RJ} \tag{6-8}$$

当 0.000 4 m/s≤ω≤0.002 m/s 时,

$$\rho = 11v\sqrt{\frac{vRJ}{\omega}} \tag{6-9}$$

式中的悬移质沉速均以 m/s 计。

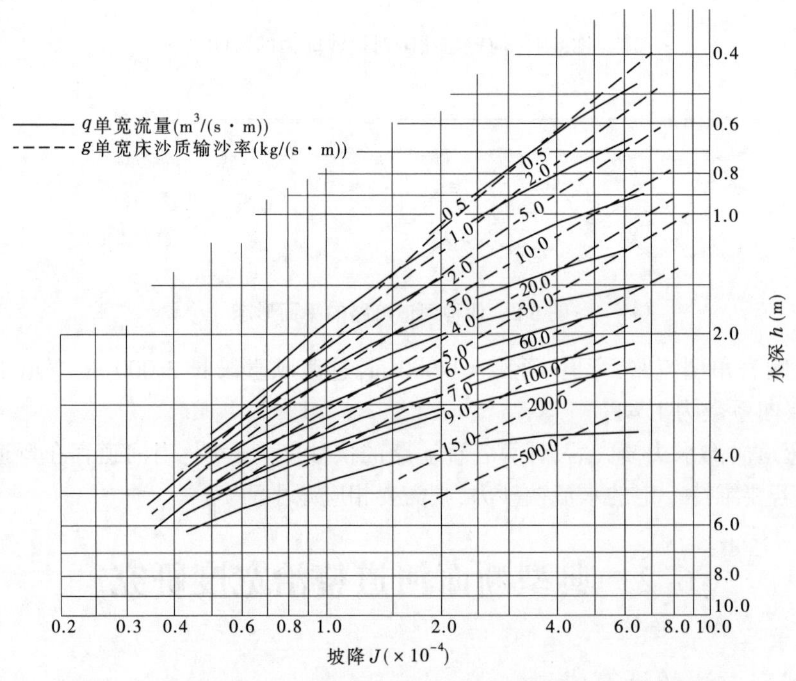

图 6-3　游荡性河段水深及坡降因上游来水来沙不同而调整的情况

6.2.1.2　参数选取

不包括沙波阶段在内,糙率 n 可由河床粒径 D_{65} 与水流强度参数 $\psi' = \frac{\gamma_s - \gamma_f}{\gamma_f}\frac{D_{65}}{R'_b J}$的关系来确定,即

当 $\psi' > 0.5$ 时

$$n = \frac{D_{65}^{1/6}}{12}\psi'^{2/3} \tag{6-10}$$

当 $\psi' < 0.5$ 时

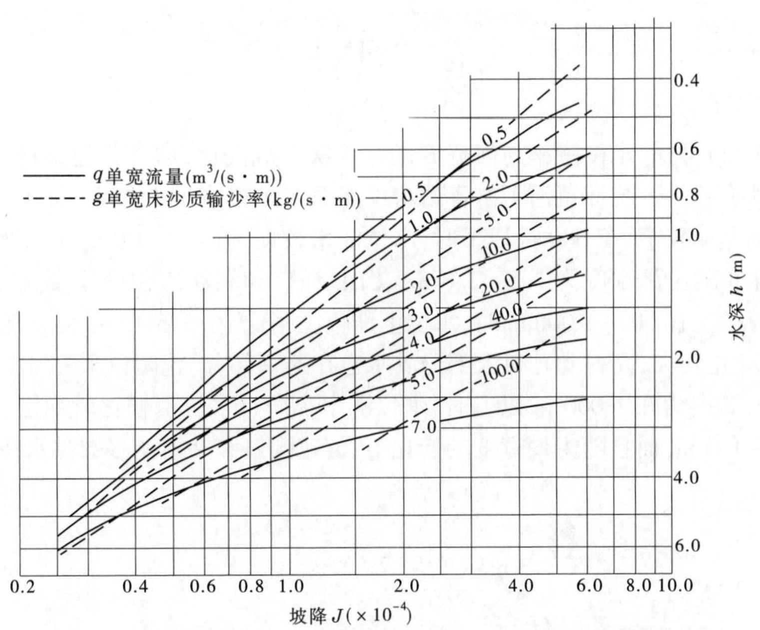

图 6-4　弯曲性河段水深及坡降因上游来水来沙不同而调整的情况

$$n = \frac{D_{65}^{1/6}}{19} \tag{6-11}$$

式中,床沙粒径单位为 m,且方程均得到了黄河下游各水文站包括土城子的实测资料的验证,因此这两个方程可用来计算黄河下游的糙率。根据 2010 年花园口至夹河滩附近的大断面床沙资料统计,其床沙粒径在 0.000 4~0.003 0 m,计算得其糙率在 0.010~0.018,取其均值为 0.014。

黄河下游游荡性河段的纵比降比较稳定,花园口至夹河滩河段从 1960 年至 2010 年,纵比降一直稳定在 1.75‱~1.95‱。因此,选比降平均值为 1.85‱。

6.2.1.3　计算结果

当 Q=3 000~6 000 m³/s,糙率取 0.014,比降为 1.85‱,计算河宽如表 6-1 所示。

表 6-1　黄河下游游荡性河段输沙平衡所需河宽计算

序号	流量(m³/s)	糙率	比降(‱)	输沙平衡河宽(m)
1	3 000	0.014	1.85	385
2	4 000	0.014	1.85	458
3	5 000	0.014	1.85	512
4	6 000	0.014	1.85	667

6.2.2　主槽宽度对洪水位的影响

对洪水水位涨率来说,主槽宽度影响最大。这是因为不仅河道条件直接影响了水位涨率,而且水沙条件的影响也是通过改变断面形态来实现的。水位涨率的理论表达式为

$$\frac{\partial H}{\partial Q}=\frac{0.6\left(\frac{n}{\sqrt{J}}\right)^{0.6}}{B^{0.6}Q^{0.4}} \tag{6-12}$$

由式(6-12)可知,水位涨率与河宽 B 的 0.6 次方成反比,即在其他条件一定时,河宽越大,水位涨率越小。统计黄河下游各站水位涨率与主槽宽度的关系,见图 6-5。可以看出:①当主槽宽度较窄、在 600 m 以下时,水位涨率较大,流量由 3 000 m^3/s 增大到 8 000 m^3/s,相应水位的上涨幅度为 1.5~2.8 m,艾山、泺口和利津水位涨率变化在这一部分;②主槽河宽稍宽、在 600~1 000 m 时,水位上涨幅度稍低,在 0.5~2 m,而且随河宽的缩窄水位涨率变化也较大,高村和孙口大部分洪水也在这一部分,花园口和夹河滩部分洪水也在这一部分;③主槽在 1 000 m 以上时,水位涨率小而且水位涨幅比较稳定,水位涨幅基本上在 0.5~1.0 m,而且随主槽宽度的变化不大,花园口和夹河滩多数洪水在这一部分。

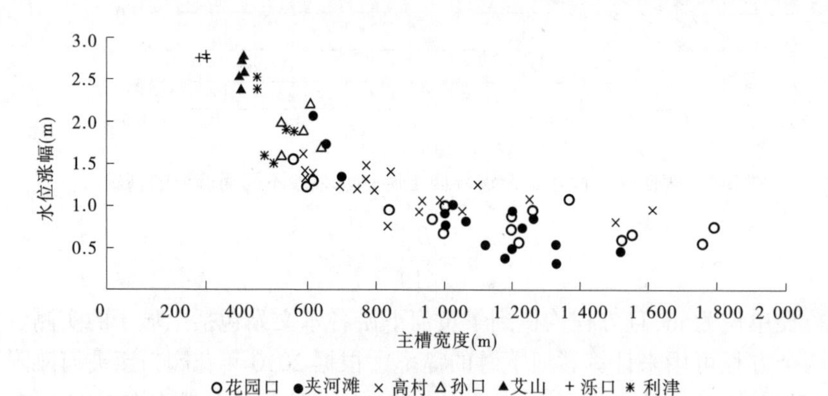

图 6-5　黄河下游各站水位涨幅与主槽宽度的关系(Q=3 000~8 000 m^3/s)

水位涨率与主槽宽度有密切关系,实际上,造成洪水水位涨率较大的有两种情况:一种是高含沙洪水,洪水期嫩滩强烈淤积造成主槽宽度大幅度缩窄,引起水位涨率偏高,如 1977 年 8 月洪水,前期为 7 月高含沙量洪水塑造的窄深河槽,花园口站主槽宽仅 560 m,因此流量由 3 000 m^3/s 增大到 8 000 m^3/s 时水位涨幅达 1.55 m。另一种是河道前期大量淤积,造成河槽萎缩,主槽宽度大幅度缩窄,如 1996 年花园口站主槽宽仅 600 m,水位涨率达 1.24 m。但应指出的是,淤积但不萎缩条件下水位涨率并不很高,如 1975 年洪水,前期虽然经 1965 年以来的大量淤积,但仍保持有较大的过洪河宽,花园口站主槽宽达 1 550 m,因此流量增大 1 000 m^3/s 所引起的水位涨幅仅 0.65 m。因此,黄河下游河道整治河宽不能太窄,否则将会造成洪水期水位大幅度升高,对防洪是十分不利的。

6.2.3　冲积性河流平衡理论推求平衡河宽

6.2.3.1　依据推移质输沙率公式推求平衡断面形态

黄河下游是一条多沙河流,一直处于淤积抬升的模式。但对于河流系统来说,在一定的边界条件下,无论其能否达到平衡状态,它总存在一个理想的平衡状态目标值。

挟沙水流与天然河床边界的相互作用,在一定条件下可自动形成一条能使输水输沙达到平衡的河道。理论上来说,这一平衡条件可由水流运动方程来确定,将水流连续性方

程、阻力方程和泥沙运动方程表达为

$$Q = WDv \tag{6-13}$$

$$v = \sqrt{\frac{8}{f} gRJ_f} \tag{6-14}$$

$$Q_{sc}/W = c_d(\tau_0 - \tau_c)^{\alpha} \tag{6-15}$$

式中：f、g、R、Q_{sc}、τ_0、τ_c、c_d 和 α 分别为水流摩擦系数、重力加速度、水力半径、输沙率、剪切力、临界剪切力、跟粒径大小有关的系数和指数；J_f 为水面比降，这里等于河道比降 J。但由于三个方程有四个变量，需要补充一个独立方程才能得到一个闭合解。

黄河清等（Huang and Nanson 2000，2001，2002，2006）引入宽深比 ζ，提出了一种变分分析法来求解平衡问题。假定冲积河流过水断面边界泥沙组成均匀，断面形状为长方形，则以下关系式成立：

$$\left.\begin{aligned} A &= Bh \\ P &= B + 2h \\ R &= \frac{Bh}{B + 2h} \end{aligned}\right\} \tag{6-16}$$

式中：B、h 和 P 分别为河宽、水深和过水断面的湿周长度。

为减少基本水流运动关系式中的自变量数目，引入河流过水断面几何形态宽深比 ζ：

$$\zeta = \frac{B}{h} \tag{6-17}$$

联解式（6-16）和式（6-17）可得到以下关系式：

$$\left.\begin{aligned} A &= \zeta h^2 \\ P &= (\zeta + 2)h \\ R &= \frac{\zeta}{\zeta + 2}h \end{aligned}\right\} \tag{6-18}$$

将式（6-14）、式（6-15）和式（6-17）联解，可得到

$$\frac{Q}{\zeta h^2} = 7.68\left(\frac{1}{d}\right)^{1/6} \sqrt{gJ}\left(\frac{\zeta}{\zeta + 2}\right)^{2/3} h^{2/3} \tag{6-19}$$

一般情况下，Q、S 和 d 的数值可以确定，h 则可看作只是河流形态变量 ζ 的函数：

$$h = \left(\frac{Q}{7.68\sqrt{gJ}}\right)^{3/8} d^{1/16} \frac{(\zeta + 2)^{1/4}}{\zeta^{5/8}} \tag{6-20}$$

联解式（6-17）、式（6-18）和式（6-20）可得到水深 B 与河道宽深比 ζ 的关系：

$$B = \left(\frac{Q}{7.68\sqrt{gJ}}\right)^{3/8} d^{1/16}(\zeta + 2)^{1/4}\zeta^{3/8} \tag{6-21}$$

为能够准确预报河流输沙率，科学家们在过去一百多年间提出了大量的河流推移质输沙函数，其中以下关系式最为常用：

$$q_b^* = c_b(\tau_0^* - \tau_c^*)^{\alpha} \tag{6-22}$$

式中：q_b^*、τ_0^* 和 τ_c^* 分别为无量纲的河流单宽输沙率、无量纲的水流平均剪切力和无量纲的临界水流剪切力。

这三个无量纲参数的具体定义为

$$q_b^* = \frac{q_b}{\sqrt{(\gamma_s/\gamma - 1)gd^3}} = \frac{Q_s/B}{\sqrt{(\gamma_s/\gamma - 1)gd^3}} \tag{6-23}$$

$$\tau_0^* = \frac{\tau_0}{(\gamma_s - \gamma)d} = \frac{\gamma RJ}{(\gamma_s - \gamma)d} \tag{6-24}$$

$$\tau_c^* = \frac{\tau_0}{(\gamma_s - \gamma)d}\bigg|_{\tau_0 = \tau_c} \tag{6-25}$$

从推移质输沙公式(6-22)、式(6-23)、式(6-24)中发现,推移质单宽输沙率 q_b 是由 Q、S、d 和 ζ 来决定的。当只考虑过水断面形态因子宽深比 ζ 的作用时,考虑关系式 $Q_s = q_b B$,则推移质在整个河宽上的总输沙率 Q_s 可用以下关系式确定

$$Q_s = K_1 \zeta^{3/8} (\zeta + 2)^{3/4} \left[K_2 \frac{\zeta^{3/8}}{(\zeta + 2)^{3/4}} - K_3 \right] \tag{6-26}$$

其中,参数 K_1、K_2 和 K_3 分别定义为

$$K_1 = c_b \sqrt{(\gamma_s/\gamma - 1)g}\, d^{25/16} \left(\frac{Q}{7.68\sqrt{gJ}} \right)^{3/8} \tag{6-27}$$

$$K_2 = \frac{J^{13/16}}{(\gamma_s/\gamma - 1) d^{15/16}} \left(\frac{Q}{7.68\sqrt{g}} \right)^{3/8} \tag{6-28}$$

$$K_3 = \tau_c^* \tag{6-29}$$

在 Q、d、S 和式(6-26)中参数数值给定的情况下,式(6-26)可用来描述河流输沙率如何随河床过水断面形态因子 ζ 的变化而调整的过程。结合黄河的实际数据,应用黄河清根据冲积河流平衡状态的线性特征对 Meyer-Peter 输沙公式进行的修正,即 MPM-H 输沙公式 $q_b^* = 6(\tau_0^* - 0.047)^{5/3}$,得到输沙量 Q_s 随着河流宽深比和河宽变化趋势及最优的宽深比和河宽。

6.2.3.2　依据悬移质输沙率公式推求平衡断面形态

对于一维的水流运动,质量守恒原理可表达为

$$Q = vA \tag{6-30}$$

式中:Q、v 和 A 分别为水流流量、平均流速和过水断面面积。

天然冲积河流河床边界一般较为粗糙,在水流运动沿程较均匀、河床平面形态不明显的情况下,以下 Manning-Strickler 公式可用来量化河床边界对水流的阻力:

$$v = 7.68\left(\frac{R}{d}\right)^{1/6} \sqrt{gRJ} \tag{6-31}$$

式中:R、d、g 和 J 分别为河流过水断面水力半径、河床边界泥沙粒径、重力加速度和水流能坡比降或河床比降。

在悬移质输沙率公式中,最经典的是张瑞瑾公式:

$$S_* = K\left(\frac{v^3}{gR\omega}\right)^m \tag{6-32}$$

式中:S_* 是水流挟沙力;ω 为泥沙沉速;K、m 为未知系数和指数,需要根据实测资料率定,

其中 K 为有量纲的数,为 kg/m^3。

许多研究者对张瑞瑾公式参数进行确定,以及对其进行修正。本书采用吴保生和张启卫悬移质输沙公式:

$$S_* = 0.4515\left(\frac{\gamma_s - \gamma_m}{\gamma_m}\frac{v^3}{gR\omega_s}\right)^{0.7414} \tag{6-33}$$

式中:γ_s、γ_m 分别为泥沙容重和浑水容重;ω_s 为浑水单颗粒沉速。

假定冲积河流过水断面边界泥沙组成均匀,断面形状为长方形,则以下关系式成立:

$$A = Bh;P = B + 2h;R = \frac{Bh}{B + 2h}$$

式中:B、h 和 P 分别为河宽、水深和过水断面的湿周长度。

为减少基本水流运动关系式中的自变量数目,引入河流过水断面几何形态宽深比 ζ:

$$\zeta = \frac{B}{h}$$

进而可得到以下关系式:

$$A = \zeta h^2;P = (\zeta + 2)h;R = \frac{\zeta}{\zeta + 2}h$$

$$\frac{Q}{\zeta h^2} = 7.68\left(\frac{1}{d}\right)^{1/6}\sqrt{gJ}\left(\frac{\zeta}{\zeta + 2}\right)^{2/3}h^{2/3}$$

一般情况下,Q,S 和 d 的数值可以确定,h 则可看作只是河流形态变量 ζ 的函数:

$$h = \left(\frac{Q}{7.68\sqrt{gJ}}\right)^{3/8}d^{1/16}\frac{(\zeta + 2)^{1/4}}{\zeta^{5/8}}$$

可得到水深 B 与河道宽深比 ζ 的关系为

$$B = \left(\frac{Q}{7.68\sqrt{gJ}}\right)^{3/8}d^{1/16}(\zeta + 2)^{1/4}\zeta^{3/8}$$

考虑 $Q_s = QS_*$,则通过式(6-33),总输沙率 Q_s 可用以下关系式确定:

$$Q_s = 0.4515\left(\frac{\gamma_s - \gamma_m}{\gamma_m}\frac{Q^3}{gd^{7/16}\omega_s\left(\frac{Q}{7.68\sqrt{gJ}}\right)^{21/8}\frac{(\zeta + 2)^{3/4}}{\zeta^{3/8}}}\right)^{0.7414}Q \tag{6-34}$$

在 $\frac{\gamma_s - \gamma_m}{\gamma_m}$,$Q$,$g$,$J$,$\omega_s$,$d$ 等参数一定的情况下,Q_s 达到最大,则 $\frac{(\zeta+2)^{3/4}}{\zeta^{3/8}}$ 达到最小,即 $\frac{(\zeta+2)^2}{\zeta}$ 达到最小,即

$$\frac{\partial\left(\frac{(\zeta + 2)^2}{\zeta}\right)}{\partial\zeta} = 2(\zeta + 2)\zeta^{-1} - (\zeta + 2)^2\zeta^{-2} = 0 \tag{6-35}$$

得到悬移质平衡条件下的最佳宽深比:$\zeta = 2$。

6.2.3.3　两种输沙率公式推导结果的对比

根据以上分析，可以看出悬移质河宽调整公式，得到的宽深比是最佳水力断面（宽深比为 2）。而推移质河宽调整公式应用于黄河实际情况下，得到的河宽可以是几十米、几百米甚至是上千米（不同的推移质公式得到的结果差别比较大）。而实际情况下黄河的河宽也是几百米。

河道宽度的调整是推移质和悬移质相互作用的结果。当悬移质起主导作用时，河宽相对缩窄（因为很少实际河流宽深比小于 2）；当推移质起主导作用时，河宽相对展宽。在水沙平衡条件下，河流通过自我调整所得到的相对稳定的河宽，是推移质和悬移质相互作用形成的。

不能因为推移质在泥沙中所占比例少，就忽略推移质在河道宽度调整中的作用。在前人研究中，由于黄河的泥沙百分之九十多为悬移质，从而忽略推移质在黄河河宽调整中的作用。他们采用的是悬移质的公式，通过这些悬移质经验公式，推求得到河宽调整公式，试图找到一个合适的水沙平衡的宽深比，而这种情况下，得到的结果大部分是不合理的。

因为在悬移质公式中，所采用的参数都是沉速类。这些参数表征的都是垂向方向的，所以在垂向方向的作用比较大。而河道展宽需要的是二次环流，需要的是切应力。因此，仅仅考虑垂向方向的作用力，可能得到的就是跟最佳水力断面类似，在这种断面上输出最大量的水，可以输移最大量的悬移质泥沙。

而推移质公式考虑的是切应力。所以对河道展宽而言，推移质公式考虑到的作用力比悬移质公式考虑的作用力要大；而且推移质比悬移质更加接近河床和河岸，推移质对河宽调整的作用力比悬移质的要直接、明显。因此，在水沙平衡条件下，最佳河宽调整公式只用悬移质公式来推求是不合适的，得到的结果也是不切实际的。在黄河或者其他河流中，推移质的含量可能很低，比悬移质要低得多，但是在河宽调整中，在塑造河流形态上，推移质却起着非常重要的作用，不能忽略其作用。

因此，在水沙平衡的条件下，冲积河流（尤其是黄河）是由所占比例非常小而作用却很大的推移质和所占比例非常大作用却相对有限的悬移质相互作用，达到一种动态平衡来调整河宽的。

6.2.3.4　黄河下游冲淤平衡河宽推求

通过上文分析，黄河下游平衡断面形态的推求应该选用推移质输沙率公式，才符合河道实际的调整规律。因此，下面对黄河下游河道理想平衡态的推求，即以式（6-34）为主，将其对 ζ 进行求导等于 0，即可得到平衡的断面形态，如下式表示：

$$\frac{1}{Q_s}\frac{dQ_s}{d\zeta}=0 \tag{6-36}$$

即在已知流量 Q、河段纵比降 S 和床沙粒径 d 的情况下，通过式（6-36）求得相应的 ζ 和 B，具体结果如图 6-6 所示。

下面以黄河下游两个典型河段（游荡性河段与弯曲性河段）为例，计算黄河下游理想状态的平衡断面形态值。游荡性河段具体结果如图 6-7 所示。可以看出，花园口断面在 1960~2006 年的平滩流量、纵比降和床沙粒径条件下，相应的平衡宽深比（B/H）为 131~

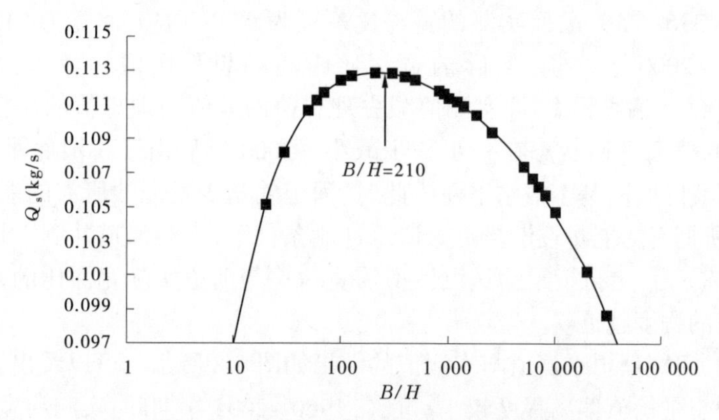

图6-6　花园口河段理想平衡断面形态推求

(Q=6 000 m^3/s,河段纵比降 S=1.87‱和河床粒径 d_{50}=0.109 mm)

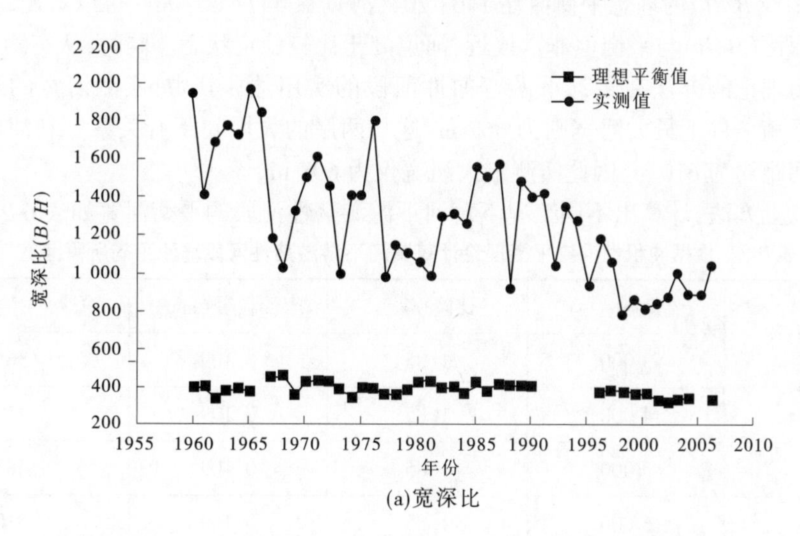

(a)宽深比

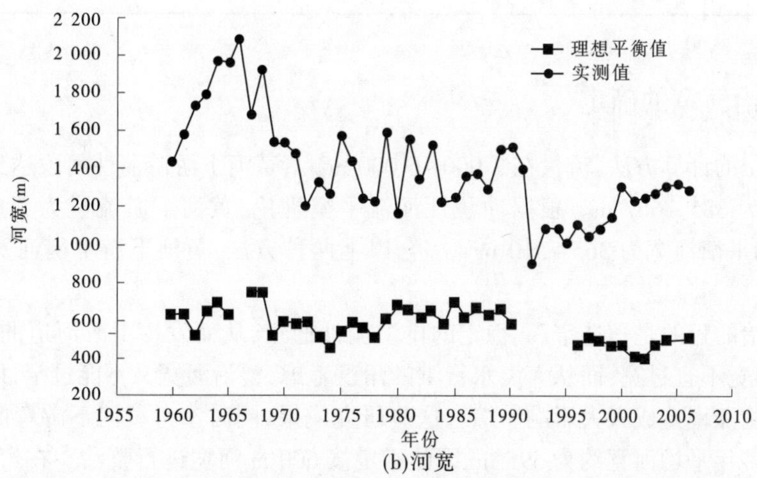

(b)河宽

图6-7　花园口至夹河滩河段宽深比、河宽理想平衡值与实测值的对比

277,平衡河宽为 396~756 m,而实测的宽深比范围为 637~1940,河宽为 913~2 091 m。整体来说,1960~2000 年之前,实际的宽深比距离理想平衡值均较远,偏离程度在 22 800%~110 800%(偏离程度,即实测值减去理想值的差值与理想值的比值)。在这期间,实际宽深比的偏离平衡状态在一步一步减小。2000 年后由于小浪底水库的拦沙运用,下游除调水调沙期外,基本清水下泄。此时,河道输送少量泥沙所需的能量也逐渐变小,与河道实际所拥有的能量逐渐接近。清水冲刷条件下,下游河道冲刷下切,宽深比逐渐减小(见图 6-7(a)),更拉近了输送泥沙所需宽深比与河道实际宽深比的差距,游荡性河道离河道平衡的程度越近。

利津宽深比、河宽理想平衡值与实测值的结果如图 6-8 所示。可以看出,该河段实际的断面形态距理想平衡值偏离程度较小。且在 1960~2005 年期间,实测河宽和宽深比变化均较小,河道比较稳定。实测宽深比(B/H)的变化范围在 103~196,河宽在 403~608 m。而宽深比(B/H)的理想平衡值在 146~204,河宽在 447~667 m。可以看出,实测利津河段的宽深比(B/H)与平衡值非常接近,河道处于比较稳定状态。同时,从实测资料方面证明了平衡理论的方法在黄河下游弯曲性河段的实用性。其中,实测河宽的最大值为 608 m,而平衡条件下最大河宽则为 667 m,这与两岸的大堤间距有关系。利津断面两岸大堤堤跟间距约为 610 m,因此实测最大河宽仅为 608 m。

根据以上方法,计算出不同工况下黄河下游游荡性河段的平衡河宽如表 6-2 所示。

表 6-2　根据冲积性河流平衡理论计算黄河下游游荡性河段输沙平衡所需河宽

序号	流量(m^3/s)	比降(‰)	床沙粒径(mm)	输沙平衡河宽(m)
1	3 000	1.85	0.109	365
2	4 000	1.85	0.109	410
3	5 000	1.85	0.109	483
4	6 000	1.85	0.109	510

6.2.4　整治河宽的确定

根据钱宁的计算方法,流量在 3 000~6 000 m^3/s,黄河下游游荡性河段达到输沙平衡所需的河宽为 385~667 m。根据冲积性河流平衡理论,黄河下游流量为 3 000~6 000 m^3/s,对应的平衡河宽为 365~510 m。综合以上两种方法,黄河下游平衡河宽的范围为 365~756 m。

双岸整治的目的是塑造窄深、稳定的排洪输沙通道,从而发挥下游河道的输沙潜力,因此,整治河宽不宜过宽;而从大洪水行洪的角度考虑,整治河宽又不能过窄,以免工程修建后对洪水位涨率造成太大影响。综合这些研究成果,同时参考黄河下游弯曲性河段孙口至利津的多年平均河宽约为 595 m,因此确定按 600 m 河宽进行整治。在弯顶段,考虑到较为顺直的河道有利于泄洪,而且凸岸经常出现淤积等因素,河宽可以适当放大至 800~1 000 m。

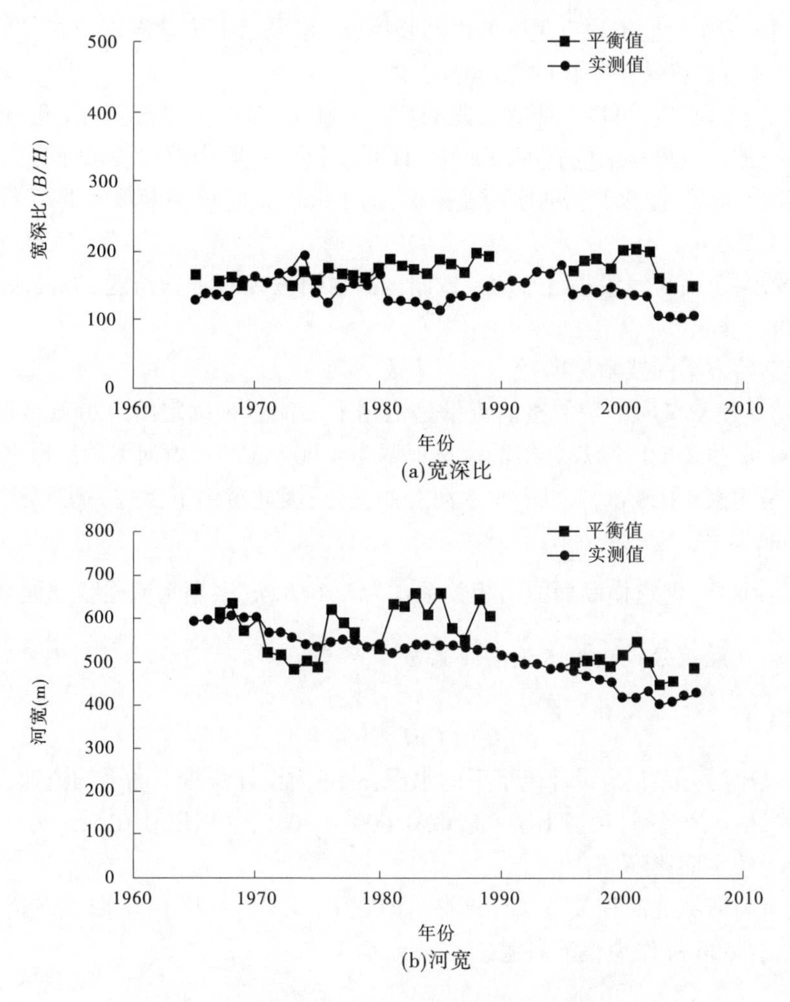

图6-8 利津宽深比、河宽理想平衡值与实测值的对比

6.3 基于提高输沙能力的河道进一步整治方案

6.3.1 黄河水利科学研究院改进微弯型整治方案(方案1)❶

黄河下游宽河段的治理需同时面对大洪水的安全防洪和3 000 m^3/s 流量(调水调沙流量)左右洪水的高效、长距离输送两大难题,在进一步完善配套5 000 m^3/s 洪水的河道整治工程体系的基础上,开展中水河槽整治。在黄河下游游荡性河道上同时进行中水河槽整治和5 000 m^3/s 流量洪水的河道整治,是一件十分复杂和极具挑战性的系统工程。在此,建议依托现有微弯型整治工程,在直线段下延工程,进一步控制中小水河势和提高输沙能力。

❶黄河水利科学研究院改进微弯型整治方案由黄河水利科学研究院张林忠等提出。

在措施上,一是保证工程有足够的送溜长度,二是采用不抢险潜坝型式,洪水时不影响漫滩过流,还可保证关键工程的靠河稳定性。

关于潜坝下延长度,可以参照直河段的长度来确定,潜坝末端到下一工程弯顶的距离可以认为是改进微弯型整治的直河段长度,直河段长度一般为直河段水面宽的 1~3 倍,这里水面宽取 600 m,按 2.5 倍的水面宽考虑,即 1 500 m,也就是潜坝末端距下一工程弯顶的距离为 1 500 m。

重点对铁谢至高村河段进行整治。铁谢至高村河段现有工程长度 278.2 km,需续建潜坝长度 108.5 km。

进一步整治方案的技术标准:

(1)整治流量。黄河下游的整治流量是依据平滩流量来确定的。2000 年以前,整治流量为 5 000 m^3/s;2000 年以后,整治流量下调为 4 000 m^3/s。黄河下游河道进一步整治的目的主要是约束 4 000 m^3/s 以下小水河势的变化,因此黄河下游进一步整治的整治流量取 4 000 m^3/s。

(2)整治河宽。河道横断面的河相关系式为 $K=\sqrt{B}/h$,根据水流连续方程 $Q=Bhu$,这里 $u=\frac{1}{n}h^{\frac{2}{3}}\cdot i^{\frac{1}{2}}$(曼宁公式),推求整治河宽为

$$B=(QnK^{\frac{5}{3}}i^{-\frac{1}{2}})^{\frac{6}{11}} \tag{6-37}$$

式中:B 为整治河宽,m;h 为设计流量下的水深,m;u 为设计流量下的平均流速,m/s;Q 为设计流量,m^3/s;n 为糙率,黄河下游一般取 0.009~0.025,这里取 0.015;K 为河相系数;i 为整治流量下的水面比降(‱)。

结合流量与河宽的河相关系式计算整治河宽 $B=kQ^{0.5}$,这里 k 为系数,黄河下游采用 $k=7\sim17$。选择 600 m 作为整治河宽。

6.3.2　黄河水利科学研究院双岸整治方案(方案 2)

双岸整治指将高村以上宽河道的主槽通过工程措施缩窄至 600 m,形成相对窄深的河槽,同时仍保留其与防护堤之间的滩地。其中,主槽用于整治流量以下流量级的排洪输沙,广大的滩地用于超过平滩流量洪水的滞洪,因此双岸整治也可称为“窄槽宽滩”方案。

6.3.2.1　双岸整治的减淤模式和机制

水库洪水排沙期宽河道整治后不会导致上冲下淤。

1. 已有相关研究及存在的问题

大量黄河干支流实训资料都显示,河道水流的$\frac{v^3}{h}$值和输沙能力并不是一个简单的正相关,而是存在一个阈值。对于黄河下游山东河道,$\frac{v^3}{h}$值的阈值约为 4。大于这一阈值,河道输沙将呈现“多来多排”。

黄河山东河道的实测资料显示,山东河道在流量 1 800~2 000 m^3/s,$\frac{v^3}{h}$值都大于 4

(见图 6-9),因此虽然山东河道的比降小于其上游河道,但当流量大于 1 800~2 000 m³/s 山东河道能够输送来自其上游河道的来沙而不淤积。

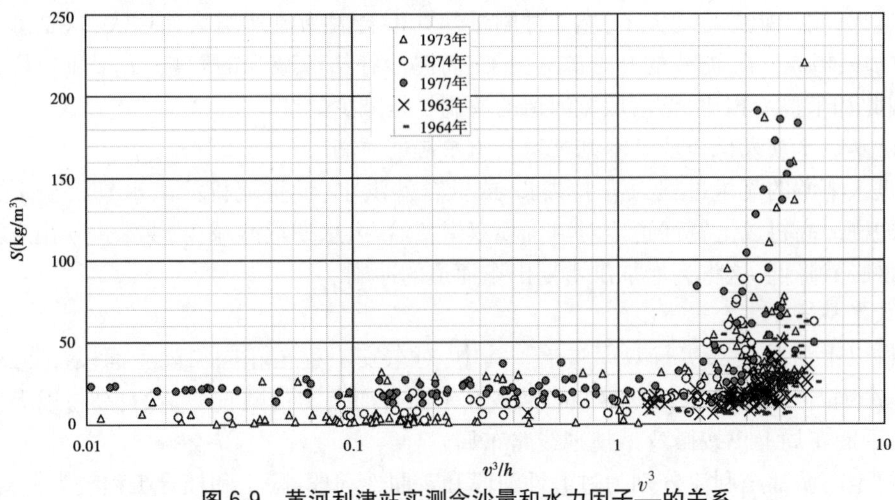

图 6-9　黄河利津站实测含沙量和水力因子$\frac{v^3}{h}$的关系

可见,宽河道经对口丁坝整治后,成为窄深河槽,洪水期泥沙"多来多排",山东河道本来就是窄深河槽,具有"多来多排"的输沙特性,即当流量大于 1 800 m³/s 后,能够输送来自其上游河道的来沙。

2. 清水小流量时期可减缓上冲下淤

将小浪底水库运用以来,黄河下游测验断面逐一套绘,并根据断面不同的冲刷和展宽特点,可将其分为三类断面:①Ⅰ类断面为稳定断面,只发生主槽冲深(主槽展宽和摆动不明显),如来童寨断面;②Ⅱ类断面为较稳定断面,主槽断面既有冲深,又有展宽(但主槽摆动不明显),如曹岗断面。③Ⅲ类断面为不稳定断面,不但发生主槽冲深,断面展宽,还发生摆动,如花园口断面,高村以上河段,尤其是花园口—夹河滩河段,绝大多数都是诸如花园口这样的Ⅲ类断面,详见图 6-10。

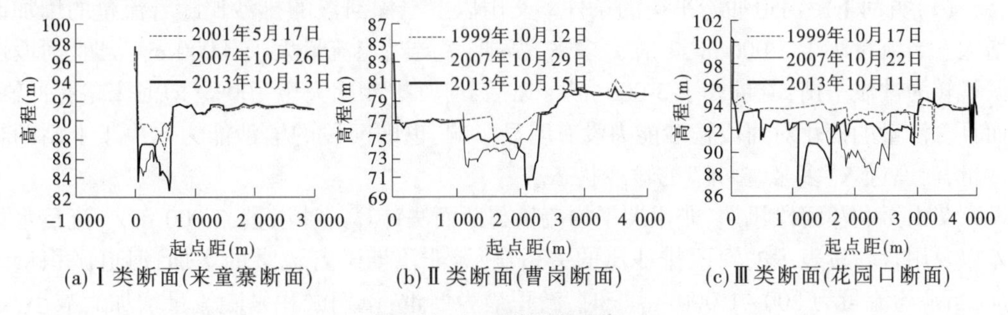

(a) Ⅰ类断面(来童寨断面)　(b) Ⅱ类断面(曹岗断面)　(c) Ⅲ类断面(花园口断面)

图 6-10　不同类型的断面

清水冲刷期,进入水流的沙量的多寡,很大程度上取决于河床冲刷、泥沙补给的多少。河道整治前,清水期泥沙的来源有河底、左岸和右岸三个;但双岸整治后,塌滩没有了,泥沙的补给源大幅度减少。在基本相同的来水来沙条件下,花园口断面冲刷面积高达 5 045 m²,而下游 16 km 处的来童寨断面则只冲刷 1 933 m²。花园口大断面宽浅散乱,流速肯定小,而来童寨断面窄深,流速必然大。即便如此,来童寨断面的冲刷面积仍远小于花园口断面。游荡性河段诸如来童寨这样的断面不止一个。可见,相同的来水来沙条件,窄深河槽的流速大,输沙能力是增大了,然而冲刷量却并不会因为流速增大而增大,这是因为左右两岸的塌滩减少了,泥沙的补给源减少了;而泥沙补给源减少的影响、大于流速增大的影响,因此和未整治相比,整治后宽河道的冲刷量是减少的。

3. 清水洪水期或低含沙洪水期可增大山东河道冲刷

当进入下游的流量过程为清水洪水(或低含沙洪水、异重流排沙洪水)时,全下游河道发生冲刷。高村以上宽河道经对口丁坝双岸整治,洪水期塌滩减少,洪水进入山东河道的含沙量必然降低,这将会增加洪水期山东河道的冲刷。

4. 双岸整治方案

高村以上河道全部实行双岸整治。其中,对东安工程至花园口险工河段(长 28.25 km)及三官庙至大张庄(长 18.08 km)河段在平面布局上实行顺直型整治;高村以上其他河段,在平面布局上仍按微弯型规划线路布局。

高村至陶城铺至利津分别为过渡性河段和弯曲性河段,险工和控导工程较为完善、河势基本稳定,但从平面形态看,有苏泗庄至营房、芦井至郭集、苏阁至杨集、于楼至蔡楼、桃园至程官庄以及泺口至八里庄等 6 处畸形河湾,其中高村至孙口河段有畸形河湾 4 处,艾山至泺口、泺口至利津各有 1 处。这些畸形河湾的存在,显著增加了流路长度。若将这些河湾实施裁湾后,流路可缩短 25 km,各河湾裁弯比均在 1.43~2.0。流路缩短、纵比降增大,这与缩短河口流路延伸 25 km 在减少河道淤积方面有等同的效果,能够在一定程度上提高河道的排洪输沙能力。

6.3.2.2 双岸整治方案工程的主要技术标准

高村以上河段缩窄河宽,主要技术标准如下。

1. 整治流量采用 4 000 m^3/s

对口丁坝双岸整治设计流量主要考虑河槽冲刷平衡的条件、冲刷距离和流量大小的关系,以及小浪底水库调节运用方式的要求等。

(1)黄河下游河道冲淤平衡的条件。艾山以下窄深河段的排沙比随着流量的增加而增大。当流量小于 3 000 m^3/s 时,"多来、多排、多淤";当流量大于 3 000 m^3/s 时,河段由淤积转为冲淤平衡;流量大于 3 000 m^3/s 以后,河段排沙比大于 100%,即河床略有冲刷。而且含沙量的变化对河段输沙能力没有明显影响,也即河段的输沙能力取决于上站的含沙量,河道进入"多来、多排"的输沙状态。

艾山至利津河段汛期、非汛期平均流量与断面法计算的冲淤量、3 000 m^3/s 流量水位差以及用含沙量表示的河段排沙比的关系显示:非汛期随着流量的增加,河道淤积量增加,当平均流量为 800~1 000 m^3/s 时,淤积最为严重;汛期淤积量随流量增加而减小;当平均流量为 1 800 m^3/s 时,河道由淤积转为冲刷。

(2)冲刷距离随流量的变化。根据三门峡水库下泄清水期和小浪底水库调水调沙运用时期的水沙资料,点绘黄河下游不同河段日均冲刷量和花园口流量间的关系。两个时期的点群基本重合,影响冲刷距离的主要因素是流量。当花园口流量小于 1 500 m^3/s 时,高村以上和艾山以上冲刷量点群重合,说明冲刷只发展到高村。当流量大于 1 500 m^3/s

时,点群分离,冲刷发展至高村和艾山之间。艾山至利津河段,在流量小于500 m³/s时基本不淤;当流量为500~2 500 m³/s时淤积量先随流量的增加而增加,至1 500 m³/s时最大,然后随流量增加而减小;大于2 500 m³/s时河道发生冲刷,4 000 m³/s时冲刷强度最大。

综合以上分析,在设计不淤河宽(整治河宽)时,取流量3 000 m³/s;考虑到未来小浪底有可能出现小频率的小水排沙,导致小水淤槽,使平滩流量减小;流量沿程会因为引水和坦化而减小,4 000 m³/s的流速更大更安全,故整治流量取4 000 m³/s。

2. 整治河宽为600 m

黄河下游宽河道整治河宽已有研究成果如下:

严恺认为,黄河山东河道槽宽平均为577 m,相比山东河道,河南河道过于宽浅,提出将河南河道整治宽度为500 m;钱宁以秦厂断面能够输送全部泥沙,计算河宽为512 m;美国学者Freeman认为洪水期下游河槽宽度并不宽,他计算了一段实际河道的平均槽宽,为536 m,提出按这一宽度对宽河道进行整治;齐璞根据美国学者Southard J. B关于床面形态随水流条件发生变化的研究成果,认为黄河下游河道床沙为粉细沙,在床面形态达到动平整时会形成"多来、多排",据此条件,与曼宁公式联解,计算河南河道的不淤槽宽约为600 m。

以上理论分析计算和实例资料均表明,当排沙流量为3 000 m³/s时,河南河道的河宽缩窄至600 m左右即可实现不淤,更大的排沙流量,其相应的流速更大,更不会淤积。

6.3.3　中国水利水电科学研究院局部整治方案(方案3)[1]

6.3.3.1　黄河下游河道输沙能力的影响因素分析

河道排沙比是表征河道输沙功能的主要指标之一,直接反映河道输沙能力的大小。通过前述分析可知,黄河下游汛期来水量和来沙量分别占全年的60%以上和85%以上,因此黄河下游各河段的输沙能力受汛期来水来沙的影响远大于受非汛期来水来沙的影响,故这里重点分析汛期排沙比与来水来沙的响应关系。在此以汛期排沙比为主线,从不同时段、不同流量、不同含沙量及不同水沙组成等方面探讨影响河道输沙能力的因素。

1. 流量对黄河下游河道输沙能力的影响

黄河下游各河段各时段汛期排沙比均随着进口站流量的增加而增大。具体而言:①花园口至高村河段,1986年以前排沙比与流量具有明显的正相关关系,1986年以后,排沙比与流量的关系相对较为散乱,但仍具有随流量增加而增大的趋势。若仅从流量因素来考虑,流量为3 000 m³/s(1986年以前)或为1 600 m³/s(1986年以后)左右时,该河段可以达到输沙平衡状态。②高村至艾山河段,无论是1986年以前还是1986年以后,排沙比均随流量的增加而增大,前者相对较平缓,而后者较陡。若仅从流量因素来考虑,当流量为2 500 m³/s(1986年以前)或1 400 m³/s(1986年以后)左右时,该河段可以达到输沙平衡。③艾山至利津河段,全时段的排沙比与河段进口站流量具有较好的正相关关系,且1986年以前和1986年以后的相关趋势走向基本一致。当流量为1 600 m³/s左右时,河段冲淤基本达到平衡状态。

---

[1] 局部整治方案由中国水利水电科学研究院陈建国等提出。

2. 含沙量对黄河下游河道输沙能力的影响

从黄河下游各河段不同时段汛期排沙比与相应河段进口站含沙量的响应关系看:①花园口至高村河段,1986 年以前和 1986 年以后的汛期排沙比与花园口站的含沙量具有较好的负相关关系,即汛期排沙比随着含沙量的增加而减小;若仅考虑含沙量因素,当花园口站含沙量为 25 kg/m^3(1986 年以前)或 12 kg/m^3(1986 年以后)时,该河段基本可达到冲淤平衡。②高村至艾山河段,汛期排沙比随含沙量的增加有减小的趋势,且 1986 年以前和 1986 年以后趋势基本一致,当高村站含沙量为 22 kg/m^3 时,该河段基本冲淤平衡。③艾山至利津河段,1986 年以前汛期排沙比随艾山站含沙量的增加呈现减小的趋势,而 1986 年以后其相关关系不明显,当艾山站含沙量为 36 kg/m^3(1986 年以前)时,该河段可达到冲淤平衡状态。

3. 来沙系数对黄河下游河道输沙能力的影响

从黄河下游各河段汛期排沙比与河段进口站来沙系数的响应关系看,黄河下游各河段汛期排沙比均随相应河段进口站来沙系数的增加而减小。具体而言,①花园口—高村河段,汛期排沙比与花园口站的来沙系数具有较好的负相关关系,且 1986 年以前和 1986 年以后两个时期的趋势走向基本相同;仅考虑来沙系数的影响,当花园口站汛期平均来沙系数为 0.013 kg · s/m^6 左右时,该河段基本可达冲淤平衡。②高村至艾山河段,汛期排沙比随来沙系数的增加而减小,且两个时期的趋势走向基本一致;仅考虑来沙系数的影响,当汛期平均来沙系数为 0.014 kg · s/m^6 左右时,该河段基本可达到输沙平衡。③艾山至利津河段,汛期排沙比随艾山站来沙系数的增加而具有减小的趋势,1986 年以前和 1986 年以后两个时期的趋势走向大致相同。当艾山站汛期平均来沙系数为 0.016 kg · s/m^6 左右时,该河段基本可达到输沙平衡。

6.3.3.2　汛期逐月排沙比与来水来沙的响应关系

综合排沙比与流量、含沙量及来沙系数的响应关系分析可知,黄河下游河道输沙能力与来水来沙密切相关,高村以上河段冲淤变化中来水含沙量是主要影响因素,高村以下河段的冲淤变化中来水流量是主要影响因素,而来沙系数综合了流量和含沙量的共同影响,因此本书为了更好的描述排沙比与汛期来水来沙的响应关系,将汛期的水沙量及相应的排沙比按月进行统计,进一步分析黄河下游河段输沙能力与来水来沙的响应关系,进而提出黄河下游各河段临界输沙平衡状态时的流量和来沙系数。

1. 花园口至高村河段

从黄河下游花园口至高村河段不同时期汛期逐月排沙比与流量及含沙量的响应关系可以得到,①1986 年以前,当含沙量大于 20 kg/m^3 时,汛期逐月排沙比与流量具有较好的正相关关系,当含沙量小于 20 kg/m^3 时,汛期逐月排沙比具有随流量增加而增大的趋势。当流量在 3 800 m^3/s 左右时,汛期逐月排沙比为 1,即花园口至高村河段基本达到冲淤平衡状态。②1986 年以后,当含沙量小于 10 kg/m^3 时,汛期逐月排沙比与流量的关系不明显,但此时流量如果大于 600 m^3/s,则其排沙比均在 1 以上;当含沙量大于 10 kg/m^3 时,其逐月排沙比随流量增加而增大的趋势较为明显。当流量在 1 800 m^3/s 左右时,排沙比为 1,说明该河段冲淤基本达到平衡状态。③在同等流量下,1986 年以前和 1986 年以后排沙比与含沙量均呈负相关关系,即含沙量越大,其相应的排沙比越小,这与河流动力学理论相吻合。

无论是 1986 年以前,还是 1986 年以后,汛期逐月排沙比均与花园口站来沙系数具有较好的负相关关系,当来沙系数分别为 0.011 kg·s/m^6 和 0.013 kg·s/m^6 时,相应的排沙比为 1,即该河段冲淤基本达到平衡状态。

2. 高村至艾山河段

从高村至艾山河段不同时期汛期逐月排沙比与高村站流量的响应关系看:①1986 年以前,汛期逐月排沙比随流量的增加而增大,当流量在 3 400 m^3/s 左右时,该河段冲淤基本达到平衡状态。②1986 年以后,汛期逐月排沙比具有随流量的增加而呈现增大的趋势,当流量在 1 500 m^3/s 左右时,该河段基本达到冲淤平衡状态。

从高村至艾山河段不同时期汛期逐月排沙比与高村站来沙系数的响应关系看,无论是 1986 年以前,还是 1986 年以后,汛期逐月排沙比均具有随来沙系数的增加而减小的趋势。从图中可以进一步看出,当来沙系数分别为 0.010 kg·s/m^6(1986 年以前)和 0.013 kg·s/m^6(1986 年以后)时,该河段冲淤基本达到平衡状态。

3. 艾山至利津河段

从艾山至利津河段不同时期汛期逐月排沙比与艾山站流量的响应关系看:①1986 年以前,汛期逐月排沙比随流量的增加而增大,当流量在 2 200 m^3/s 左右时,该河段冲淤基本达到平衡状态。②1986 年以后,汛期逐月排沙比具有随流量的增加而增大的趋势,当流量在 1 700 m^3/s 左右时,该河段基本达到冲淤平衡状态。

从艾山至利津河段不同时期汛期逐月排沙比与艾山站来沙系数的响应关系看,该河段的全时段,汛期排沙比具有随来沙系数的增加而减小的趋势。当来沙系数分别为 0.015 kg·s/m^6(1986 年以前)和 0.014 kg·s/m^6(1986 年以后)时,该河段汛期逐月排沙比为 1,即该河段基本达到冲淤平衡状态。

6.3.3.3　黄河下游输沙平衡时的主槽宽度分析

为合理确定不同河段基于提高河道输沙能力的整治宽度等关键技术指标提供基础依据,在前述对黄河下游河道输沙能力影响因素分析的基础上,对黄河下游输沙平衡时的主槽宽度进行分析。

统计分析方法:根据 2008 年以前各典型断面的实测资料和汛期逐日的水位资料,按月进行统计月均水位,并由此在相应的断面图上获取该水位下的主槽过水宽度,并将其与相应水沙条件建立响应关系,进而得到黄河下游各典型断面输沙平衡时的主槽过水宽度。

1. 花园口断面主槽宽度分析

从花园口断面 1986 年以前主槽过水宽度与相应的流量及来沙系数的响应关系可以看出:①花园口站的主槽宽度随流量的增加而增加,且来沙系数较小时,相同流量下的过水宽度变幅较大,由此也可说明该河道具有明显的游荡性特征。②花园口站的主槽宽度与来沙系数存在负相关关系,且含沙量越大,其随来沙系数增加而减小的趋势越明显。③由前述分析可知,花园口至高村河段输沙平衡时花园口站的流量约为 3 800 m^3/s、来沙系数约为 0.011 kg·s/m^6,据此可求得相应的花园口断面主槽过水宽度在 1 500 m 左右,即花园口至高村河段输沙平衡时,花园口断面主槽过水宽度在 1 500 m 左右。

从花园口断面1986年以后主槽过水宽度与相应的流量及来沙系数的响应关系可以得出:①花园口断面主槽过水宽度随流量的增加而增加,且与1986年以前的规律类似,即来沙系数较小时,相同流量下的过水宽度变幅较大。②花园口断面主槽过水宽度与来沙系数存在负相关关系,含沙量越大,其随来沙系数增加而减小的趋势越明显。③前述分析可以看出,花园口至高村河段输沙平衡时的流量约为1 800 m^3/s、来沙系数约为0.013 $kg \cdot s/m^6$,由此可求得输沙平衡状态下花园口断面主槽过水宽度在800 m左右。

2. 高村断面主槽宽度分析

从高村断面1986年以前主槽过水宽度与高村站流量及来沙系数的响应关系可以得到:①高村断面主槽过水宽度随流量的增加而增加,也具有同一流量下来沙系数较小时宽度变幅较大的游荡性河道特点。②高村断面主槽过水宽度随来沙系数的减小而减小,含沙量越大,其随来沙系数增加而减小的趋势越明显。③由前述分析可知,高村至艾山河段输沙平衡时的流量约为3 400 m^3/s、来沙系数约为0.010 $kg \cdot s/m^6$,由此可求得输沙平衡时高村断面主槽过水宽度在1 500 m左右。

从高村断面1986年以后主槽过水宽度与高村站流量及来沙系数的响应关系可以得出:①高村断面主槽过水宽度随高村站流量的增加而增加。②含沙量较小时,高村断面主槽过水宽度与高村站来沙系数相关性较差,含沙量较大时,高村断面主槽过水宽度随来沙系数的增加具有减小的趋势。③由前述分析可知,高村至艾山河段输沙平衡时的来沙系数约为0.013 $kg \cdot s/m^6$、流量约为1 500 m^3/s,据此可求得相应的主槽过水宽度在600 m左右。

3. 艾山断面主槽宽度分析

从艾山断面1986年以前主槽过水宽度与艾山站流量及来沙系数的响应关系可以看出:①小流量时,艾山断面主槽过水宽度随流量的增加而增加,达到一定流量后,宽度随流量的增加变化不大,由此表明艾山以下河段主槽较窄,且宽度相对稳定。②艾山断面主槽过水宽度在来沙系数较小时变化不大,其后随来沙系数的增加呈现减小趋势。③由前述分析可知,艾山至利津河段输沙平衡时的来沙系数约为0.015 $kg \cdot s/m^6$、流量约为2 200 m^3/s,据此可求得相应的艾山断面主槽过水宽度在400 m左右。

从艾山断面1986年以后主槽过水宽度与艾山站流量及来沙系数的响应关系可以看出:①小流量时,艾山断面主槽过水宽度随流量的增加而增加,同样在流量达到一定程度后,宽度随流量的增加变化不大。②艾山断面主槽过水宽度随来沙系数的减小而减小,且含沙量越大,其随来沙系数增加而减小的趋势越明显。③由前文分析可知,艾山至利津河段输沙平衡时的来沙系数约为0.014 $kg \cdot s/m^6$、流量约为1 700 m^3/s,据此可求得艾山至利津河段输沙平衡时,艾山断面的主槽过水宽度在400 m左右。④由1986年以前和1986年以后的数据对比可知,其输沙平衡状态时的主槽过水宽度均为400 m左右,这也与艾山至利津河段为弯曲型河道特征相吻合。

6.3.3.4　黄河下游河道整治建议方案

通过前述分析研究,初步得出了黄河下游各河段输沙平衡时的临界水沙条件和主槽宽度,如表6-3所示。

表 6-3　黄河下游各河段输沙平衡时的临界水沙条件和主槽宽度

输沙平衡时		花园口至高村河段		高村至艾山河段		艾山至利津河段	
		1986 年以前	1986 年以后	1986 年以前	1986 年以后	1986 年以前	1986 年以后
流量（m^3/s）	汛期平均	3 000	1 600	2 500	1 400	2 000	1 600
	月均	3 800	1 800	3 400	1 500	2 200	1 700
来沙系数（$kg \cdot s/m^6$）	汛期平均	0.013	0.013	0.014	0.014	0.016	0.016
	月均	0.011	0.013	0.010	0.013	0.015	0.014
含沙量（kg/m^3）	汛期平均	39.0	20.8	35	19.6	32	25.6
	月均	41.8	23.4	34	19.5	33	23.8
主槽宽度(m)		1 500	800	1 500	600	400	400

根据上述研究成果,建议黄河下游整治河道的选择以河势相对散乱和断面过水宽度较大的河段进行局部整治,初步规划整治河道的总长度约为 135 km。关于整治宽度,建议花园口以上河段为 1 000 m,花园口至高村河段为 800 m。

(1)花园镇工程至金沟控导工程河段(长约 40 km),河道流路散乱、江心洲众多、游荡性强,河道平均宽度约为 1 500 m,根据分析计算,花园口上游段整治宽度采用 1 000 m 较为适宜。

(2)孤柏嘴工程至花园口险工河段(长约 45 km),流路曲折、江心洲众多、部分现有工程已远离河道,河道较宽处在 1 500 m 以上,因此对其流路进行归顺整治,其整治宽度为 1 000 m。

(3)三官庙控导工程至大张庄控导工程河段(长约 15 km),河道出现畸形河湾,拟对其进行“裁弯”整治,形成较为稳定的 S 形河湾,根据计算和分析,花园口至高村河段整治宽度采用 800 m 较为适宜。

(4)曹岗险工至夹河滩工程(长约 15 km),河段较宽,宽度一般都在 1 500 m 左右,对该河段进行部分整治,整治宽度在 800 m 左右。

(5)禅房工程至蔡集工程河段(长约 5 km)、大留寺工程附近河段(长约 4 km)、周营工程附近河段(长约 3 km)、老君堂工程附近河段(长约 3 km)、三合村工程附近河段(长约 4 km),各河段河道最宽处均在 1 500 m 以上,对其进行局部整治,其整治宽度选择 800 m。

6.3.4　综合方案(方案 4)

为形成一套集各家方案的优点同时又更切实可行,特提出综合方案。

小浪底水库自 2000 年投入运用以来,黄河下游的来水来沙条件及其过程发生很大的变化,长期的清水下泄造成黄河下游河道普遍冲刷,高村以上游荡性河段、特别是夹河滩以上河段河势发生了较大变化。根据高村以上各河段河势变化特点,将其分为五个河段,分别是:铁谢至伊洛河口、伊洛河口至花园口、花园口至黑岗口、黑岗口至夹河滩及夹河滩至高村河段。通过分析不同河段的河势变化特点、变化原因,预测河势发展趋势。在基于稳定河势、提高河道输沙能力的基础上提出各河段的整治方案。

6.3.4.1　铁谢至伊洛河口河段

该河段在1993年因温孟滩需安置小浪底库区移民而进行了大规模的河道整治。整治后的工程长度已占河道长度的95%以上,是整治工程最完善的河段之一。

1993~1999年,该河段河势与规划治导线基本一致,但在2000年以来,由于小浪底水库长期清水、小水下泄,加之该河段比降陡,河势有向趋直方向发展,但受严密的工程制约,微弯型流路变化不大。

根据对该河段1999~2009年大断面的分析得出,主槽宽度约在1 km。

因此,为稳定河势,提高河道输沙能力,建议本河段采取微弯型双岸整治。

6.3.4.2　伊洛河口至花园口河段

在小浪底水库运用前该河段枣树沟以下河段河势大都趋直,自1999年修建了枣树沟、桃花峪工程后,在枣树沟工程的挑流作用下,河出枣树沟后向北坐弯,为了控制河势,2001年又修建了东安工程。

该河段河势自2005以来(与2000年相比),出现河宽明显展宽、心滩增多、河势散乱和东安以下河势趋直的情况。初步分析河道展宽、河势变得散乱的主要原因是:在小浪底水库长期清水、小水作用下,由于床沙粗化,水流为达到自身的挟沙能力不能从河床得到泥沙,必然向河岸取沙,使岸边坍塌、河宽增加、河势散乱;东安以下河势趋直的主要原因是长期低含沙来水、比降大、水流动力相对较大,加之工程控制弱,水流有趋直的空间,因此水流将原工程前的河脖(滩尖)冲蚀,河势逐渐趋直。

目前,东安、桃花峪、老田庵、保合寨、马庄及花园口险工都基本脱河,在花园口浮桥的作用下,东大坝下延仅最后几道坝靠河。

为稳定河势、提高河道输沙能力,建议伊洛河口—东安采用微弯型双岸整治,东安—花园口河段采用顺直型双岸整治。

6.3.4.3　花园口至黑岗口河段

根据该河段近几年的河势变化特点,又可分为花园口至九堡、九堡至黑岗口河段。

花园口至九堡河段除花园口险工河势严重下挫外,其他河势已经趋于规划流路,而九堡至黑岗口河段河势与规划流路相差甚远。

分析九堡至黑岗口河段历史河势可知,小浪底水库修建前,九堡至黑岗口河段有三条流路,即南、北、中,其中较为顺直的中流路持续时间最长。三官庙工程1998年修建,长度3.5 km。

小浪底水库运用后,特别是2007年修建了4 km的韦滩工程后,河势在九堡至黑石之间逐渐坐弯,致使2011年汛后向右岸湾顶达到最大,形成较严重的畸形河湾。目前黑石前湾顶向左岸达到最大。黑石至黑岗口河段基本趋直。

花园口至黑岗口整治方案:①花园口至九堡河段微弯型整治,各工程下延潜坝;②九堡至黑岗口(长27.3 km)河段顺直型双岸整治。

6.3.4.4　黑岗口至夹河滩河段

该河段历史上是畸形河湾频发河段，但自 2006 年进行人工裁弯后，河势逐渐趋近于治导线流路，河势规顺，建议仍保持微弯型潜坝整治。

6.3.4.5　夹河滩至高村河段

该河段自 1998 年以来近 15 年一直维持目前的河势，规顺、单一，与规划流路基本一致。这说明该河段河势基本稳定，适应小浪底水库运用以来的水沙条件。为缩窄河槽，建议仍维持目前的微弯型整治，但各工程下延潜坝。

将上述综合方案整理成表（见表 6-4），仅从整治前后的河段长度看，东安至花园口河段顺直双岸整治较微弯整治河长缩短 4 km；九堡至黑岗口河段顺直双岸整治较微弯整治缩短河长也为 4 km。

表 6-4　不同河段整治前后的河长及采取的整治方案

河段序号	河段名称	治导线长（微弯河长）（km）	整治后河段长度（km）	采取的整治方案			
				单岸整治		双岸整治	
				微弯型整治	微弯加下延潜坝	微弯	顺直
1	铁谢至伊洛河口	54.2	44.67		√		
2	伊洛河口至沁河口至花园口	78.3	62.2				√
3	花园口至三官庙	43.7	37.8		√		
4	三官庙至黑岗口	20.1	15.9				√
5	黑岗口至夹河滩	50.2	39.7		√		
6	夹河滩至高村	90.8	72.2		√		

6.3.5　理想方案（方案 5）

为了更加充分地利用“比降越大、河槽越窄深，其输沙能力越大”的特点输送来沙，针对提高输沙能力的“可能性”（而不是“可行性”）进行研究，特提出理想方案。

在平面上，高村以上河段，和方案 2 一样，理想方案对东安工程至花园口险工河段及三官庙至大张庄河段在平面布局上实行顺直型整治；对东坝头附近的河湾进行裁弯取直（见图 6-11），裁弯取直后，该处的河长由原来的 12.85 km 缩短为 7.72 km，缩短了 5.13 km。高村至利津河段与方案 2 一样，对苏泗庄至营房、芦井至郭集、苏阁至杨集、于楼至蔡楼、桃园至程官庄以及泺口至八里庄等 6 处畸形河湾进行裁弯取直，其中高村至孙口河段有畸形河湾 4 处，艾山至泺口和泺口至利津各有 1 处。

在横断面设计上，基于现状实测河道大断面，将河槽顶宽缩窄至 600 m。

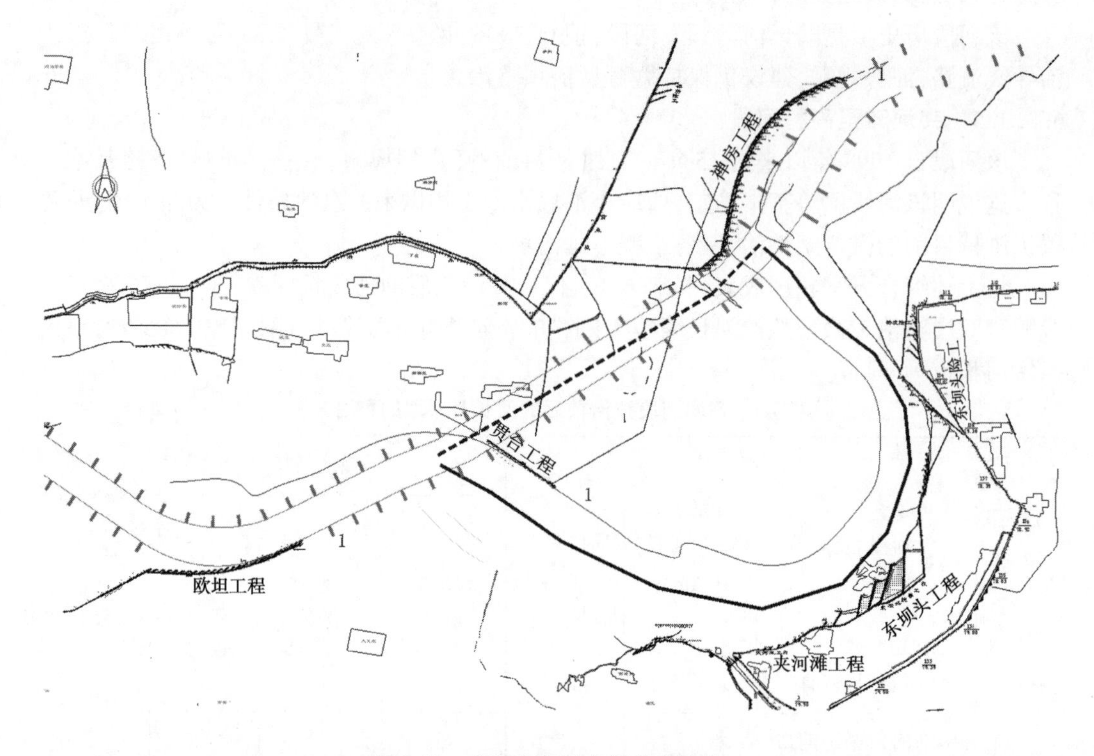

图 6-11　东坝头附近实行裁弯取直

6.4　提高输沙能力的效果分析

6.4.1　挟沙能力公式计算法

6.4.1.1　高含沙洪水具有强烈的输沙塑槽能力

高含沙洪水具有较大的输沙潜力甚至能够发生"揭河底"冲刷。除小北干流、渭河下游、潼关附近河段在较大流量、高含沙量条件下发生较为强烈的冲刷外,花园口河段 1977 年 7 月高含沙洪水(简称"77 · 7")期间下游花园口河段在主槽流量大于 5 000 m^3/s、含沙量大于 400 kg/m^3 的来水来沙条件下也发生了强烈的冲刷现象:同流量水位在 35 h 内降低 1.3 m。

根据程龙渊、张晓华、潘贤娣的研究,小北干流、渭河下游"揭河底"冲刷距离随着流量、含沙量及相应单宽输沙率的增加而显著增大;潼关洪水期同流量水位升降与平均含沙量具有密切的相关关系,在洪水平均含沙量 150 kg/m^3 以前,同流量水位抬升幅度随含沙量的增大、流量的减小而明显增大。当洪水平均含沙量超过 150 kg/m^3 后,同流量水位抬升幅度随含沙量的增大、流量的增大而明显减小。当含沙量增至约 200 kg/m^3 时,潼关高程总体呈降低状态;并随含沙量增大、降低幅度明显增加,"77 · 7"洪水期间平均含沙量约 340 kg/m^3 时,潼关高程降低达 2.50 m。

6.4.1.2 “揭河底”冲刷临界判断条件

对于“揭河底”冲刷发生的临界判断条件，张瑞瑾、钱宁、万兆惠等学者曾提出过基于流速、水深、容重等物理量组合的定量判别式；张红武、江恩惠、程龙渊等曾通过试验和实测资料提出不同的定量表达式。

由此表明，高含沙洪水在一定水沙和边界条件下，存在利用高含沙洪水提高河道输沙能力的可能性。

6.4.1.3 高含沙洪水稳定高效输沙条件

对比分析黄河下游“77 · 7”“77 · 8”典型高含沙洪水在花园口断面发生强烈的冲刷和淤积，确认高含沙洪水在主槽缩窄到一定程度后将具有强烈的输沙能力，甚至可发生“揭河底”冲刷。在高含沙洪水冲刷和淤积的状态中，一定存在冲淤平衡的输沙条件。考虑到水沙数学模型（如一维不平衡输沙方程和河床变形方程式(6-38)中影响冲淤判断的关键因素即水流挟沙力的重要性，尝试通过水流挟沙力计算公式对高含沙水流高效输沙的可能性开展对比研究。

$$\left.\begin{aligned}\frac{\partial(QS)}{\partial x} &= \alpha B\omega(S_* - S_0)\\ Q\frac{\partial S}{\partial x} + \gamma_0 B\frac{\partial Z_b}{\partial t} &= 0\end{aligned}\right\}\tag{6-38}$$

选取目前河道水沙数学模型中常用的舒安平等 3 家挟沙力公式计算“77 · 7”“77 · 8”高含沙洪水在花园口断面输沙能力变化过程，并与来流含沙量进行对比，如图 6-12 所示，部分挟沙力公式能够较好地反映“77 · 7”高含沙洪水期间主槽强烈冲刷的情况：挟沙力计算值明显大于来流含沙量。

由图 6-12 可知，舒安平公式的计算结果整体上与来流含沙量时间过程线更加吻合，故采用舒安平公式寻求高含沙洪水冲淤平衡条件。

综合分析黄河“73 · 8”“77 · 7”“77 · 8”“82 · 8”4 场典型洪水花园口断面含沙量与悬沙中值粒径的关系，可知高含沙洪水期间、悬沙中值粒径随着含沙量的增加不断增大，据此建立了花园口断面处悬沙中值粒径与含沙量的关系。

运用舒安平挟沙力公式，可求得各典型洪水花园口测流断面不同水流、主槽宽度、纵比降、糙率和来沙及组成（悬沙中值粒径）条件下，主槽各流量级水流“冲淤偏离幅度（输沙能力/来流含沙量）—流量”的关系，查得各流量级水流能够输送的两级平衡输沙含沙量。

选取“77 · 7”“77 · 8”高含沙洪水的平均挟沙因子 v^3/h，运用悬沙中值粒径与含沙量的关系，对流量为 3 000 m^3/s、4 000 m^3/s 和 5 000 m^3/s 条件下输沙能力与来流含沙量的关系，应用挟沙力公式开展计算。可知，此 3 种流量条件下均存在两个平衡输沙含沙量，其中 4 000 m^3/s 流量对应的平衡输沙含沙量分别为 63 kg/m^3 和 410 kg/m^3。输沙最为困难的含沙量范围在 80~280 kg/m^3，200 kg/m^3 左右的含沙量最难输送。

进一步分析舒安平挟沙力公式（如式(6-39)所示）中综合系数项 $\lg(\mu_r+0.1)(f_m)^{3/2}/\kappa^2$、相对容重项 $\gamma_m/(\gamma_s-\gamma_m)$、泥沙颗粒沉速 $1/\omega_0$、泥沙群体沉速修正 ω_c/ω_0、冲淤偏离幅度 S_*/S_0（理论排沙比）与来流含沙量 S_0 的关系，绘制各挟沙因子随来流含沙量增大的变

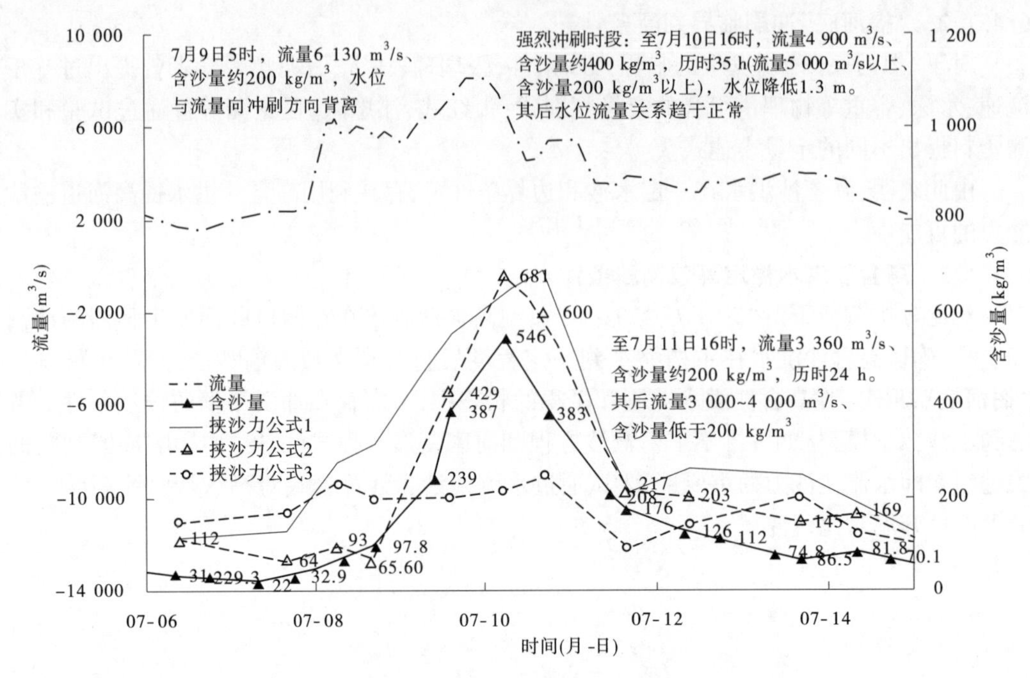

图 6-12　各家挟沙力计算值与来流含沙量时间过程线

化趋势，如图 6-13 所示。

$$S_* = 0.3551\left[\frac{\lg(\mu_r + 0.1)}{\kappa^2}(f_m)^{3/2}\frac{\gamma_m}{\gamma_s - \gamma_m}\frac{U^3}{gh\omega_c}\right]^{0.72} \tag{6-39}$$

可以看出，在低含沙条件下，随着含沙量的增加，泥沙颗粒沉速不断增大，冲淤偏离幅度（理论排沙比）不断减小，综合系数不断增大，并出现低含沙水流时冲淤平衡输沙含沙量；随着含沙量的进一步增加，泥沙群体沉速显著减小，水流黏性不断增大，相对容重不断提升，冲淤偏离幅度在 200 kg/m³ 左右达到最小值后不断增大，直至出现高含沙时冲淤平衡输沙含沙量。

为进一步说明悬沙级配变化对挟沙力计算的重要性，选取“77 · 7”“77 · 8”高含沙洪水流量 4 000 m³/s 时的平均挟沙因子 v^3/h，对 4 种固定级配的工况进行各级含沙量对应的挟沙能力计算，如图 6-14 所示。固定级配条件下，低含沙平衡输沙含沙量随着悬沙中值粒径的增大而减小，高含沙平衡输沙含沙量随着悬沙中值粒径的增大而增大。

结合典型洪水“73 · 8”“82 · 8”“77 · 7”和“77 · 8”实测资料，定量对比高含沙洪水发生强烈冲刷和淤积的条件，特别是在同一年相邻月份分别出现显著冲刷和剧烈淤积的“77 · 7”和“77 · 8”高含沙洪水。水文资料显示该两次洪水各流量级平均流速大体相同，而“77 · 8”洪水的平均水深较“77 · 7”大了近 1 m，直接导致“77 · 8”挟沙因子 v^3/h 较“77 · 7”洪水偏小，各典型洪水来沙含沙量与冲淤偏离幅度如图 6-15 所示。计算结果表明，“73 · 8”洪水由于河道萎缩，输沙能力较强；“82 · 8”洪水河道宽浅，输沙能力较弱。

考虑到黄河下游山东河段与河南河段河道特性的差异，进一步对比输沙能力公式在山东河段高含沙水流的计算结果，选用舒安平公式与张红武公式计算黄河“73 · 8”典型

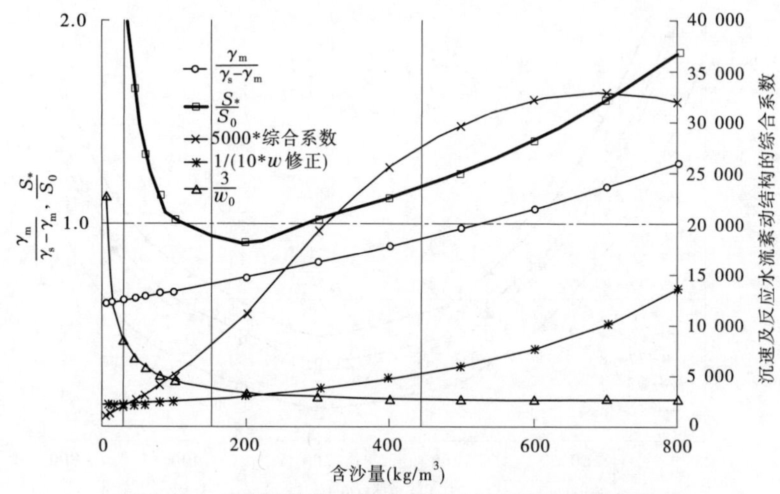

图6-13　舒安平挟沙力公式中各项与来流含沙量的关系

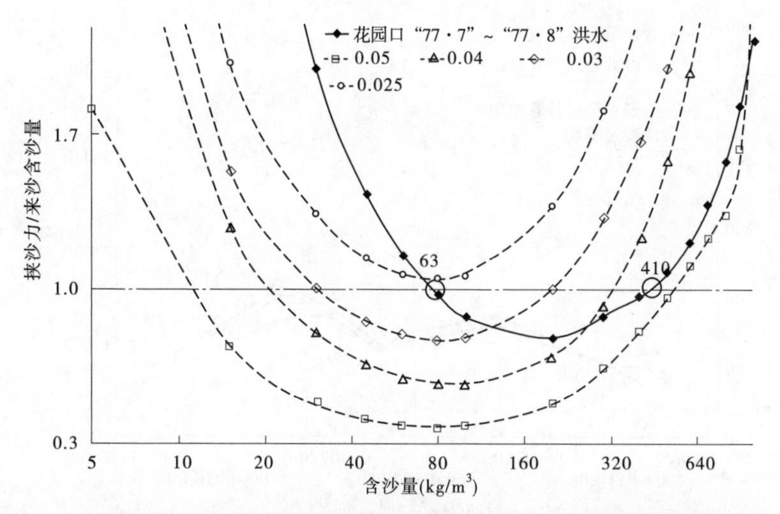

图6-14　不同悬沙级配条件下来流含沙量与冲淤偏离幅度的关系

洪水在利津断面处输沙能力的变化过程，并与来流含沙量进行对比，如图6-16所示。

由图6-16可知，舒安平公式的计算结果整体上与来流含沙量时间过程线的冲淤趋势更加吻合，综合分析黄河“73·8”典型洪水利津断面含沙量与悬沙中值粒径的关系，建立利津断面悬沙中值粒径与含沙量的关系，如图6-17所示。

选取“73·8”高含沙洪水利津断面平均挟沙因子v^3/h，运用悬沙中值粒径与含沙量的关系，对流量为3 000 m^3/s、4 000 m^3/s和5 000 m^3/s条件下冲淤偏离幅度（挟沙力与来流含沙量之比）与来流含沙量的关系，分别应用舒安平公式和张红武挟沙力公式开展计算，如图6-18和图6-19所示。可知此三种流量条件下两个公式均存在两个平衡输沙含沙量，其中舒安平公式4 000 m^3/s流量为全冲，3 000 m^3/s流量对应的平衡输沙含沙量分别为162 kg/m^3和250 kg/m^3；张红武公式4 000 m^3/s流量对应的平衡输沙含沙量分别为172 kg/m^3和655 kg/m，3 000 m^3/s流量对应的平衡输沙含沙量分别为145 kg/m^3和738 kg/m^3。

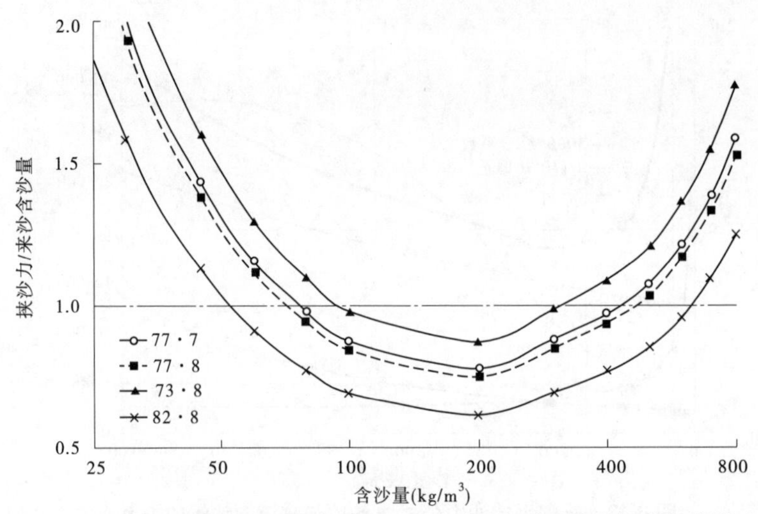

图 6-15 四场典型洪水河床边界条件不同对含沙量与冲淤偏离幅度相关影响关系

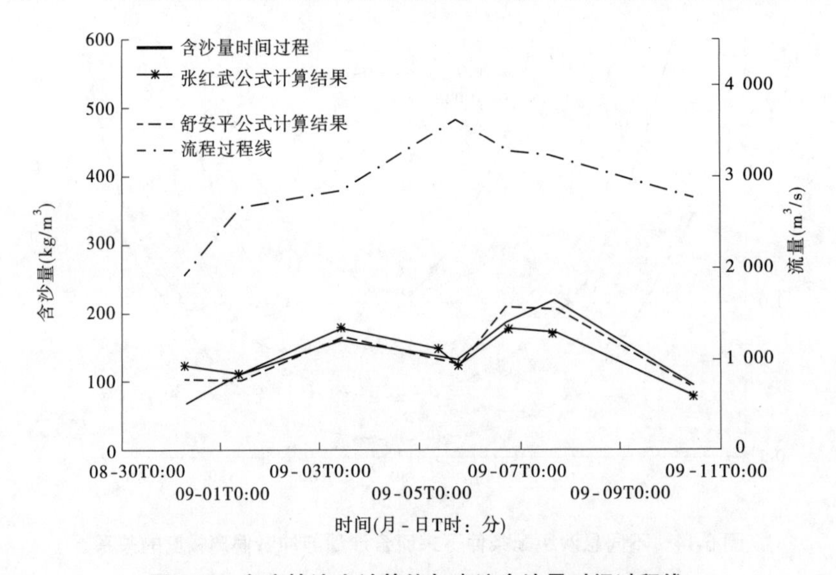

图 6-16 各家挟沙力计算值与来流含沙量时间过程线

为了进一步衡量当下游实现“高含沙水流高效平衡输沙”情景下，花园口来沙条件在利津处的冲淤规律，分别应用舒安平公式与张红武公式计算利津断面在“73 · 8”高含沙洪水流量为 3 000 m^3/s、4 000 m^3/s 和 5 000 m^3/s 对应的平均挟沙因子 v^3/h 时，花园口含沙量与悬沙级配关系条件下、来流含沙量与冲淤偏离幅度的关系，如图 6-20 和图 6-21 所示。

三种流量条件下两个公式均存在两个平衡输沙含沙量，如表 6-5 所示，只是量值上有一定差异。舒安平公式的计算结果显示，最不易输送含沙量基本在 200 kg/m^3 左右，张红武公式的计算结果显示，最不易输送含沙量基本在 200~600 kg/m^3。

横向对比舒安平公式与张红武公式花园口断面水力条件与利津断面水力条件下，来沙满足花园口含沙量与悬沙级配关系时，计算的输沙能力与来沙含沙量的关系(如

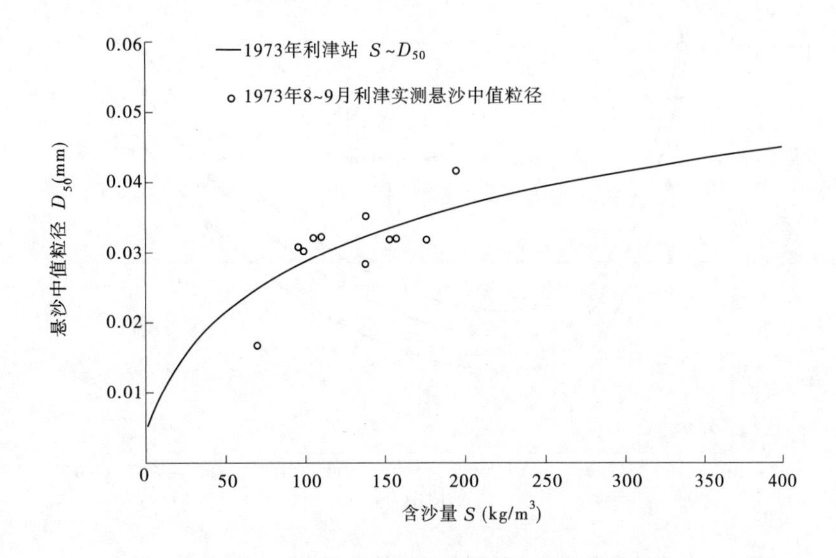

图 6-17　悬沙中值粒径与含沙量的关系(利津)

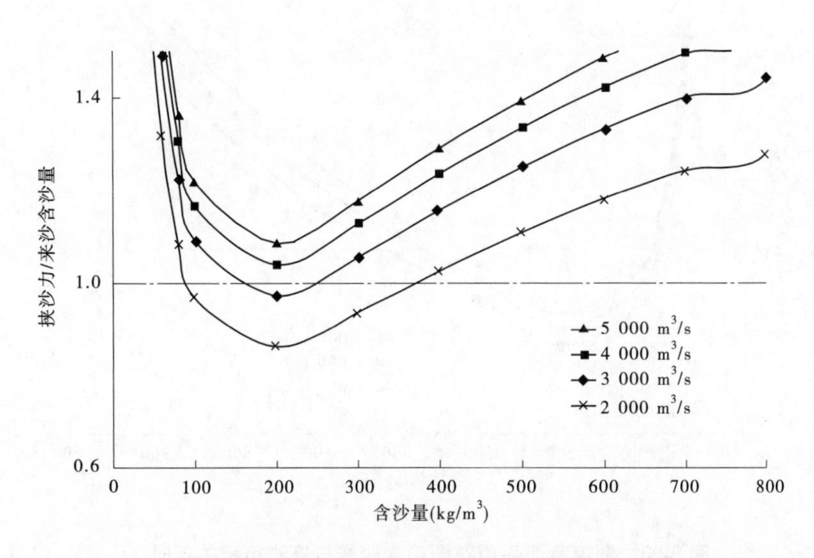

图 6-18　利津断面来流含沙量与冲淤偏离幅度的关系(舒安平公式)

图 6-22 和图 6-23)可知,输送同样的泥沙,舒安平公式与张红武公式的输沙能力在花园口断面与利津断面的对比趋势上存在一定的差异。张红武公式计算结果表明,在各级流量条件下,花园口断面的输沙能力大体优于利津断面;而舒安平公式计算结果表明,仅在大流量(如 5 000 m^3/s)条件下,花园口断面的输沙能力要优于利津断面,而中小流量条件下,利津断面的输沙能力反而优于花园口断面。再次说明了高含沙条件下输沙能力计算的复杂性以及现有理论的不够完善,特别是众多公式中缺少悬沙非均匀度的考虑,缺乏对河道沙粒阻力、不同流态下沙波阻力的合理定量计算方法,许多参量的取值代表性具有一定人为因素,需要进一步针对以上两点开展基础理论研究,以更加完善高含沙与低含沙条

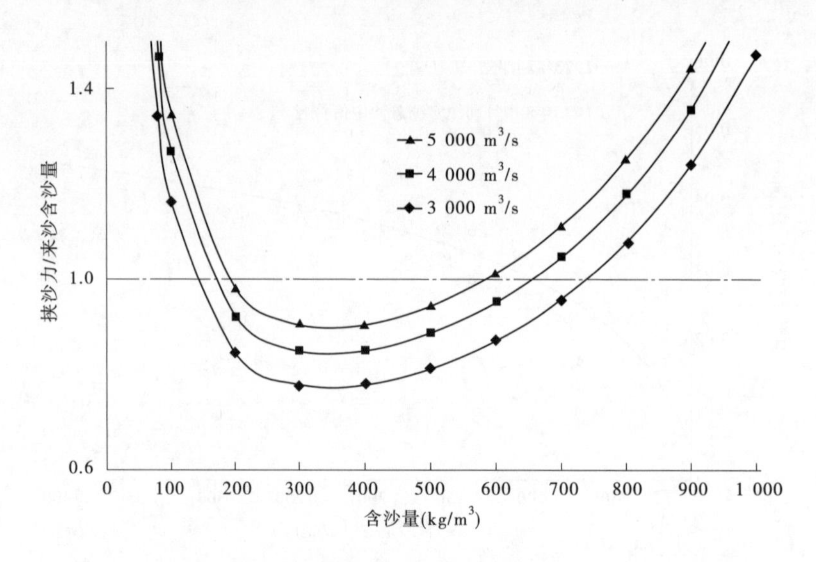

图 6-19　利津断面来流含沙量与冲淤偏离幅度的关系(张红武公式)

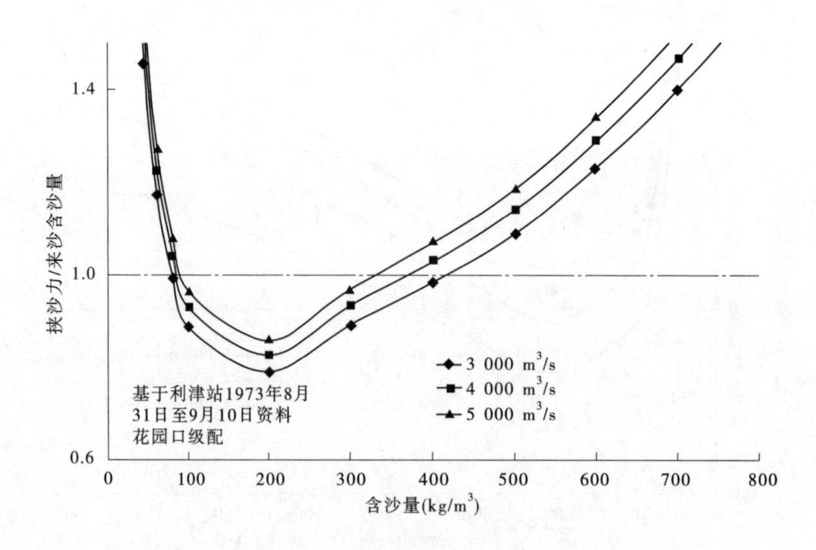

图 6-20　利津断面采用花园口含沙量与悬沙级配关系时，来流含沙量与冲淤偏离幅度的关系(舒安平公式)

件下水流处于不同条件下输沙能力的合理计算。

利用舒安平公式对定床条件下，3 个典型河段(河宽 800 m、比降 2‰；河宽 600 m、比降 1.5‰；河宽 400 m，比降 1‰)，5 000 m^3/s、4 000 m^3/s、3 000 m^3/s 和 1 500 m^3/s 流量级、200 kg/m^3 含沙量，计算考虑花园口断面处悬沙级配与含沙量关系和多年平均级配(悬沙中值粒径 0.025 mm)两种悬沙级配类型下各河段输沙能力与流量关系，如图 6-24 和图 6-25 所示。

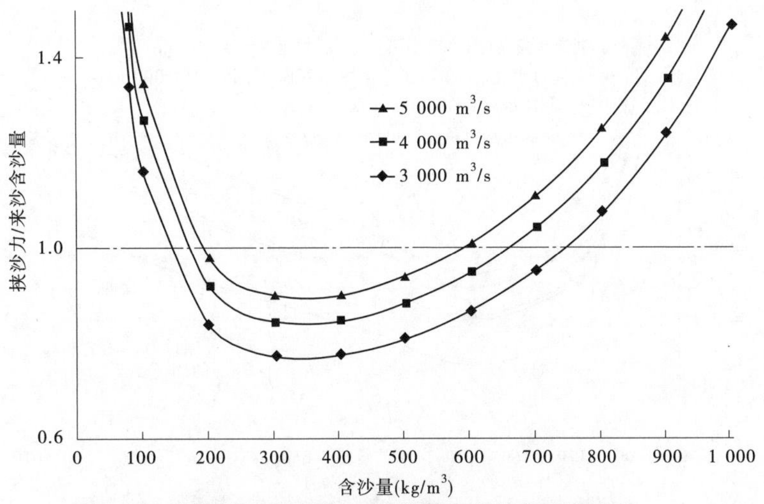

图 6-21　利津断面采用花园口含沙量与悬沙级配关系时，来流含沙量与冲淤偏离幅度的关系(张红武公式)

表 6-5　三种流量条件下舒安平公式与张红武公式平衡含沙量统计

流量(m^3/s)	v^3/h	D_{50}(mm)	平衡含沙量(kg/m^3)		公式类型
			低含沙	高含沙	
5 000	4.41	0.008~0.057	91	417	舒安平公式
4 000	4.08	0.008~0.057	85	371	
3 000	3.72	0.008~0.057	79	417	
5 000	4.41	0.008~0.057	165	663	张红武公式
4 000	4.08	0.008~0.057	142	725	
3 000	3.72	0.008~0.057	110	805	

由图 6-24 和图 6-25 的对比可知，高含沙输沙过程中，悬沙级配的影响至关重要。采用考虑悬沙级配与含沙量关系时的计算结果显示河宽 800 m、比降 2‱河段在流量为 3 000 m^3/s 以上基本处于冲刷状态。当来沙条件为多年平均级配，悬沙中值粒径为 0.025 mm 时，即使流量为 1 500 m^3/s，除河宽 400 m、比降 1‱河段外，总体处于较显著的冲刷状态。

挟沙力公式的对比和高含沙洪水输沙能力的计算结果表明，高含沙洪水在不同来水条件、不同来沙条件(含沙量及悬沙级配)下存在稳定高效输沙条件，该高效输沙平衡含沙量随水沙条件的差异而有所变化。

6.4.2　概化模型试验

6.4.2.1　典型洪水水沙过程、典型河道整治模式的选取

1. 典型水沙条件的确定

为减少干扰，选取非漫滩恒定水沙过程开展概化模型试验研究。其中，流量选择了 4 000 m^3/s、3 000 m^3/s 和 1 500 m^3/s 3 个量级；洪水含沙量选择“输沙最为不利的 200

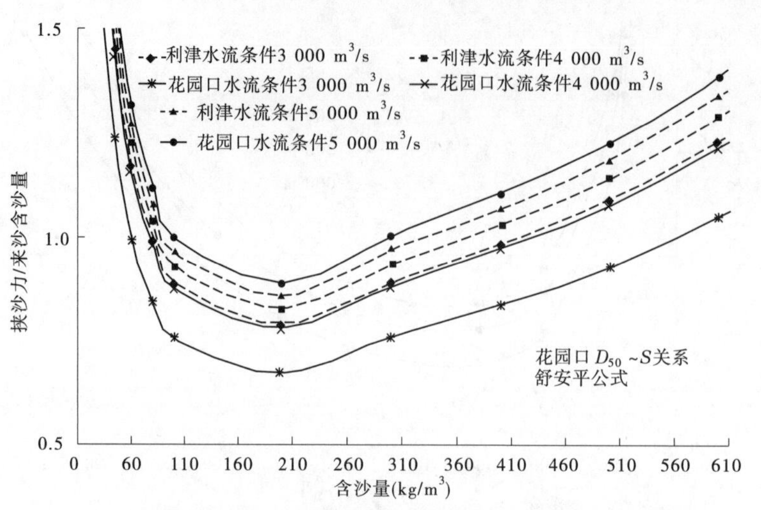

图 6-22　采用花园口含沙量与悬沙级配关系时，花园口与利津断面来流含沙量与冲淤偏离幅度的关系(舒安平公式)

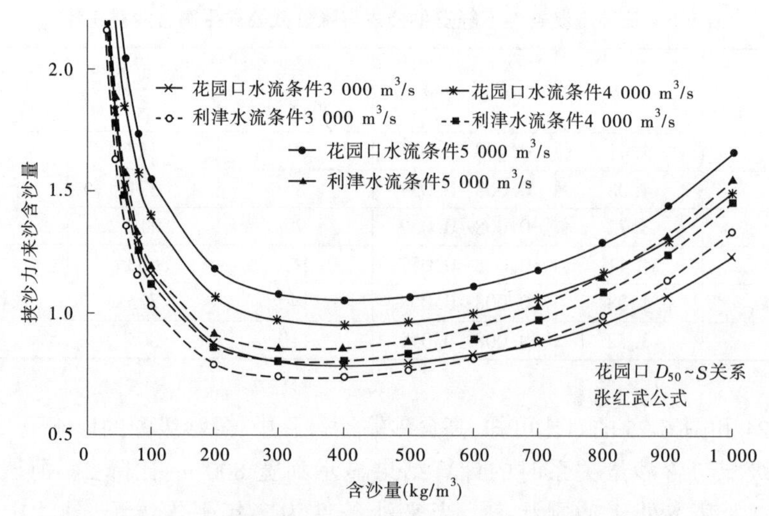

图 6-23　采用花园口含沙量与悬沙级配关系时，花园口与利津断面来流含沙量与冲淤偏离幅度的关系(张红武公式)

kg/m³”;洪水历时均为 15 d,相应进口沙量分别为 10.3 亿 t、7.7 亿 t 和 3.9 亿 t(见表 6-6);具体分析,可进一步细化为前、中、后 3 个 5 d,反映洪水历时对输沙能力的影响。试验过程中河道尾水位按“水面比降连续一致的原则”进行动态控制。

表 6-6　概化模型试验典型水沙条件

流量(m³/s)	含沙量(kg/m³)	历时(d)	输沙量(亿 t)	来水量(亿 m³)
4 000	200	15	10.3	51.52
3 000			7.7	38.64
1 500			3.9	19.32

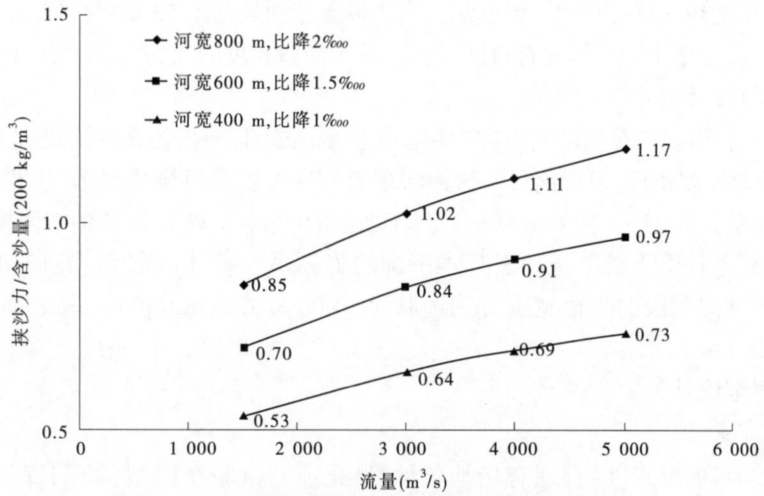

图 6-24　考虑应用花园口处悬沙级配与含沙量关系时冲淤偏离幅度与流量的关系

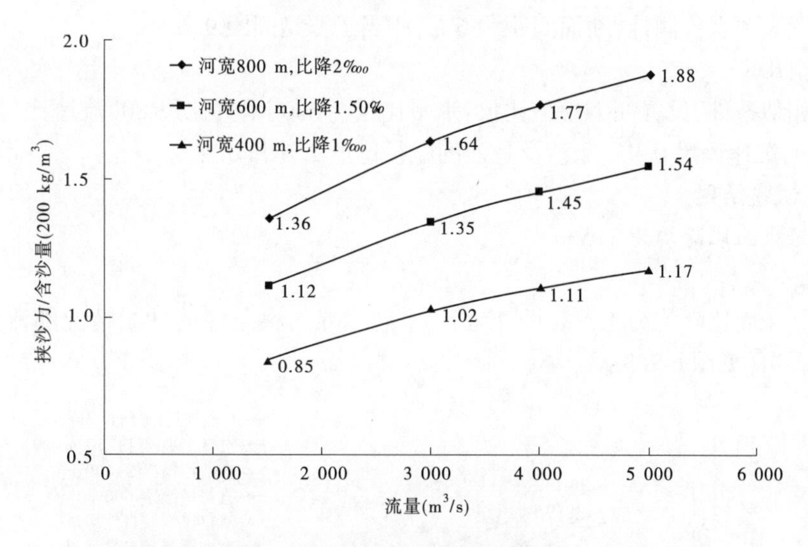

图 6-25　采用多年平均级配,悬沙中值粒径为 0.025 mm 时冲淤偏离幅度与流量的关系

2. 典型河道整治模式的确定

为减少试验工作量,以极端方案代替各典型整治方案,开展了 4 种边界条件下河道输沙概化模型试验工作。首先选取宽约 1 000 m 的自然河道(弯曲系数约 1.25)作为基本组次,随后在弯曲河道两岸加作对口丁坝工程,作为河道整治工程的代表;第三,进一步将丁坝工程改为两岸固定边界约束,减小边壁阻力,形成弯曲渠道;最后在弯曲渠道的基础上,将弯曲系数减小(河道拉直),缩短流路长度,增加床面比降。

对口丁坝弯曲系数参照黑岗口至夹河滩河段 2015 年汛前主流线情况,确定为 1.25,其中一岸为现有控导工程;另一岸为对口丁坝控制的河段,占整个河长的 64.7%,现有控导工程平均长度约4 km,其中,弯顶以上、弯顶以下分别长约1.52 km、2.44 km。两岸同时为对口丁坝控制的河段(类似现有直河段),占整个河段长度的35.3%,平均长约2.16 km。

3. 试验河段的确定

不同河道整治模式对输沙能力的影响概化模型试验:以下游游荡性河道最下段、纵比降1.5‰作为地形控制条件;以黑岗口—夹河滩现有控导工程及河势情况作为"宽约600 m弯曲渠道(弯曲系数1.25)""宽约600 m对口丁坝整治(弯曲系数1.25)"的工程控制条件。

不同边界条件下下游河道冲淤基本平衡的临界水沙条件(阈值):花园口附近、高村附近、艾山至利津河段的主槽宽度分别选取为1 000 m、600 m、400 m,纵比降分别选取为2.0‰、1.5‰、1‰。

6.4.2.2 模型设计

1. 模型布置

按照试验目的要求,结合现有场地条件,概化模型试验在模型黄河1#试验厅西北角基础研究试验场上进行。试验场长和宽分别为70 m和10 m,其中试验段长度约60 m,模拟河道长度约96 km。设有30个控制断面,断面间距为2 m,相当于原型间距3.2 km。沿程平均布置8个水位测针,断面间距为6 m,相当于原型间距9.6 km。

2. 模型比尺

根据相似条件,设置如下模型比尺:水平比尺1 600、垂直比尺80、流速比尺8.94、时间比尺179、沉速比尺0.95、床沙及悬沙的粒径比尺2.6和0.9。

6.4.2.3 试验结果

1. 初始床面比降均为1.5‰

1) 输沙能力变化

从初始床面比降均为1.5‰的情况下,不同边界约束条件的冲淤情况随流量的变化过程可以看出(见图6-26):

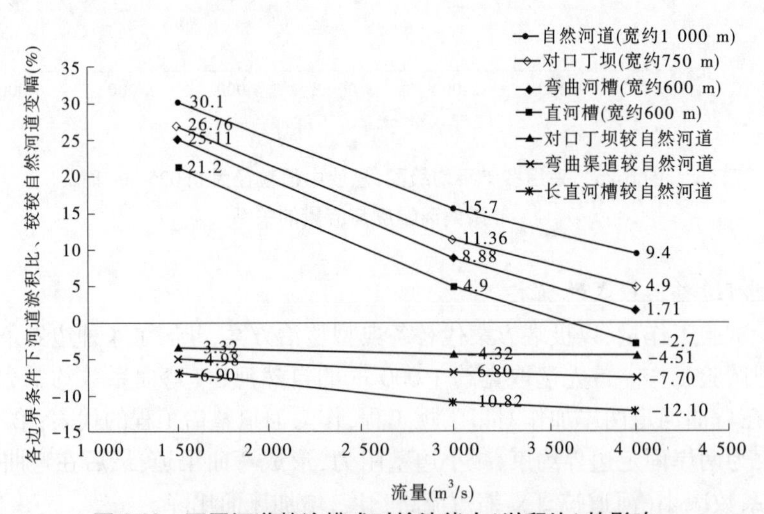

图6-26　不同河道整治模式对输沙能力(淤积比)的影响

(1)不同方案的淤积比均与流量成反比,流量越大,淤积比越小,即流量越大,减淤效果越明显；

(2)相同比降条件下($J=1.5‰$),河宽缩窄和河势取直有利于输沙,河宽由1 000 m自然河道(弯曲系数为1.25)缩窄为600 m对口丁坝(弯曲系数为1.25)、弯曲河槽(弯曲系数为1.25)以及直河槽,淤积比分别减少4.57%(降幅24.25%)、7.70%(降幅37.14%)和12.10%(降幅58.80%)。

可得出结论:输沙能力与水面宽度和河道弯曲程度成反比,与流量成正比,即河道束窄和拉直有利于高含沙的输送。

2)冲淤厚度变化

(1)各工况的冲淤厚度随流量的增大而减小；

(2)相同比降条件下($J=1.5‰$),河宽缩窄和河势取直有利于淤积厚度的降低,河宽由1 000 m自然河道(弯曲系数为1.25)缩窄为600 m对口丁坝(弯曲系数为1.25)、弯曲河槽(弯曲系数为1.25)以及直河槽,冲淤厚度分别减少0.37 m(降幅31.62%)、0.62 m(降幅52.99%)和0.79 m(降幅67.52%)。

2. 初始床面比降均为2.0‰

1)输沙能力变化

从初始床面比降均为2.0‰的情况下,不同边界约束条件的冲淤情况随流量的变化过程可以看出:

初始床面比降均为2.0‰的输沙能力变化趋势与初始床面比降1.5‰一致:河道输沙能力与流量成正比,与弯曲程度成反比,即河道束窄和拉直有利于高含沙的输送。

由600 m对口丁坝(弯曲系数为1.25)转变为弯曲河槽(弯曲系数为1.25)以及直河槽,淤积比分别减少3.34%(降幅32.68%)和8.92%(降幅87.28%)。

2)冲淤厚度变化

初始床面比降$J=2.0‰$条件下,由600 m对口丁坝(弯曲系数为1.25)转变为弯曲河槽(弯曲系数为1.25)以及直河槽,冲淤高度分别减少0.32 m(降幅74.42%)和0.74 m(降幅172.07%)。

3. 不同边界条件下下游河道冲淤基本平衡的临界水沙条件(阈值)

直河槽1 000 m($J=2.0‰$)、600 m($J=1.5‰$)和400 m($J=1.0‰$)在高含沙条件下的输沙能力变化,模拟比降和河宽参考了花园口、高村和利津河段的槽宽和比降。

(1)在4 000 m^3/s流量条件下,各河段均可带走200 kg/m^3高含沙；

(2)1 000 m、600 m和400 m直河槽的平衡输沙流量分别为2 800 m^3/s、3 600 m^3/s和3 000 m^3/s。

6.4.3 数学模型计算法

6.4.3.1 主槽缩窄对典型洪水河道输沙的影响

1. 黄河水利科学研究院数据计算结果

进一步河道整治(不同方案)对全下游冲淤特性的影响(基于小浪底至利津河段数值模拟试验结果):主槽宽度由1 000 m缩窄到600 m后,全下游河段输沙能力在流量1 500~4 000 m^3/s、200 kg/m^3非漫滩洪水条件下分别提高4.4%~8.2%;主槽宽度由

1 000 m 缩窄到 600 m 的同时，裁弯 50 km 河长后，全下游河段在流量 1 500~4 000 m³/s、200 kg/m³ 非漫滩洪水条件下输沙能力分别提高 7.8%~11.1%。其中，流量在 4 000 m³/s、含沙量 200 kg/m³ 非漫滩洪水初始条件时，两种方案淤积比降低幅度均较流量 3 000 m³/s 和 1 500 m³/s 时略大（见图 6-27）。

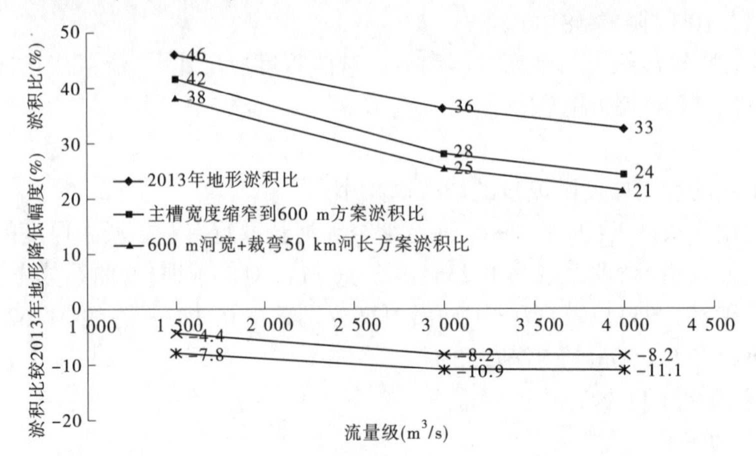

图 6-27 不同整治方案下游河道淤积比随洪水流量量级的变化

整体上小浪底至利津河段可实现减淤，淤积比降低 4.4%~8.2%。其中，小浪底至花园口河段、花园口至高村河段淤积比分别降低 5.1%~6.4%、2.2%~4.8%；高村至艾山河段、艾山至利津河段淤积比分别增加 1.5%~2.0%、0.9%~1.1%。

整体上小浪底至利津河段减淤效果较可能方案有所提升，淤积比降低 7.8%~11.1%。其中，小浪底至花园口河段、花园口至高村河段淤积比分别降低 6.7%~7.4%、2.4%~5.0%；高村至艾山河段、艾山至利津河段淤积比分别增加 0~0.4%、0.8%~1.2%，即理想方案条件下高村至艾山河段基本处于冲淤平衡或稍有淤积。

理想方案比可能方案较现有河道整治工程在全下游河段多减淤约 3%，在小浪底至花园口河段多减淤约 1%，在高村至艾山河段多减淤约 2%。整体上小浪底至利津河段理想方案减淤效果较可能方案有所提升，淤积比降低 2.6%~3.5%。其中，小浪底至花园口河段、花园口至高村河段、高村至艾山河段淤积比分别降低 1.0%~1.5%、0.1%~0.2%、1.3%~1.9%；艾山至利津河段淤积比变化-0.1%~0.1%，该河段大流量时淤积比降低、小流量时淤积比增高。通过横向对比，理想方案较可能方案输沙能力提升较为明显的河段主要集中在小浪底至花园口河段、高村至艾山河段。

2. 黄河勘测规划设计有限公司数据计算结果

主槽宽度由 1 000 m 缩窄到 600 m 后，花园口以上河段输沙能力在流量 1 500~4 000 m³/s、200 kg/m³ 非漫滩洪水条件下提高 1.3%~4.2%；主槽宽度由 1 000 m 缩窄到 600 m 的同时，裁弯 50 km 河长后，花园口以上河段在流量 1 500~4 000 m³/s、200 kg/m³ 非漫滩洪水条件下输沙能力提高 2.8%~4.9%。其中，流量在 3 000 m³/s、200 kg/m³ 非漫滩洪水初始条件时，两种方案淤积比降低幅度均较流量 4 000 m³/s 和 1 500 m³/s 时略大。

主槽宽度由 1 000 m 缩窄到 600 m 后，全下游河段输沙能力在流量 1 500~4 000 m³/s、含沙量 200 kg/m^3 非漫滩洪水条件下提高 2.3%~4.9%；主槽宽度由 1 000 m 缩窄到 600 m 的同时，裁弯 50 km 河长后，全下游河段在流量 1 500~4 000 m^3/s、含沙量 200 kg/m^3 非漫滩洪水条件下输沙能力提高 5.7%~6.9%。其中，流量在 4 000 m^3/s、含沙量 200 kg/m^3 非漫滩洪水初始条件时，两种方案淤积比降低幅度均较流量 3 000 m^3/s 和 1 500 m^3/s 时略大。

整体上小浪底至利津河段可实现减淤，淤积比降低 2.3%~4.9%。其中，小浪底至花园口河段、花园口至高村河段淤积比分别降低 1.3%~4.2%、1.3%~3.1%；高村至艾山河段、艾山至利津河段淤积比分别增加 0.5%~1.4%、0.3%~1.1%。

整体上小浪底至利津河段减淤效果较可能方案有所提升，淤积比降低 5.7%~6.9%。其中，小浪底至花园口河段、花园口至高村河段淤积比降低 2.8%~4.9%、2.3%~3.6%；高村至艾山河段淤积比变化-0.5%~0.5%、艾山至利津河段淤积比增加 0.5%~1.3%，即理想方案条件下高村至艾山河段处于冲淤平衡或微冲微淤。

理想方案比可能方案较现有河道整治工程在全下游河段多减淤约 3%，在小浪底至花园口河段多减淤约 1%，在高村至艾山河段多减淤约 2%。整体上小浪底至利津河段减淤效果较可能方案有所提升，淤积比降低 1.6%~3.3%。其中，小浪底至花园口河段、花园口至高村河段、高村至艾山河段淤积比分别降低 0.6%~1.5%、0.5%~1.0%、0.8%~1.0%；艾山至利津河段淤积比增加 0.1%~0.3%，该河段大流量时淤积比降低、小流量时淤积比增高。通过横向对比，理想方案较可能方案输沙能力提升较为明显的河段主要集中在小浪底至花园口河段、花园口至高村河段、高村至艾山河段。

3. 华北水利水电大学数据计算结果

本次计算采用 1977 年汛前地形(28 个实测大断面)，进行了流量 4 000 m^3/s 的典型高含沙洪水在黄河下游小浪底至高村河段的冲淤计算。

1) 进口水沙过程

本次计算中选取黄河下游小浪底至高村河段为研究河段，计算典型高含沙洪水过程的演进及冲淤变化，小浪底进口流量为 4 000 m^3/s、含沙量为 200 kg/m^3。

从进口水沙过程看，最大流量为 4 000 m^3/s 平头峰搭配 200 kg/m^3 含沙量，共持续 15 d 时间。计算水沙过程水、沙总量分别为 65.49 亿 m^3 和 10.765 亿 t，其中细沙 5.67 亿 t，占总沙量的 53.55%，中沙与粗沙沙量相当，平均流量与平均含沙量分别为 3 333 m^3/s 和 163.5 kg/m^3，来沙系数为 0.049 kg · s/m^6。

计算边界条件：模型计算选取下游小浪底至高村河段 1977 年汛前 6 月实测的 28 个淤积断面形态作为初始地形，并对各断面划分滩槽。各断面的初始床沙级配，由该河段水文断面的汛前床沙级配插值求得，并取床沙干密度为 1.4 t/m^3。本次计算不考虑伊洛河、沁河的入流及沿程引水引沙。模型出口采用高村站拟合的水位流量关系控制。分别采用 1977 年汛前地形(地形 1)和在 1977 年汛前地形基础之上的双岸整治概划地形(地形 2)。

2) 河段冲淤成果

利用黄河下游一维非恒定水沙数学模型开展了上述两种不同地形边界条件下典型高含沙洪水过程的冲淤计算，计算黄河下游分河段冲淤量见表 6-7。

表 6-7 计算黄河下游分河段冲淤量统计

计算边界	冲淤量(亿 t)				淤积比(%)
	小浪底至花园口	花园口至夹河滩	夹河滩至高村	小浪底至高村	
1977 年汛前地形(地形 1)	1.149	1.663	0.45	3.262	30.3
地形+对口丁坝	0.269	0.156	0.173	0.598	5.6

表 6-8 为各家单位计算结果对比表。

表 6-8 各家单位计算结果一览 (单位:亿 t)

方案	计算单位	主流量	河段冲淤量或减淤量					
			花园口以上	花园口至高村	高村至艾山	艾山至利津	小浪底至高村	小浪底至利津
现状边界条件	黄河勘测规划设计有限公司	1 500	0.650	0.740	0.200	0.150	1.390	3.300
		3 000	1.030	1.280	0.390	0.310	2.310	2.640
		4 000	1.130	1.610	0.560	0.460	2.740	3.760
	黄河水利科学研究院	1 500	0.760	0.519	0.318	0.191	1.279	1.788
		3 000	1.244	0.960	0.419	0.267	2.204	2.890
		4 000	1.493	1.156	0.488	0.308	2.649	3.446
	华北水利水电大学(1977 年地形)	4 000	1.149	2.113	—	—	3.262	—
窄槽整治后	黄河勘测规划设计有限公司	1 500	0.600	0.690	0.220	0.160	1.290	1.670
		3 000	0.700	1.030	0.500	0.400	1.730	2.630
		4 000	0.750	1.380	0.630	0.530	2.130	1.670
	黄河水利科学研究院	1 500	0.560	0.432	0.394	0.233	0.992	1.618
		3 000	0.734	0.587	0.565	0.351	1.321	2.236
		4 000	0.875	0.644	0.652	0.406	1.519	2.577
	华北水利水电大学(1977 年地形)	4 000	0.269	0	—	—	0.269	—
减淤量	黄河勘测规划设计有限公司	1 500	0.050	0.050	-0.020	-0.100	0.100	1.630
		3 000	0.330	0.250	-0.110	-0.090	0.580	0.010
		4 000	0.380	0.230	-0.070	-0.070	0.610	2.090
	黄河水利科学研究院	1 500	0.200	0.087	-0.076	-0.042	0.287	0.170
		3 000	0.510	0.373	-0.146	-0.084	0.883	0.654
		4 000	0.618	0.512	-0.164	-0.098	1.130	0.869
	华北水利水电大学(1977 年地形)	4 000	0.880	2.113	—	—	2.993	—

续表 6-8

方案	计算单位	主流量	河段冲淤量或减淤量					
			花园口以上	花园口至高村	高村至艾山	艾山至利津	小浪底至高村	小浪底至利津
减淤比	黄河勘测规划设计有限公司	1 500	0.077	0.068	-0.100	-0.067	0.072	0.494
		3 000	0.320	0.195	-0.282	-0.290	0.251	0.004
		4 000	0.336	0.143	-0.125	-0.152	0.223	0.556
	黄河水利科学研究院	1 500	0.263	0.168	-0.239	-0.220	0.224	0.095
		3 000	0.410	0.389	-0.348	-0.315	0.401	0.226
		4 000	0.414	0.443	-0.336	-0.318	0.427	0.252
	华北水利水电大学(1977年地形)	4 000	0.766	1.000	—	—	0.918	—

注:"—"为未提供计算数值。

6.4.3.2 主槽缩窄对长系列河道输沙的影响

黄河勘测规划设计有限公司利用数学模型计算了来沙量8亿t情景下、未来50年中游水库群(古贤、小浪底、三门峡水库)联合调控进入下游的水沙条件(见表6-9),作为对照,表中还列出了防护堤方案的水沙条件。和防护堤方案的水沙条件相比,大流量挟沙增多,例如8亿t来沙,优化后的水沙条件,大于2 600 m^3/s的水量挟带的沙量占比由原来的60%提高到68%。

表 6-9　小浪底水库出库50年年均统计结果

方案	分类	不同流量级					
		0~800 m^3/s	800~2 600 m^3/s	2 600~3 999 m^3/s	3 999~6 000 m^3/s	≥6 000 m^3/s	合计
现状运用方式(专题三采用的)	天数(d)	270.8	69.62	3.82	20.82	0.18	365.2
	年均水量(亿 m^3)	123.1	65.0	10.7	72.2	1.1	272.1
	年均沙量(亿t)	0.6	2.5	1.3	3.2	0.1	7.7
	含沙量(kg/m^3)	4.8	38.2	117.2	44.6	128.7	28.3
	水量占比(%)	45.2	23.9	3.9	26.5	0.4	100.0
	沙量占比(%)	7.7	32.2	16.3	41.8	1.9	100.0
工程措施优化后的水沙条件	天数(d)	287.9	54.5	17.2	5.4	0.2	365.2
	年均水量(亿 m^3)	119.5	49.8	54.3	20.0	1.0	244.5
	年均沙量(亿t)	0.5	1.9	3.4	1.8	0.2	7.7
	含沙量(kg/m^3)	4.6	37.8	61.9	88.1	181.4	31.6
	水量占比(%)	48.9	20.4	22.2	8.2	0.4	100.0
	沙量占比(%)	7.1	24.4	43.5	22.8	2.3	100.0

采用数学模型计算了工程措施对下游河道和河口地区冲淤演变的影响，古贤和小浪底水库按照“大流量集中排沙、减少小水排沙”的运用原则，调控进入下游（小浪底出库+黑石关+武陟）的水沙条件，计算未来50年系列下游河道、河口冲淤演变趋势（见表6-10）。和防护堤方案相比，四家数学模型计算成果均表明：双岸整治后高村以上河段主槽减淤，滩地增淤；高村以下河段主槽增淤或少量减淤，而滩地增淤。

表6-10　未来50年冲淤量及比较

单位	方案	淤积部位	小浪底至花园口	花园口至高村	高村至艾山	艾山至利津	小浪底至利津
黄河水利科学研究院	防护堤(1)	主槽	6.59	20.82	12.36	10.71	50.48
		滩地	4.05	7.22	5.24	2.75	19.26
		全断面	10.64	28.04	17.60	13.46	69.74
	双岸整治(2)	主槽	3.27	8.91	11.21	9.89	33.28
		滩地	7.16	11.18	7.99	4.47	30.8
		全断面	10.43	20.09	19.20	14.36	64.08
	(2)-(1)	主槽	-3.32	-11.91	-1.15	-0.82	-17.20
		滩地	3.11	2.27	2.75	1.72	11.54
		全断面	-0.21	-9.64	1.6	0.9	-5.66
黄河勘测规划设计有限公司	防护堤(1)	主槽	13.08	27.28	8.47	8.06	56.89
		滩地	2.46	6.65	5.22	2.48	16.81
		全断面	15.54	33.93	13.69	10.54	73.7
	双岸整治(2)	主槽	5.39	23.66	8.52	8.24	45.81
		滩地	8.14	14.51	7.05	4.57	34.27
		全断面	13.53	38.17	15.57	12.81	80.08
	(2)-(1)	主槽	-7.69	-3.62	0.05	0.18	-11.08
		滩地	5.68	7.86	1.83	2.09	17.46
		全断面	-2.01	4.24	1.88	2.27	6.38
中国水利水电科学研究院	防护堤(1)	主槽	13.75	18.89	8.04	10.29	50.97
		滩地	9.41	10.52	3.32	2.28	25.53
		全断面	23.16	29.41	11.36	12.57	76.50
	双岸整治(2)	主槽	11.07	17.48	10.29	9.37	48.21
		滩地	15.95	24.47	6.69	3.20	50.31
		全断面	27.02	41.95	16.98	12.57	98.52
	(2)-(1)	主槽	-2.69	-1.41	2.26	-0.92	-2.76
		滩地	6.54	13.95	3.37	0.92	24.78
		全断面	3.86	12.54	5.63	0	22.03

续表 6-10

单位	方案	淤积部位	小浪底至花园口	花园口至高村	高村至艾山	艾山至利津	小浪底至利津
清华大学	防护堤(1)	主槽	8.2	19.41	15.59	2.74	45.945
		滩地	4.5	12	9.17	2.27	27.94
		全断面	12.7	31.41	24.76	5.01	73.88
	双岸整治(2)	主槽	5.15	16.56	11.39	2.36	35.46
		滩地	4.95	18.53	14.73	4.5	42.71
		全断面	10.11	35.08	26.12	6.86	78.17
	(2)-(1)	主槽	-3.05	-2.85	-4.20	-0.38	-10.48
		滩地	0.45	6.53	5.56	2.23	14.77
		全断面	-2.59	3.67	1.36	1.85	4.29

6.4.4　水文学模型分析法

6.4.4.1　方案计算与分析

1. 计算结果

1) 水沙系列

按照情景方案 50 年设计水沙代表系列，经中游水库群(三门峡、小浪底、古贤)的水沙联合调节及四站(龙门、华县、河津、洑头)至潼关河段输沙计算，得到进入下游的水沙过程。中游水库群考虑待建的古贤水利枢纽工程，中游水库群的水沙联合调节均不考虑水库的拦沙作用(水库处于正常运用期)。同时，考虑黄土高原侵蚀背景值成果、黄河实测沙量变化以及专家对未来沙量变化的预估，本次研究未来沙量按四种情景方案设计，即黄河未来沙量分别考虑为 3 亿 t、6 亿 t、8 亿 t 和 10 亿 t，不同来沙情景方案相应的水量分别为 244 亿 m^3、259 亿 m^3、269 亿 m^3和 300.76 亿 m^3。各种来沙方案的汛期三黑小出库不同流量级水沙特征见表 6-11～表 6-14。

表 6-11　3 亿 t 方案汛期三黑小出库不同流量级水沙量统计

流量级(m^3/s)	年均天数(d)	年均水量(亿 m^3)	年均沙量(亿 t)	平均含沙量(kg/m^3)	水量占汛期比例(%)	沙量占汛期比例(%)
≤800	75.4	33.2	0.52	15.8	30.6	16.3
800～2 600	36.4	37.4	1.48	39.5	34.6	46.2
2 600～4 000	10.6	35.4	1.15	32.5	32.7	36.0
>4 000	0.5	2.2	0.05	21.2	2.0	1.5
汛期合计	123.0	108.2	3.20	29.6	100.0	100.0
800～1 500	29.6	26.6	0.79	29.8	24.5	24.8
1 500～2 300	6.3	9.7	0.49	50.4	8.9	15.3
2 300～2 600	0.6	1.2	0.20	—	1.1	6.2
合计	36.4	37.4	1.48	39.5	34.6	46.2

表 6-12　6 亿 t 方案汛期三黑小出库不同流量级水沙量统计

流量级 (m^3/s)	年均天数 (d)	年均水量 (亿 m^3)	年均沙量 (亿 t)	平均含沙量 (kg/m^3)	水量占汛期比例(%)	沙量占汛期比例(%)
≤800	77.3	34.0	0.55	16.1	27.3	9.1
800~2 600	27.9	29.8	1.44	48.2	23.9	23.8
2 600~4 000	16.9	56.8	3.69	64.9	45.5	61.1
>4 000	0.9	4.0	0.36	89.1	3.2	6.0
汛期合计	123.0	124.7	6.03	48.4	100.0	100.0
800~1 500	21.1	19.0	0.58	30.6	15.2	9.6
1 500~2 300	6.0	9.3	0.70	75.9	7.4	11.7
2 300~2 600	0.7	1.5	0.15	99.2	1.2	2.5
合计	27.9	29.8	1.44	48.2	23.9	23.8

表 6-13　8 亿 t 方案汛期三黑小出库不同流量级水沙量统计

流量级 (m^3/s)	年均天数 (d)	年均水量 (亿 m^3)	年均沙量 (亿 t)	平均含沙量 (kg/m^3)	水量占汛期比例(%)	沙量占汛期比例(%)
≤800	73.3	32.2	0.63	19.5	24.7	8.2
800~2 600	30.7	33.8	2.41	71.3	25.9	31.4
2 600~4 000	18.2	60.7	4.24	69.8	46.6	55.3
>4 000	0.8	3.6	0.39	108.2	2.8	5.1
汛期合计	123.0	130.4	7.67	58.8	100.0	100.0
800~1 500	22.3	20.2	0.98	48.5	15.5	12.8
1 500~2 300	7.4	11.7	1.20	102.8	8.9	15.6
2 300~2 600	0.9	1.9	0.23	122.5	1.4	3.0
合计	30.7	33.8	2.41	71.3	25.9	31.4

表 6-14　10 亿 t 方案汛期三黑小出库不同流量级水沙量统计

流量级 (m^3/s)	年均天数 (d)	年均水量 (亿 m^3)	年均沙量 (亿 t)	平均含沙量 (kg/m^3)	水量占汛期比例(%)	沙量占汛期比例(%)
≤800	68.6	31.1	0.28	9.1	21.1	2.8
800~2 600	37.3	58.7	3.78	64.5	39.8	38.3
2 600~4 000	13.2	40.4	3.53	87.2	27.4	35.7
>4 000	3.9	17.2	2.29	132.8	11.7	23.2
汛期合计	123.0	147.4	9.88	67.0	100	100
800~1 500	12.2	11.7	0.83	70.8	8	8.4
1 500~2 300	22.3	14.3	1.84	129.4	10	18.7
2 300~2 600	2.8	57.7	5.82	100.9	39	58.9
合计	37.3	58.7	3.78	64.5	39.8	38.3

可以看出,汛期沙量最少的是3亿t方案,其汛期平均含沙量仅29.6 kg/m^3。6亿t、8亿t和10亿t方案的汛期含沙量则逐渐增加,分别为48.4 kg/m^3、58.8 kg/m^3 和67.0 kg/m^3;输沙最不利的流量级800~2 600 m^3/s 对应的沙量占汛期百分比分别为23.8%、31.4%和38.3%。无论从汛期含沙量还是从最不利流量级对应的沙量来看,10亿t方案都是水沙搭配最不利的方案。因此,本次对口丁坝方案的计算选用来沙最不利方案来进行计算。具体10亿t方案的水沙情况如下所述。

10亿t方案是根据《黄河流域规划》,在2020年水平1956~2000年设计水沙系列中,选取1968~1979年+1987~1999年+1962~1986年组成的系列(简称1968系列,下同)。经三门峡水库和小浪底水库调节后,年均进入黄河下游河道的水、沙量分别为300.76亿 m^3 和10.02亿t,其中年均汛期水量、沙量分别为146.56亿 m^3 和9.88亿t,分别占全年的48.7%和98.6%,泥沙主要集中在汛期,具体过程如图6-28所示。

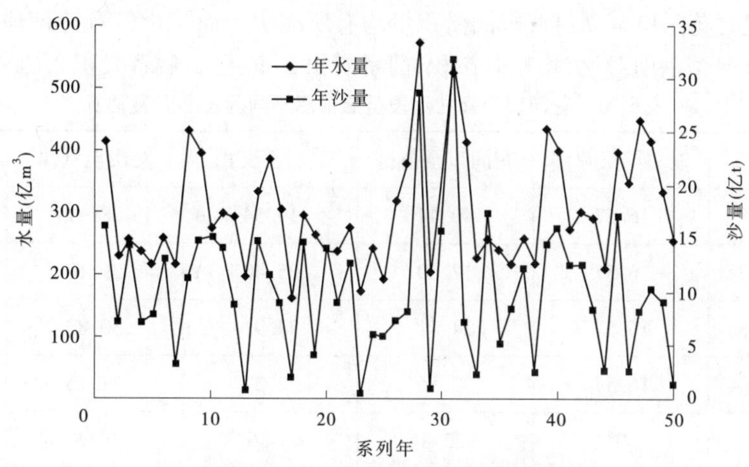

图6-28　进入黄河下游的水沙系列

汛期的水沙分布情况见表6-14,可以看出76.8%的泥沙在小于4 000 m^3/s 的流量级输送。约38.3%的泥沙在不利的水沙过程800~2 600 m^3/s 输送,且该流量级平均含沙量约为64.5 kg/m^3,平均含沙量较高。所以,本次水库调节出来的水沙条件搭配仍存在"小水带大沙"的现象。

2)计算结果

基于上述的50年水沙系列,采用2014年黄河下游的各水文站平滩流量,即最小河段平滩流量为4 200 m^3/s 作为起始边界条件,利用前面建立的考虑河宽变化对河道冲淤影响的水文学模型,计算了在未来50年系列水沙条件下,对花园口至高村河段进行600 m河宽整治,对比整治与不整治情况下下游不同河段冲淤分布情况,如表6-15所示。可以看出,整治后与整治前对比,全下游减淤16.29亿t,减淤比15.5%。其中整治河段花园口至高村河段减淤效果明显,比整治前减少淤积22.84亿t,减淤56.5%。花园口至高村河段淤积量减少,致使高村以下河段淤积量有所增加。其中,高村至艾山河段比整治前多淤积5.86亿t,增淤29.9%。艾利河段冲淤整体变化不大,整治后多淤积0.69亿t。

表 6-15 花园口至高村河段整治前后不同河段冲淤量估算 (单位:亿 t)

工况	铁谢至花园口	花园口至高村	高村至艾山	艾山至利津	铁谢至利津
整治前(1)	16.57	40.44	19.54	28.41	104.96
600 m 整治(2)	16.57	17.60	25.40	29.10	88.67
(2)-(1)	0	-22.84	5.86	0.69	-16.29

另外,计算了花园口至高村河段整治宽度分别为 800 m 和 1 000 m 时冲淤情况(见表 6-16)。可以看出,整治宽度越宽则全下游减淤量越小。当花园口至高村整治宽度为 800 m 时,全下游减淤 8.20 亿 t,当整治宽度为 1 000 m 时,较整治前减淤 2.41 亿 t。对于整治河段花园口至高村来说,800 m 方案整治河段减淤 16.03 亿 t,1 000 m 方案整治河段减淤 7.88 亿 t,花园口至高村河段的淤积量均有所减少。而艾山至利津河段在 800 m 和 1 000 m 方案与整治前对比,均略有淤积,前者淤积 2.46 亿 t,后者淤积 2.74 亿 t。

表 6-16 花园口至高村河段整治前后不同河段冲淤量估算 (单位:亿 t)

工 况	铁谢至花园口	花园口至高村	高村至艾山	艾山至利津	铁谢至利津
整治前(1)	16.57	40.44	19.54	28.41	104.96
600 m 整治(2)	16.57	17.60	25.40	29.10	88.67
800 m 整治(3)	16.57	24.41	24.91	30.87	96.76
1 000 m 整治(4)	16.57	32.56	22.27	31.15	102.55
(2)-(1)	0	-22.84	5.86	0.69	-16.29
(3)-(1)	0	-16.03	5.37	2.46	-8.20
(4)-(1)	0	-7.88	2.73	2.74	-2.41

2. 冲淤结果合理性分析

为了评价计算成果的合理性,把现状方案计算结果与“1968 系列”原型冲淤量进行了对比分析,同时利用经验公式对冲淤量进行比较。

考虑黑石关、武陟来水来沙影响,对经过小浪底水库调控后的“1968 系列”与实测小黑武“1968~1979 年+1987~1999 年+1962~1986 年”来水来沙进行对比,表 6-19 为相应水沙特征值统计表。“1968 系列”年均水量 300.78 亿 m^3,年均沙量 10.01 亿 t,平均含沙量 33 kg/m^3;原型小黑武年均水量 382.9 亿 m^3,年均沙量 11.30 亿 t,平均含沙量 29.5 kg/m^3。设计较原型水量减少 21.5%,沙量减少 11.4%。个别年份水沙差别较大,如第 2、3、4、28、30、33、35、40、41 等年沙量相差都大于 5 亿 t。

表 6-17　现状与原型冲淤量对比

属性项目	年均水沙量		冲淤量(亿 t)				占全河段冲淤量比重(%)		
	水量(亿 m^3)	沙量(亿 t)	小浪底至花园口	花园口至高村	高村至利津	小浪底至利津	小浪底至花园口	花园口至高村	高村至利津
现状方案	300.8	10.01	16.57	40.44	47.95	104.96	15.78	38.52	45.68
原型	382.9	11.30	6.41	48.88	39.50	94.81	6.76	51.56	41.66

表 6-17 为年均水沙量与分河段冲淤量对比。总体来看,现状方案淤积 104.96 亿 t,原型实测淤积 94.81 亿 t。这与设计系列减水多、减沙相对少是一致的。

从纵向分布上看,现状方案三个河段淤积比例分别为 15.78%、38.52%和 45.68%,与原型基本相当。

考虑原型与现状方案引水差别,原型年均引水 84.2 亿 m^3,现状方案的春灌期(3~6 月)设计年引水 54.9 亿 m^3,可供引水量不足,实际引水仅为设计的 50%,实际全下游引水量约为 68.0 亿 m^3,比原型少 16.0 亿 m^3。

若按 45.0 亿 m^3 水输送 1 亿 t 沙框算,原型年水量多了 66 亿 m^3,年沙量多了 1.3 亿 t,现状方案年均应多淤积 0.17 亿 t,50 年约为 8.5 亿 t,相应淤积量为 103.3 亿 t,匡算与计算比较接近。

6.4.4.2　**小结**

(1)本书中水文学模型是在"八五"攻关国家科技重点项目子专题"禹门口至黄河口泥沙冲淤计算方法综合研究及方案计算"中模型的基础上,考虑河宽对河道冲淤的影响,而进一步改进的水文学模型。可计算不同整治宽度情况下,黄河下游不同河段的冲淤情况。

(2)书中对于输沙率公式的率定,在已有模型的基础上即本站主槽输沙率 Q_s 和本站流量 Q、上站含沙量 S、小于 0.05 mm 颗粒泥沙含量百分比 P 以及前期累计冲淤量的关系式中,将其中的前期累计冲淤量,改为当前河宽,物理意义更清楚。

(3)该考虑河宽变化的水文学模型经过了 1964~1999 年河道实际冲淤量的验证。其中整个下游河段全年冲淤量计算值与实测值的误差约在 10.0%,汛期误差约在 10.1%,非汛期误差约在 8.5%。

(4)基于改进后的水文学模型,根据《黄河流域规划》,在 2020 年水平 1956~2000 年设计水沙系列中,选取 1968 系列。经三门峡和小浪底水库调节后,年均进入黄河下游河道的水量、沙量分别为 300.76 亿 m^3 和 10.02 亿 t。在该水沙条件下,对花园口至高村河段进行 600 m 河宽整治,对比整治与不整治情况下,可以得出整治 600 m 方案全下游减淤 16.29 亿 t,减淤 15.5%。花园口至高村河段减淤 56.5%,高村以下河段增淤 13.7%,其中艾山至利津河段冲淤变化不大。当整治河宽为 800 m 时,全下游减淤 8.20 亿 t。当整治河宽为 1 000 m 时,全下游较整治前减淤 2.41 亿 t。

6.4.5　实测资料分析法

6.4.5.1　实测窄深河槽的输沙能力

窄深河槽具有“多来多排”的输沙能力很早就被朱鹏程、麦乔威、钱宁、尹学良等学者注意到。朱鹏程分析 1977 年三门峡库区高含沙洪水时,就发现在 113.5 km 的库段,呈“穿堂过”式输移,含沙量及级配变化很小;麦乔威在分析黄河艾山以下河道冲淤时,发现“艾山至利津河段并没有因高含沙洪水而发生明显的淤积”“艾山以下河段的冲淤主要与洪峰流量大小有关,当艾山洪峰流量小于 3 000 m^3/s 时发生淤积,当洪峰流量大于 3 000 m^3/s 时,基本不淤或发生冲刷”(《麦乔威论文集》);尹学良认为高含沙洪水也“属于大水出好河的范畴”。窄深河槽具有很大的输沙能力,这可以通过黄河主要支流渭河和北洛河的实测资料、黄河下游窄深河槽山东河道的实测高含沙洪水资料,以及黄河下游游荡性河道高含沙洪水期间河槽形态调整对输沙能力的影响的实例来说明。

1. 渭河

渭河林家村为上游,河长 123.4 km;林家村至咸阳为中游,河长 171 km;咸阳至入黄口为下游,河长约 200 km,其中咸阳至泾河口属于游荡性河道,河长 75 km,泾河口至赤水属于弯曲性河道,河长 75 km,河床比降 5‱~2‱,赤水至渭河口属于曲流型河道,河长 90 km,河床比降 2‱~0.57‱。

渭河不但是黄河的最大支流,也是黄河洪水和泥沙的主要来源区之一,发生过多次高含沙洪水。统计渭河临潼至华县和华县至华阴 1961~2000 年时段平均流量大于 500 m^3/s 的洪水的含沙量,其中临潼至华县和华县至华阴分别有 108 场和 69 场(见图 6-29)。可以看到河段进出口水文站的平均含沙量十分接近。1977 年 7 月 6~10 日华县至华阴河段的排沙比为 93%,偏小的原因是华阴附近发生了漫滩,根据华阴实测流量成果,华阴水文站的水面宽曾一度由 255 m,在接近洪峰流量时,突然增大到 2 570 m。

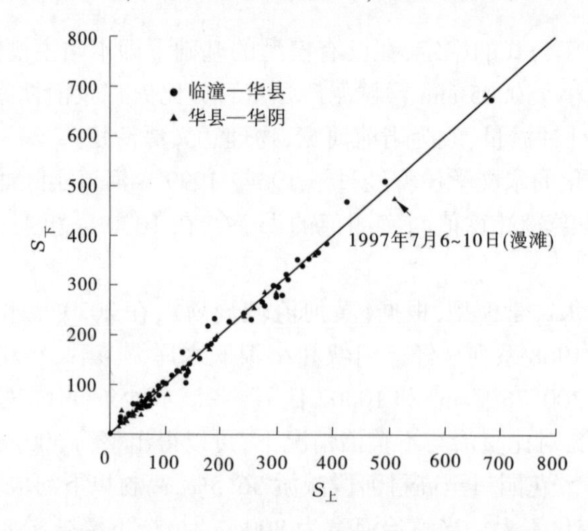

图 6-29　渭河高含沙洪水的“多来多排”现象

渭河下游的入黄口陈村至华阴及其以下河段,在黄河干流流量3 000~4 000 m³/s以上很容易受黄河干流倒灌影响,并且渭河流量越小,干流流量越大,干流对渭河的倒灌影响越明显。1977年8月上旬,干流发生洪峰流量15 400 m³/s(潼关8月6日)的大洪水,受此影响,陈村至华阴河段的比降减缓至只有0.5‱。尽管如此,渭河1977年8月上旬的高含沙洪水也没有发生淤积,洪水期间,华阴站的河底高程还发生了显著降低(见图6-30)。当时来沙的d_{50}约为0.043 mm。

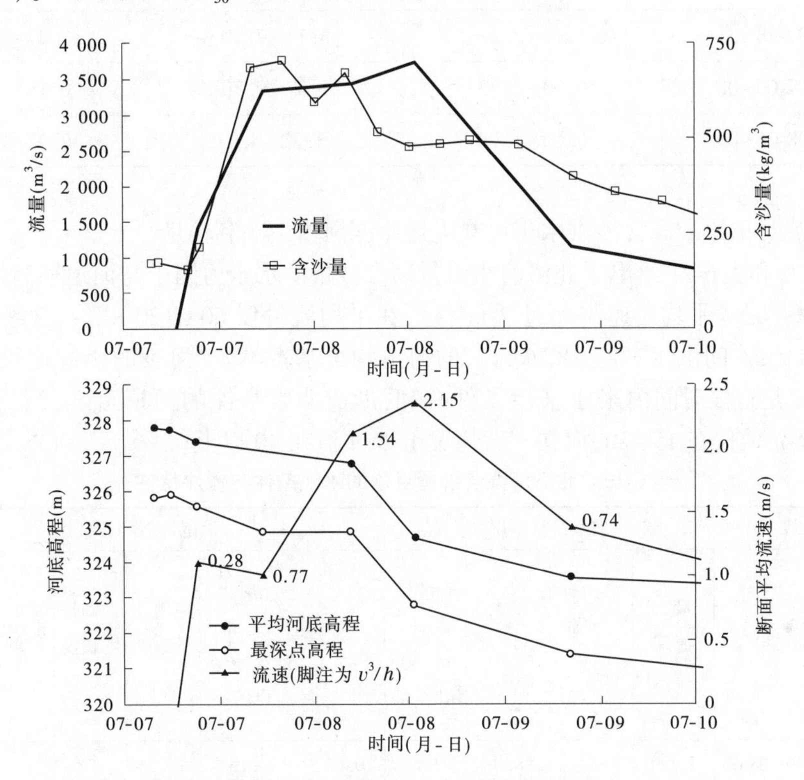

图6-30　1977年渭河高含沙洪水期间华阴站水沙过程及河床冲淤变化过程

2. 北洛河

北洛河是渭河的支流,在渭河下游北岸汇入渭河,也发生过多次高含沙洪水。北洛河下游河道长100 km,河槽宽80~100 m,且沿程变化不大,均具有窄深的河槽形态。纵比降沿程变缓,由洑头以下河段的5.4‱到洛淤17号至7号断面降至1.62‱,7号断面至朝邑河段比降为1.88‱。表6-18、表6-19是发生在北洛河的6场高含沙洪水的实测资料,北洛河的含沙量比渭河的更高,变幅在725~1 010 kg/m³,d_{50}变幅在0.04~0.06 mm,高含沙洪水期间河道发生冲刷,冲刷距离达87 km,主槽冲刷深度在0.51~3.16 m,河段排沙比90%~123%,一般情况下,洪水期间的流速不超过2 m/s,$\frac{v^3}{h}$值不超过3,这说明输送高含沙的所需要的水力条件并不高。

表 6-18　北洛河高含沙量洪水期水力因子(朝邑站)

时段(年-月-日)	平均流速(m/s)	平均水深(m)	v^3/h
1969-07-30～08-02	0.95～2.14	1.82～4.83	0.32～3.05
1971-08-17～20	1.02～1.59	2.72～4.26	0.31～0.94
1973-08-25～09-03	0.46～1.81	1.46～4.94	0.07～2.36
1975-07-28～31	1.16～2.21	3.11～7.80	0.47～2.52
1977-07-06～08	0.90～2.33	1.37～9.70	0.16～2.11
1977-08-06～09	0.66～1.78	1.32～4.4	0.22～2.15

甚至流量更小的高含沙洪水仍可在上述窄深河槽中顺利输送。

表 6-20 和表 6-21 给出了北洛河小流量高含沙量洪水水力因子与河道输沙情况，虽然流速并不高(最大平均流速不超过 2 m^3/s)，在平均流量仅 60～120 m^3/s、含沙量最高达 400～900 kg/m^3 的洪水，经过 87 km 长的河道均可基本不淤，河段的排沙比可达 96%～109%，主要是这段时间内来水来沙条件有利，形成非常窄深的河槽形态，当流量为 100 m^3/s 时，B/h 值仅在 15～20，而在一般情况下 B/h 值在 40 以上。

表 6-19　北洛河高含沙量洪水的水沙条件与输沙特性

河流名	时段	来水来沙情况				酒道冲淤与排沙比					
	(年-月-日)	最大流量(m^3/s)	最大日平均流量(m^3/s)	最大含沙量(kg/m^3)	含沙量大于400/300历时(h)	d_{50}(mm)	$d<$0.01 mm的含沙量(%)	主槽冲淤深度(m)	冲刷长度长度(km)	排沙比(%)	说明
北洛河	1969-07-30～08-02	1 290	504	880	81/89	0.04	8～16	−0.51	87	120	主槽冲淤值取朝邑站平均河底高程差
	1971-08-17～20	1 100	504	885	79/79	0.04	10～20	−1.13	87	96	
	1973-08-25～09-03	765	380	860	130/176	0.04	10～17	−1.63	87	123	
	1975-07-28～31	2 190	1 120	725	32/53	0.04	15～19	−1.31	87	90	
	1977-07-06～08	3 070	1 080	850	60/72	0.04	10～16	−3.61	87	112	
	1977-08-06～09	800	298	1 010	84/84	0.04	10～16	−0.64		100	

北洛河 1977 年 7 月高含沙洪水期间，朝邑站最高含沙量 926 kg/m^3，200 kg/m^3 持续时间 5 d，最大流量 1 560 m^3/s，最大断面平均流速 2.11 m/s，断面平均流速一般不超过 2.33 m/s，$\frac{v^3}{h}$最大 2.11。在这样并不强的水流条件下，朝邑水文站非但没有淤积，还发生显著冲刷，洪水过后平均河底高程降低了 3.41 m，同水位的面积扩大了 150 m^2。1977 年 7 月朝邑水文站水沙及河床高程变化过程见图 6-31。

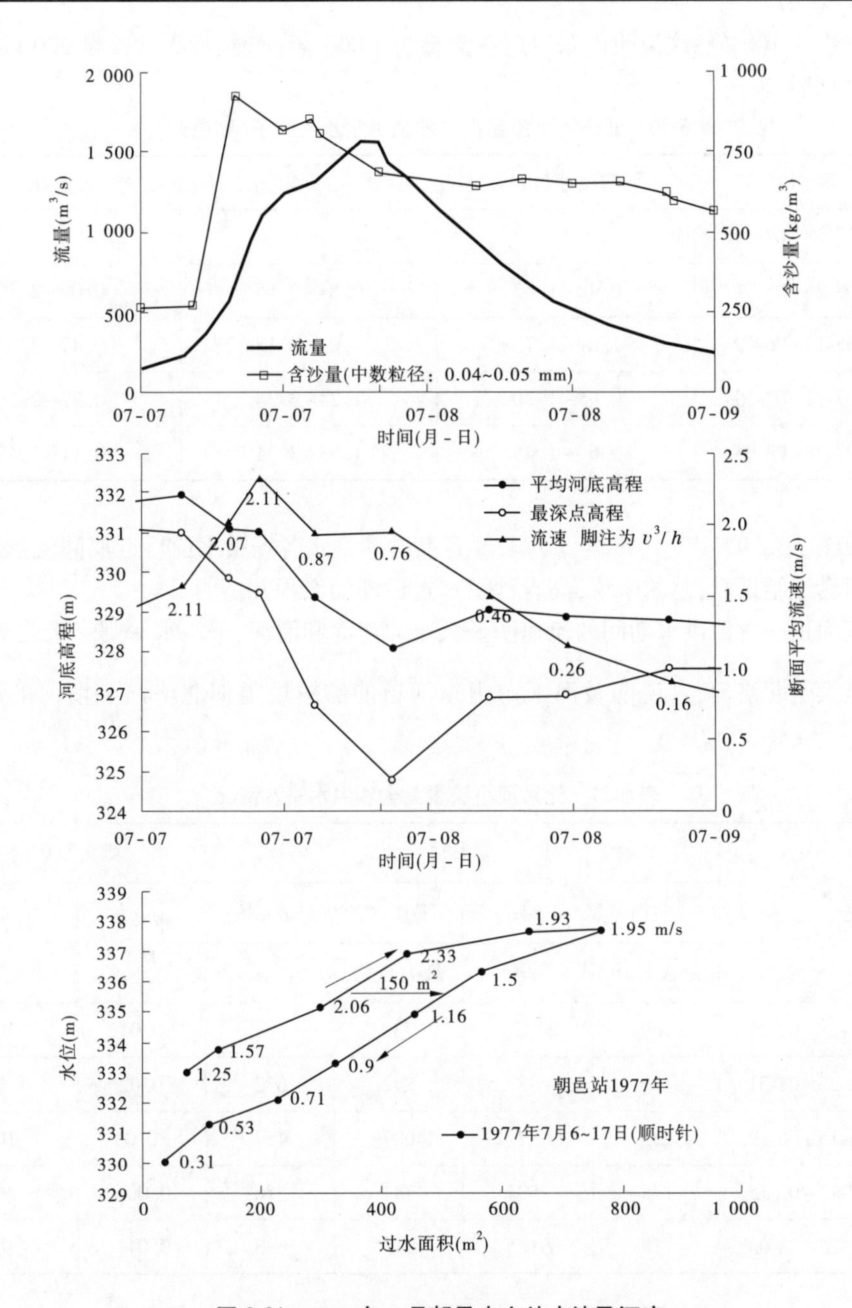

图 6-31　1977 年 7 月朝邑水文站水沙及河床

3. 黄河下游山东河道

黄河下游有实测水文记录以来，曾有 3 年 6 场高含沙洪水发生。表 6-22 和表 6-23 给出了 1959 年、1973 年、1977 年这 6 场含沙量较高的洪水的水力因子和艾山至利津河段的输沙情况，可以看到，洪水期间的流速一般在 2~2.5 m/s，平均水深一般在 2~4 m，$\frac{v^3}{h}$值一般在 3~5。6 场高含沙洪水有 5 场排沙比超过 100%，只有 1977 年 8 月的高含沙洪水的排沙比略小于100%。这说明山东河道在流量为3 000 m³/s时,最大含沙量200 kg/m³ 的洪水,均可顺利输送。

表6-20 北洛河小流量高含沙量洪水水力因子(朝邑站)

时段(年-月-日)	平均流速(m/s)	平均水深(m)	v^3/h
1968-07-28~07-29			
1970-08-25~08-31	0.42~1.62	0.84~3.55	0.09~2.10
1973-06-15~06-19	1.09~1.75	2.04~3.18	0.47~3.83
1973-07-11~07-15	0.95~1.70	1.24~3.35	0.27~2.16
1974-07-28~08-03	0.67~1.45	1.63~3.31	0.11~1.49

从1959年、1973年、1977年7月及8月高含沙洪水各场洪水前后近似同流量水位的实测断面套绘结果看,总的来说,高含沙洪水过后断面淤积并不明显。

山东河道高含沙洪水期间的流速明显大于北洛河和渭河,平均水深则小于北洛河,而$\frac{v^3}{h}$值明显大于北洛河,这说明黄河下游山东河道能够输送类似北洛河和渭河的高含沙洪水。

表6-21 北洛河小流量高含沙洪水输沙情况

时段(年-月-日)	洑头站				洑头至朝邑	
	平均流量(m³/s)		平均含沙量(kg/m³)		冲淤量(亿t)	排沙比(%)
	最大日均	时段	最大日均	时段		
1968-07-28~07-29	169	122	738	687	-0.012	108
1970-08-25~08-31	166	88	842	632	-0.025	107
1973-06-15~06-19	125	52	607	457	-0.01	109
1973-07-11~07-15	174	59	741	578	0.006	96
1974-07-28~08-03	118	61.5	915	683	0.011	96

4. 1977年三门峡水库

黄河高含沙洪水输移的高效输沙特性在水库中也表现得很明显。三门峡水库在1977年7月、8月的两场高含沙洪水,在库区水面宽600~800 m,坝前段平均水深8~13 m,坝前段平均流速1~1.5 m/s,在水库严重壅水的情况下,坝前41.2 km比降0.27‱~0.92‱,两场洪水进出库的排沙比达到97%~99%,出库的最大含沙量达911 kg/m³,最粗的平均粒径达0.1 mm,d_{90}达0.35 mm。说明粗泥沙在高含沙水流的情况下可以顺利输送。

表6-22　艾山—利津实测高含沙洪水期间的水力因子

序号	时段(年-月-日)	站名	平均流速(m^3/s)	平均水深(m)	v^3/h
1	1959-08-21～08-27	艾山	2.60～3.45	2.68～5.48	4.39～9.02
		泺口			
		利津	2.22～3.1	2.21～4.42	3.01～7.38
2	1959-08-28～08-31	艾山	2.78～3.15	3.61～4.48	5.38～7.95
		泺口			
		利津	2.27～2.49	3.30～3.70	3.53～4.19
3	1959-09-01～09-07	艾山	2.24～3.13	2.56～4.5	3.24～7.95
		泺口			
		利津	2.14～2.36	2.34～3.75	3.42～4.23
4	1973-08-30～09-08	艾山	1.98～2.41	2.56～3.65	2.52～4.89
	1973-08-30～09-08	泺口	1.96～2.38	3.51～5.02	1.50～3.77
	1973-09-01～09-10	利津	2.09～2.58	3.10～3.98	2.55～5.01
5	1977-07-09～07-15	艾山	1.86～2.59	3.4～5.56	1.16～3.48
	1970-07-09～07-15	泺口	2.05～2.42	2.14～3.3	3.49～4.39
	1977-07-10～07-16	利津	2.03～2.63	2.10～3.94	2.90～5.42
6	1977-08-08～08-14	艾山	1.73～2.59	2.75～4.41	2.13～3.95
	1977-08-08～08-14	泺口	2.13～2.61	3.1～5.38	2.42～3.87
	1977-08-09～08-15	利津	2.06～2.42	2.14～3.3	3.49～4.39

表6-23　艾山至利津实测高含沙洪水输沙能力

序号	时段(年-月-日)	站名	Q_{max} (m^3/s)	P_m ($Q_下/Q_上$)	Q_{cp} (m^3/s)	S_{max} (kg/m^3)	S_{cp} (kg/m^3)	河段排沙比 ($S_下/S_上$)
1	1959-08-21～08-27	艾山	7 650	0.94	4 550	187	115	1.09
		利津	7 180		4 365	184	124	
2	1959-08-28～08-31	艾山	5 970	0.90	4 720	117	95	1.08
		利津	5 360		4 630	106	103	
3	1959-09-01～09-07	艾山	5 380	0.94	4 000	106	86	1.1
		利津	5 020		3 740	104	95	
4	1973-08-30～09-08	艾山	3 880	0.95	3 010	246	145	1.04
	1973-09-01～09-10	利津	3 680		2 994	222	151	
5	1977-07-09～07-15	艾山	5 540	0.95	4 490	218	121	1.02
	1977-07-10～07-16	利津	5 280		4 160	196	124	
6	1977-08-08～08-14	艾山	4 600	0.89	3 100	243	147	0.97
	1977-08-09～08-15	利津	4 100		2 944	188	143	

不止是 1977 年,1970 年、1971 年和 1973 年的高含沙洪水期间,三门峡库区也是多来多排的,不多的淤积主要发生在边滩(见图 6-32)。

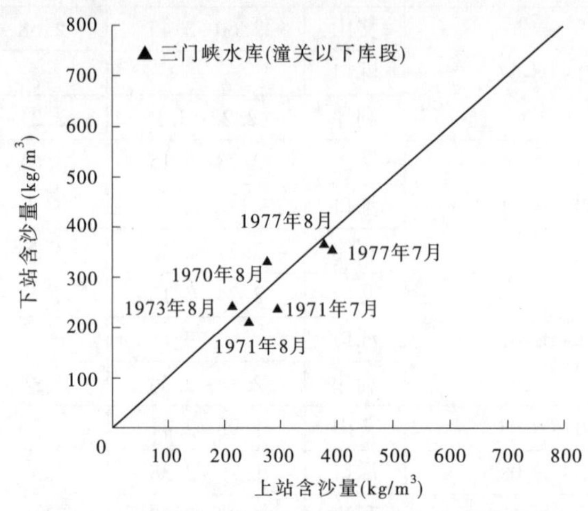

图 6-32 高含沙洪水期间三门峡进出库含沙量关系

5. 1973 年黄河下游高含沙洪水夹河滩以上河段

1973 年 8 月持续时间较长的高含沙洪水,其在宽浅河段的输沙、经历了由淤积到冲刷的过程。此次高含沙洪水初期(8 月 27~31 日)含沙量沿程降低,夹河滩以上河段的排沙比只有 66%,而在洪水后期(8 月 31 日至 9 月 3 日),含沙量沿程增大,河段的排沙比达 124%。洪水传播到夹河滩站的实测含沙量仍能达 444 kg/m³。

高含沙水流具有较强的输沙能力。1973 年 7 月 8 日花园口站流量 3 760 m³/s,水面宽 2 840 m,过水面积 2 540 m²,水位 92. 96 m,经过长时间的高含沙洪水冲刷淤滩,到 9 月 10 日,流量 3 720 m³/s,水面缩窄到 557 m,水位 92. 97 m,过水面积减小到 1 570 m²,水面宽大幅缩窄,而洪水位没有抬升,其原因是平均水深由 7 月 8 日的 0. 89 m 增加到 9 月 10 日的 2. 82 m,河槽变窄深后的流速大于宽浅状态的流速,流速增大,泄流能力迅速增加,洪水位不仅没抬升反而会大幅降低,说明主槽发生了强烈的冲刷。

表 6-24 和图 6-33 为根据日均资料计算的 1973 年小浪底至花园口、花园口至夹河滩和 1959 年、1970 年、1971 年、1973 年和 1977 年艾山至利津河段上下站含沙量的关系,二者十分接近。

6. 4. 5. 2 “多来多排”的输沙机制

万兆惠收集了包括北洛河朝邑、黄河干流龙门、渭河临潼和华县、北洛河人民引洛渠的资料。点绘了在含沙量与挟沙能力因子 $0.03\dfrac{v^{2.76}}{h^{0.92}\omega^{0.92}}$的关系,发现当含沙量大于 200 kg/m³ 时,出现所谓的“高含沙回头”现象(见图 6-34),即在含沙量小于 200 kg/m³ 时,随着 $0.03\dfrac{v^{2.76}}{h^{0.92}\omega^{0.92}}$值的增加,实测的水流挟沙能力增加,计算值和实测值基本相符,但当含沙量大于 200 kg/m³ 后,对应的 $0.03\dfrac{v^{2.76}}{h^{0.92}\omega^{0.92}}$不增反减,说明挟带更高含沙量所需要的水流强度不再增加。

表 6-24　黄河下游窄深河槽上下站含沙量统计

场次序号	上站	下站	上站时间（年-月-日）	$S_{上}$	$S_{下}$	$S_{下}/S_{上}$
1	艾山	利津	1959-08-21～27	115.3	124.5	1.08
2	艾山	利津	1959-08-28～31	94.6	103.3	1.09
3	艾山	利津	1959-09-01～07	83.0	94.9	1.14
4	艾山	利津	1970-08-06～18	85.8	76.4	0.89
5	艾山	利津	1971-07-28～08-01	67.8	56.9	0.84
6	艾山	利津	1973-08-30～09～10	133.5	141.8	1.06
7	艾山	利津	1977-07-08～16	112.7	115.4	1.02
8	艾山	利津	1977-08-08～12	149.4	136.7	0.91
9	小浪底	花园口	1973-08-31～09-02	261.6	251.6	0.96
10	花园口	夹河滩	1973-09-01～04	234.3	249.5	1.06

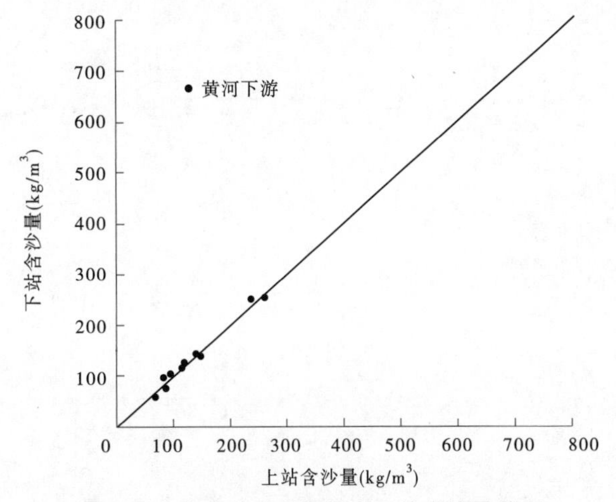

图 6-33　高含沙洪水期间上下站含沙量关系

黄河下游的来沙为粉细沙，且组成不均匀，含有一定数量的细粉土，增大了液体的密度，成为粗颗粒泥沙的“骨架”，大幅度减小了粗颗粒泥沙的沉速，含沙量在垂线上分布变得十分均匀（见图 6-35）。

由以上分析可见，当水流强度达到一定程度时，即可达到“多来多排”。高含沙洪水时，含沙量在水流纵向上的分布均匀，将更有利于泥沙输送。

6.4.5.3　黄河下游河道的输沙潜力

所谓黄河下游河道的输沙潜力，是指黄河下游形成相对窄深河槽后洪水期的输沙能力。

黄河下游宽河道若整治成 600 m 的河槽，根据曼宁公式计算，3 000 m³/s 和 4 000

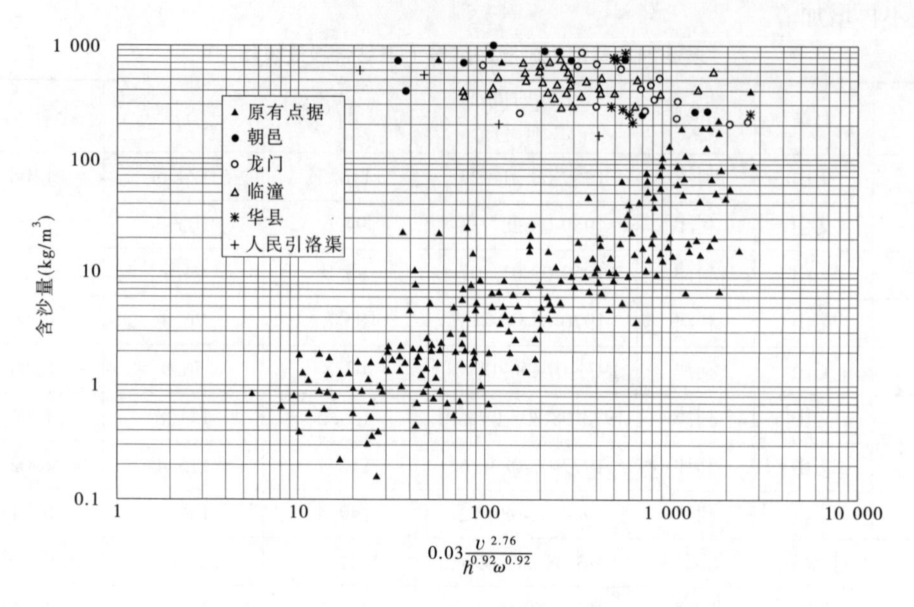

图 6-34　含沙量和水力因子 $0.03\frac{v^{2.76}}{h^{0.92}\omega^{0.92}}$ 的关系

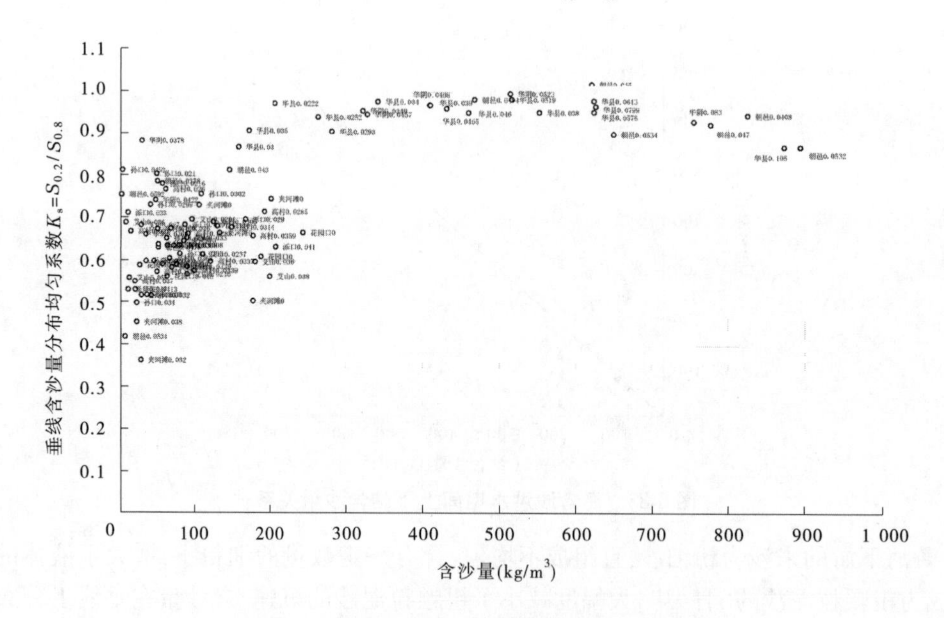

图 6-35　含沙量垂线均匀系数与含沙量的关系

m^3/s 的流速能分别达到 2.10 m/s 和 2.36 m/s，$\frac{v^3}{h}$ 值达到 3.90 和 4.63，见表 6-25。流量 4 000 m^3/s 时的流速超过了 2.00 m/s，根据上文的分析，其具备输送高含沙水流的条件。

表 6-25　黄河下游宽河道整治以后的水力因子

物理量	代表符号	量值	
流量(m^3/s)	Q	3 000	4 000
比降	J	0.000 2	0.000 2
糙率	n	0.012	0.012
槽宽(m)	B	600	600
平均水深(m)	H	2.38	2.83
流速(m/s)	v	2.10	2.36
v^3/H		3.90	4.63

需要特别说明的是,处于游荡性河道的花园口和夹河滩水文站 4 000 m^3/s 的流速虽然达到 2 m/s,但这不能代表游荡性河道仍然宽浅散乱的实际。实测大断面和野外调研显示,小浪底水库运用以来,夹河滩以上很多河段呈多股河,该河段宽浅散乱的特点不变,输沙能力低,水库排沙发生淤积。例如,2012 年 4~10 月,扣马(位于开仪断面以上 3.16 km)至小马村断面(在十里铺东断面上游 5.49 km)长 41.6 km 的河段淤积 0.210 6 亿 m^3,淤积厚度 0.42 m。2014 年小浪底水库排沙期,黄河下游伊洛河口至花园口河段发生淤积 0.13 亿 m^3。

高村以下河道为归顺单一的河槽。2013 年是小浪底水库运用以来出现最大流量的年份。从 2013 年高村、孙口、艾山、泺口和利津等水文站的流量流速关系看,在流量 3 000~4 000 m^3/s 时的流速均能达到 2 m/s 以上,表明其具备输送高含沙洪水的边界条件。另外,需要说明的是:①2013 年为小浪底水库长期下泄清水期,河槽冲刷,床沙粗化、糙率变大后的情况;水库排沙期,河道糙率会恢复到正常情况,根据 1973 年、1977 年及 1996 年等年份的情况估计,则山东河道的流速会显著提高到 2.3~2.5 m/s,甚至更高。②和渠道不同,天然河道是不规则的,不排除水文站之间的断面有些过于宽浅,为减少淤积,对这些断面也进行缩窄处理,缩窄后的宽度参照其上下游大部分河段的宽度。

6.5　小　结

钱正英院士在 2006 年指出"……在此(指滩区防护堤)基础上,研究进一步缩窄河槽的措施"。《黄河下游河道与滩区治理考察报告》也提到进一步缩窄河槽,利用窄深河槽具有很强的排洪输沙能力,在游荡性河道进行双岸整治,以达到控制主河槽淤积的目的。分析滩区防护堤方案时河槽淤积的原因,除来水来沙条件外,还与两岸防护堤之间宽达 3 000 m、河槽仍很宽浅、输沙能力低有很大关系。因此,应从影响输沙能力的因子出发,研究如何提高黄河下游河道的输沙能力,达到使主槽微淤甚至不淤的目的,这是提高黄河下游河道输沙能力的工程措施的研究目标。本项研究的主要成果如下:

(1)系统回顾了黄河下游治河方略的演变过程。关于黄河下游治黄方略的变化,可分为如下几个阶段:①单纯的"排"。历史上,限于当时的科技发展水平和社会经济状况,对于黄河下游泥沙的治理,在地区上只限于下游,在方法上也只限于“排”。②以“拦”为主。中华人民共和国成立以来首次提出“蓄水拦沙”的治黄方略,意即在黄河的干支流修建水库,在黄土高原进行大规模的水土保持措施,包括造林种草的林草措施和修建淤地坝,把泥沙拦蓄在黄土高原上、沟壑中、水库里,减少进入下游的来沙,以期实现“正本清源”,达到根治下游的目的。③通过下游河道“排”沙的必要性和可能性研究。三门峡水库的经验教训,表明要解决黄河下游的问题,不能仅靠单纯的拦沙,因此“排”是必要的。而通过河道排沙是所有排沙措施中最现实可行的途径。这方面的研究可分为如下几个阶段,第一是窄深河槽“多来多排”现象的发现和研究;第二是水沙搭配对河性的影响,即大水带大沙、小水不带沙,会形成窄深弯曲的河流,小水带大沙会形成游荡性河道。不同的水沙搭配,会有不同的河性;第三是山东河道的输沙潜力及窄深河槽排洪输沙能力的论证;第四是泥沙多年调节思想的形成。希望通过水库调节,将泥沙调节为由洪水期输送,对黄河下游宽河道施以窄槽整治,从而使整个下游形成窄深河槽,达到“多来多排”、提高输沙能力的目的。

(2)分析了现状和防护堤方案情况下黄河下游仍然发生淤积的原因。实测资料分析显示,小水挟沙过多,直接造成游荡性河道河槽抬升,小水淤槽的间接影响,使河道变得宽浅;再加上游荡性河道的比降陡,两岸不受约束,因此形成游荡摆动的河型,进而导致高含沙洪水期发生严重淤积如图6-36。方案2和方案3条件下,小水淤积造成黄河山东河道淤积抬高。

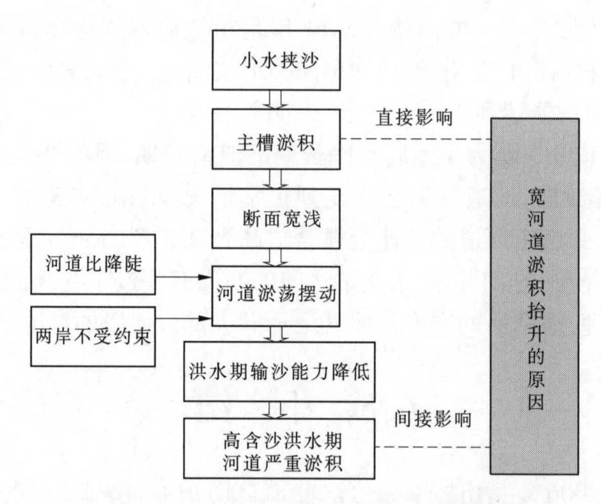

图6-36　小水挟沙对宽河道影响示意图

来沙6亿t、8亿t情景防护堤方案利津以上河段的淤积比仅减少1.1%和0.7%。分析淤积的原因有二,其一是高村以上在防护堤条件下河道仍属宽浅河段,流速没有明显提高,挟沙能力仍然没有实质性改变;其二是小浪底水库出库的小水挟沙偏多。

(3)分析了影响输沙的因素。河道输沙能力除与流量和来沙条件有关以外,也与河宽密切相关。黄河山东河道为窄深河槽,河道输沙呈现“多来多排”的特点,高村以上宽河道河宽变化对河道输沙能力也有明显影响,例如,1973年8月持续时间较长的高含沙洪水,在宽浅河段的输沙特性上经历了由淤积到冲刷的过程。此次高含沙洪水初期(8月

27~31 日）含沙量沿程降低，夹河滩以上河段的排沙比只有 66%，表明花园口至夹河滩河段发生了严重淤积；而在洪水后期（8 月 31 日至 9 月 3 日），含沙量沿程增大，河段的排沙比达 124%。洪水传播到夹河滩站的实测含沙量仍能达 444 kg/m^3。河道输沙能力还与河道的弯曲程度有关。例如，位于夹河滩水文站下游约 9 km 的常堤至夹河滩大断面所在河段的河势开始变得越来越弯曲，在 2005 年汛前形成了畸形河湾。但随着畸形河湾的不断加剧，终于在 2006 年 5 月 1 日前后发生了自然裁弯。和以前相比，自然裁弯后的河势变得十分顺直，流路长度大大缩短，河槽冲刷显著，同流量水位显著降低。

提出了解决黄河下游河道淤积的对策：①水库方面：多库联调，大水带大沙，小水不带沙；②下游河道方面：高村以上缩窄河槽，高村以下裁弯取直。通过必要的河道整治，可有效提高河道输沙能力，减少河道的淤积。

（4）提高河道输沙能力的措施。水库运用方面：在以下三个方面对现有调度指令适当改进：①2 600 m^3/s 以下不排沙；②当小浪底和三门峡水库淤积量分别达到 2.5 亿 t 和 1.5 亿 t（合计 4 亿 t）以上时，古贤水库蓄水 25 亿 m^3，依次连续冲刷小浪底、三门峡库区泥沙，塑造 8 d 含沙量 100 kg/m^3 以上、流量 4 000 m^3/s 的长历时较高含沙量洪水过程；③在坚持小浪底水库预泄 2 d 4 000 m^3/s 流量洪水过程的基础上，在 6 d 冲刷洪水结束后，古贤水库继续泄放 2 d 4 000 m^3/s 的洪水过程，缓解沙峰滞后的不利局面。提出了优化后的水沙条件，8 亿 t 来沙，优化后的水沙条件，大于 2 600 m^3/s 的水量挟带的沙量占比由原来（防护堤方案）的 60%提高到 68%。

下游河道方面，提出了如下五套整治方案：黄河水利科学研究院改进微弯型整治方案、黄河水利科学研究院双岸整治方案、中国水利水电科学研究院提出的局部整治、综合方案和理想方案。为了更加充分地利用比降越大、河槽越窄深输沙能力越大的特点输送来沙，提出理想方案。其中，理想方案在平面上，对东安工程至花园口险工河段及三官庙至大张庄河段在平面布局上实行顺直型整治；对东坝头附近的河湾进行裁弯取直，对苏泗庄至营房、芦井至郭集、苏阁至杨集、于楼至蔡楼、桃园至程官庄以及泺口至八里庄等 6 处畸形河湾进行裁弯取直。裁弯取直后，总河长缩短了近 50 km。

（5）采用多种研究手段，分析了提高输沙能力的效果。①挟沙能力公式计算法。从众多公式中选取舒安平公式进行计算，结果发现无论哪种前期边界条件，总是存在一个难以输沙的含沙量范围，例如对于山东河道，当输沙流量为 4 000 m^3/s 时，85~371 kg/m^3 最难输送。②实体模型试验。选取非漫滩恒定水沙过程开展概化模型试验研究。其中，流量选择了 4 000 m^3/s、3 000 m^3/s 和 1 500 m^3/s 3 个量级；洪水含沙量选择输沙最为不利的 200 kg/m^3；洪水历时均为 15 d。结果显示，在输沙流量为 3 600 m^3/s 时，高村以上 600 m 河槽和山东河道 400 m 河槽均能够实现输沙平衡。③数学模型计算法。采用中国水利水电科学研究院、清华大学、黄河勘测规划设计有限公司和黄河水利科学研究院四家数学模型，计算了 50 年 8 亿 t 方案（优化后的水沙条件）黄河下游冲淤，结果显示双岸整治后高村以上河段主槽减淤，滩地增淤；高村以下河段主槽增淤或少量减淤，而滩地增淤，利津以上的淤积比减少了 2.7%。④实测资料分析法。大量的黄河干支流实测资料显示，黄河泥沙含有一定量的极细颗粒，对于单一断面，当断面平均流速达到 1.7~2.1 m/s，无论高低含沙量，河道能够达到“多来多排”，这是因为含沙量越高，含沙水流接近均质流，泥沙颗粒几近不下沉,因此很容易输送。黄河下游高村以上宽河道若整治成 600 m 的单一河槽,根据曼宁公式计算,3 000 m^3/s 和 4 000 m^3/s 的流速能分别达到 2.10 m/s 和 2.36 m/s,其具备输送高含沙水流的条件。高村以下河道为归顺单一的河槽。在流量 3 000~4 000 m^3/s 时的流速均能达到或超过 2 m/s,表明其具备输送高含沙洪水的边界条件。此外,高村以上河段实行窄槽整治,在小浪底水库下泄小流量清水期间,能够减少 2/3 的塌滩量,这对山东河道有十分显著的减淤效果。

以上四种衡量提高输沙能力效果的方法,定量结果差别较大,但定性是一致的:宽河道双岸整治后能够有效提高河道主槽的输沙能力。

6.5　不同认识与讨论

对于提高河道输沙能力的工程措施,尤其对齐璞等专家提出的"对口丁坝(双岸整治)渠化下游河道+高含沙洪水高效输沙,实现下游河道主槽不淤积"的治理设想,从方案设想、论证依据到效果评价方法,甚至在认识理念方面,都存在不同的甚至是完全相反的认识分歧。主要包括如下 5 个方面:

(1)有的专家认为:缩窄主槽宽度可以显著提高河道输沙能力,而有的专家认为提高效果不明显。

(2)有的专家认为:在窄深河道中输送高含沙洪水不会发生明显淤积,应尽力塑造;而有的专家认为会发生严重淤积,应尽量避免。

(3)有的专家认为:游荡性河段主槽宽度大幅度缩窄,在减少本河段淤积的同时,不会显著增大艾山以下河段的淤积;而有的专家认为必然会加重下段的淤积。

(4)有的专家认为:主槽宽度大幅度缩窄不会导致洪水位的显著抬升,而有的专家认为必然会导致洪水位的显著升高。

(5)包括对本次研究所采取的主要技术手段"数学模型"能否客观反映窄河槽、高含沙洪水的实际,模拟计算成果的可信程度都存在着明显的分歧。从事数学模型研究的专家认为:所采用数学模型经过了黄河下游河道长系列冲淤演变过程的复演和检验已经比较成熟,所取得的成果基本可信。

而有的专家认为:泥沙数学模型带有很强的经验性,现有模型对河道输沙能力(冲淤特性)的模拟是基于宽浅河道实测输沙能力资料确定的,只能反映未经整治的方案情况,需要在如下两方面进行改进,其计算结果才能反映宽河道整治后的情况:

①洪水排沙期:天然河道洪水期水流均为强紊流,黄河来沙组成细且不均匀,当含沙量达到 200 kg/m^3 后,挟沙水流成为均质流,粗细泥沙均不下沉。宽河道实行 600 m 窄槽整治,洪水排沙期在流量 4 000 m^3/s 及其以上(对黄河下游而言)的洪水期,河槽是"多来多排"的,由于实际的输沙能力与水沙条件并非单值关系,山东河道也能输送来沙而不发生显著淤积。小水排沙期整个下游主槽都是淤积的,通过水库调节,将泥沙由小水挟带,调节为由洪水挟带,利用窄深河槽"多来多排"的输沙特性输沙,洪水期河槽基本不淤,其减淤效果将是十分显著的。现有数学模型没有反映这一"质"的变化,应该据此改进,并对"黄河下游'73 · 8'洪水河道输沙和冲淤过程""渭河和北洛河典型洪水河道输沙和冲

淤过程”进行补充验证,保证模型的适用性。

②水库小水清水期:小浪底水库长期下泄清水小水,高村以上河道塌滩频发,冲刷量大,其中有 25%~30%的泥沙淤积在山东河道。采用对口丁坝进行双岸整治后,塌滩量将显著减少为原来的 1/3。而现有数学模型认为游荡性河道进一步整治后,由于流速增大,冲刷量反而是增加的,需要改进。

河道整治的目的主要有两个:一是归顺河势,减少游荡摆动范围、避免出现“横河”“斜河”,滩岸掉村;二是增加河道水深。而立足于“塑造窄深河槽,提高河道输沙能力”的河道整治还较为少见。以齐璞为代表的专家基于对高含沙水流输沙特性(北洛河高含沙洪水输沙、河道不淤积)的认识,并借鉴密西西比河、阿姆河等对口丁坝双岸整治的经验,提出了“对口丁坝双岸整治渠化下游河道+高含沙洪水高效输沙,实现下游河道主槽不淤积”的治理设想,引起了大家的高度关注,并对“下游河道整治、‘二级悬河’治理”等建设项目的实施产生了一定的影响。同时,由于齐璞所提治理设想、技术方案论证不足,尤其对其可能产生的效果,以及对防洪减淤的不利影响等还存在很大的分歧,在短期内也难以得到实施,影响了治黄工作的应有进程。通过本次研究,初步提出了对以下关键问题的认识:

(1)主槽宽度缩窄,提高河道输沙能力的效果:缩窄主槽、提高流速及水力挟沙因子 $\frac{v^3}{h}$ 可在一定程度上提高河道输沙能力,数模计算结果表明,非漫滩洪水可提高 4%~8%。对漫滩洪水提高效果不明显。

(2)利用窄深河槽输送高含沙洪水,河道是否会发生严重淤积,应尽力塑造？还是尽量避免:相同水流条件下,随着含沙量的变化存在 2 个平衡输沙含沙量。一是低含沙水流(一般洪水)对应的平衡含沙量,其决定因素是来沙级配及相应的沉速;二是高含沙水流(洪水)对应的平衡含沙量,其决定因素除来沙级配及相应沉速外,更主要的在于含沙量增大所引起的相对重率的减小,黏性增大、沉速的进一步减小等。介于 2 个平衡含沙量之间的洪水输沙最为困难,淤积最为严重。

花园口 1977 年河床边界和来沙组成、4 000 m^3/s 流量所相应的水动力条件($\frac{v^3}{h}$ = 6.16)条件下,两个平衡含沙量分别为 63 kg/m^3、410 kg/m^3,其间最不利输沙流量级为 203 m^3/s。6 000 m^3/s 条件下的两个平衡含沙量分别为 91 kg/m^3、323 kg/m^3,3 000 kg/m^3 流量条件下两个平衡含沙量分别为 56 kg/m^3、595 kg/m^3。

(3)现有水沙调控运用方式进入下游的水沙条件下,小于低含沙平衡含沙量、大于高含沙平衡含沙量的洪水出现的机会不多,同时受漫滩洪水淤积加重的影响,从而决定了未来 50 年年均来沙 8 亿 t 情景下,对口丁坝方案仍然处于较为强烈的淤积状态。

概化模型试验、数值模型试验所采用的水沙条件均为 4 000 m^3/s 流量、200 kg/m^3 含沙量正好处于输沙最为不利的流量级,所以对口丁坝方案的减淤效果也不明显。

(4)游荡性河段主槽宽度缩窄对艾山以下窄河段的影响:非漫滩洪水可能方案条件下,高村以上河段淤积比减少约 8%,高村以下河段淤积比增加约 2.5%,约占上段少淤积量的 31%;理想方案条件下,高村以上河段淤积比减少约 11%,高村以下河段淤积比增加约 1.5%，约占上段少淤积量的 14%。

(5)主槽宽度大幅度缩窄对洪水位的影响：整治河段百年一遇、千年一遇洪水位分别升高约 0.49 m、0.59 m。

(6)现有"数学模型"对不同方案模拟计算成果可信程度的认识：立足于长系列冲淤演变过程复演和趋势预测研发的数学模型，能够较好地模拟不同方案的冲淤特性。但本次研究的窄河宽、高含沙等治理方案与模型率定条件差别较大，需要进一步开展深化研究和模型率定工作。

以上宏观分析表明，随着认识水平的进一步提高，存在利用高含沙洪水提高河道输沙能力的可能性。但如何利用？怎么利用？需要怎么样的水、沙、河道、水库调控等条件相互配合才可能实现"高含沙洪水稳定高效输沙"，目前还存在很大的认识差异，需要作为长期工作继续深化研究。

第 7 章　黄河下游河道与滩区治理可行性综合分析

7.1　利于滩区防护和河道输沙的综合治理方案在技术方面的可行性

7.1.1　滩区防护堤方案的技术可行性

7.1.1.1　河道边界条件变化对河道行洪模式的影响

1. 滩区边界条件变化对滩区水动力条件、行洪能力的影响

自 1958 年汛后开始，黄河下游逐步修建了生产堤，进行了大规模的河道整治，显著改变了滩区边界条件。

生产堤到大堤之间的滩区水沙已经不再与中水河槽是一个互不分离的整体，滩区控导工程和生产堤将两者进行了隔离。特别是 20 世纪 80 年代以后，随着社会经济的快速发展，道路、渠堤等阻水建筑物显著增加，滩区水体难以形成畅顺的贯通性流动，滩区水流能量更多地消耗在了生产堤口门、拦滩道路和渠堤口门的局部水头(阻水)上，真正对滩区流速、输沙起决定作用的滩区水面比降明显减小，仅大约相当于主河槽比降的 1/3(见图 7-1)。

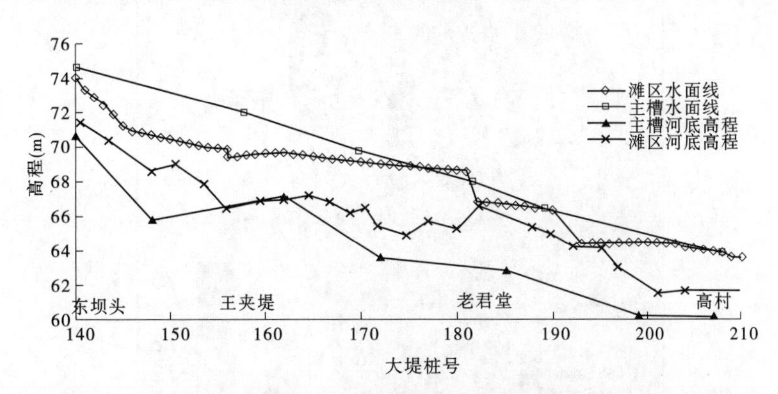

图 7-1　“96·8”洪水期东坝头至高村河段右岸滩地高程、洪水水面线

在假定滩区水面比降(实测资料很少)等于主槽水面比降的条件下，所反求出的滩地综合糙率达 0.06 以上，甚至超过 0.1，较 20 世纪 50 年代滩地综合糙率偏大 2~4 倍以上。根据曼宁公式的基本原理，在滩区糙率相同的条件下，滩面比降减小为原比降的 1/3，则相应流速减小为原流速的 57%，再考虑到植被茂密、村庄范围增大等不利影响，实际滩区流速已不足天然条件下的 1/2。滩区水动力条件显著减弱，流速下降，过洪能力显著降低。

2. 边界条件变化对漫滩洪水滩槽水沙交换模式及交换次数的影响

天然条件下，在黄河下游漫滩洪水期间，滩区(生产堤到大堤间的二级滩地)水体与

中水河槽是一个融合的整体。由于滩区阻水建筑相对稀少,同时由于滩区流程小于主河槽长度,水面比降偏大,滩区水流同样具有较大的流速和较大的过洪能力,滩区水沙交换频繁。此外,由于漫滩水流一般是在主河槽湾顶附近集中入滩,入滩水流的含沙量也基本与主槽水流的含沙量相近,使得入滩的沙量也较大。

若假定入滩含沙量等于主槽含沙量、出滩含沙量为入滩含沙量的20%,亦即有80%的入滩沙量淤积在滩地上,那么基于滩地淤积与输沙量的平衡,可以求得滩槽水沙交换次数 N 与滩地平均淤积厚度 Z_b(m)具有如下关系:

$$N = 1\,400Z_b/H/(0.8S) \tag{7-1}$$

式中:H 和 S 分别为滩区水深(m)和入滩含沙量(kg/m^3),1958年长垣滩区堤河附近淤积厚度约1 m,按平均水深2.5 m,大河含沙量70 kg/m^3,反求出滩槽水沙交换次数约为10次。若天然条件下滩区出滩水流含沙量大于入滩水流含沙量的20%,则滩槽水流交换次数将会在10次以上。

3. 滩区边界条件变化对滞洪能力、滩槽水沙交换的影响

长期以来,由于主槽、嫩滩的淤积远大于堤河附近的淤积,在黄河下游较大滩区(东明兰考滩、长垣滩等)逐渐形成了滩唇高仰、堤根低洼、"二级悬河"加剧、堤河低洼处较滩唇深约2 m以上的"水盆"地形,致使滩区滞洪量明显增大(见图7-2)。

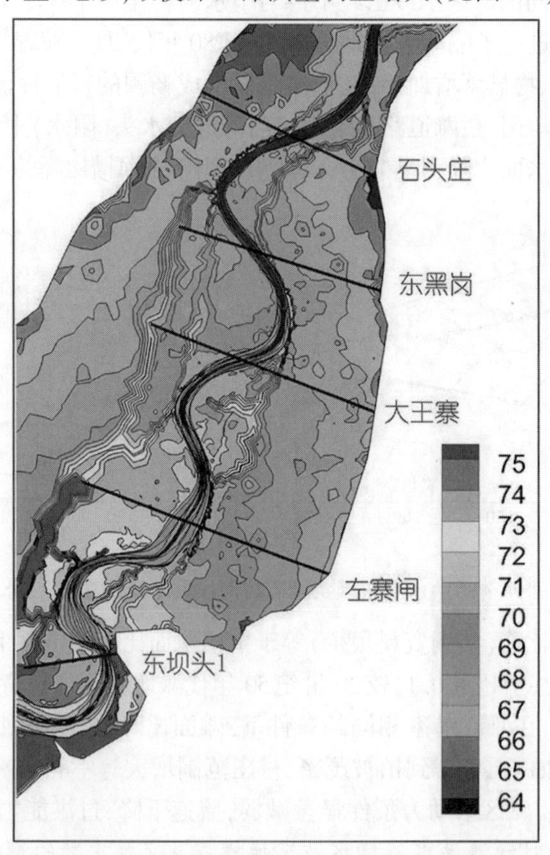

图7-2　2013年兰考东明滩区深约4 m的"水盆"(等高线)示意图

同时,受滩区下游出口附近滩唇高仰的影响,滩区"水盆"内的漫滩水体即便在洪水过后也难以自行回归主槽,致使滞洪作用进一步增强。现有边界条件下,控导工程基本控制了主流流向,滩区进水是在主流控制条件下,通过生产堤口门的侧向进水,入滩水量较少、含沙量较低,同时入滩水沙又难以退回主槽,致使滩槽水沙交换显著减弱,一般漫滩洪水滩槽水沙交换只有一次,入滩水量也仅相当于约1倍的滩区淹没体积,远低于天然条件下漫滩洪水的滩槽水沙交换次数。

在现有边界条件的基础上,以现有控导工程为依托建设防御中常洪水的滩区防护堤,对下游河道冲淤演变及河道防洪不会带来明显的影响。

7.1.1.2　下游河道边界条件变化及对滩地淤积特性的影响

(1)1965~1999年控导工程(生产堤)到大堤间滩区淤积量不大

分析1964~1999年陶城铺以上淤积量及横断面分布(见图7-3、表7-1~表7-3)可知,生产堤以外至大堤间35年间累计淤积泥沙6.88亿 m^3,占全断面淤积量(41.32亿 m^3)的17%。生产堤(基本相当于滩区防护堤)之间的主槽、嫩滩淤积量分别占全断面淤积量的70%和13%。其中1964~1973年和1986~1999年生产堤至大堤间35年间累计分别淤积1.14亿 m^3 和1.16亿 m^3,均约占全断面的6%。

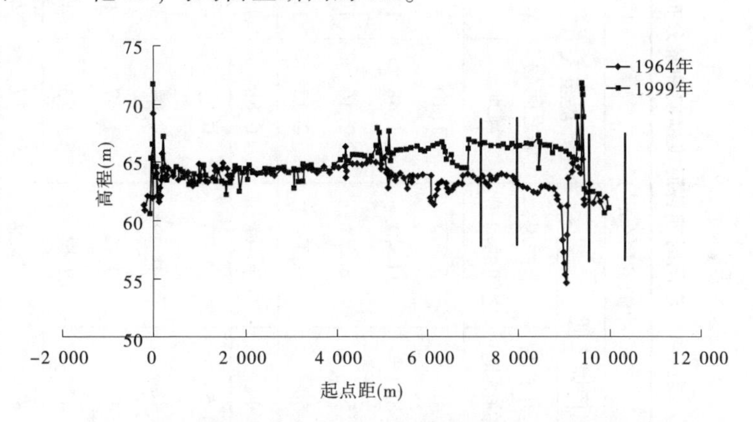

图7-3　小浪底水库累计入库水量与库区累计冲刷量关系图

尤其1974~1985年期间漫滩洪水较多,明显表现为"淤滩刷槽"的特点,期间主槽冲刷3.61亿 m^3,嫩滩淤积1.82亿 m^3,滩地淤积4.17亿 m^3。

(2)控导工程(生产堤)到大堤间滩区的淤积主要发生在大漫滩洪水期,即使不在宽河段淤积,这部分泥沙也不会造成窄河段的大量淤积。控导工程(生产堤)到大堤间滩区的淤积主要发生在大漫滩洪水期(见表7-4),三门峡蓄清排浑控制运用期(1974~1999年)5次较大的漫滩洪水过程,艾山以上河段生产堤到大堤间滩地共淤积泥沙4.72亿 m^3,占1974~1999年期间生产堤以外滩地淤积量5.33亿 m^3 的90%。

生产堤(滩区防护堤)到大堤间的滩区淤积主要发生在洪水期,相应流量较大,同时由于远离主河槽,滩区淤积物较细,即使不在宽河段淤积,而是输送到艾山以下窄河段,由于窄河段具有"多来多排不多淤"的特性,也不会造成窄河段大量淤积。

从现有初步成果分析,艾山以下河段淤积量一般不超过上段少淤量的5%。

表 7-1　不同时期各河段横向冲淤分布比例

典型时段	河段	冲淤量(亿 m^3)					百分比(%)			
		生产堤之间			生产堤至大堤之间的滩地	全断面	生产堤之间			生产堤至大堤之间的滩地
		河槽	河槽至生产堤之间的滩地	生产堤之间的河道			河槽	河槽至生产堤之间的滩地	生产堤之间的滩槽	
1965~1999 年	铁谢至花园口	4.98	0.48	5.47	1.10	6.57	76	7	83	17
	花园口至夹河滩	9.52	1.88	11.40	1.48	12.88	74	15	89	11
	夹河滩至高村	6.69	1.51	8.20	2.16	10.36	65	15	79	21
	高村至陶城铺	7.79	1.58	9.37	2.13	11.51	68	14	81	19
	铁榭至陶城铺	28.99	5.44	34.44	6.88	41.32	70	13	83	17
1974~1985 年	铁谢至花园口	-3.47	-0.54	-4.00	0.21	-3.80	91	14	105	-5
	花园口至夹河滩	-1.02	0.46	-0.56	0.64	0.08	-1 223	548	-675	775
	夹河滩至高村	-0.36	0.47	0.12	1.47	1.58	-23	30	7	93
	高村至陶城铺	1.23	1.42	2.66	1.85	4.51	27	32	59	41
	铁榭至陶城铺	-3.61	1.82	-1.79	4.17	2.38	-152	76	-75	175

表 7-2　1965~1999 年各河段横向冲淤分布(淤积比例)

河段	冲淤量(亿 m^3)					百分比(%)			
	河槽		滩地		全断面	河槽		滩地	
	600 m 深槽	600 m 至滩唇	滩唇至生产堤	生产堤以外		600 m 深槽	600 m 至滩唇	滩唇至生产堤	生产堤以外
铁谢至花园口	0. 57	4. 41	0. 48	1. 1	6. 56	9	67	7	17
花园口至夹河滩	1. 48	8. 04	1. 88	1. 48	12. 88	11	62	15	11
夹河滩至高村	1. 33	5. 36	1. 51	2. 16	10. 36	13	52	15	21
高村至陶城铺	3. 40	4. 39	1. 58	2. 13	11. 5	30	38	14	19
铁谢至陶城铺	6. 78	22. 21	5. 44	6. 88	41. 31	16	54	13	17

表 7-3　1965~1999 年各河段横向冲淤分布(淤积厚度)

河段	各部分淤积宽度(m)					各部分淤积厚度(m)			
	河槽		滩地		全断面	河槽		滩地	
	600 m 深槽	600 m 至滩唇	滩唇至生产堤	生产堤以外		600 m 深槽	600 m 至滩唇	滩唇至生产堤	生产堤以外
铁谢至花园口	600	3 194	1 142	4 381	9 317	0. 73	1. 06	0. 32	0. 19
花园口至夹河滩	600	3 318	1 275	3 379	8 572	2. 45	2. 40	1. 46	0. 43
夹河滩至高村	600	2 331	1 768	4 688	9 386	3. 05	3. 17	1. 18	0. 63
高村至陶城铺	600	1 108	828	2 693	5 229	3. 68	2. 58	1. 24	0. 51
铁谢至陶城铺	600	2 203	1 169	3 538	7 509	2. 47	2. 21	1. 02	0. 43

表 7-4 典型洪水滩地冲淤量及占全滩区淤积量的百分比 (单位:亿 m³)

年份	河段	生产堤以内	生产堤至大堤间	全断面	生产堤到大堤间占全断面比例(%)
1975	铁谢至花园口	-0.97	0.09	-0.88	-10
	花园口至高村	-0.62	0.90	0.28	321
	高村至艾山	-0.53	1.03	0.50	206
	艾山至利津	-0.72	0.79	0.07	1 129
	铁谢至利津	-2.85	2.82	-0.03	9 400
1976	铁谢至花园口	0.40	0	0.4	0
	花园口至高村	-0.44	0.31	-0.13	-238
	高村至艾山	0.40	0.67	1.07	63
	艾山至利津	-0.54	0.86	0.32	269
	铁谢至利津	-0.18	1.84	1.66	111
1982	铁谢至花园口	-0.02	0.18	0.16	113
	花园口至高村	-0.15	0.20	0.05	400
	高村至艾山	-0.03	0.56	0.53	-106
	艾山至利津	-0.17	0.02	-0.15	-13
	铁谢至利津	0.36	0.96	0.60	160
1988	铁谢至花园口	1.13	0.25	1.38	18
	花园口至高村	-0.01	0.03	0.02	150
	高村至艾山	0.51	0	0.51	0
	艾山至利津	-0.01	0	-0.01	0
	铁谢至利津	1.61	0.28	1.89	15
1996	铁谢至花园口	0.78	0.23	1.01	23
	花园口至高村	1.55	0.63	2.18	29
	高村至艾山	-0.62	1.01	0.39	259
	艾山至利津	-0.46	0.46	0	0
	铁谢至利津	1.25	2.33	3.58	65
5 场总和	铁谢至花园口	1.32	0.75	2.07	36
	花园口至高村	0.33	2.07	2.39	87
	高村至艾山	-0.27	3.27	3.00	109
	艾山至利津	-1.90	2.13	0.23	926
	铁谢至利津	-0.53	8.23	7.7	107

7.1.1.3　未来水沙和边界条件的变化趋势

与1965~1999年系列相比,未来水沙、洪水总体呈减小的趋势。随着控导工程的完善、滩区生产堤及道路、渠堤等阻水建筑的增多,现有控导工程至大堤之间的滩区行洪、淤沙能力等将会进一步降低。

本次分析计算结果是基于设防标准10 000 m^3/s的滩区防护堤、与彻底废除生产堤两种方案的对比,所得认识是趋于相对保守和安全的。

7.1.1.4　滩区防护堤方案技术可行性综合分析

从本次4家数学模型平行计算的结果看,滩区防护堤方案基本能够适应未来水沙(年均来沙3亿t、6亿t、8亿t情景)和洪水(4个典型设计洪水过程)变化趋势,有利于减少下游中常洪水漫滩淹没损失,并在一定程度上提高河道的输沙能力,减少主槽淤积。

滩区防护堤方案对河道防洪、河道输沙的效果的计算成果表明,滩区宽度大幅度缩窄后并未导致主槽明显多淤、平滩流量还略有增大,包括艾山以下窄河段的淤积问题也并不严重;对于洪峰沿程坦化减弱以及洪水位抬升问题,也在可控范围内,因此在技术方面具有较强的可行性。

7.1.2　提高河道输沙能力的非工程措施方案的技术可行性

7.1.2.1　河道边界条件变化对非工程措施可行性的支撑

滩区防护堤方案对下游河道边界条件的改变主要表现为两点:一是滩槽关系及平滩流量增大,对小浪底水库调水调沙运用(控制下游不漫滩)上限流量的控制具有有利的影响。二是对滩区防护堤设防标准以下的中常洪水,允许两岸滩区防护堤之间的嫩滩淹没,从而使得防洪调度的灵活性明显增加。

因此,在滩区防护堤方案基础上,结合新滩槽关系及主槽合理平滩流量塑造和维持的要求,为充分发挥滩区防护堤方案河槽过流输沙能力,提出了有利于发挥下游河道输沙潜力(减少河道淤积)的水库群调水调沙运行方式。水库优化调控原则主要包括:

(1)增大中常洪水期水库下泄流量上限值;

(2)增大调水调沙期水库造峰流量上限值;

(3)进一步协调水沙关系,增大洪水期水流含沙量,避免2 600 m^3/s以下流量级小水排沙。

7.1.2.2　非工程措施的可行性分析

(1)古贤、小浪底水库少淤。

分析小浪底水库出库水沙过程可以看出,防护堤非工程措施方案运用方式调整后,古贤、小浪底水库累计冲刷量均有所增加。水沙情景方案1(3亿t方案)防护堤非工程措施古贤、小浪底水库分别冲刷2.15亿t和3.38亿t,较现状治理模式现状运用方式(简称现状治理模式)少淤积0.09亿t和4.60亿t。水沙情景方案3(8亿t方案)防护堤非工程措施古贤、小浪底水库分别冲刷4.25亿t和2.04亿t,较现状少淤积5.14亿t和3.80亿t。

(2)下游河道主槽少淤,滩地和全断面多淤。

四家计算结果表明,未来50年黄河下游河道,水沙情景1(沙量3亿t)防护堤非工程措施下游河道全河段表现为淤滩刷槽状态。滩地淤积2.4亿~11.2亿t,主槽冲刷2.9亿~13.5亿t,见表7-5。

表7-5　50年系列防护堤非工程措施与现状治理模式冲淤量对比　（单位：亿t）

水沙系列	研究单位	横向分布	防护堤非工程措施	防护堤非工程措施-现状治理模式	防护堤非工程措施-防护堤治理模式现状运用方式
水沙情景方案1	中国水利水电科学研究院	全断面	-11.1	2.43	5.25
		主槽	-13.5	1.33	4.02
		滩地	2.4	1.09	1.23
	黄河水利科学研究院	全断面	-2.2	-1.97	-1.60
		主槽	-4.8	-3.70	-3.49
		滩地	2.6	1.73	1.90
	黄河勘测规划设计有限公司	全断面	0.8	0.08	1.26
		主槽	-2.9	-1.17	-0.94
		滩地	3.7	1.26	2.21
	清华大学	全断面	7.1	4.48	8.99
		主槽	-4.0	-4.13	-0.73
		滩地	11.2	8.6	9.72
水沙情景方案3	中国水利水电科学研究院	全断面	89.8	10.39	13.34
		主槽	61.3	9.87	10.31
		滩地	28.6	0.51	3.02
	黄河水利科学研究院	全断面	75.5	-8.31	5.75
		主槽	46.1	-11.27	-4.39
		滩地	29.4	2.97	10.15
	黄河勘测规划设计有限公司	全断面	78.8	-2.14	5.08
		主槽	55.5	-2.33	-1.37
		滩地	23.3	0.2	6.46
	清华大学	全断面	87.6	4.71	13.71
		主槽	50.6	-4.01	4.64
		滩地	37.0	8.72	9.07

与现状治理模式比较，防护堤非工程措施方案除个别计算表现为主槽增淤（1.33亿t）、滩地增淤（1.09亿t）外，其余均表现为进一步淤滩刷槽，主槽多冲刷1.17亿~4.13亿t，滩地增淤1.26亿~8.60亿t，河道全断面累计淤积量表现不一，最大减淤1.97亿t，最大增淤4.48亿t。

与防护堤方案现状运用方式比较，防护堤非工程措施方案较滩地增淤1.23亿~9.72

亿t,主槽除个别计算增淤4.02亿t外,其余多冲在0.73亿~3.49亿t范围内,河道全断面累计淤积量最大减淤1.60亿t,最大增淤8.99亿t。

来沙情景3(沙量8亿t)防护堤非工程措施也总体表现为主槽少淤、滩地多淤的性质。

(3)同流量水位变化不大。

对于水沙情景1(沙量3亿t)四家单位计算结果均表明,50年末水位升降在±1 m以内,防护堤非工程措施方案较现状治理模式对水位影响除个别计算值高村断面抬升0.73 m外,其余基本在0.10 m以内;较防护堤方案现状运用方式对水位影响基本上在0.30 m以内。

对于水沙情景方案3(沙量8亿t),四家单位计算结果均表明50年后黄河下游河道典型断面流量10 000 m^3/s的水位显著上升,抬升幅度在1.03~4.63 m范围内,防护堤非工程措施方案较现状治理模式现状运用方式水位抬升基本上在±1.5 m以内,较非工程措施现状运用方式水位影响除个别计算值高村断面抬升1.45 m外,基本上在0.6 m以内。

(4)平滩流量略有增加。

四家单位计算的50年后黄河下游平滩流量,在水沙情景1(沙量3亿t)的条件下,平滩流量可维持在4 000 m^3/s以上,防护堤非工程措施方案较现状治理模式现状运用方式最小平滩流量除个别计算减少外(减少427 m^3/s),其余变化不大,最大可增加125 m^3/s。

水沙情景3(沙量8亿t)50年后黄河下游河道平滩流量可维持在2 400 m^3/s以上,防护堤非工程措施方案较现状治理模式现状运用方式最小平滩流量有一定幅度增加,最大增幅为768 m^3/s。

7.1.3　提高河道输沙能力的工程措施方案的技术可行性

7.1.3.1　对口丁坝方案对设防水位、河道冲淤的影响

针对四场典型设计洪水过程,利用黄河水利科学研究院二维水沙数学模型,进行了花园口至艾山河段数学模型计算。

1.洪峰流量和水位

计算结果表明,各设计洪水的洪峰流量均有所衰减。千年一遇、百年一遇洪水花园口站流量分别为18 900 m^3/s、14 335 m^3/s;滩区防护堤方案演进条件下,千年一遇、百年一遇洪水到艾山站洪峰流量分别为10 000 m^3/s、9 074 m^3/s;对口丁坝方案演进到艾山站,洪峰流量分别为9 942 m^3/s、8 887 m^3/s,较滩区防护堤方案分别减小了58 m^3/s、187 m^3/s(见表7-6、表7-7)。在千年一遇、百年一遇两个场次洪水过程中,夹河滩站洪峰削减值最大,分别为-801 m^3/s、-480 m^3/s。

由于主槽宽度大幅度缩窄,千年一遇洪水花园口站、夹河滩站分别抬高了0.57 m、0.47 m,高村至艾山之间水位变幅较小,在0.06 m之内。百年一遇洪水在花园口站、夹河滩站分别抬高了0.59 m、0.59 m,高村至艾山之间水位变幅较小,在0.1 m之内。

表 7-6 千年一遇洪水流量、水位计算成果对比

项目		花园口	夹河滩	高村	孙口	艾山
洪峰流量(m^3/s)	防护堤/无丁坝	18 900	12 953	11 604	10 820	10 000
	防护堤/有丁坝	18 900	12 152	11 248	10 510	9 942
	变化量	0	-801	-356	-310	-58
最高洪水位(m)	防护堤/无丁坝	96.19	78.32	64.90	51.16	45.00
	防护堤/有丁坝	96.76	78.79	64.96	51.19	44.98
	变化量	0.57	0.47	0.06	0.03	-0.02

表 7-7 百年一遇洪水流量、水位计算成果对比

项目		花园口	夹河滩	高村	孙口	艾山
洪峰流量(m^3/s)	防护堤/无丁坝	14 335	10 661	9 341	9 133	9 074
	防护堤/有丁坝	14 335	10 181	9 325	9 016	8 887
	变化量	0	-480	-16	-117	-187
最高洪水位(m)	防护堤/无丁坝	95.34	77.92	64.34	50.48	44.59
	防护堤/有丁坝	95.93	78.51	64.42	50.49	44.51
	变化量	0.59	0.59	0.08	0.01	-0.08

2. 冲淤量

计算结果表明，采用对口丁坝方案后，由于缩窄了主河槽的宽度，千年一遇、百年一遇方案均表现为缩窄后主河槽范围内冲刷增大现象，滩地的淤积量也相应有所增大。对口丁坝工程的实施，能够在一定程度上提升主河槽的输沙能力；而从全河段、全断面来看，并未产生明显不利的淤积现象，千年一遇、百年一遇场次洪水的淤积量分别较防护堤方案减少 0.06 亿 t、0.01 亿 t(见表 7-8)。

表 7-8 千年一遇、百年一遇场次洪水冲淤量对比 (单位：亿 t)

冲淤量	千年一遇		百年一遇	
	防护堤/无丁坝	防护堤/有丁坝	防护堤/无丁坝	防护堤/有丁坝
主槽	-0.65	-1.36	-0.58	-1.08
滩地	1.92	2.57	1.70	2.19
合计	1.27	1.21	1.12	1.11

清华大学利用三维水沙数学模型，进行了同样边界条件的方案计算。表 7-9、表 7-10 分别为千年一遇、百年一遇洪水流量、水位计算成果对比，表 7-11 为冲淤量计算成果对比。

表 7-9 千年一遇洪水流量、水位计算成果对比

项目		花园口	夹河滩	高村	孙口	艾山
洪峰流量(m^3/s)	防护堤/无丁坝	18 900	14 890	11 890	10 607	9 935
	防护堤/有丁坝	18 900	12 672	10 634	10 036	9 564
	变化量	0	-2 218	-1 256	-571	-371
最高洪水位(m)	防护堤/无丁坝	96.00	78.46	64.24	49.82	45.33
	防护堤/有丁坝	96.93	78.58	63.91	49.71	45.02
	变化量	0.93	0.12	-0.33	-0.11	-0.31

表 7-10　百年一遇洪水流量、水位计算成果对比

项目		花园口	夹河滩	高村	孙口	艾山
洪峰流量（m^3/s）	防护堤/无丁坝	14 335	11 700	10 748	10 508	9 920
	防护堤/有丁坝	14 335	10 887	10 372	9 533	9 183
	变化量	0	-813	-376	-975	-737
最高洪水位（m）	防护堤/无丁坝	95.20	78.03	63.97	49.77	45.20
	防护堤/有丁坝	96.15	78.32	63.81	49.60	44.85
	变化量	0.95	0.29	-0.16	-0.17	-0.35

表 7-11　千年一遇、百年一遇场次洪水冲淤量对比　（单位：亿 t）

冲淤量	千年一遇		百年一遇	
	防护堤/无丁坝	防护堤/有丁坝	防护堤/无丁坝	防护堤/有丁坝
合计	2.02	2.29	1.34	1.39

综合黄河水利科学研究院、清华大学的计算成果来看，对口丁坝的修建，对千年一遇、百年一遇洪水位壅高的影响最大没有超过 1 m。由于河南河段现有主河槽较宽，而山东河段主河槽本来就较窄，从洪水位影响程度上来看，主河槽的缩窄对高村水文站以上洪水位影响较大，而对山东河段洪水位影响则相对较小，甚至表现为冲刷加剧引起的水位降低。

对于冲淤的影响，黄河水利科学研究院、清华大学的计算成果表明，千年一遇、百年一遇场次洪水，对口丁坝的修建，相对于防护堤方案而言，并未产生明显不利的影响，从定性上来看，两家计算成果均表现为微冲、微淤状态。

7.1.3.2　提高河道输沙能力的工程措施技术方案设计原则

本次研究立足于现有微弯型河道治导线布局，提出的将现有控导工程平顺衔接的方案，具有一定的可操作性。主要是在现有工程的基础上，通过进一步河道整治，减少嫩滩范围，缩窄主槽宽度，塑造具有高效输沙能力的窄深河槽，提高河道输沙能力，减少主槽淤积。但多数学者担心显著缩窄主槽河宽会在一定程度上导致洪水位抬升、河道行洪能力降低，也担心“游荡型河段少淤会导致艾山以下窄河段多淤、加剧窄河段的防洪负担”。

为此，经过反复讨论，提出了以提高河道输沙能力为主要目标，以缩窄河宽为主要手段，进一步加强河道整治的基本原则：

(1)在确保防洪安全的前提下，立足于微弯型整治现状，循序渐进、平顺衔接，保证所提出的设计方案既有较大的可能性，又有一定的可行性、可操作性。

(2)循序渐进的进程为：以十三五末(2020 年)全面完成微弯型整治规划为基准年，再经过未来 30 年(2020~2050 年)的努力，分 2 种类型(单岸整治、双岸整治)、5 个阶段，逐步减少嫩滩范围，缩窄主槽宽度，提高河道输沙能力。

(3)同时，在逐步实施过程中，各阶段要留有充分余地，边治理、边观察，当出现有碍防洪等方面的问题时，及时加强跟踪研究，提出对策建议；当进展到某个阶段即已达到提

高输沙能力的预期目标“水沙两极分化条件下、下游河道全程冲淤基本平衡”时,后面进程就不再继续进行。

同一河段以单岸整治(下延潜坝)为主的河道整治方案:

(1)2016~2020 年,全面完成现有微弯型整治规划设计方案;

(2)2021~2030 年,实施“下延潜坝”方案。

同一河段以双岸整治(对口丁坝)为主的河道整治方案:

(1)2031~2040 年,实施“部分河段双岸整治”方案;

(2)2041~2045 年,实施“对口丁坝双岸整治可能”方案;

(3)2046~2050 年,实施“对口丁坝双岸整治理想”方案。

7.1.3.3　对口丁坝方案可能性综合分析及建议

微弯型河道整治在同一河段单岸建设工程,另一岸为自由河岸,在洪水过程中具有展宽、刷深的空间,控导工程建设对行洪输沙影响相对较小,而对口丁坝严格限制了河道的冲刷展宽,将会对行洪输沙产生较大影响。

综合本次研究成果来看,对口丁坝建设对提高 200 kg/m^3 以下低含沙洪水输沙能力的作用不显著,但发生 400 kg/m^3 以上高含沙洪水时,随着水流容重、黏性的增加和沉速的降低,具有高效输沙、主槽不淤积甚至发生“揭河底”冲刷的现象,在中游水库群和水沙调控技术进一步提高、完善的情况下,存在对口丁坝+高含沙洪水塑造以实现高效输沙,减小河道淤积的可能性。

由于高含沙输沙影响因素多,问题非常复杂,目前利用各家输沙能力研究成果所求得的高含沙洪水平衡输沙含沙量还存在很大的差异,同时高含沙洪水塑造技术还很不成熟,短期内利用高含沙洪水高效输沙的构想还难以实现。

7.2　利于滩区防护和河道输沙的综合治理方案在经济社会效益方面的可行性

不同治理方案的经济效益指标主要包括 4 方面:(1)是否减少临时迁安人口;(2)是否减少漫滩淹没损失;(3)是否减少库区和下游淤积对防洪体系的影响(损失);(4)是否减少滩区安全建设投资。

7.2.1　滩区迁安救护

7.2.1.1　典型流量量级淹没面积

表 7-12 给出了黄河下游滩区典型洪水不同方案淹没面积计算成果。从表 7-11 可以看出,黄河下游滩区淹没面积随花园口洪峰流量的增大而逐渐增大。当洪峰流量小于 10 000 m^3/s 时,滩区防护堤方案以及滩区防护堤+对口丁坝方案滩区淹没仅发生在防护堤内,但是规划现状方案(破除生产堤)和现状生产堤方案生产堤至大堤间的滩区均有一定程度的淹没损失。

表 7-12　黄河下游滩区不同洪水方案淹没面积统计　（单位：km^2）

花园口站洪峰流量（m^3/s）	发生频率	工程情况	河段				合计
			花园口—夹河滩	夹河滩—高村	高村—孙口	孙口—艾山	
6 000		（规划）现状方案	0.1	121.2	224.9	39.9	386.1
		现状生产堤方案	1.5	7.6	2.2	0.2	11.5
		滩区防护堤方案	0	0	0	0	0
		滩区防护堤+对口丁坝方案	0	0	0	0	0
8 000		（规划）现状方案	11.4	249.2	305.0	88.9	654.5
		现状生产堤方案	54.1	151.7	239.4	0.2	445.3
		滩区防护堤方案	0	0	0	0	0
		滩区防护堤+对口丁坝方案	0	0	0	0	0
10 000	十年一遇	（规划）现状方案	110.6	377.2	324.1	101.0	913.0
		现状生产堤方案	120.4	309	316.5	113.3	859.2
		滩区防护堤方案	0	0	0	0	0
		滩区防护堤+对口丁坝方案	0	0	0	0	0
14 335	百年一遇	（规划）现状方案	209.4	435.1	331.1	101.8	1 077.4
		现状生产堤方案	209.4	435.1	331.1	101.8	1 077.4
		滩区防护堤方案	165.7	454.2	0.1	0.4	620.4
		滩区防护堤+对口丁坝方案	285.5	489.4	0.1	0.4	775.4
18 900	千年一遇	（规划）现状方案	287.4	497.8	331.2	102	1 218.5
		现状生产堤方案	287.4	497.8	331.2	102	1 218.5
		滩区防护堤方案	236.2	490.1	330.3	99.9	1 156.4
		滩区防护堤+对口丁坝方案	345	539.6	330.4	99.9	1 314.9

规划现状方案在洪峰流量为6 000 m^3/s、8 000 m^3/s 和10 000 m^3/s 时，滩区淹没面积分别为386.1 km^2、654.5 km^2 和913.0 km^2。现状生产堤方案滩区淹没面积分别为11.5 km^2、445.3 km^2 和859.2 km^2。各流量级现状生产堤方案淹没面积均要小于(规划)现状方案。特别是洪峰流量6 000 m^3/s 以下时，现状生产堤方案住人滩区淹没非常小。

当花园口洪峰流量超过10 000 m^3/s 后，各方案滩区淹没面积均较大，百年一遇(规划)现状方案、现状生产堤方案、滩区防护堤方案以及滩区防护堤+对口丁坝方案滩区淹没面积分别为1 077.4 km^2、1 077.4 km^2、620.4 km^2 和775.4 km^2，滩区防洪堤对减少洪水淹没损失具有明显作用。千年一遇(规划)现状方案、现状生产堤方案、滩区防护堤方案以及滩区防护堤+对口丁坝方案滩区淹没面积分别为1 218.5 km^2、1 218.5 km^2、1 156.4 km^2 和1 314.9 km^2，滩区防洪堤对减少洪水淹没损失作用已不明显，滩区防护堤+对口丁坝方案甚至还增加了100 km^2 左右淹没。

7.2.1.2　典型流量级淹没人口

表7-13给出了黄河下游滩区典型洪水不同方案淹没人口计算成果。从表7-13可以看出，黄河下游滩区淹没人口随花园口站洪峰流量的增大而逐渐增多。在洪峰流量小于10 000 m^3/s 时，滩区防护堤方案以及滩区防护堤+对口丁坝方案滩区淹没仅发生在防护堤内，滩区居民住所没有遭受淹没损失，但是(规划)现状方案和现状生产堤方案均有一定数量人口遭受淹没损失。

(规划)现状方案在洪峰流量为6 000 m^3/s、8 000 m^3/s 和10 000 m^3/s 时，滩区淹没人口分别为28.0万人、46.4万人和65.3万人。现状生产堤方案滩区淹没人口分别为0.6万人、30.4万人和64.6万人。各流量级现状(生产堤)方案淹没人口均要小于(规划)现状方案。特别是洪峰流量在6 000 m^3/s 以下时，现状生产堤方案滩区淹没人口非常少。

当花园口洪峰流量超过10 000 m^3/s 后，各方案滩区淹没人口均较多，百年一遇(规划)现状方案、现状生产堤方案、滩区防护堤方案以及滩区防护堤+对口丁坝方案滩区淹没面积分别为79.7万人、79.7万人、49.8万人和62.3万人，滩区防洪堤对减少洪水淹没人口数量具有明显作用。千年一遇(规划)现状方案、现状生产堤方案、滩区防护堤方案以及滩区防护堤+对口丁坝方案滩区淹没人口分别为92.4万人、92.4万人、87.2万人和98.9万人，滩区防护堤对减少洪水淹没损失作用已不明显，滩区防护堤+对口丁坝方案甚至还增加了6万人左右受灾。

7.2.1.3　年均滩区淹没面积和临时撤退人口

表7-14和表7-15分别给出了黄河下游滩区不同洪水方案年均淹没面积和受灾人口计算成果。可以看出，黄河下游滩区年均受灾面积由430.89 km^2(不修防护堤方案)减少到73.84 km^2(滩区防护堤方案)，年均受灾人口相应由31.02万减少到5.71万，修建防护堤对减少滩区洪水淹没面积和受灾人口有较大作用。

表7-13　黄河下游滩区不同洪水方案淹没人口统计　（单位：万人）

花园口站洪峰流量（m^3/s）	发生频率	工程情况	河段				合计
			花园口至夹河滩	夹河滩至高村	高村至孙口	孙口至艾山	
6 000		（规划）现状方案	0	6.9	18.0	3.1	28.0
		现状生产堤方案	0	0.4	0.3	0	0.6
		滩区防护堤方案	0	0	0	0	0
		滩区防护堤+对口丁坝方案	0	0	0	0	0
8 000		（规划）现状方案	0.9	14.8	22.9	7.7	46.4
		现状生产堤方案	2.7	10.4	17.2	0	30.4
		滩区防护堤方案	0	0	0	0	0
		滩区防护堤+对口丁坝方案	0	0	0	0	0
10 000	十年一遇	（规划）现状方案	9.0	23.7	23.7	8.8	65.3
		现状生产堤方案	7.3	24.3	23.2	9.8	64.6
		滩区防护堤方案	0	0	0	0	0
		滩区防护堤+对口丁坝方案	0	0	0	0	0
14 335	百年一遇	（规划）现状方案	17.2	29.7	24	8.8	79.7
		现状生产堤方案	17.2	29.7	24	8.8	79.7
		滩区防护堤方案	14.1	31.6	2.2	1.9	49.8
		滩区防护堤+对口丁坝方案	22.1	36.1	2.2	1.8	62.3
18 900	千年一遇	（规划）现状方案	23.4	36.1	24	8.9	92.4
		现状生产堤方案	23.4	36.1	24	8.9	92.4
		滩区防护堤方案	19.2	35.4	24	8.7	87.2
		滩区防护堤+对口丁坝方案	25.9	40.3	24	8.7	98.9
防护堤内人口			4.4	3.5	7.8	5.1	20.8

表 7-14　黄河下游滩区不同洪水方案年均淹没面积

流量级 (m^3/s)	洪水概率	受灾面积(km^2)				年均受灾面积数学期望(km^2)			
		(规划)现状方案	现状生产堤方案	滩区防护堤方案	防护堤+对口丁坝方案	(规划)现状方案	现状生产堤方案	滩区防护堤方案	防护堤+对口丁坝方案
4 000	1	0	0	0	0	430.89	234.10	73.84	82.15
6 000	0.5	386.1	11.5	0	0				
8 000	0.2	654.5	445.3	0	0				
10 000	0.1	913.0	859.2	0	0				
14 335	0.01	1 077.4	1 077.4	620.4	775.4				
18 900	0.001	1 218.5	1 218.5	1 156.4	1 314.9				

表 7-15　黄河下游滩区不同洪水方案淹没人口统计　　(单位:万人)

流量级 (m^3/s)	洪水概率	受灾人口				年均受灾人口数学期望			
		(规划)现状方案	现状生产堤方案	滩区防护堤方案	防护堤+对口丁坝方案	(规划)现状方案	现状生产堤方案	滩区防护堤方案	防护堤+对口丁坝方案
4 000	1	0	0	0	0	31.02	16.82	5.71	6.37
6 000	0.5	28.0	0.6	0	0				
8 000	0.2	46.4	30.4	0	0				
10 000	0.1	65.3	64.6	0	0				
14 335	0.01	79.7	79.7	49.8	62.3				
18 900	0.001	92.4	92.4	87.2	98.9				

7.2.2　滩区淹没损失

7.2.2.1　典型洪水淹没损失

表 7-16 给出了黄河下游滩区典型洪水不同方案淹没损失计算成果。从表中可以看出,黄河下游滩区淹没损失随花园口站洪峰流量的增大而明显增大。当洪峰流量小于 10 000 m^3/s 时,滩区防护堤方案以及滩区防护堤+对口丁坝方案滩区淹没仅发生在防护堤内,滩区将不发生经济损失,但是规划(现状)方案和现状生产堤方案住人滩区均有一定程度经济损失。

表 7-16　黄河下游滩区不同洪水方案淹没经济损失统计　（单位：亿元）

花园口站洪峰流量（m^3/s）	发生频率	工程情况	河段				合计
			花园口—夹河滩	夹河滩—高村	高村—孙口	孙口—艾山	
6 000		（规划）现状方案	0	1.0	1.8	0.3	3.1
		现状生产堤方案	0.01	0.06	0.02	0	0.09
		滩区防护堤方案	0	0	0	0	0
		滩区防护堤+对口丁坝方案	0	0	0	0	0
8 000		（规划）现状方案	0.2	4.6	5.6	1.6	12.0
		现状生产堤方案	0.99	2.78	4.39	0	8.16
		滩区防护堤方案	0	0	0	0	0
		滩区防护堤+对口丁坝方案	0	0	0	0	0
10 000	十年一遇	（规划）现状方案	4.5	15.2	13.1	4.1	36.9
		现状生产堤方案	4.87	12.48	12.79	4.58	34.71
		滩区防护堤方案	0	0	0	0	0
		滩区防护堤+对口丁坝方案	0	0	0	0	0
14 335	百年一遇	（规划）现状方案	13.1	27.3	20.7	6.4	67.5
		现状生产堤方案	13.12	27.25	20.74	6.38	67.5
		滩区防护堤方案	10.38	28.45	0.01	0.03	38.86
		滩区防护堤+对口丁坝方案	17.88	30.66	0.01	0.03	48.57
18 900	千年一遇	（规划）现状方案	22.29	38.60	25.68	7.91	94.48
		现状生产堤方案	22.28	38.61	25.69	7.91	94.49
		滩区防护堤方案	18.32	38.01	25.61	7.75	89.68
		滩区防护堤+对口丁坝方案	26.75	41.84	25.62	7.75	101.96

(规划)现状方案在洪峰流量为 6 000 m³/s、8 000 m³/s 和 10 000 m³/s 时,滩区淹没经济损失分别为 3.1 亿元、12.0 亿元和 36.9 亿元。现状生产堤方案滩区淹没经济损失分别为 0.09 亿元、8.16 亿元和 34.71 亿元。各流量级现状生产堤方案淹没经济损失均要小于(规划)现状方案。特别是当洪峰流量在 6 000 m³/s 以下时,现状生产堤方案住人滩区淹没经济损失非常小。

当花园口洪峰流量超过 10 000 m³/s 时,各方案滩区淹没经济损失均较大,百年一遇(规划)现状方案、现状生产堤方案、滩区防护堤方案以及滩区防护堤+对口丁坝方案滩区淹没经济损失分别为 67.5 亿元、67.5 亿元、38.86 亿元和 48.57 亿元,滩区防护堤对减少洪水淹没经济损失具有明显作用。千年一遇(规划)现状方案、现状生产堤方案、滩区防护堤方案以及滩区防护堤+对口丁坝方案滩区淹没经济损失分别为 94.48 亿元、94.49 亿元、89.68 亿元和 101.96 亿元,滩区防护堤对减少洪水淹没损失作用已不明显,防护堤+对口丁坝甚至还增加了 7 亿元左右淹没经济损失。

7.2.2.2 年均淹没损失

表 7-17 给出了黄河下游滩区不同洪水方案年均经济损失计算成果。从表 7-17 可以看出,黄河下游滩区年均受灾经济损失由 10.93 亿元(不修防护堤方案)减少到 3.85 亿元(滩区防护堤方案),年均减少值约 7 亿元,修建防护堤对减少滩区洪水淹没经济损失效果显著。

表 7-17 黄河下游滩区不同洪水方案年均经济损失 (单位:亿元)

流量级(m^3/s)	洪水概率	损失值(亿元)				年均损失数学期望(亿元)			
		(规划)现状方案	现状生产堤方案	滩区防护堤方案	防护堤+对口丁坝方案	(规划)现状方案	现状生产堤方案	滩区防护堤方案	防护堤+对口丁坝方案
4 000	1	0	0	0	0	10.93	8.73	3.85	4.38
6 000	0.5	3.15	0.09	0	0				
8 000	0.2	11.99	8.16	0	0				
10 000	0.1	36.89	34.71	0	0				
14 335	0.01	67.49	67.50	38.86	48.57				
18 900	0.001	94.48	94.49	89.68	101.96				

7.2.3 对库区及河道减淤的效果

泥沙淤积作用于社会经济的媒介是洪水,其危害主要是加重了该地区洪水灾害的损失。泥沙淤积并不影响系统来水条件,其损失影响主要是导致了防洪系统洪灾损失发生变化,即泥沙淤积前后遭遇相同洪水事件可能造成的洪灾损失差。

本书提出泥沙淤积风险评价的总体思路:通过计算泥沙淤积量及其分布对防洪系统洪水风险的影响程度,以此作为泥沙淤积风险的大小。具体评价主要分为两个方面,一是对泥沙淤积危险性进行分析，二是分析灾害损失的大小。泥沙淤积风险评估指标体系构成见表7-18。

表7-18　泥沙淤积风险评估指标体系

	项目	危险性指标	损失大小指标
泥沙淤积风险评估	对大洪水行洪环境影响	发生洪灾洪水频率	年均损失
	对中小洪水行洪环境影响	年均发生灾害次数	年均损失

结合黄河下游防洪保护对象及工程现状，泥沙淤积影响研究可分为黄河下游大洪水和中小洪水行洪影响两个方面，其计算公式为

$$S_{yu} = \int_{p=0}^{p=1.0} [S_1(p) - S_2(p)]\,\mathrm{d}p \tag{7-1}$$

式中：S_{yu} 为泥沙淤积导致的多年平均洪水损失变化值；p 为洪水频率；$S_1(p)$ 和 $S_2(p)$ 为 p 频率洪水条件下防洪系统淤积水平分别为 S_1 和 S_2 时的黄河下游洪灾损失值。

7.2.3.1　库区及河道淤积对防御大洪水的影响

设定小浪底水库275 m以下剩余库容分别为103.54亿 m^3(接近2009年水平)、92.5亿 m^3、82.5亿 m^3、72.5亿 m^3、62.5亿 m^3、52.5亿 m^3(接近拦沙期结束时水平)共6种工况；为全面反映泥沙不同淤积分布(水库和下游)条件下黄河下游防洪系统洪灾损失风险，对于每一种水库淤积工况，都考虑黄河下游安全泄量变化取值分别为7 000 m^3/s、7 500 m^3/s、8 000 m^3/s、8 500 m^3/s、9 000 m^3/s、9 500 m^3/s、10 000 m^3/s、10 500 m^3/s、11 000 m^3/s、11 500 m^3/s、12 000 m^3/s。水库和河道行洪条件组合见表7-19。

表7-19　水库及河道系统行洪条件组合

小浪底库容(亿 m^3)	黄河下游安全泄流量(m^3/s)										
103.54	7 000	7 500	8 000	8 500	9 000	9 500	10 000	10 500	11 000	11 500	12 000
92.5	7 000	7 500	8 000	8 500	9 000	9 500	10 000	10 500	11 000	11 500	12 000
82.5	7 000	7 500	8 000	8 500	9 000	9 500	10 000	10 500	11 000	11 500	12 000
72.5	7 000	7 500	8 000	8 500	9 000	9 500	10 000	10 500	11 000	11 500	12 000
62.5	7 000	7 500	8 000	8 500	9 000	9 500	10 000	10 500	11 000	11 500	12 000
52.5	7 000	7 500	8 000	8 500	9 000	9 500	10 000	10 500	11 000	11 500	12 000

1. 设计洪水及小浪底调控原则

选用小浪底入库洪水重现期分别为10年一遇、50年一遇、100年一遇、200年一遇、300年一遇、500年一遇、1 000年一遇、10 000年一遇洪水，典型洪水按1933年型控制，考虑了洪水经三门峡水库自然滞洪调蓄后作为小浪底水库入库条件。

小浪底流量调控原则是预报花园口站流量小于下游安全泄量时，若入库流量小于汛限水位相应的泄量，按入库流量泄洪；若入库流量大于汛限水位相应的泄量，按敞泄泄洪。预报花园口站流量超过下游河道安全泄量时，按控制花园口站流量等于安全泄量调节小浪底出库流量。当预报小浪底至花园口区间洪水流量大于下游河道安全泄量时，小浪底按控泄 1 000 m^3/s 发电流量泄流。

黄河下游河道安全泄量以艾山站安全泄量为代表，据此以花园口站预报流量调控水库出库流量。黄河下游河道铁谢至利津河道长 753 km，洪峰沿程变化规律复杂，一般情况下，由于滩区滞洪作用花园口至艾山洪峰沿程坦化。三门峡、小浪底水库投入运用后，大洪水经水库调控，历时都比较长，防洪调度中考虑最不利情况，即花园口站洪峰流量沿程传播到艾山站不考虑坦化。

2. 关键问题处理

水库和河道不同淤积水平条件下，发生不同频率洪水，计算过程主要变量是调洪计算得到的小浪底超蓄量，如何将这部分水量转化成可能造成的社会经济损失风险，是本模型损失评估的关键问题。

当河道泥沙淤积导致防洪能力降低后为保证“大堤不决口”，一般应对措施有：上游控制性水库多蓄水、“分滞洪区”多分洪、大堤加高。

当水库淤积导致防洪能力降低后，一般应对措施有：新建水库增大防洪库容、“分滞洪区”多分洪。

综上所述，无论是水库还是河道淤积都可以找到一个共同替代途径：增大下游分滞洪区的分洪。将泥沙淤积对系统防洪的影响转化为分滞洪区分洪量增加的风险。从防洪系统的整体性看，借助分滞洪区分洪量变化衡量泥沙淤积对防洪体系的影响也是可行的。

通过东平湖分洪量—水位—面积关系（见图 7-4、图 7-5），由计算出的小浪底水库超蓄量变化确定湖区淹没面积，从而可以实现洪灾损失风险计算。

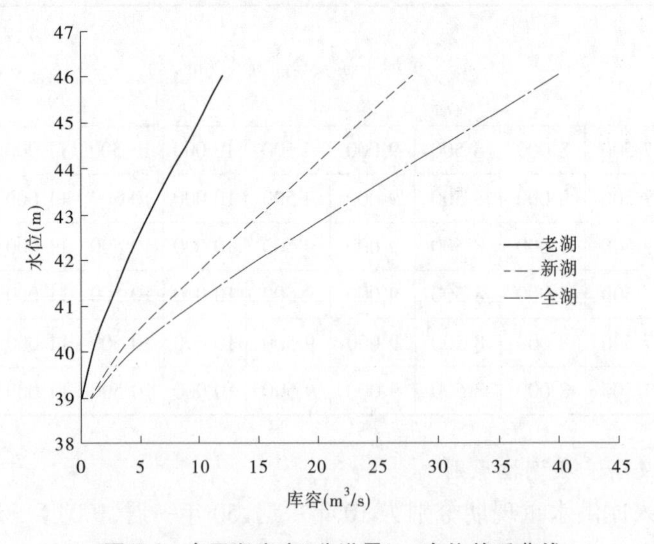

图 7-4　东平湖库容（分洪量）—水位关系曲线

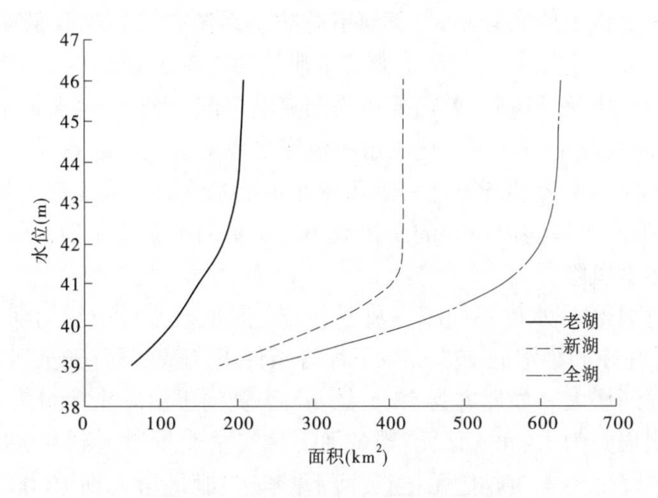

图 7-5　东平湖水位—面积关系曲线

3. 不同淤积水平大洪水风险变化

根据黄河下游大洪水调度原则，计算得到小浪底水库和黄河下游不同泥沙淤积水平条件下，发生不同频率洪水小浪底超蓄危险性变化，见表 7-20。从表 7-20 可以看出，当小浪底水库 275 m 以下库容较大时，黄河下游防洪系统防洪标准比较高。如小浪底水库 275 m 以下库容为 102.5 亿 m^3，当黄河下游安全泄量为 7 000 m^3/s 时，发生千年一遇的洪水小浪底水库才发生超蓄风险；当黄河下游安全泄量为 7 500～8 500 m^3/s 时，发生万年一遇的洪水小浪底水库才发生超蓄风险；当黄河下游安全泄量超过 9 000 m^3/s 时，发生万年一遇洪水小浪底水库也不发生超蓄。

表 7-20　不同库容及下游安全泄量组合对应超蓄洪水重现期变化　（单位：年）

下游安全泄量 (m^3/s)	小浪底 275 m 以下库容(亿 m^3)					
	52.5	62.5	72.5	82.5	92.5	102.5
7 000	100	200	200	300	500	1 000
7 500	200	200	300	500	1 000	10 000
8 000	200	200	300	1 000	1 000	10 000
8 500	200	300	500	1 000	10 000	10 000
9 000	200	500	1 000	10 000	10 000	
9 500	300	500	1 000	10 000	10 000	
10 000	500	1 000	10 000	10 000	10 000	
10 500	1 000	10 000	10 000	10 000		
11 000	1 000	10 000	10 000			
11 500	10 000	10 000	10 000			
12 000	10 000	10 000	10 000			

当小浪底 275 m 以下库容较小时，黄河下游防洪系统防洪标准降低明显。如小浪底 275 m 以下库容为 52.5 亿 m^3，当黄河下游安全泄量为 7 000 m^3/s 时，发生 100 年一遇洪水小浪底水库就会发生超蓄风险，就需要东平湖滞洪区配合分洪；当黄河下游安全泄量为 7 500~9 000 m^3/s 时，发生 200 年一遇洪水小浪底水库就会发生超蓄风险；当黄河下游安全泄量为 10 000 m^3/s 时，发生 500 年一遇洪水小浪底水库就会发生超蓄风险。

可见，无论小浪底水库防洪库容的淤积减小还是黄河下游安全泄量的淤积萎缩，都会相应地增大洪水超蓄风险。

表 7-21 给出了小浪底水库不同库容及下游安全泄量组合对应年均期望损失变化，从表 7-21 可以看出，在相同小浪底 275 m 以下库容条件下，随着下游安全泄量的减小，小浪底水库超蓄损失逐渐增大。如库容为 52.5 亿 m^3，当黄河下游安全泄量为 7 000 m^3/s 时，防洪系统年均期望损失为 17.484 亿元；当黄河下游安全泄量增大到 9 000 m^3/s 时，防洪系统年均期望损失降低为 4.306 亿元；当黄河下游安全泄量增大到 10 000 m^3/s 时，防洪系统年均期望损失进一步降低为 1.265 亿元；当黄河下游安全泄量增大到 12 000 m^3/s 时，则防洪系统年均期望损失仅为 0.045 亿元。

表 7-21　不同库容及下游安全泄量组合对应年均期望损失变化　（单位：亿元）

下游安全泄量（m^3/s）	小浪底 275 m 以下库容（亿 m^3）					
	52.5	62.5	72.5	82.5	92.5	102.5
7 000	17.484	9.993	5.294	2.352	0.841	0.375
7 500	9.764	5.133	2.154	1.172	0.461	0.155
8 000	8.087	4.141	1.632	0.618	0.160	0.102
8 500	7.138	2.890	0.998	0.303	0.108	0.061
9 000	4.306	1.465	0.476	0.113	0.074	0.029
9 500	2.390	0.698	0.186	0.080	0.041	0
10 000	1.265	0.347	0.087	0.048	0.010	0
10 500	0.530	0.096	0.057	0.017	0	0
11 000	0.272	0.062	0.024	0	0	0
11 500	0.074	0.032	0	0	0	0
12 000	0.045	0.003	0	0	0	0

在黄河下游安全泄量相同的条件下，随着小浪底水库库容的增大，水库超蓄损失逐渐减小。如黄河下游安全泄量为 10 000 m^3/s，当水库库容为 52.5 亿 m^3 时，防洪系统年均期望损失为 1.265 亿元；当水库库容为 62.5 亿 m^3 时，防洪系统年均期望损失为 0.347 亿元；当水库库容增大到 102.5 亿 m^3 时，防洪系统将不会发生超蓄损失。

图 7-6 给出了小浪底水库不同库容及下游安全泄量组合对应年均期望损失变化曲

线,由图7-6可以直观看出,在小浪底水库防洪库容较大时期,若黄河下游安全泄量减小,系统面临的大洪水洪灾风险增大不明显;在小浪底水库库容被泥沙淤积大量损失后,若黄河下游安全泄量减小,系统面临的大洪水洪灾风险会明显增加。

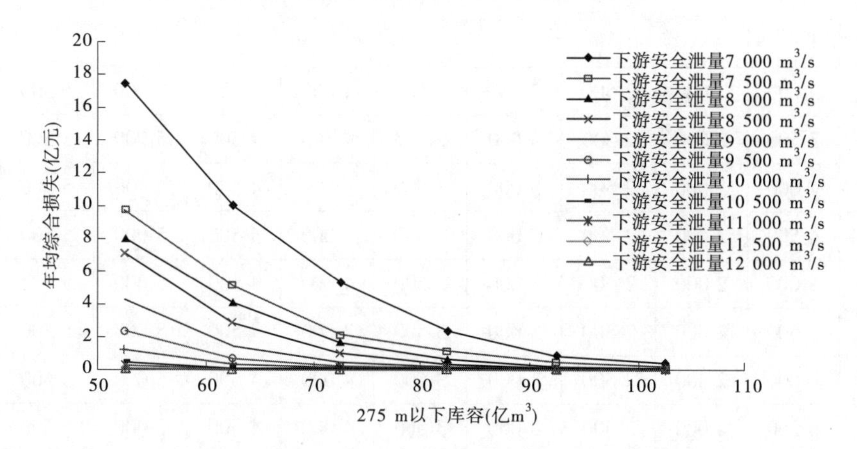

图7-6　不同库容及下游安全泄量组合对应年均期望损失

7.2.3.2　库区及河道淤积对防御中小洪水的影响

黄河下游滩区既是行洪区,又是滩区人民生产生活的重要场所,滩区现有耕地374.6万亩,村庄2 071个,人口189万人,涉及河南、山东两省15个地(市)共43个县(区)。近年来,滩区水利建设有了长足发展,滩区农业生产条件得到很大改善,滩区安全建设成效也很显著。至2000年,下游滩区已建村台、避水台、房台等避洪设施5 277.5万m^3。滩区经济是典型的农业经济,除少量的油井外,基本上无工业,滩区农作物夏粮以小麦为主,秋粮以大豆、玉米、花生为主。受汛期洪水漫滩的影响,秋作物种不保收,产量低而不稳,滩区群众主要依靠一季夏粮来维持全年生计。受自然地理条件的限制,滩区社会经济发展受到严重制约,滩区群众十分贫困。

鉴于滩区现状和黄河防洪系统条件,为减小滩区中小洪水淹没损失,可在分析水库库容和下游平滩流量基础上,制订相应的中小洪水减灾调度方案,以实现系统防御中小洪水效益。对于泥沙淤积对系统防御中小洪水效益的影响,可设置水库不同库容情况和下游河道不同平滩流量情况进行组合分析。

1. 计算边界条件

小浪底水库对中小洪水进行减灾调控的前提是首先要保证40.5亿m^3大洪水防洪库容,由此可知中小洪水调蓄主要是对拦沙库容的有效利用。设置不同的小浪底调控流量方案,利用$p=5\%$洪水调洪计算,可得不同调控流量运用需要库容(见图7-7)。设小浪底水库调控流量从3 000 m^3/s变化到8 000 m^3/s,每一个控制流量对应黄河下游河道平滩流量变化取值范围是2 000~6 000 m^3/s,水库和河道系统过流边界组合见表7-22。

表 7-22 水库及河道系统过流情况组合

剩余拦沙库容(亿 m^3)	控制流量(m^3/s)	下游平滩流量(m^3/s)								
70.99	3 000	2 000	2 500	3 000	3 500	4 000	4 500	5 000	5 500	6 000
54.43	3 500	2 000	2 500	3 000	3 500	4 000	4 500	5 000	5 500	6 000
39.23	4 000	2 000	2 500	3 000	3 500	4 000	4 500	5 000	5 500	6 000
25.11	4 500	2 000	2 500	3 000	3 500	4 000	4 500	5 000	5 500	6 000
17.46	5 000	2 000	2 500	3 000	3 500	4 000	4 500	5 000	5 500	6 000
13.51	5 500	2 000	2 500	3 000	3 500	4 000	4 500	5 000	5 500	6 000
10.76	6 000	2 000	2 500	3 000	3 500	4 000	4 500	5 000	5 500	6 000
8.37	6 500	2 000	2 500	3 000	3 500	4 000	4 500	5 000	5 500	6 000
6.68	7 000	2 000	2 500	3 000	3 500	4 000	4 500	5 000	5 500	6 000
5.38	7 500	2 000	2 500	3 000	3 500	4 000	4 500	5 000	5 500	6 000
4.24	8 000	2 000	2 500	3 000	3 500	4 000	4 500	5 000	5 500	6 000

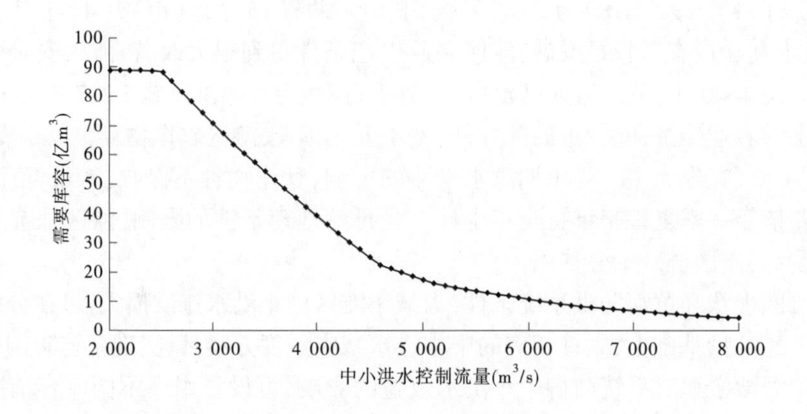

图 7-7 不同调控流量运用需要库容($p=5\%$洪水)

2. 黄河下游中小洪水系列选择及水库调控方案

选用 1990~1999+1956~1995 系列年三门峡、黑石关和武陟等水文站共 50 年洪水要素资料(简称 90 系列),按照洪峰流量不超过 $p=5\%$一遇洪水要求划分场次洪水,计算洪水期不同水库和河道系统过流边界组合条件下滩区漫滩损失,各量级洪水发生次数统计见表 7-23。

表 7-23　各量级洪水发生次数统计

洪峰量级(m^3/s)	总次数	年均次数	洪峰量级(m^3/s)	总次数	年均次数
2 000~2 500	57	1.14	6 500~7 000	1	0.02
2 500~3 000	43	0.86	7 000~7 500	2	0.04
3 000~3 500	51	1.02	7 500~8 000	3	0.06
3 500~4 000	31	0.62	8 000~8 500	3	0.06
4 000~4 500	35	0.70	8 500~9 000	4	0.08
4 500~5 000	19	0.38	9 000~9 500	0	0
5 000~5 500	15	0.30	9 500~10 000	0	0
5 500~6 000	11	0.22	10 000~10 500	1	0.02
6 000~6 500	9	0.18			

中小洪水期,小浪底水库根据当前剩余拦沙库容可以分析出水库减灾调度的控制流量,据此开展洪水调节运用,对预报花园口站洪峰流量超过控制流量的洪峰进行削峰滞洪。

3. 不同淤积水平中小洪水风险变化

表 7-24 给出了 90 系列不同水库和河道系统过流边界组合条件下,黄河下游滩区年平均发生漫滩损失的次数。从表 7-24 可以看出,当小浪底水库剩余拦沙库容较大时,水库可以在洪峰较小条件下就开始进行滞洪运用,如剩余拦沙库容为 70.99 亿 m^3,可以对花园口站超过 3 000 m^3/s 的洪水进行控制。在该运用条件下,黄河下游平滩流量为 2 000 m^3/s 时,给定的水沙系列里滩区平均每年发生漫滩损失的次数是 5.82 次;当黄河下游平滩流量为 2 500 m^3/s 时,滩区平均每年发生漫滩损失的次数减少为 4.68 次;当黄河下游平滩流量增加到 3 000 m^3/s 时,滩区发生漫滩损失的次数很少,仅为平均每年 0.12 次。

表 7-24　不同剩余拦沙库容与平滩流量组合对应漫滩损失危险性　(单位:次/年)

剩余拦沙库容(亿 m^3)	调控流量(m^3/s)	下游平滩流量(m^3/s)								
		2 000	2 500	3 000	3 500	4 000	4 500	5 000	5 500	6 000
70.99	3 000	5.82	4.68	0.12	0.12	0.10	0.10	0.10	0.08	0.04
54.43	3 500	5.82	4.68	3.82	0.12	0.10	0.10	0.10	0.08	0.04
39.23	4 000	5.82	4.68	3.82	2.80	0.10	0.10	0.10	0.08	0.04
25.11	4 500	5.82	4.68	3.82	2.80	2.18	0.10	0.10	0.08	0.04
17.46	5 000	5.82	4.68	3.82	2.80	2.18	2.18	0.10	0.08	0.04
13.51	5 500	5.82	4.68	3.82	2.80	2.18	2.18	1.08	0.08	0.04
10.76	6 000	5.82	4.68	3.82	2.80	2.18	2.18	1.08	1.08	0.04
8.37	6 500	5.82	4.68	3.82	2.80	2.18	2.18	1.08	1.08	0.56
6.68	7 000	5.82	4.68	3.82	2.80	2.18	2.18	1.08	1.08	0.56
5.38	7 500	5.82	4.68	3.82	2.80	2.18	2.18	1.08	1.08	0.56
4.24	8 000	5.82	4.68	3.82	2.80	2.18	2.18	1.08	1.08	0.56

注:下游平滩流量大于小浪底水库调控流量仍发生漫滩损失主要受支流伊洛河和沁河洪水影响。

当剩余拦沙库容减小到 17.46 亿 m^3,可对花园口站超过 5 000 m^3/s 的洪水进行控制。在该运用条件下,黄河下游平滩流量为2 000 m³/s 时,给定的水沙系列里滩区平均每年发生漫滩损失的次数是5.82次。随着黄河下游平滩流量的增大,滩区平均每年发生漫滩损失的次数也相应减少,当黄河下游平滩流量增加到5 000 m³/s 时,滩区可以通过防洪系统调控将中小洪水发生漫滩损失的次数减小为平均每年0.10次。

当剩余拦沙库容减小到4.24亿m³,仅能对花园口站超过8 000 m³/s 的洪水进行控制。在该运用条件下,对应于方案给出的黄河下游各种平滩流量条件下,给定的水沙系列里滩区都将发生漫滩损失。但从表7-23可以看出,随着下游平滩流量的增大,年平均发生损失次数也是不断减小的,当下游平滩流量为6 000 m³/s 时,年平均发生损失次数为0.56次。

上述分析表明,水库淤积和下游河道淤积都导致了黄河滩区淹没损失发生的次数增多,即发生中小洪水损失的危险性增加。现阶段,黄河下游河道治理目标是维持平滩流量在4 000 m³/s 以上,在该目标下,当小浪底水库剩余拦沙库容大于39.23亿m³ 时,年平均发生漫滩损失次数仅为0.10次;当剩余拦沙库容小于25.11亿m³ 时,年平均发生漫滩损失次数增加到2.18次。

黄河下游滩区发生漫滩损失主要包括耕地损失和房屋损失,其损失程度受漫滩水深、流速以及淹没时间等多种因素影响。利用1949~2003年黄河下游滩区耕地、房屋淹没损失调查统计资料,计算出滩区农作物单位面积产值和不同结构房屋重置价以及淹没耕地、房屋的损失率,估算出黄河下游滩区亩均水灾综合损失是680元。通过调洪计算得到滩区淹没面积,然后利用淹没面积与亩均水灾综合损失相乘可得不同条件下漫滩洪水损失值。表7-25给出了90系列不同水库和河道系统过流边界组合条件下,黄河下游滩区发生漫滩损失的年平均值。

表7-25　不同剩余拦沙库容平滩流量组合对应年均损失　　(单位:亿元)

剩余拦沙库容(亿m³)	调控流量(m³/s)	下游平滩流量(m³/s)								
		2 000	2 500	3 000	3 500	4 000	4 500	5 000	5 500	6 000
70.99	3 000	6.618	3.220	0.382	0.292	0.220	0.160	0.115	0.085	0.066
54.43	3 500	8.135	4.964	2.385	0.292	0.220	0.160	0.115	0.085	0.066
39.23	4 000	8.857	5.778	3.419	1.567	0.220	0.160	0.115	0.085	0.066
25.11	4 500	9.481	6.433	4.128	2.373	1.126	0.160	0.115	0.085	0.066
17.46	5 000	9.807	6.744	4.464	2.773	1.627	0.776	0.115	0.085	0.066
13.51	5 500	10.116	7.052	4.769	3.104	2.006	1.208	0.602	0.085	0.066
10.76	6 000	10.304	7.244	4.954	3.291	2.212	1.445	0.886	0.429	0.066
8.37	6 500	10.369	7.309	5.014	3.355	2.298	1.550	1.020	0.609	0.292
6.68	7 000	10.402	7.342	5.052	3.396	2.337	1.603	1.089	0.691	0.397
5.38	7 500	10.438	7.378	5.081	3.432	2.373	1.643	1.139	0.755	0.479
4.24	8 000	10.468	7.404	5.107	3.458	2.400	1.670	1.168	0.793	0.520

在相同水库剩余拦沙库容条件下，随着下游泥沙淤积导致平滩流量减小，滩区淹没损失逐渐增大。从表7-25可以看出，水库拦沙运用初期剩余拦沙库容为70.99亿 m^3 时，可以对花园口超过3 000 m^3/s 的洪水进行控制。给定的水沙系列条件下，当黄河下游平滩流量大于3 000 m^3/s 时，滩区平均每年发生漫滩损失为0.382亿元；当黄河下游平滩流量小于2 500 m^3/s 时，滩区平均每年发生漫滩损失达3.220亿元；当黄河下游平滩流量小于2 000 m^3/s 时，滩区平均每年发生漫滩损失更是达到了6.618亿元。

在下游相同平滩流量条件下，水库泥沙淤积使得拦沙库容减小，滩区淹没损失逐渐增大。从表7-25可以看出，当平滩流量为4 000 m^3/s 时，若水库剩余拦沙库容为70.99亿 m^3，则年均损失仅为0.220亿元；若剩余拦沙库容为25.11亿 m^3，则年均损失为1.126亿元；若剩余拦沙库容为13.51亿 m^3，则年均损失为2.006亿元，之后，随着水库拦沙库容的淤积减少，滩区中小洪水年均损失增加不明显。

可见，在维持黄河下游平滩流量4 000 m^3/s 条件下，若超过下游河道输沙能力的泥沙都配置在小浪底水库中，则泥沙淤积导致滩区中小洪水淹没损失由水库拦沙运用初期的年均损失0.220亿元增大到后期的年均损失2.400亿元。当泥沙淤积导致小浪底水库拦沙库容损失殆尽时（剩余拦沙库容小于4.24亿 m^3 以后），水库仅能对花园口超过8 000 m^3/s 的洪水进行控制，这种情况下超过下游河道输沙能力的泥沙已不能再配置在小浪底水库中，若泥沙淤积导致下游平滩流量减少到2 000 m^3/s 以下（黄河下游2002年最小达1 800 m^3/s 左右），滩区年均损失将会急剧增大到10.468亿元。

7.2.3.3　库区及河道不同方案淤积评估

表7-26给出了不同方案泥沙淤积导致的年均洪水损失变化值。从表7-26可以看出，现状方案小浪底水库库容由起始51亿 m^3 减小为49.65亿 m^3，水库拦沙1.35亿 m^3，下游河道淤积7.59亿 m^3，下游河道平滩流量降低为2 058 m^3/s，艾山过流能力降低了2 336 m^3/s，泥沙淤积导致下游防洪系统洪灾损失年均增加14.8亿元。

表7-26　泥沙淤积导致的年平均洪水损失变化值

项目		小浪底库容（亿 m^3）		下游河道过流能力（m^3/s）		泥沙淤积造成损失（亿元）	备注
		275以下	剩余拦沙库容	最小平滩流量	艾山站安全泄量		
现状方案（规划）	起始	51	0	4 150	11 000	14.8	其中大洪水损失7.2亿元
	结束	49.65	0	2 058	8 664		
滩区防护堤方案	起始	51	0	4 150	11 000	7.1	不考虑10 000 m^3/s 以下滩区损失
	结束	52.57	1.57	2 420	8 264		
防护堤+对口丁坝可能方案	起始	51	0	4 150	11 000	7.5	不考虑10 000 m^3/s 以下滩区损失
	结束	52.91	1.91	2 607	8 000		

防护堤方案小浪底水库库容由起始的51亿 m^3 增大为52.57亿 m^3，水库排沙1.57

亿 m³,下游河道淤积 7.93 亿 m³,下游河道平滩流量降低为 2 420 m³/s,艾山过流能力降低了 2 736 m³/s,泥沙淤积导致下游防洪系统洪灾损失年均增加 7.1 亿元。

防护堤加对口丁坝方案小浪底水库库容由起始 51 亿 m³ 增大为 52.91 亿 m³,水库排沙 1.91 亿 m³,下游河道淤积 7.33 亿 m³,下游河道平滩流量降低为 2 607 m³/s,艾山过流能力降低了 3 000 m³/s,泥沙淤积导致下游防洪系统洪灾损失年均增加 7.5 亿元。

泥沙淤积导致的损失都在年均 7 亿元以上,主要表现为主河槽过流能力降低导致漫滩损失增加以及全河道过流能力降低导致分洪运用损失增大。

7.2.4 对滩区安全建设及移民安置影响(节省投资情况)

针对黄河下游河道改造与滩区治理格局,优化思路为:按照《黄河流域综合规划》提出的安全建设方案,在此基础上扣除近年来已实施安全建设的人口;根据防护堤布设情况,对两道防护堤内人口全部采用外迁措施;对防护堤标准达到 20 年一遇的长垣滩以及防护堤标准达到 30 年一遇的长平滩的居民,原规划安排的外迁规模不变,原安排的就地就近村台措施调整为临时撤离措施;其他滩区群众仍采用《黄河流域综合规划》成果,通过采用外迁、就地建设村台和临时撤离三种措施,解决滩区群众的防洪安全。

通过分析及方案比较,推荐的安全建设及移民安置优化方案,扣除已安排实施安全建设规模后,黄河下游滩区总人口 182.85 万人,外迁、就地就近及临时撤离安置规模分别为 43.19 万人、53.33 万人、60.50 万人,不考虑安排措施的人口规模为 25.84 万人(见表 7-27)。

表 7-27 推荐安全建设优化方案细表

河段(行政区)		现状(2007 年,扣除已实施)		外迁安置		就地就近安置		临时撤离安置		不需安置	
		村庄(个)	人口(万人)	村庄(个)	人口(万人)	村庄(个)	人口(万人)	村庄(个)	人口(万人)	村庄(个)	人口(万人)
合计		1 861	182.85	552	43.19	551	53.33	505	60.50	253	25.84
河南		1 079	117.96	262	25.13	379	38.71	299	38.92	139	15.19
山东		782	64.89	290	18.05	172	14.62	206	21.58	114	10.64
铁谢至京广铁桥	小计	73	9.10	5	0.88		0			68	8.22
	孟津	13	1.05							13	1.05
	吉利区	3	0.11							3	0.11
	孟州	19	3.24							19	3.24
	温县	33	3.82							33	3.82
	武陟	5	0.88	5	0.88		0				

续表 7-27

河段（行政区）		现状(2007 年，扣除已实施)		外迁安置		就地就近安置		临时撤离安置		不需安置	
		村庄（个）	人口（万人）	村庄（个）	人口（万人）	村庄（个）	人口（万人）	村庄（个）	人口（万人）	村庄（个）	人口（万人）
京广铁桥至东坝头	小计	361	45.42	131	15.96	181	24.22			49	5.24
	武陟	11	1.26	2	0.16	9	1.10				
	邙金	4	0.12			4	0.12				
	中牟	11	2.22	2	0.48	9	1.74				
	原阳	187	21.92	52	5.37	126	15.51			9	1.04
	封丘	44	7.38	33	5.24	11	2.14				
	开封郊区	16	1.92	11	1.42					5	0.50
	开封县	82	9.37	29	2.97	21	3.34			32	3.06
	兰考县	6	1.23	2	0.32	1	0.27			3	0.64
东坝头至陶城铺（河南）	小计	645	63.44	126	8.30	198	14.49	299	38.92	22	1.73
	兰考县										
	长垣县	161	20.90	23	2.35			130	17.60	8	0.95
	封丘倒灌区	169	21.32					169	21.32		
	濮阳县	132	7.38	32	0.85	95	6.35			5	0.18
	范县	55	4.15	25	1.81	21	1.74			9	0.61
	台前县	128	9.69	46	3.29	82	6.40				
东坝头至陶城铺（山东）	小计	280	23.26	74	5.65	172	14.62	5	0.51	29	2.48
	东明县	141	12.62	27	2.07	101	9.46			13	1.09
	牡丹区	4	0.23	4	0.23						
	鄄城	76	5.82	35	2.74	40	3.00			1	0.08
	梁山县	32	2.44	8	0.62	17	1.13			7	0.69
	东平县	27	2.15			14	1.02	5	0.51	8	0.62
陶城铺以下	小计	502	41.63	216	12.40			201	21.07	85	8.17
	东平县	38	3.96	9	0.84			9	0.94	20	2.18
	平阴县	126	15.57	31	2.90			42	7.57	53	5.10
	长清县	222	16.63	60	3.18			150	12.56	12	0.89
	槐荫区	13	0.75	13	0.75						
	天桥区	2	0.04	2	0.04						
	章丘	23	1.20	23	1.20						
	济阳	7	0.45	7	0.45						
	惠民县	1	0.03	1	0.03						
	滨州市	33	1.62	33	1.62						
	高青	17	0.52	17	0.52						
	利津县	20	0.86	20	0.86						

7.2.5　小结

(1)避免了10 000 m^3/s以下流量量级洪水的淹没损失。通过与黄河水利委员会洪水风险图研究成果中4 000 m^3/s、6 000 m^3/s、8 000 m^3/s、10 000 m^3/s等不同量级洪水淹没范围的研究成果对比,对防护堤方案实施后在淹没范围、财产损失等方面的效益进行了量化。

(2)减少了10 000 m^3/s以上流量量级洪水的淹没损失和临时撤退人口等问题。针对规划现状方案(无滩区防护堤)、有滩区防护堤、滩区防护堤+对口丁坝等三种工况条件下,利用平面二维水沙数学模型对设定的百年一遇、千年一遇洪水过程进行实时模拟计算,预测不同方案的洪水水位和淹没范围,并在此基础上进行工程实施后的滩区淹没损失、临时撤退人口等经济效益的定量计算。

(3)减少了库区和下游河道淤积对防洪体系的不利影响(损失)。滩区防护堤方案,提高河道输沙能力的非工程措施、工程措施,减少了库区和下游河道的淤积,减少了滞洪区使用概率和滩区淹没损失。

(4)减少了滩区安全建设投资。立足于滩区经济社会可持续发展和滩区群众脱贫的要求,结合工程建设投资、工程管理方面的具体情况,以及所具有的社会经济效益综合分析表明滩区防护堤建设,且具有一定的可行性是必要的。

从滩区淹没损失、迁安救护、滩区安全建设及移民安置方案优化等三方面,对防护堤建设效益进行了量化分析。

7.3　黄河下游河道改造与滩区治理方案可行性综合分析及建议

7.3.1　滩区防护堤方案可行性综合分析及建议

立足于滩区经济社会可持续发展和滩区群众脱贫的要求,结合工程建设投资、工程管理方面的具体情况,以及所具有的社会经济效益,综合分析表明,滩区防护堤建设具有一定的可行性,且是必要的。

从1965~1999年实际情况看,滩区生产堤及控导工程的存在起到了低标准滩区防护堤的作用,目前(2016年)下游河道最小平滩流量已经超过4 000 m^3/s,发生6 000~8 000 m^3/s量级的中小洪水时大部分生产堤能够起到保护滩区的作用。同时,本项研究计算成果是基于与彻底废除生产堤(现状方案)对比得出的滩区防护堤对河道淤积、防洪的影响,结果是偏于保守和安全的。考虑未来洪水变化趋势,综合分析认为,建设6 000~8 000 m^3/s标准的防护堤对现状边界条件改变不大,是基本可行的。建议选择夹河滩至高村“宽滩河段”作为下游河道滩区综合治理的试点,进行尝试。

7.3.2　提高河道输沙能力的非工程措施方案可行性综合分析及建议

基于下游边界条件的变化提出了小浪底水库调控指标优化原则:①增大中常洪水期

水库下泄流量;②增大调水调沙期水库下泄流量;③避免2 600 m^3/s以下流量级小水排沙。

按照优化原则,经过水库调控计算和下游河道冲淤演变结算,结果表明,3亿t方案,防护堤非工程措施较现状运用方式,古贤和小浪底水库分别少淤积0.09亿t和4.60亿t;8亿t方案古贤和小浪底水库分别少淤积5.14亿t和3.80亿t。

采用一维水沙动力学模型计算未来50年河道冲淤、水位及平滩流量变化,四家计算结果表明:

(1)水沙情景方案1(3亿t)方案整体表现为“淤滩刷槽”,主槽多冲0.73亿~3.49亿t,滩地增淤1.23亿~9.72亿t,全断面增淤1.26亿~8.99亿t。50年后10 000 m^3/s同流量水位影响在0.3 m以内,平滩流量可维持在4 000 m^3/s以上,非工程措施平滩流量增加约60 m^3/s。10 000 m^3/s流量西河口水位略有抬升,抬升值在0.04 m以内。

(2)水沙情景方案3(8亿t)方案全断面增淤5.08亿~13.71亿t,滩地增淤3.02亿~10.15亿t,主槽计算结果表现不一,减淤最大值4.39亿t,增淤最大值10.31亿t。50年后10 000 m^3/s同流量水位影响在0.6 m以内,非工程措施平滩流量增加约200 m^3/s。10 000 m^3/s流量西河口水位略有抬升,抬升值在0.11 m以内。

综合分析四家计算结果,水沙情景方案1(3亿t)方案下游冲淤处于微冲微淤状态。水沙情景方案3(8亿t)方案,下游增淤,滩地增淤。因此,非工程措施有利于泥沙输送,但效果不显著。

7.3.3 提高河道输沙能力的工程措施(双岸整治)可能性综合分析及建议

综合本次研究成果来看,双岸整治建设对提高200 kg/m^3以下低含沙洪水输沙能力的作用不显著,但发生400 kg/m^3以上高含沙洪水时,随着水流容重、黏性的增加,沉速的降低,具有高效输沙、主槽不淤积甚至发生“揭河底”冲刷的现象,在中游水库群和水沙调控技术进一步提高、完善的情况下,存在“双岸整治+高含沙洪水塑造”实现高效输沙,减小河道淤积的可能性是有的。

由于高含沙输沙影响因素多,问题非常复杂,目前利用各家输沙能力研究成果所求得的高含沙洪水平衡输沙含沙量还存在很大的差异,同时高含沙洪水塑造技术还很不成熟,短期内利用高含沙洪水高效输沙的构想还难以实现。

7.4 主要结论

(1)自1958年汛后开始,黄河下游逐步修建了生产堤,进行了大规模的河道整治,显著改变了滩区边界条件。漫滩洪水滩槽交换概率减小,交换次数减少。滩区水动力条件显著减弱、流速下降、过洪能力显著降低。

(2)1965~1999年控导工程(生产堤)到大堤间滩区淤积量不大。1964~1999年陶城铺以上淤积分布,其中生产堤以外至大堤间累计淤积泥沙6.88亿m^3,占全断面淤积量(41.32亿m^3)的17%。生产堤(基本相当于滩区防护堤)之间的主槽、嫩滩淤积量分别占全断面淤积量的70%和13%。生产堤(滩区防护堤)到大堤间的滩区淤积主要发生在洪水期,相应流量较大,同时由于远离主河槽,滩区淤积物较细,即使不在宽河段淤积,也是输送到艾山以下窄河段,由于窄河段具有“多来多排不多淤”的特性,也不会造成窄河段大量淤积。

(3)滩区防护堤方案对河道防洪、河道输沙的效果的计算成果表明,滩区宽度大幅度缩窄后并未导致主槽明显多淤,包括艾山以下窄河段的淤积问题也并不严重;对于洪峰沿程坦化减弱以及洪水位抬升问题,也在可控范围内,因此在技术方面具有较强的可行性。

(4)滩区防护堤的修建改变了滩区的边界条件,且提高了黄河下游的平滩流量,同时允许防护堤与主槽之间的嫩滩淹没,因此为非工程措施优化小浪底水库调度提供了可行性支撑。

(5)工程措施双岸整治方案,立足于现有微弯型河道治导线布局,提出的提高河道输沙能力的工程措施技术方案与现有控导工程平顺衔接,具有一定的可操作性。黄河水利科学研究院、清华大学的计算成果表明,对于设计的千年一遇、百年一遇场次洪水,对口丁坝的修建,相对于防护堤方案而言,并未产生明显不利的影响,从定性上来看,两家计算成果均表现为微冲、微淤状态。千年一遇洪水花园口站、夹河滩站分别抬高了 0.57 m 和 0.47 m,高村至艾山之间水位变幅较小,在 0.06 m 之内。百年一遇洪水在花园口站、夹河滩站均抬高了 0.59 m,高村至艾山之间水位变幅较小,在 0.1 m 之内。

(6)滩区防护堤方案避免了 10 000 m^3/s 以下流量量级洪水的淹没损失。通过与黄河水利委员会洪水风险图研究成果中 4 000 m^3/s、6 000 m^3/s、8 000 m^3/s、10 000 m^3/s 等不同量级洪水淹没范围的研究成果对比,对防护堤方案实施后在淹没范围、财产损失等方面的效益进行了量化。

(7)滩区防护堤方案减少了 10 000 m^3/s 以上流量量级洪水的淹没损失和临时撤退人口等问题。针对现状方案(无滩区防护堤)、有滩区防护堤、滩区防护堤+双岸整治等三种工况条件下,利用平面二维水沙数学模型对设定的百年一遇、千年一遇洪水过程进行实时模拟计算,预测不同方案的洪水位和淹没范围,并在此基础上进行工程实施后的滩区淹没损失、临时撤退人口等经济效益的定量计算。对于百年一遇洪水,滩区防护堤方案减少损失 28.64 亿元。

(8)防护堤方案的修建,使得水库多排沙,下游输沙能力提高泥沙淤积导致下游洪灾损失年均增加 7.1 亿元,较现状损失 14.8 亿元,减少 7.7 亿元。

(9)减少了滩区安全建设投资。立足于滩区经济社会可持续发展和滩区群众脱贫的要求,结合工程建设投资、工程管理方面的具体情况,在社会经济效益方面也具有一定的可行性,滩区防护堤建设是必要的。

第 8 章　主要认识与建议

8.1　主要认识与结论

8.1.1　提出了黄河未来水沙情势变化及水沙过程设计成果

(1)来水来沙量,在黄河流域水资源综合规划成果的基础上,提出了考虑未来水土保持的减水减沙作用及近一时期黄河实测。代表未来 50 年水沙系列的 3 个设计推荐情景方案。黄河来沙量分别为 3 亿 t、6 亿 t、8 亿 t,相应来水量分别为 244 亿 m^3、259 亿 m^3、269 亿 m^3。

(2)根据《黄河流域综合规划》中的设计洪水成果,选用千年一遇("58·7"型洪水)、百年一遇("58·7"型洪水)、十年一遇("73·8"型洪水)、"96·8"实测洪水 4 场典型洪水水沙过程,用于黄河下游二维水沙数学模型计算。

(3)确定了水库及下游河道计算边界条件:小浪底和古贤水库拦沙库容淤满,利用小浪底 10 亿 m^3、古贤 20 亿 m^3 调水调沙库容进行水沙联合调节;下游河道选取现状(2012 年汛前)地形作为初始计算条件。

8.1.2　提出了下游河道改造与滩区治理的思路

8.1.2.1　下游滩区行洪、淤沙与滞洪特性的变化与滩区治理思路

随着水沙条件的变化和中游水库群对洪水水沙调控能力的增强,下游漫滩洪水发生概率尤其漫滩程度以及由此所引起的"滩槽水沙交换程度、控导工程(生产堤)到大堤间滩区的淤积程度"等均呈现出明显的降低趋势,漫滩洪水冲淤演变规律发生了很大的改变。20 世纪 60 年代以后,尤其近 20 年(1997~2016 年)来,漫滩概率显著降低,尤其主槽和滩区边界条件的巨大变化,大大改变了漫滩洪水在控导工程(生产堤)到大堤间滩区的运行模式,显著降低了其"行洪、淤沙能力","滞洪能力"却明显增强。在系统分析下游滩槽河床边界条件,行洪、淤沙、滞洪功能(能力)变化过程、变化特点和发展趋势的基础上,从 2 个方面提出了滩区防护措施和技术方案:一是"滩区防护堤措施",二是滩区蓄滞洪区措施。

(1)滩区行洪淤沙能力的变化与滩区防护堤方案的设置

主要受大量河道整治工程、生产堤、众多滩区道路、渠堤和村台等阻水作用的影响,现有边界条件下的水流漫滩,是在控导工程基本控制主流流向条件下,通过生产堤口门的(侧向)进水,入滩水量小(不足 1 倍的滩区库容容积)、含沙量低,滩槽水沙交换显著减弱,滩区淤积很少。即便有少量淤积,也主要集中在生产堤口门附近约 2 km 范围内的滩面上,远离口门(主槽)的滩区,尤其是堤根附近含沙量更低、淤积更少。实测资料表明,

1965~1999年35年间下游各河段控导工程(生产堤)到大堤间滩区淤积量只占全断面淤积量的17%,平均河底高程淤高程度(0.43 m)不足主槽淤积程度(2.47 m)的1/5。

而20世纪50年代漫滩洪水多、滩区阻水建筑物少、进出滩区水沙量大、滩槽水沙交换频繁(充分),滩地淤积量明显大于主槽的淤积。"58·7"洪水期间夹河滩至高村河段滩槽水沙交换可达10次以上,堤根附近的滩面淤积厚度可厚达1.0 m,洪水过后滩面横比降明显降低。

控导工程控制主流流向条件下,通过生产堤口门的(侧向)进水,同时受"滩区道路渠堤等阻水建筑的影响,滩区水动力条件大大降低,"96·8"洪水期间夹河滩至高村河段实测滩区水面比降(动力条件)只有主槽水面比降的不足1/3,滩区行洪能力显著降低,为滩区防护堤的设置提供了有利条件。滩区生产堤(长期难以破除),控导工程连坝也为防洪堤方案提供了一定的条件。

(2)滩区滞洪能力的变化与滩区分滞洪区方案的设置

1965~1999年以来,下游河道主槽大量淤积,同流量(3 000 m^3/s)水位及滩唇附近滩面高程抬升2.6~4.0 m,而远离主槽的滩区淤积很少,尤其堤根附近几乎没有淤积,使得广大滩区更显低洼,尤其"条形大滩",在滩区中下部已经形成了"深2~4 m的大水盆",洪水进入到滩区后很难再出去,显著增大了"滩区的滞洪能力"。为滩区蓄滞洪区的设置提供了有利条件。

黄河下游河道纵比降陡,蓄滞洪量小,为增加滞洪效果(增加滞洪量),需要在滩区蓄滞洪区内每隔约5 km,设置一道格堤,形成由标准化堤防、滩区防护堤(设有进水口门)和上下游格堤共同围成的一个小的滞洪区单元,每个单元滞蓄洪量0.2亿~0.4亿 m^3,平均约0.3亿 m^3。每个格堤设有溢流堰,堰顶高程与当地主槽10 000 m^3/s流量所相应的水位持平。当发生洪峰流量超过10 000 m^3/s(滩区防护堤设防标准)的洪水时,自上而下开启防护堤上的进水口门,分滞超万洪量;当上游滞洪单元蓄满后,顺序通过格堤上的"溢流堰"流入到其下游的滞洪单元,直到将超万洪量在设计河段内分滞完毕。

8.1.2.2　河道边界条件和水库群调控能力的变化与提高输沙能力的技术途径

在滩区防护堤方案的基础上,以现有(规划)中游水库群运用方式、下游河道"微弯型"河道整治方案为基础,从进一步增加输沙流量、缩窄主槽河宽、增大输沙含沙量等三个方面,提出了三种进一步提高下游河道输沙能力、维持4 000 m^3/s主槽平滩流量的可能途径及技术方案:

(1)允许4 000~10 000 m^3/s量级洪水淹没滩区防护堤之间滩地的非工程措施:进一步提高洪水期小浪底水库出库流量,允许4 000 m^3/s(平滩流量)至10 000 m^3/s(滩区防护堤设防流量)量级洪水淹没滩区防护堤之间的滩地,发挥漫滩洪水"淤滩刷槽"的作用,减少主槽淤积,增大平滩流量;与滩区防护堤方案相比,本方案只是改变了中游水库群对"4 000~10 000 m^3/s流量级洪水"的调控运用方式,不增加新的工程建设项目,所以,简称提高河道输沙能力的非工程措施。

(2)进一步缩窄主槽宽度的"河道整治"措施:通过进一步河道整治、缩窄主槽宽度、改善断面形态(趋于窄深方向发展),通过集中水流,提高水流动力条件,提高河道的输沙能力,简称"河道整治"措施。

(3)进一步发挥高含沙洪水输沙潜力的“高含沙洪水调控”措施。在“河道整治”方案的基础上,进一步通过中游水库群“塑造高含沙洪水”过程,进一步发挥“窄深河槽输沙能力较大”的潜力,简称“高含沙洪水高效输沙措施”。

8.1.3　设定了黄河下游河道滩区治理方案

综合考虑排洪输沙、河道整治、滩区面积及位置和滩区人口分布等情况,充分利用现有控导工程,并考虑与现状生产堤结合,兼顾两岸利益,分河段提出了滩区防护堤堤距及堤线布局,分析了滩区防护标准,研究了滩区蓄滞洪区设置及运用方式。2013 年 12 月 21 日在郑州召开专家组咨询会,确定了滩区防护堤方案和标准:

(1)滩区防护堤堤距 3~5 km,其中白鹤至高村河段堤距 2.8~5.5 km,平均 4.4 km;高村至陶城铺河段堤距 1.5~3.5 km,平均 2.5 km;陶城铺以下堤距 0.6~3.5 km,平均 2.1 km。

(2)防护堤设防标准:长垣滩为 20 年一遇洪水,长清平阴县城段为 30 年一遇洪水,其他滩区为 10 年一遇洪水。

(3)滩区防护堤设置进水口门,不设滩区蓄滞洪区。遇标准内洪水利用两道防护堤内的河槽行洪,保障滩区的防洪安全;遇超标准洪水,利用黄河大堤间的河道行洪,滩地是泄洪通道的一部分。

(4)推荐防护堤方案堤线长 586.57 km(全部在济南北店子以上河段):其中新修防护堤长 367.85 km,加高加固控导工程联坝长 87.86 km,加高加固现状生产堤长 130.95 km。

(5)工程总投资为 138.80 亿元,其中工程投资 107.96 亿元,移民占压投资 30.84 亿元(滩区安全建设及移民安置方案投资未计入)。

(6)黄河下游洪水峰高量小,为解决下游滩区 20 年一遇洪水的漫滩淹没问题,在设置设防标准 10 000 m^3/s“滩区防护堤”的基础上,所设置的“滩区分滞洪区”方案,只需要“滩区蓄滞洪区”分滞超万洪量约 1.26 亿 m^3,仅为洪水期水量的约 1%,并且这部分洪量在主槽流量回落到 10 000 m^3/s 后,还要由滩区蓄滞洪区补充给主槽,洪水期水沙总量基本不变。可见,与“滩区防护堤”方案相比,“滩区防护堤+蓄滞洪区”方案对未来 50 年河道冲淤的影响,对百年一遇、千年一遇洪水的防洪影响,差别均很小,所以本次研究不再对 20 年一遇“滩区防护堤+蓄滞洪区”方案的效果专门开展数学模型计算。

8.1.4　分析计算了滩区防护堤方案对下游河道、河口冲淤演变及防洪的影响

根据设定的水沙过程设计成果,由中国水利水电科学研究院、黄河水利科学研究院、黄河勘测规划设计有限公司、清华大学四家,利用数学模型,对黄河下游河道、河口冲淤及防洪形势进行了平行分析计算。2014 年 12 月完成了“下游河道及河口冲淤演变及防洪的影响”阶段成果。

2015 年 1 月 20 日在北京召开专家组咨询会,对初步成果进行了咨询,专家组认为“四家模型的计算结果基本合理,定性上把握住了黄河下游河道冲淤变化特性,定量上计算差别在合理范围之内。主要成果是可信的。主要结论包括:

(1)未来50年河道冲淤:来沙3亿t(情景1)条件下,下游河道接近冲淤平衡或微冲,防护堤方案比现状治理增冲;来沙6亿t、8亿t(情景2、情景3)条件下,累积淤积量分别介于40亿~53亿t和79亿~84亿t,防护堤方案比现状治理分别减淤13%和11%。防护堤建设有利于提高河道的输沙能力(排沙比提高幅度2%),具有一定的增冲或减淤作用。

(2)防洪形势:来沙3亿t(情景1)条件下,下游典型断面(花园口、高村、艾山、利津)10 000 m^3/s同流量水位变化不大,防护堤建设对水位的影响在0.5 m以内;来沙6亿t、8亿t(情景2、情景3)条件下,河道淤积导致的水位上升幅度分别在1.5 m和2.0 m左右,护堤方案对水位的影响范围分别在0.8 m和1.0 m以内。

(3)平滩流量:三种情景条件下,下游河道最小平滩流量分别可维持4 000 m^3/s以上、2 600 m^3/s以上和2 000 m^3/s以上;防护堤方案最小平滩流量可分别增大约60 m^3/s、150 m^3/s和270 m^3/s。

(4)黄河河口:总体呈淤积、延伸、水位抬升的态势,与现状治理模式相比,防护堤治理模式对河口影响有限。防护堤治理模式下,3个水沙情景方案进入艾山以下河道的输沙量均略大,增大幅度分别在1%以内、2%左右和2%左右;河口地区淤积量增加幅度分别在0.12亿t、0.24亿t和0.50亿t之内;河口淤积延伸长度增加值在1.5 km之内,西河口10 000 m^3/s流量水位多抬升值在0.13 m之内。

(5)典型洪水演进特性及冲淤影响:无论是现状治理模式还是防护堤治理模式,4个设计典型洪水过程在下游河道演进过程中的洪峰流量都是沿程衰减的。与现状治理模式相比,滩区防护堤方案使得设防标准内洪水(10年一遇和5年一遇)从花园口演进到艾山的峰现时间提前23~52 h;超过滩区防护标准的洪水(1 000年一遇和100年一遇)受防护堤口门运用的影响,情况比较复杂,总体滞后;4个典型洪水过程花园口至艾山河段均呈淤积状态,防护堤治理模式相应河道淤积量有所减少;洪峰水位呈抬升状态,孙口洪水位抬升最大,为0.3~1.2 m。

(6)对东平湖滞洪区运用影响:防护堤方案对东平湖最大分流量、分洪量影响不大,花园口发生30年一遇、50年一遇洪水时,在防护堤运行管理到位情况下,防护堤方案可减小孙口站的洪峰流量,减幅为1%~7%;但若防护堤口门未能及时启用,由于防护堤的约束作用,孙口站洪峰流量将增加,增幅为1%~3%。防护堤方案缩短了洪水从花园口演进到孙口的演进时间,孙口站峰现时间提前,缩短了东平湖滞洪区洪水预报预见期及人员撤迁时间。花园口站发生100年一遇、1 000年一遇洪水时,由于洪量量级较大,防护堤作用有限,防护堤方案对东平湖滞洪区运用基本没有影响。

(7)对滩区蓄滞洪区设置的认识分歧:关于"滩区蓄滞洪区方案"的设置,目前还存在较大的认识分歧,主要集中在2个方面:

一是防洪调度运用方式复杂,指挥调度难度大。由于下游河道纵比降陡,为增加蓄滞洪量,在每个滩区蓄滞洪区内又通过格堤、将滩区蓄滞洪区分割为多个蓄滞洪区单元,每个蓄滞洪区单元能够滞蓄的洪量较小(平均只有0.3亿m^3),需要设置的滞洪区数量较多、格堤较多,防洪指挥调度的难度和风险都很大。比如,20年一遇、30年一遇洪水,超万洪量虽然只有1.26亿m^3和2.41亿m^3,但仍然需要使用原阳滩区中的3~4个和6~7个小的滞洪单元;100年一遇洪水超万洪量6.16亿m^3,需要使用夹河滩以上河段3个滩区蓄滞洪区,涉及约 20 个小的滞洪单元。

二是滩区蓄滞洪区方案还存在一定的社会问题。由于滩区蓄滞洪区中的格堤上下游存在较大(约 2 m)的水位差,也存在有一定的自身安全问题。为此,需要深入开展滩区蓄滞洪区运用方式的研究,提出不同类型典型洪水的调度运行方式和相应的技术指标,确保黄河防洪、滩区防洪工作万无一失。

8.1.5　提出了小浪底水库优化调控运用方式及其提高河道输沙能力效果

在滩区防护堤方案的基础上,提出小浪底水库优化调控运用方式及具体调度指令,在调整后的出库水沙条件下,利用四家数学模型,平行计算了下游河道未来 50 年的冲淤演变趋势及河口泥沙淤积延伸长度等演变特点。主要结论如下:

(1)基于下游边界条件变化调控指标优化原则:允许不超过滩区防护堤标准的洪水(洪峰流量低于 10 000 m^3/s)淹没嫩滩,增大中常洪水期水库下泄流量,增大调水调沙期水库下泄流量,尽量避免 2 600 m^3/s 以下流量级小水排沙。

(2)小浪底水库优化调度指令:中常洪水(4 000~10 000 m^3/s)小浪底水库防洪运用方式指令调整为:预报花园口站流量小于 10 000 m^3/s,按入库流量泄洪。汛期调水调沙运用方式指令调整为:适当增加调水调沙上限流量,按花园口站(不小于)3 000 m^3/s×2 d+7 000 m^3/s×2 d+2 600 m^3/s×2 d 以上控制下泄,冲刷恢复下游河槽主槽过流能力。汛前调水调沙运用方式指令调整为:6 月中下旬造峰按照花园口站 Q m^3/s×5 d 以上控制,当计算流量 4 000 $m^3/s<Q<6$ 000 m^3/s 时,按 4 000 m^3/s 下泄,延长历时。

(3)进入下游水沙量:来沙 3 亿 t(情景 1)、8 亿 t(情景 3)条件下非工程措施方案较防护堤现状运用方式总水量分别减少 2 亿 m^3、5.5 亿 m^3,总沙量增加 4 亿 t、11 亿 t。

(4)未来 50 年河道冲淤:来沙 3 亿 t(情景 1)条件下,下游河道接近冲淤平衡或微冲状态,非工程措施方案较现状运用方式少冲(增淤)1.26 亿~8.99 亿 t,其中滩地增淤 1.23 亿~9.72 亿 t,主槽多冲在 0.73 亿~3.49 亿 t 范围内(个别计算增淤 4.02 亿 t);来沙 8 亿 t(情景 3)条件下,累积淤积量介于 76 亿~90 亿 t,非工程措施方案较现状运用方式增淤 5.08 亿~13.71 亿 t。

(5)防洪形势:来沙 3 亿 t(情景 1)条件下,下游典型断面(花园口、高村、艾山、利津)10 000 m^3/s 流量 50 年末同流量水位升降在±1 m 以内,非工程措施方案对水位的影响范围基本上在 0.3 m 以内;水沙情景方案 3(沙量 8 亿 t)50 年末水位上升幅度在 1.03~4.63 m 范围内,非工程措施方案较现状运用方式水位影响基本上在 0.6 m 以内(个别计算值高村断面抬升 1.45 m)。

(6)平滩流量:两种情景条件下,下游河道最小平滩流量分别可维持 4 000 m^3/s 和 2 400 m^3/s 以上;防护堤非工程措施方案最小平滩流量分别可增大约 60 m^3/s 和 200 m^3/s(2 家计算值分别减小 500 m^3/s 和 200 m^3/s)。

(7)黄河河口:未来 50 年黄河口防护堤非工程措施两种情景条件下进入艾山以下河道的输沙量均比现状运用方式略大,水沙情景方案 1 年输沙多在 0.12 亿 t 内,水沙情景方案 3 年输沙多在 0.16 亿 t 内;两种情景条件下的淤积量增加值分别在 0.06 亿~0.77 亿 t、-2.33 亿~1.15 亿 t 范围内;10 000 m^3/s 流量西河口水位略有抬升,水沙情景方案 1

抬升值在 0.04 m 以内,水沙情景方案 2 抬升值基本在 0.11 m 以内;河口淤积延伸长度增加值在 2.63 km 之内。

(8)综合评价:综合四家计算结果分析,水沙情景 1(沙量 3 亿 t)防护堤非工程措施较现状运用方式在进入下游沙量增加 4 亿 t、引沙量减少 4 亿 t 情况下,水库减淤 4.6 亿 t,入海沙量最大增加 5.5 亿 t,下游冲淤处于微冲微淤状态。

水沙情景 3(沙量 8 亿 t)防护堤非工程措施较现状运用方式在进入下游沙量增加 11 亿 t、引沙量减少 5 亿 t 情况下,水库减淤 9.6 亿 t,入海沙量最大增加 6.5 亿 t,下游全断面增淤 5.08 亿~13.71 亿 t,其中滩地增淤 3.02 亿~10.15 亿 t,主槽多冲 1.37 亿~4.39 亿 t。

非工程方案有利于泥沙输送,但效果不显著。

8.1.6　提出了进一步提高河道输沙能力的工程措施及技术方案

滩区防护堤方案、非工程措施方案在一定程度上提高了河道的输沙能力,但提高输沙能力、减少淤积的效果均不明显,6 亿 t、8 亿 t 情景河道仍然大量淤积,最小平滩流量仅 2 000~2 600 m^3/s。

在分析前两个方案计算结果及存在问题的基础上,系统研究了影响河道输沙能力的主导因素及其中的可调控因素,提出了游荡性河道输沙能力弱、河道淤积严重的原因,分析了可调控因素的可调控范围及可能调控效果,通过综合分析,提出了进一步提高河道输沙能力的工程措施及相应的技术方案。主要成果包括。

8.1.6.1　提出了提高河道输沙能力的工程措施及可能的技术方案

(1)分析了防护堤方案在提高河道输沙能力方面存在的问题。根据专题三四家数学模型计算结果(选取 4 家平均值),情景 1、情景 2 和情景 3(下游年均来沙 3.21 亿 t、6.06 亿 t 和 7.70 亿 t,中游水库群年均分别冲淤-0.21 亿 t、0.06 亿 t、0.30 亿 t),现状下游河道(利津以上)年均分别冲淤-0.15 亿 t、0.98 亿 t 和 1.64 亿 t。滩区防护堤方案较现状方案年均分别减淤 0.04 亿 t、0.12 亿 t 和 0.17 亿 t,淤积比分别减少 1.4%、2.0%和 2.0%。情景 2 和情景 3 下游河道沿程均是淤积的。可见,下游宽河道修建防护堤,在来沙较大时,仍不能解决主槽淤积问题。

分析表明,造成下游河道主槽严重淤积的原因主要有两个:一是高村以上游荡性河段河槽宽浅,二是小流量挟沙偏多。这和实测资料分析得出的结论是一致的。

(2)分析了影响输沙能力的主要影响因素,提出了提高河道输沙能力、减少淤积的技术途径、措施。影响河道输沙能力的主要因素包括水沙条件、河床边界条件。通过水库调节增大输沙流量、增大大流量级水流的输沙比例、减小小水输沙比例,同时通过水库拦粗排细,减少泥沙来量尤其减少粗沙比例,可有效提高河道输沙能力,减少淤积,简称为非工程措施。

河床边界条件主要包括主槽宽度、纵比降、河床组成等,通过必要的河道整治,“缩窄河宽、改善横断面形态”,“裁弯取直、增大纵比降”,可提高输沙流速,有效提高河道输沙能力、减少淤积,简称为工程措施。

减小河道糙率也可显著提高河道输沙能力,但人工干预的可操作性不强。

(3)提出了提高河道输沙能力的工程措施所相应的关键技术参数。输沙平衡的临界流量:山东河道具有相对窄深的河槽形态,统计分析含沙量大于 50 kg/m^3 的洪峰资料表明,当艾山站平均流量大于 3 000 m^3/s 后,无论含沙量高低,均能多来多排,甚至发生冲刷,河道排沙比达到、甚至超过 100%。

冲淤平衡的临界流量:根据三门峡水库和小浪底水库清水下泄期的资料,随着流量的增大,冲刷发展距离增大,当花园口断面流量达到 2 500 m^3/s 后,冲刷可遍及全下游。

综合两者的可能影响,将 3 000 m^3/s 作为下游窄深河槽冲淤平衡的临界流量,也作为工程措施的设计流量。

(4)提出了提高河道输沙能力的工程措施及 4 套技术方案。以微弯型河道整治规划方案及现有工程布局为基础,按照循序渐进、风险可控的原则,提出了有利于提高河道输沙能力的 4 套技术方案:

①下延潜坝方案:基于现有规划治导线,对河势不稳定的河段利用下延潜坝技术进一步稳定(小水)河势。

②部分河段双岸整治方案:对主槽宽度大于 800~1 000 m 的局部宽浅河段进行双岸整治,在一定程度上缩窄主槽宽度,使河道横断面趋于窄深方向发展。

③双岸整治方案:基于现有规划治导线修建双岸整治工程,将主槽宽度控制在 600 m,双岸整治工程可采用透水桩坝,由于该方案的实施存在一定的可能性,简称为可能方案。

④双岸整治+局部河段裁弯取直方案:在双岸整治方案的基础上,进一步将弯曲程度较大的河湾裁湾取直(缩短河长约 50 km、高村上下河段各缩短约 25 km),进一步缩短河长增大河流纵比降。由于该方案的实施难度很大,简称为理想方案。

前两套方案以单岸整治或者局部河段双岸整治为主,通过进一步减少主槽游荡摆动范围、缩窄主槽,主槽宽度能够控制在 1 000 m 左右;对河道输沙能力的影响较小。而后两种方案则是通过双岸整治、渠系化治理,主槽宽度控制在 600 m 左右,尤其第四种方案,又对现河道弯曲程度特别大的 6 个河段进行了裁弯取直、缩短主槽宽度约 50 km,对增加水动力条件、提高输沙能力具有更大的促进作用。

8.1.6.2　提出了对中游水库群运用的新要求及相应的优化调度指令

(1)提出了与双岸整治方案(可能方案)相配套的小浪底水库出库水沙过程。为充分利用窄深河槽排洪输沙,需要通过水库调节、进一步将水沙过程两级分化:尽量将泥沙调节到大流量级挟带,减少甚至避免小流量排沙。

通过现有中游水库群联合运用方式的改进,提出了可能的水沙过程。其中,非洪水期仍按照现有运用方式,以兴利运用为主;洪水期(包括自然洪水和人造洪水)则由以低壅水排沙为主调整为以敞泄排沙为主、洪水期多排沙。

(2)古贤、小浪底、三门峡等水库联合调控进入下游的水沙条件。黄河勘测规划设计有限公司计算的未来 50 年中游水库群水沙调控数学模型方案计算结果表明,和防护堤方案相比、工程措施可能方案大流量挟沙增多,年均来沙 8 亿 t 情景,优化后的水沙条件,大于 2 600 m^3/s 的水量挟带的沙量占比,由原来的 60%提高到 68%。

8.1.6.3　提高河道输沙能力的工程措施对非漫滩洪水输沙特性的影响

(1)通过 2 套水动力学数学模型计算,系统研究了典型整治方案不同量级洪水(流量

1 500~4 000 m^3/s、含沙量均为 2 00 kg/m^3、历时 15 d）下游各河段淤积比的变化。计算结果表明：4 000 m^3/s 流量级洪水，下游河道淤积比由现状方案（主槽宽约 1 000 m）的 33%减小为双岸整治方案和双岸整治+局部河段裁弯取直方案的 24%、21%，输沙能力分别提高（淤积比减小）了 8.2%、11.1%，另一套数模计算结果为 4.9%、6.9%）。

输沙能力的提高主要集中在高村以上主槽缩窄的河段、双岸整治方案和双岸整治+局部河段裁弯取直方案分别提高了 10.6%、12.1%；并且更加集中在花园口站以上河段，分别提高了 5.8%、7.1%。高村以下河段淤积比是增大的、分别增大约 2.4%、1.0%，分别占高村以上河道少淤量的 23%、8%。可见双岸整治方案具有一定"上冲下淤"现象，双岸整治+局部河段裁弯取直方案、"上冲下淤"的现象不明显。

（2）通过概化模型试验，系统研究了主槽宽度、河谷比降对非漫滩洪水输沙特性的影响。在主槽弯曲系数 1.25（纵比降 1.5‱）的条件下，主槽宽度由现状河道（主槽宽约 1 000 m）缩窄为"600 m 对口丁坝（实际主槽宽度约 750 m）""600 m 弯曲渠道"，4 000 m^3/s 流量量级、百千米试验河段内河道淤积比由 9.4%减少为 4.9%、1.7%，输沙能力分别提高（淤积比减小）了 4.5%、7.7%（见图 8-5）；若进一步整治成理想顺直渠道，输沙能力能够提高 12.1%。

概化模型试验对口丁坝方案与数值模拟试验花园口以上河段对口丁坝方案较为相近，相应淤积比减少幅度分别为 4.5%和 5.8%，定性结果一致，定量上也较为接近。概化模型试验河道纵比降稍缓，淤积比减少幅度也相对偏小。

8.1.6.4 提出了双岸整治（可能方案）对下游河道未来 50 年冲淤演变的影响

古贤和小浪底水库按照大流量集中排沙、减少小水排沙的运用原则，调控进入下游（小浪底出库+黑石关+武陟）的水沙条件，计算未来 50 年系列 8 亿 t 情景下游河道冲淤演变趋势。和防护堤方案相比，四家数学模型计算成果均表明：双岸整治方案，河道整治大幅度缩窄主槽宽度后，主槽少淤、滩地多淤，全断面冲淤变化不大。其中，高村以上河段主槽减淤，滩地增淤；高村以下河段主槽增淤（或少量减淤），滩地也增淤。

8.1.6.5 提高河道输沙能力的工程措施双岸整治（可能）方案对防洪的影响

（1）对洪峰流量和洪水位的影响。

对口丁坝可能方案千年一遇、百年一遇洪水花园口站的流量分别为 18 900 m^3/s、14 335 m^3/s；滩区防护堤方案条件下，千年一遇、百年一遇洪水演进到艾山站的洪峰流量分别为 10 000 m^3/s、9 074 m^3/s；对口丁坝方案演进到艾山站，洪峰流量分别为 9 942 m^3/s、8 887 m^3/s，较滩区防护堤方案分别减小了 58 m^3/s、187 m^3/s。其中，夹河滩站洪峰削减值最大，分别为 801 m^3/s、480 m^3/s。

由于主槽宽度大幅度缩窄，千年一遇洪水花园口站、夹河滩站水位分别抬高了 0.57 m、0.47 m，高村至艾山之间水位变幅较小，在 0.06 m 之内。百年一遇洪水在花园口站、夹河滩站分别抬高了 0.59 m、0.59 m，高村至艾山之间水位变幅较小，在 0.1 m 之内。

清华大学三维数学模型计算结果与黄河水利科学研究院二维模型趋势一致，洪峰沿程衰减程度更大，除千年一遇、百年一遇花园口站洪水位抬升 0.93 m、0.95 m，大于二维模型成果外，水位抬升幅度均小于二维模型计算成果。

（2）对冲淤量的影响。

对口丁坝可能方案,主槽冲刷量增大,滩地淤积量增大,全断面冲淤变化不大。与对口丁坝可能方案对下游河道未来 50 年冲淤演变的影响基本一致。

8.1.6.6　通过高含沙洪水提高河道输沙能力的可能性

(1)高含沙洪水具有较大的输沙潜力甚至能够发生“揭河底”冲刷。除小北干流、渭河下游、潼关附近外,“77 · 7”高含沙洪水期间下游花园口河段也发生了强烈的冲刷现象,同流量水位在 35 h 内降低 1.3 m。

(2)相同水流条件下,随着含沙量及相应级配的变化存在 2 个平衡输沙含沙量。一是低含沙水流(一般洪水)对应的平衡含沙量,其决定因素是来沙级配及相应的沉速;二是高含沙水流(洪水)对应的平衡含沙量,其决定因素除来沙级配及相应沉速外,更主要的在于含沙量增大所引起的相对重率的减小、黏性增大、沉速的进一步减小等。介于 2 个平衡含沙量之间的洪水输沙最为困难、淤积最为严重。4 000 m^3/s 流量条件条件,花园口两个平衡输沙含沙量分别为 63 kg/m^3、410 kg/m^3,利津断面两个平衡输沙含沙量分别为 85 kg/m^3、370 kg/m^3,较为接近。

(3)现有水沙调控能力和运用方式下、进入下游的水沙条件,小于低含沙平衡含沙量、大于高含沙平衡含沙量洪水出现的机会不多,同时受漫滩洪水淤积加重的影响,未来 50 年年均来沙 8 亿 t 情景下,对口丁坝方案仍然处于较为强烈的淤积状态,减淤效果不明显。

(4)宏观分析表明,黄河下游河道存在着利用高含沙洪水提高河道输沙能力的可能性。但需要怎么样的水、沙、河道、水库调控等条件相互配合才可能实现高含沙洪水稳定高效输沙,目前还存在很大的认识差异,需要继续深化研究。

8.1.7　黄河下游河道改造与滩区治理综合措施及建议

8.1.7.1　未来水沙和边界条件下下游河道滩区治理方向和技术措施

(1)滩区防护堤方案可行性综合分析。社会经济快速发展与滩区群众脱贫致富、滩区安全建设等对黄河下游滩区防护提出了更高的要求,在现有控导工程连坝、部分生产堤的基础上,根据《防洪标准》(GB 50201—2013)设置了下游滩区防护堤方案。防护堤布设在伊洛河口附近至山东省济南市北店子河段,设防流量除长垣滩区防护堤设标准为 20 年一遇、相应花园口洪峰流量 12 200 m^3/s 以外,均按洪峰流量 10 000 m^3/s 设置,相当于 10 年一遇;经东平湖分洪后、长平滩区设防标准为 30 年一遇。总投资 138 亿元。

基于未来 50 年设计的 3 个典型水沙情景、4 场典型设计洪水泥沙过程,开展了滩区防护堤建设对未来下游河道冲淤演变与洪水演进数学计算,综合分析表明:在年均来沙 3 亿 t 情景下,下游河道基本处于冲淤平衡状态,滩区防护堤方案是可行的,与现状方案相比,同流量(10 000 m^3/s)的水位升高或者降低的幅度均在 0.3 m 范围内。但在来沙 6 亿 t、8 亿 t 的情景下,由于未来 50 年年均淤积量分别高达约 50 亿 t、80 亿 t,与现状规划方案相比,同流量(10 000 m^3/s)的水位升高或者降低幅度均在 0.8 m、1.0 m 范围内,项目组内部专家对滩区防护堤方案的可行性仍然存在明显的认识分歧,需要开展更进一步的深入研究工作。

滩区防护堤方案立足于解决广大滩区的民生问题,具有重大的社会效益和经济效益。

与现状方案相比,仅花园口至艾山河段滩区防护堤方案年均漫滩淹没面积、受灾人口、经济损失分别由现状方案的430.9万亩、31.0万人(不包括防护堤之间的原人口20.8万人,下同)、10.9万元减少为滩区防护堤方案的73.8万亩、5.7万人、3.9万元,分别减少了398.8万亩、25.3万人、7.0亿元。其中,10年一遇洪水即可减少漫滩淹没面积913.0 km^2、受灾人口65.3万人、经济损失36.9亿元。千年一遇洪水漫滩淹没面积、受灾人口、经济损失分别由现状方案的1 218.5万亩、92.4万人、94.5万元减少为滩区防护堤方案的1 156.4万亩、87.2万人、89.7万元,分别减少了32.1万亩、5.28万人、4.8亿元。

(2)滩区防护堤+滩区蓄滞洪区(分区运用)方案可行性综合分析。

滩区防护堤+滩区蓄滞洪区(分区运用)方案,利用原阳或者中牟滩区蓄滞洪区中的3~4个滞洪单元、就可在"滩区防护堤"方案的基础上分滞20年一遇的超万洪量(1.26亿 m^3),从而使得滩区滞洪区以下河段的广大滩区设防标准全部提高到了20年一遇,并可显著减少滩区安全建设费用,具有更大的社会效益和经济效益。同时,与滩区防护堤方案相比,利用原阳滩区设置滞洪区方案投资费用仅增加1.74亿元,利用中牟滩设置滞洪区方案投资费用仅增加0.07亿元。

但由于滩区蓄滞洪区方案防洪调度运用方式复杂,存在较大的防洪调度风险,并存在一定的社会问题。同时,由于格堤上下游存在有较大(约2 m)的水位差,也存在一定的安全问题,需要开展更进一步的深入研究工作。

(3)非工程措施及技术方案(小浪底水库运用方式优化、允许4 000~1 000 m^3/s量级洪水淹没滩区防护堤间的滩区)对提高河道输沙能力效果的综合分析。

为发挥漫滩洪水淤滩刷槽的作用,增大主槽平滩流量,在滩区防护堤方案及现有中游水库群运用方式的基础上,提出了"允许4 000~1 000 m^3/s量级洪水淹没滩区防护堤间的滩区、提高河道输沙能力"的非工程措施及相应的技术方案。综合分析计算表明:非工程措施方案能够在一定程度上增大古贤、小浪底等水库群的冲刷,减少库区淤积,能够在一定程度上减少下游河道主槽淤积、增加平滩流量;但由于生产堤间的滩区宽度仍然较大、洪水漫滩概率增加所造成的滩地淤积量的增加值大于主槽淤积量的减少值,对全断面淤积量的影响不大。数学模型计算结果表明:与滩区防护堤方案相比,未来50年年均来沙8亿t情景,进入下游沙量增加11亿t(其中小浪底、三门峡、古贤水库减淤9.6亿t);在引沙量减少5亿t的情况下,下游全断面增淤5.08亿~13.71亿t,其中滩地增淤3.02亿~10.15亿t,主槽多冲1.37亿~4.39亿t;下游最小平滩流量增大约200 m^3/s。总体上看,非工程方案有利于泥沙输送,但效果不显著。

8.1.7.2 未来水沙与水库群联合调控运用方式下提高河道输沙能力的技术措施

(1)进一步河道整治方案对提高河道输沙能力的效果。

立足于缩窄河宽,提高河道输沙能力,以微弯型河道整治规划方案及现有工程布局为基础,按照"循序渐进、风险可控"的原则,提出了有利于提高河道输沙能力的4套技术方案:基于现有规划治导线的下延潜坝方案、部分河段双岸整治(主槽宽度约1 000 m)方案、双岸整治方案(主槽宽度约600 m)和双岸整治+局部河段裁弯取直方案。

从总体效果看,前2套方案以单岸整治,或者局部河段双岸整治为主,通过进一步减少主槽游荡摆动范围、缩窄主槽,主槽宽度控制在1 000 m左右,对河道排洪输沙能力的影响不大。可在进一步论证的基础上开展试点工作,并从中总结经验,为游荡性河段进一步整治、稳定主槽提供借鉴。

而后 2 种方案通过双岸整治、渠系化治理,主槽宽度控制在 600 m 左右,对提高主槽输沙能力、减少主槽淤积具有一定的效果;尤其对提高非漫滩洪水的输沙能力效果较好。但渠道化整治河道、大幅度缩窄主槽宽度,造成平滩流量偏小,使得漫滩概率增大,显著增大了滩地的淤积量。在未来 50 年年均来沙 8 亿 t 的情景下,提高下游河道输沙能力、减少河道淤积的效果都不明显。同时,在非漫滩洪水条件下,高村以上河段的少淤积量约有 23%的比例淤积在高村—利津河段,具有一定的“上冲下淤”特点。因此,对大幅度缩窄河宽的“河道整治”方案应进一步深化研究工作、慎重实施。

(2)高含沙洪水高效输沙方案对提高河道输沙能力的效果。

黄河下游、小北干流、渭河下游随着含沙量的增大,河道总体呈淤积加重的趋势。但在流量较大、主槽较窄的条件下,当含沙量高到一定程度(洪水期平均含沙量 200 kg/m^3 以上、最大含沙量 400 kg/m^3 以上)后,随着含沙量的增大,也确实存在“输沙能力迅速增强、主槽不淤反而冲刷”的现象,甚至会出现“揭河底”冲刷现象。充分说明了“平衡含沙量双值关系”的存在。本次研究在已有成果的基础上,实测资料分析与理论计算相结合,求得了黄河下游典型断面(花园口、利津)输沙平衡含沙量的双值关系:在 4 000 m^3/s 流量,主槽宽度分别为 700 m、400 m,来沙级配选取花园口断面平均值,低含沙洪水的平衡输沙含沙量约 60 kg/m^3,与常规资料分析所得出的高效输沙洪水含沙量 50~70 kg/m^3 的结论基本在一致;高含沙洪水的平衡输沙含沙量约 400 kg/m^3,与常规资料分析所得出的“揭河底”冲刷条件、含沙量 400 kg/m^3 以上的结论也基本一致。

随着古贤水库、东庄水库,以及今后碛口、大柳树水库的建设,与现有小浪底、三门峡等水库联合运用,通过中游水库群塑造高含沙洪水“高效输沙”过程具有广阔的应用前景。

8.2　进一步开展研究工作的建议

针对目前仍然存在的争议问题,在 2 个方面开展 5 项重点研究工作,其中滩区综合治理方面的研究工作 2 项,进一步提高河道输沙能力方面的研究工作 3 项。

8.2.1　滩区综合治理方面研究工作的建议

(1)滩区防护堤方案、不同堤距方案的优化比选。本项目分别基于河势变化与排洪宽度要求,分别提出了 2 套不同堤距的滩区防护堤方案。对满足河势变化要求、滩区防护堤堤距相对较宽的方案本项研究开展了系统的分析计算。下一步有待进一步开展不同堤距宽度条件下、滩区防护堤方案的进一步比选,提出相对更加优化、合理的建设方案。

(2)滩区分区运用及滩区分滞洪区调度运用方式研究。黄河中游洪水一般情况下,“峰高量小”在滩区防护堤方案防御 10 年一遇以下中小洪水的基础上,在夹河滩以上河段设置滩区蓄滞洪区,分滞更大量级的超万洪量,具有良好的前景和较大的社会经济效益。但由于滩区纵比降陡,蓄滞洪量小,需要在每个滩区蓄滞洪区内设置格堤,形成较多的、小的蓄滞洪区单元。由于每个蓄滞洪区单元能够滞蓄的洪量很小(平均只有0.3亿m^3),一旦分滞洪运用,就需要涉及数量较多的蓄滞洪区单元,增加了防洪指挥调度的风险和难度。同时,还存在一些社会稳定等方面的问题。需要开展进一步的系统研究,提出可操作性的优化方案。

8.2.2 提高河道输沙能力、维持平滩流量4 000 m^3/s的中水河槽的措施

基于未来水沙尤其中常洪水显著减少的变化趋势,针对大家在高效输沙模式方面的认识分歧,本次开展了较为深入的探索。初步提出了黄河下游两种平衡输沙模式及其各自相应的平衡输沙条件,统一了“不同学派”的认识。初步回答了有关高含沙洪水能否高效输沙、能够高效输沙的条件等基本问题,阐明了利用高含沙洪水高效输沙、提高河道输沙能力的可能性、提出了其发展方向和利用潜力。

若古贤水库与小浪底、三门峡水库的联合运用,依靠古贤水库强大的后续水动力条件,通过中游水库群联合调控水沙,能够塑造出更加适宜、协调的进入下游的水沙过程。同时,随着河道整治工程体系的不断完善,下游河势逐步趋于稳定、断面形态趋于窄深,为集中水流、提高水流动力条件、提高主槽输沙能力、减少主槽淤积提供了良好的河道条件。为此,十分必要前瞻性地开展高含沙洪水输沙潜力及中游水库群高效输沙洪水塑造技术等方面的研究工作,进一步探讨中游水库群泥沙多年调度运用方式以及相应的关键技术指标。寻求更加高效的提高河道输沙能力的措施。

下游河道高效输沙洪水包括一般含沙量洪水和高含沙洪水2种平衡输沙模式,而每种输沙模式所相应的平衡水沙条件又都需要依靠中游水库群联合调控进行塑造。因此,需要系统开展以下3个方面的研究工作。

(1)常规(一般含沙量洪水)输沙模式下,提高河道输沙能力的工程技术方案、不同主槽宽度的优化比选。

一般含沙量模式下、高效输沙洪水是指平均流量3 800 m^3/s、含沙量50~70 kg/m^3、相应淤积比不大于20%的洪水水沙过程。随着河道整治的逐步完善、断面趋于窄深方向发展后,在相同流量条件、相应的适宜输沙含沙量会有所提高。

通过本项研究,进一步比选1 500 m、1 200 m、1 000 m、800 m、600 m等不同主槽宽度,100 kg/m^3、80 kg/m^3、60 kg/m^3、40 kg/m^3等不同含沙量组合方案对下游河道冲淤演变的影响,提出相对适宜的下游河道主槽宽度以及相应的高效输沙平衡含沙量指标,进一步提高河道输沙能力、节省宝贵的水资源。

(2)高含沙洪水输沙模式下,提高河道输沙能力的工程技术方案、不同主槽宽度的优化比选。

高含沙模式下、高效输沙洪水是指河道整治逐步完善、能够形成窄深河槽的背景条件下,通过中游水库群串联、并联(东庄)等不同方式的溯源冲刷,塑造出4 000 m^3/s流量,200 kg/m^3甚至400 kg/m^3以上更高含沙量级的洪水,实现高效输沙、节省输沙水量、减少河道淤积、维持4 000 m^3/s平滩流量的目标。

由于问题复杂,同时由于下游高含沙洪水远距离输沙的资料很少,只有“77·7”“77·8”“73·8”等三场典型洪水过程,具体指标等还有待深化研究。为此,在一般含沙

量洪水高效输沙的基础上,进一步比选上述各典型主槽宽度下,输送 300 kg/m³、400 kg/m³、500 kg/m³ 等不同含沙量组合方案对下游河道冲淤演变的影响,提出相对适宜的下游河道主槽宽度以及相应的高效输沙平衡含沙量指标,进一步发挥下游河道更高输沙潜力、提高河道输沙能力、减少河道淤积,节省宝贵的水资源。

(3)中游水库群高效输沙洪水(包括低含沙洪水与高含沙洪水)塑造技术及效果。按照常规(一般含沙量洪水)输沙、高含沙洪水输沙模式对进入下游平衡输沙含沙量级的要求,利用古贤水库调水调沙库容、凑泄潼关 4 000 m³/s 流量过程,顺序(或者同步)冲刷小浪底、三门峡水库前期淤积的泥沙,塑造协调的、长历时高效输沙洪水的水沙过程。拟分为三种典型水沙组合方案,提出塑造高效输沙洪水的可能性及相应水库调控指标体系。

一是按照常规高效输沙洪水的要求,塑造 50~70 kg/m³、均匀稳定的一般含沙量洪水过程。二是两库同步(不是同时)溯源冲刷,塑造最大可能含沙量过程,争取使出库含沙量达到 400 kg/m³ 以上,使进入下游的洪水"处于伪一项流、高效输沙而不淤积的状态"。这种极端情况,在强调高含沙量的同时,还需要保证一定的历时(估计应该在 3 d 以上,有待研究论证)。三是介于前两种极端情况之间,两库自下游至上游顺序溯源冲刷,塑造 100 kg/m³、200 kg/m³、300 kg/m³ 均匀稳定的相对较高的含沙量过程。

针对两种输沙模式,完善现有水动力学数学模型,分析计算三类典型调控方案对下游河道冲淤、平滩流量的影响。

综合提出两种输沙模式下中游水库群联合调控运用方式及关键技术指标,进一步提高河道输沙能力、节省输沙用水,满足不断增长的社会经济发展用水需求,为黄河水资源安全、防洪安全、黄河长治久安提供科学可靠的技术保障。

参 考 文 献

[1] 赵业安,周文浩,等. 黄河下游河道演变基本规律[M]. 郑州:黄河水利出版社,1998.

[2] 尹学良,陈金荣. 黄河下游纵剖面的形成[J]. 泥沙研究,1997(1).

[3] 乐培九. 黄河下游纵剖面的调整[J]. 人民黄河,1998(2):27-32.

[4] 陆中臣,周金星,陈浩. 黄河下游河床纵剖面形态及其地文学意义[M]. 地理研究,2003(1-3):31-38.

[5] 胡春宏,等. 黄河水沙调控与下游河道中水河槽塑造[M]. 北京:科学出版社, 2007.

[6] 孙赞盈,尚红霞. 影响黄河下游河槽排洪输沙功能的因素分析[D]. 郑州:黄河水利科学研究院,2006.

[7] 严恺. 黄河下游治理计划. 黄河水利委员会,1946.

[8] 钱宁,周文浩. 黄河下游河床演变[M]. 北京,科学出版社,1965.

[9] 黄河水利委员会《黄河志》总编辑室. 历代治黄文选(下)[M]. 郑州:河南人民出版社,1989.

[10] 尹学良. 改造黄河 根治黄河刍议[J]. 水利规划,1996(2):11-17.

[11] 人民引洛渠高含沙量浑水淤灌经验总结小组. 人民引洛渠高含沙量浑水淤灌[C]//黄河泥沙研究报告选编》第一册(上册),1978:139-159.

[12] 宋天成,万兆惠,钱宁,等. 细颗粒含量对粗颗粒两相高含沙水流流动特性的影响[C]//钱宁论文集. 北京:清华大学出版社,1990:862-869.